陈国君 主编

陈 磊 副主编

李梅生 刘 洋 鲜征征 刘秋莲 编著

Java
程序设计基础
(第6版)

清华大学出版社
北京

内 容 简 介

本书全面、系统地介绍 Java 语言的特点及应用技术,内容以 Java 的基础程序设计、面向对象程序设计和事件处理为三大主线,利用浅显易懂的语言、丰富简单的实例,完整地介绍了 Java 面向对象程序设计的重点和难点。本次改版增加了注解、反射、Lambda 表达式等内容,去掉了小程序设计的内容。例题采用目前最新的 Java 10 技术进行重新编写,尤其是图形界面程序设计中例题采用目前最流行的 JavaFX 2.2 架构重新编写,充分体现了新技术的特点。本书共分 18 章,其中第 1～5 章介绍程序设计基础;第 6～11 章介绍面向对象程序设计;第 12 章介绍泛型和容器类;第 13 章介绍注解、反射、内部类、匿名内部类与 Lambda 表达式;第 14、15 章介绍图形界面设计和事件处理;第 16 章介绍绘图与动画程序设计;第 17 章介绍 Java 数据库程序设计;第 18 章介绍 Java 网络编程。

本书的特色:概念清楚、结构合理、深入浅出、条理分明;内容连贯、循序渐进;重点突出、分解难点;选材精细、通俗易懂。尤其在结构上特别注重前后内容的连贯性,力求抓住关键、突出重点、分解难点,体现"理论性、实用性、技术性"三者相结合的编写特色。对每个知识点不但能告诉读者怎么做,而且还能告诉读者这么做的原因和道理。

本书可以作为高等院校计算机及其相关专业的教学用书,也可作为各学校程序设计公共选修课的教材,还可用作职业教育的培训用书和 Java 初学者的入门教材或供具有一定 Java 编程经验的开发人员学习使用。

本书封面贴有清华大学出版社防伪标签,无标签者不得销售。
版权所有,侵权必究。侵权举报电话:010-62782989 13701121933

图书在版编目(CIP)数据

Java 程序设计基础/陈国君主编. —6 版. —北京:清华大学出版社,2019
ISBN 978-7-302-51551-7

Ⅰ. ①J… Ⅱ. ①陈… Ⅲ. ①JAVA 语言－程序设计 Ⅳ. ①TP312.8

中国版本图书馆 CIP 数据核字(2018)第 250575 号

责任编辑:刘向威　张爱华
封面设计:文　静
责任校对:胡伟民
责任印制:宋　林

出版发行:清华大学出版社
　　　　网　　址:http://www.tup.com.cn, http://www.wqbook.com
　　　　地　　址:北京清华大学学研大厦 A 座　　　邮　编:100084
　　　　社 总 机:010-62770175　　　　　　　　　　邮　购:010-62786544
　　　　投稿与读者服务:010-62776969,c-service@tup.tsinghua.edu.cn
　　　　质量反馈:010-62772015,zhiliang@tup.tsinghua.edu.cn
　　　　课件下载:http://www.tup.com.cn,010-62795954
印 装 者:清华大学印刷厂
经　　销:全国新华书店
开　　本:185mm×260mm　　　印　张:28.5　　　字　数:695 千字
版　　次:2006 年 1 月第 1 版　　2019 年 1 月第 6 版　　印　次:2019 年 1 月第 1 次印刷
印　　数:1~1500
定　　价:69.00 元

产品编号:081632-01

前言

本书自2006年面市以来，深受广大读者的好评，市场反应非常热烈，一直畅销，经久不衰。尤其是本书的第3版被"中国书刊发行业协会"评为全行业优秀畅销教材后，市场需求量更是迅速倍增。为了能适应Java技术的快速发展和计算机教学的需要，清华大华出版社和本书作者在征求广大读者的意见和建议的基础上，决定修订再版，以便更好地满足广大读者的需求。

本次改版，增加了注解、反射、Lambda表达式等内容，去掉了小程序设计的内容。书中例题采用目前最新的Java 10技术重新编写，尤其是图形界面程序设计中例题采用目前最流行的JavaFX 2.2架构重新编写，充分体现了新技术的特点。每个例题都突出一个编程的知识点，并保持原书的由浅入深、循序渐进、突出重点、分解难点的编写特色，使本版书在体系结构、内容组织、语言表达等方面都更加完善，同时使学生感到学习Java编程是一种兴趣，而兴趣又成为学习Java语言的动力，让学生在学习的乐趣中掌握Java的基本编程技巧。这种良性循环都归功于本书对内容的精选和组织结构的合理性，衷心地希望本书能成为广大读者的良师益友。

正是由于本书优化的知识体系，通俗易懂的讲解方式，对知识点的透彻分析和灵活实用的举例，因而深受读者的欢迎，这也是催生本书再版的主要原因。由于Java技术的内容庞大、结构复杂，所以从其中抽出基本的内容，并能以通俗的方式介绍给读者并非易事，所以本书难免存在不尽如人意的地方，因此希望广大读者继续能对本书提出合理化建议，使本书更加完善。由于计算机技术发展很快，加之作者水平有限，书中难免有不足之处，欢迎广大读者斧正。

书中所有例题全部在JDK 10环境下编译通过并运行。

本书由陈国君、陈磊、李梅生、刘洋、鲜征征、刘秋莲共同修改完成。

本教材的再版，得到了清华大学出版社的大力支持，在此本书全体作者对清华大学出版社的大力支持，尤其是编辑刘向威博士的热心关注、建议与指导，表示衷心的感谢！

作　者

2018年10月

目录

第1章 Java语言概述	1
1.1 Java语言的诞生与发展	1
1.2 Java语言的特点	2
1.3 Java语言规范	3
1.4 Java虚拟机	3
1.5 Java程序的种类和结构	4
本章小结	6
第1章习题	6
第2章 Java语言开发环境	7
2.1 Java开发工具	7
2.1.1 JDK的下载与安装	8
2.1.2 设置JDK的操作环境	8
2.2 JDK帮助文档下载与安装	11
2.3 JDK的使用	12
本章小结	14
第2章习题	15
第3章 Java语言基础	16
3.1 数据类型	16
3.2 关键字与标识符	18
3.3 常量	19
3.4 变量	20
3.5 数据类型转换	22
3.6 由键盘输入数据	23
3.7 运算符与表达式	26
3.7.1 算术运算符	31
3.7.2 关系运算符	31
3.7.3 逻辑运算符	32
3.7.4 位运算符	33
3.7.5 赋值运算符	34
3.7.6 条件运算符	35
3.7.7 字符串运算符	35
3.7.8 表达式及运算符的优先级、结合性	36
本章小结	37
第3章习题	37
第4章 流程控制	39
4.1 语句与复合语句	39
4.2 顺序结构	40
4.3 分支结构	40
4.3.1 if条件语句	40
4.3.2 switch选择语句	43
4.4 循环结构	45
4.4.1 while语句	46
4.4.2 do-while语句	48
4.4.3 for语句	51
4.4.4 多重循环	52
4.5 循环中的跳转语句	53
4.5.1 break语句	53
4.5.2 continue语句	53
4.5.3 return语句	54
本章小结	54
第4章习题	54
第5章 数组与字符串	56
5.1 数组的基本概念	56
5.2 一维数组	57
5.2.1 一维数组的定义	57
5.2.2 一维数组元素的访问	59
5.2.3 一维数组的初始化及应用	60

5.3 foreach 语句与数组	63
5.4 多维数组	64
5.4.1 二维数组	64
5.4.2 三维以上的多维数组	67
5.5 字符串	68
5.5.1 字符串变量的创建	68
5.5.2 String 类的常用方法	69
本章小结	71
第 5 章习题	72

第 6 章 类与对象	73
6.1 类的基本概念	73
6.2 定义类	74
6.3 对象的创建与使用	77
6.3.1 创建对象	77
6.3.2 对象的使用	79
6.3.3 在类定义内调用方法	82
6.4 参数的传递	83
6.4.1 以变量为参数调用方法	83
6.4.2 以数组作为参数或返回值的方法调用	85
6.4.3 方法中的可变参数	87
6.5 匿名对象	88
本章小结	89
第 6 章习题	89

第 7 章 Java 语言类的特性	91
7.1 类的私有成员与公共成员	91
7.1.1 私有成员	91
7.1.2 公共成员	92
7.1.3 缺省访问控制符	93
7.2 方法的重载	94

7.3 构造方法	95
7.3.1 构造方法的作用与定义	95
7.3.2 默认的构造方法	97
7.3.3 构造方法的重载	97
7.3.4 从一个构造方法内调用另一个构造方法	98
7.3.5 公共的构造方法与私有的构造方法	100
7.4 静态成员	101
7.4.1 实例成员	101
7.4.2 静态变量	102
7.4.3 静态方法	104
7.4.4 静态初始化器	106
7.5 对象的应用	106
7.5.1 对象的赋值与比较	107
7.5.2 引用变量作为方法的返回值	109
7.5.3 类类型的数组	110
7.5.4 以对象数组为参数进行方法调用	111
7.6 Java 语言的垃圾回收	112
本章小结	113
第 7 章习题	113

第 8 章 继承、抽象类、接口和枚举	115
8.1 类的继承	115
8.1.1 子类的创建	115
8.1.2 在子类中访问父类的成员	120
8.1.3 覆盖	121
8.1.4 不可被继承的成员与最终类	124
8.1.5 Object 类	125
8.2 抽象类	130
8.2.1 抽象类与抽象方法	130
8.2.2 抽象类的应用	130

8.3 接口	132
8.3.1 接口的定义	132
8.3.2 接口的实现与引用	133
8.3.3 接口的继承	135
8.3.4 利用接口实现类的多重继承	137
8.3.5 接口中静态方法和默认方法	138
8.3.6 解决接口多重继承中名字冲突问题	139
8.4 枚举	140
8.4.1 枚举类型的定义	140
8.4.2 不包含方法的枚举	142
8.4.3 包含属性和方法的枚举	143
8.5 包	144
8.5.1 包的概念	144
8.5.2 使用 package 语句创建包	144
8.5.3 Java 语言中的常用包	145
8.5.4 Java 语言中几个常用的类	146
8.5.5 利用 import 语句引用 Java 定义的包	149
8.5.6 Java 程序结构	150
本章小结	151
第 8 章习题	152
第 9 章 异常处理	153
9.1 异常处理的基本概念	153
9.1.1 错误与异常	153
9.1.2 Java 语言的异常处理机制	154
9.2 异常处理类	155
9.3 异常的处理	157
9.4 抛出异常	160
9.5 自动关闭资源的 try 语句	166

9.6 自定义异常类	168
本章小结	170
第 9 章习题	170
第 10 章 Java 语言的输入输出与文件处理	172
10.1 Java 语言的输入输出	172
10.1.1 流的概念	172
10.1.2 输入输出流类库	174
10.2 使用 InputStream 和 OutputStream 流类	176
10.2.1 基本的输入输出流类	176
10.2.2 输入输出流的应用	177
10.3 使用 Reader 和 Writer 流类	186
10.3.1 使用 FileReader 类读取文件	187
10.3.2 使用 FileWriter 类写入文件	188
10.3.3 使用 BufferedReader 类读取文件	189
10.3.4 使用 BufferedWriter 类写入文件	190
10.4 文件的处理与随机访问	191
10.4.1 Java 语言对文件与文件夹的管理	192
10.4.2 对文件的随机访问	194
本章小结	197
第 10 章习题	198
第 11 章 多线程	199
11.1 线程的概念	199
11.1.1 程序、进程、多任务与线程	199
11.1.2 线程的状态与生命周期	201

11.1.3 线程的优先级与调度	202
11.2 Java 的 Thread 线程类与 Runnable 接口	203
11.2.1 利用 Thread 类的子类来创建线程	203
11.2.2 用 Runnable 接口来创建线程	206
11.2.3 线程间的数据共享	209
11.3 多线程的同步控制	212
11.4 线程之间的通信	217
本章小结	219
第 11 章习题	221

第 12 章　泛型与容器类	222
12.1 泛型	222
12.1.1 泛型的概念	222
12.1.2 泛型类及应用	223
12.1.3 泛型方法	224
12.1.4 限制泛型的可用类型	227
12.1.5 泛型的类型通配符和泛型数组的应用	228
12.1.6 继承泛型类与实现泛型接口	231
12.2 容器类	232
12.2.1 Java 容器框架	232
12.2.2 容器接口 Collection	232
12.2.3 列表接口 List	234
12.2.4 集合接口 Set	239
12.2.5 映射接口 Map	242
本章小结	245
第 12 章习题	247

第 13 章　注解、反射、内部类、匿名内部类与 Lambda 表达式	248
13.1 注解	248
13.2 反射机制	252
13.2.1 Class 类	252
13.2.2 反射包 reflet 中的常用类	254
13.2.3 反射的应用	255
13.3 内部类与匿名内部类	258
13.3.1 内部类	258
13.3.2 匿名内部类	260
13.4 函数式接口与 Lambda 表达式	263
13.4.1 函数式接口	263
13.4.2 Lambda 表达式	264
13.4.3 Lambda 表达式作为方法的参数	267
13.5 方法引用	269
本章小结	272
第 13 章习题	273

第 14 章　图形界面设计	274
14.1 图形用户界面概述	274
14.2 图形用户界面工具包 JavaFX	274
14.2.1 JavaFX 组件分类	275
14.2.2 JavaFX 的基本概念	276
14.3 JavaFX 的布局面板	281
14.3.1 面板类 Pane 和 JavaFX CSS	281
14.3.2 栈面板类 StackPane	283
14.3.3 流式面板类 FlowPane	285
14.3.4 边界面板类 BoderPane	287
14.3.5 网格面板类 GridPane	289
14.3.6 单行面板类 HBox 和单列面板类 VBox	290
14.4 JavaFX 的辅助类	291
14.4.1 颜色类 Color	292
14.4.2 字体类 Font	293
14.4.3 图像类 Image 和图像显示类	

		ImageView	293
14.5	JavaFX 属性绑定		296
14.6	JavaFX 常用控件		299
14.6.1	标签 Label		300
14.6.2	文本编辑控件 TextField、PasswordField、TextArea 与滚动面板 ScrollPane		302
14.6.3	复选框 CheckBox 和单选按钮 RadioButton		306
14.6.4	选项卡面板 TabPane 和选项卡 Tab		308

本章小结 310
第 14 章习题 310

第 15 章 事件处理 312

15.1	Java 语言的事件处理机制——委托事件模型	312
15.2	Java 语言的事件类	318
15.2.1	动作事件 ActionEvent	319
15.2.2	鼠标事件 MouseEvent	320
15.2.3	键盘事件 KeyEvent	322
15.3	复选框和单选按钮及相应的事件处理	325
15.4	文本编辑控件及相应的事件处理	327
15.5	组合框及相应的事件处理	328
15.6	为绑定属性添加监听者	330
15.7	列表视图控件及相应的事件处理	331
15.8	滑动条及相应的事件处理	334
15.9	进度条及相应的事件处理	337
15.10	菜单设计	339
15.10.1	菜单基本知识	341
15.10.2	窗口菜单	344
15.10.3	弹出菜单	346
15.11	工具栏设计	349
15.12	文件选择对话框	351
15.13	颜色选择器	354
15.14	音频与视频程序设计	357

本章小结 360
第 15 章习题 360

第 16 章 绘图与动画程序设计 362

16.1	图形坐标系与图形类	362
16.1.1	直线类 Line	363
16.1.2	矩形类 Rectangle	365
16.1.3	圆类 Circle	366
16.1.4	椭圆类 Ellipse	368
16.1.5	弧类 Arc	369
16.1.6	多边形类 Polygon 与折线类 Polyline	371
16.1.7	交互式程序设计	372
16.2	动图程序设计	374
16.2.1	过渡动画	374
16.2.2	时间轴动画	379

本章小结 383
第 16 章习题 383

第 17 章 Java 数据库程序设计 385

17.1	关系数据库系统	385
17.1.1	数据库与数据库表	386
17.1.2	完整性约束	387
17.2	SQL	388
17.2.1	创建数据库	388
17.2.2	表操作	388

17.2.3 表数据操作	390	
17.2.4 数据查询	391	
17.3 JDBC	**394**	
17.3.1 JDBC 概述	394	
17.3.2 JDBC 类型	395	
17.3.3 使用 JDBC 开发数据库应用程序	395	
17.3.4 数据库的进一步操作	403	
17.3.5 获取元数据	411	
17.3.6 事务操作	414	
17.3.7 在窗口中访问数据库	418	
本章小结	420	
第 17 章习题	420	

第 18 章 Java 网络编程 422
18.1 网络基础 422
18.1.1 TCP/IP 422
18.1.2 通信端口 423
18.1.3 URL 的概念 423
18.1.4 Java 语言的网络编程 424
18.2 URL 编程 425
18.2.1 创建 URL 对象 425
18.2.2 使用 URL 类访问网络资源 426
18.3 用 Java 语言实现底层网络通信 427
18.3.1 InetAddress 程序设计 427
18.3.2 基于连接的 Socket 通信程序设计 429
18.3.3 无连接的数据报通信程序设计 437
本章小结 441
第 18 章习题 442
参考文献 443

第 1 章 Java 语言概述

本章主要内容：
- Java 语言的特点；
- Java 源文件(.java)与 Java 字节码文件(.class)；
- Java 应用程序和 Java 小程序的主类；
- Java 虚拟机；
- Java 程序的种类和结构。

Java 语言是一种简单易用、完全面向对象、与平台无关、安全可靠、主要面向 Internet 的开发工具。

1.1 Java 语言的诞生与发展

Java 语言诞生于 20 世纪 90 年代初期，从它正式问世以来，它的快速发展已经让整个 Web 世界发生了翻天覆地的变化。Java 语言的前身是 Sun Microsystems 公司(Sun 公司于 2009 年 4 月被 Oracle 公司收购)开发的一种用于智能化家电的名为 Oak(橡树)的语言，它的基础是当时最为流行的 C 和 C++ 语言。但是，由于一些非技术上的原因，Oak 语言并没有得到迅速的推广。直到 1993 年，WWW(万维网)迅速发展，Sun 公司发现可以利用 Oak 语言的技术来创造含有动态内容的 WWW 网页，于是已受人冷落的 Oak 语言又被重新开发和改造，并将改造后的 Oak 语言改名为 Java 语言。Java 是太平洋上的一个盛产咖啡的岛屿的名字。终于，在 1995 年，Java 这个被定位于网络应用的程序设计语言被正式推出。

由于 Java 语言功能强大，其问世后不久，即被业界广泛接受，于是 IBM、Apple、DEC、Adobe、HP、Oracle、Toshiba、Netscape 和 Microsoft 等大公司均购买了 Java 语言的许可证。Microsoft 公司还从其 Web 浏览器 Explorer 3.0 版起开始增加了对 Java 语言的支持。同时，众多的软件开发商也开发了许多支持 Java 的产品。在目前以网络为中心的计算机时代，不支持 HTML 和 Java 语言，就意味着应用程序的应用范围只能限于同质的环境。

随着 Java Servlet 的推出，Java 语言极大地推动了电子商务的发展。Java Server Page (JSP)技术的推出，更是让 Java 语言成为基于 Web 应用程序的首选开发工具。Internet 的普及和迅猛发展，以及 Web 技术的不断渗透，使得 Java 语言在现代社会的经济发展和科学研究中占据越来越重要的地位。

1.2　Java 语言的特点

Java 语言是一种跨平台、适合于分布式计算环境的面向对象编程语言。它具有简单、面向对象、分布式、解释型、可靠性、安全、平台无关、可移植、高性能、多线程、动态性等特点。下面介绍 Java 语言的几个重要特性。

1. 简单易学

Java 语言虽然衍生自 C++ 语言，与 C++ 语言相比 Java 语言是一种完全面向对象的编程语言。出于安全性和稳定性的考虑，Java 语言去掉了 C/C++ 语言支持的三个不易理解和掌握的数据类型：指针(pointer)、联合体(unions)和结构体(structs)。而 C/C++ 语言中联合体和结构体的功能，完全可以在 Java 语言中用类及类的属性等面向对象的方法来实现，这不但更加合理规范，而且还降低了学习难度。

2. 面向对象

Java 语言最吸引人之处，就在于它是一种以对象为中心、以消息为驱动的面向对象的编程语言。面向对象的语言都支持封装、继承和多态三个概念，Java 语言也是如此。

3. 平台无关性

Java 语言是与平台无关的语言，这是指使用 Java 语言编写的应用程序不用修改就可在不同的软硬件平台上运行。平台无关有两种：源代码级和目标代码级。C 和 C++ 语言具有一定程度的源代码级平台无关，即用 C 和 C++ 语言编写的应用程序不用修改只需重新编译就可以在不同平台上运行。Java 语言是靠 Java 虚拟机(JVM)在目标代码级实现平台无关性的。

4. 分布式

分布式包括数据分布和操作分布。Java 语言支持这两种分布性。Java 语言提供了一整套网络类库，开发人员可以利用类库进行网络程序设计，方便地实现 Java 语言的分布式特性。

5. 可靠性

Java 语言具有很高的可靠性。Java 解释器运行时实施检查，可以发现数组和字符串访问的越界；另外，Java 语言提供了异常处理机制，可以把一组错误的代码放在一个地方，这样可以简化错误处理任务，便于恢复。

6. 安全性

Java 语言具有较高的安全性。当 Java 字节码进入解释器时，首先必须经过字节码校验器的检查；其次，Java 解释器将决定程序中类的内存布局；再次，类装载器负责把来自网络的类装载到单独的内存区域，避免应用程序之间相互干扰破坏；最后，客户端用户还可以限制从网络上装载的类只能访问某些文件系统。Java 语言综合了上述几种机制，成为安全的编程语言。

7. 支持多线程

Java 语言在两方面支持多线程：一方面，Java 环境本身就是多线程的，若干系统线程运行，负责必要的无用单元回收、系统维护等系统级操作；另一方面，Java 语言内置多线程机制，可以大大简化多线程应用程序开发。

8. 支持网络编程

Java 语言通过它所提供的类库可以处理 TCP/IP，用户可以通过 URL 地址在网络上很方便地访问其他对象。

9. 编译与解释并存

Java 语言的编译器并不是把源文件(.java)编译成二进制码，而是将其编译成一种独立于机器平台的字节码文件(.class 文件)。字节码文件可以被 Java 解释器执行，由解释器将字节码文件再翻译成二进制码，使程序得以运行。

1.3 Java 语言规范

Java 语言有严格的使用规范。Java 语言规范是对语言的技术定义，包括 Java 程序设计语言的语法和语义。如果编写程序时没有遵守这些规范，计算机就不能理解程序。Java 语言还为开发 Java 程序而预定义了类和接口，称为应用程序接口（Application Program Interface, API）。

目前，Java 技术主要包括如下三个方面。

Java SE(Java Platform Standard Edition)：Java 平台的标准版，可以用于开发客户端应用程序。应用程序可以独立运行或作为 Applet 在 Web 浏览器中运行。

Java ME(Java Platform Micro Edition)：Java 平台的精简版，用于开发移动设备的应用程序。不论是无线通信还是手机、PDA 等小型电子装置，均可采用 Java ME 作为开发工具及应用平台。

Java EE(Java Platform Enterprise Edition)：Java 平台的企业版，用于开发服务器端的应用程序，为企业提供了 e-Business 架构及 Web 服务。其优越的跨平台能力与开放的标准，深受广大企业用户的喜爱。

由于 Java SE 是基础，其他 Java 技术都基于 Java SE，所以本书采用目前最新版本 Java SE 10 介绍 Java 程序设计。与 Java SE 10 对应的 Java 开发工具包称为 JDK 10。

1.4 Java 虚拟机

大部分的计算机语言程序都必须先经过编译(compile)或解释(interpret)的操作后，才能在计算机上运行，然而，Java 程序(.java 文件)却比较特殊，它必须先经过编译的过程，然后再利用解释的方式来运行。通过编译器(compiler)，Java 程序会被转换成与平台无关(platform-independent)的机器码，Java 称之为"字节码"(byte-codes)，字节码文件的扩展名为 .class。通过 Java 的解释器(interpreter)便可解释并运行 Java 的字节码。图 1.1 说明了 Java 程序的执行过程。

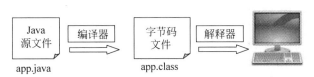

图 1.1 Java 程序的运行过程：先编译，后解释

字节码是 Java 虚拟机(Java Virtual Machine,JVM)的指令组,和 CPU 上的微指令码很相像。Java 程序编译成字节码后文件尺寸较小,便于网络传输。

字节码最大的好处是可跨平台运行,即 Java 的字节码可以编写一次,到处运行。用户使用任何一种 Java 编译器将 Java 源程序(.java)编译成字节码文件(.class)后,无论使用哪种操作系统,都可以在含有 JVM 的平台上运行。这种跨越平台的特性也是让 Java 语言急速普及的原因之一。

任何一种可以运行 Java 字节码的软件均可被看成 Java 的"虚拟机"(JVM),如浏览器与 Java 的开发工具等皆可被视为一部 JVM。很自然地,可以把 Java 的字节码看成 JVM 上所运行的机器码(machine code),即 JVM 中的解释器负责将字节码解释成本地的机器码。所以从底层上看,JVM 就是以 Java 字节码为指令组的"软 CPU"。可以说,JVM 是可运行 Java 字节码的假想计算机。它的作用类似于 Windows 操作系统,只不过在 Windows 上运行的是.exe 文件,而在 JVM 上运行的是 Java 字节码文件,也就是扩展名为.class 的文件。JVM 其实就是一个字节码解释器。

1.5 Java 程序的种类和结构

使用 Java 语言可以编写两种类型的程序:Application(应用程序)和 Applet(小程序)。这两种程序的开发原理是相同的,但是在运行环境和计算结构上却有着显著的不同。

应用程序是从命令行运行的程序,它可以在 Java 平台上独立运行,通常称为 Java 应用程序。Java 应用程序是独立完整的程序,在命令行调用独立的解释器软件即可运行。另外,Java 应用程序的主类包含有一个定义为 public static void main(String[] args)的主方法,这个方法是 Java 应用程序的标志,同时也是 Java 应用程序执行的入口点,在应用程序中包含有 main()方法的类一定是主类,但主类并不一定要求是 public 类。

小程序是嵌入在 HTML(超文本标记语言)文档中的 Java 程序,需要搭配浏览器来运行,因此称为小程序。由此可见,当运行一个 Java 小程序时,同时还要为它编写一个 HTML 文件,然后在 WWW 浏览器中运行这个 HTML 文件,就可以激活浏览器中的 Java 解释器。另外,也可以调用一些能够模拟浏览器环境并执行 Java 小程序的软件来直接运行 Java 小程序。由于浏览器受安全控制的限制,所以 Java 小程序一般使用模拟浏览器环境的软件来执行。

一个复杂的程序可以由一个或多个 Java 源文件构成,每个文件中可以有多个类定义。下面的程序是一个 Java 应用程序文件。

说明:为了便于对程序代码的解释,本书在每行代码之前加一标号,它们并不是程序代码的一部分。

```
1    package ch01;                              //定义该程序属于 ch01 包
2    import java.io.*;                          //导入 java.io 类库中的所有类
3    public class App1_1                        //定义类:App1_1
4    {
5      public static void main(String[] args)   //定义主方法
6      {
7        char c = ' ';
8        System.out.print("请输入一个字符:");
```

```
9        try{
10         c = (char)System.in.read();
11       }catch(IOException s){ }
12       System.out.println("您输入的字符是: " + c);
13     }
14  }
```

从这个程序可以看出,一般的Java源程序文件由以下三部分组成:
- package 语句(0个或1个);
- import 语句(0个或多个);
- 类定义(1个或多个类定义)。

其中,package 语句表示该程序所属的包。它只能有一个或者没有。如果有,必须放在最前面;如果没有,表示本程序属于默认包。

import 语句表示引入其他类库中的类,以便使用。import 语句可以有 0 或多个,它必须放在类定义的前面。

类定义是 Java 源程序的主要部分,每个文件中可以定义若干类。

Java 程序中定义类使用关键字 class,每个类的定义由类头定义和类体定义两部分组成。类体定义部分用来定义属性和方法这两种类的成员,其中方法类似于其他高级语言中的函数,而属性则类似于变量。类头部分除了声明类名之外,还可以说明类的继承特性,当一个类被定义为是另一个已经存在的类(称为父类)的子类时,它就可以从其父类中继承一些已定义好的类成员而不必自己重复编码。

在类体中通常有两种组成成分:一种是域,包括变量、常量、对象、数组等独立的实体;另一种是方法,类似于函数的代码单元块。这两种组成成分通称为类的成员。在上面的例子中,类 App1_1 中只有一个类成员,即第 5 行定义的方法 main()。用来标志方法头的是方法名后面的一对小括号,小括号里面是该方法使用的形式参数,方法名前面的 public 用来说明这个方法属性的修饰符,其具体语法规定将在第 6 章中介绍。方法体部分由若干以分号";"结尾的语句组成,并由一对大括号{}括起来,在方法体内部不能再定义其他的方法。

同其他高级语言一样,语句是构成 Java 程序的基本单位之一。每一条 Java 语句都以分号";"结束,其构成应该符合 Java 语言的语法规则。类和方法中的所有语句应该用一对大括号{}括起来。除 package 及 import 语句之外,其他执行具体操作的语句,都只能存在于类的大括号之中。

比语句更小的语言单位是表达式、变量、常量和关键字等,Java 的语句就是由它们构成的。其中,声明变量与常量的关键字是 Java 语言语法规定的保留字,用户程序定义的常量和变量的取名不能与保留字相同。

Java 源程序的书写格式比较自由,如语句之间可以换行,也可以不换行,但养成一种良好的书写习惯比较重要。

注意: Java 是严格区分字母大小写的语言。书写时,大小写不能混淆。

一个程序中可以有多个类,但只能有一个类是主类。在 Java 应用程序中,这个主类是指包含 main()方法的类。在 Java 小程序里,这个主类是一个继承自系统类 JApplet 的子类。应用程序的主类不一定要求是 public 类,但小程序的主类一定要求是 public 类。主类是 Java 程序执行的入口点。

本章小结

1. Java 程序比较特殊，它必须先经过编译的过程，然后再利用解释的方式来执行。即首先要将源程序(.java 文件)通过编译器将其转换成与平台无关的字节码文件(.class 文件)，然后再通过解释器来解释执行字节码文件。

2. 字节码(byte-codes)最大的好处是可跨平台执行，可让程序"编写一次，到处运行(write once,run anywhere)"的梦想成真。

3. Java 程序可分为两种：一种是 Application，称为 Java 应用程序；另一种是 Applet，称为 Java 小程序。Java 应用程序是指可以在 Java 平台上独立运行的一种程序；而 Java 小程序则是内嵌在 HTML 文件里，需要在浏览器的支持下才能运行。

4. 无论是应用程序还是小程序都必须有一个主类，主类是程序执行的入口点，应用程序的主类是包含有 main()方法的类，但应用程序的主类并不一定要求是 public 类；小程序的主类是一个继承自系统类 JApplet 的子类，且该类必须是 public 类。

第 1 章习题

1.1　Java 语言有哪些特点？
1.2　什么是 Java 虚拟机？
1.3　什么是字节码？采用字节码的最大好处是什么？
1.4　什么是平台无关性？Java 语言是怎样实现平台无关性的？
1.5　Java 语言程序有几种？每种程序的结构包含哪几个方面？
1.6　什么是 Java 程序的主类？应用程序与小程序的主类有何不同？

第 2 章 Java 语言开发环境

本章主要内容：
- Java 开发工具的下载与安装；
- JDK 开发环境的配置；
- Java 源文件的命名规则；
- 在 JDK 环境中编译与运行 Java 应用程序。

Java 开发工具早年是 Sun 公司所开发的一套 Java 程序开发软件，由于 Sun 公司于 2009 年 4 月被 Oracle 公司收购，所以现在它可在 Oracle 公司的网站免费取得。它与 JDK 的帮助文档(Java docs)一起是编写 Java 程序必备的工具。

2.1 Java 开发工具

Java 开发工具(Java SE Development Kits，JDK)是许多 Java 程序员使用的开发环境。尽管许多编程人员已经使用第三方的开发工具，但 JDK 仍被当作 Java 程序开发的重要工具。

JDK 由 Java API、Java 运行环境和一组建立、测试工具的 Java 实用程序等组成。其核心是 Java API，所谓 API(Application Programming Interface)就是 Java 提供的标准类库供编程人员使用，开发人员需要用这些类来实现 Java 语言的功能。Java API 包括一些重要的语言结构以及基本图形、网络和文件 I/O 等。

作为 JDK 的实用程序，工具库中的主要程序都放在 JDK 安装文件夹下，其中 bin 子文件夹中包含了所有相关的可执行文件，下面是 bin 文件夹下的常用命令。

- javac.exe：Java 编译器，将 Java 源代码文件转换成字节码文件；
- java.exe：Java 解释器，执行 Java 程序的字节码文件；
- appletviewer.exe：小程序浏览器，执行嵌入在 HTML 文件中的 Java 小程序的 Java 浏览器；
- javadoc.exe：根据 Java 源代码及注释语句生成 Java 程序的 HTML 格式的帮助文档；
- jdb.exe：Java 调试器，可以逐行执行程序、设置断点和检查变量；
- jar.exe：创建扩展名为 .jar(Java Archive，Java 归档)的压缩文件，与 zip 压缩文件格式相同；
- jmod.exe：创建扩展名为 .jmod 的压缩文件。

2.1.1 JDK 的下载与安装

Oracle 公司提供了多种操作系统下的 JDK,随着时间的推移和技术进步,JDK 版本也在不断地升级。各种操作系统下的 JDK 的各种版本在使用上基本相似,用户可以根据自己的使用环境,从 Oracle 公司的网站上下载相应的 JDK 版本,一般情况下是越新越好。本教材使用的是 JDK 10 版本。

1. 下载 JDK

进入到 Java SE 10 的下载网页后,根据自己所用的操作系统(Windows、Mac OS、Linux)选择不同的链接下载。本书的例子是在 Windows 系统的 64 位机器上开发的,所以下载的是 jdk-10_windows-x64_bin.exe,此即 JDK 10 版的安装文件。

2. 安装 JDK

下载得到 JDK 文件之后,双击 JDK 安装文件 jdk-10_windows-x64_bin.exe 即可进行安装。用户只需按 JDK 的安装步骤和提示进行安装即可,安装过程中用户可以选择欲安装的项目,但建议使用默认值。安装完毕后,将 JDK 安装到 C:\Program Files\Java\jdk-10 文件夹下,此文件夹称为 JDK 安装文件夹或安装路径。在该文件夹下有如下子文件夹。

- bin:该文件夹存放 javac.exe、java.exe、jmod.exe、jar.exe 等命令程序;
- conf:该文件夹存放一些可供开发者编辑的 Java 系统配置文件;
- include:该文件夹存放支持本地代码编程与 C 程序相关的头文件;
- jmods:该文件夹存放预编译的 Java 模块,相当于 JDK 9 之前的.jar 文件;
- legal:该文件夹存放有关 Java 每个模块的版权声明和许可协议等;
- lib:该文件夹存放 Java 类库。

以前用户可以将.class 文件打包成.jar 文件,但在 Java 9 之后的版本中,既可以使用 jar.exe 命令将.class 文件打包成.jar 文件,也可以使用 jmod.exe 命令将.class 文件打包成.jmod 文件。在 Java 9 之前的 rt.jar,tools.jar 等被 JDK 10 下的 jmods 文件下 *.jmod 文件所代替。

说明:在 JDK 安装过程中,除了安装 JDK 外,还安装了 Java 运行环境(Java Runtime Environment,JRE)。JRE 是 Java 执行程序所必需的,主要用于为开发好的 Java 程序提供执行平台,安装在 C:\Program Files\Java\jre-10 文件夹下。

2.1.2 设置 JDK 的操作环境

在使用 Java 编译与运行程序之前,必须先设置系统环境变量。所谓系统环境变量就是在操作系统中定义的变量,可供操作系统上的所有应用程序使用。为此,需要设置系统环境变量 Path。Path 环境变量的作用是设置供操作系统去寻找可执行文件(如.exe、.com、.bat 等)的路径,对 Java 而言即 Java 的安装路径,如果操作系统在当前文件夹下没有找到想要执行的程序或命令,操作系统就会按照 Path 环境变量指定的路径依次去查找,以最先找到的为准。Path 环境变量可以存放多个路径,路径与路径之间用分号";"隔开。

下面介绍在 Windows 7 操作系统里设置系统环境变量 Path 的方法。

(1) 选择"控制面板"→"系统和安全"→"系统"选项(或在桌面上右击"计算机"或"我的电脑"图标,在弹出的快捷菜单中选择"属性"命令;又或在 Windows 7 下按 Win+Pause

键),在弹出的窗口的左侧窗格中选择"高级系统设置"选项,弹出"系统属性"对话框,在该对话框中选择"高级"选项卡,如图 2.1 所示。在"高级"选项卡中单击"环境变量"按钮后,弹出如图 2.2 所示的"环境变量"对话框。

(2) 在"环境变量"对话框中单击"系统变量"区域下面的"新建"按钮添加系统变量 Java_Home,在弹出的"新建系统变量"对话框的"变量名"文本框中输入"Java_Home",在"变量值"文本框输入"C:\Program Files\Java\jdk-10",该值就是 JDK 的安装路径,如图 2.2 所示,单击"确定"按钮返回"环境变量"对话框。

图 2.1 "系统属性"对话框中的"高级"选项卡

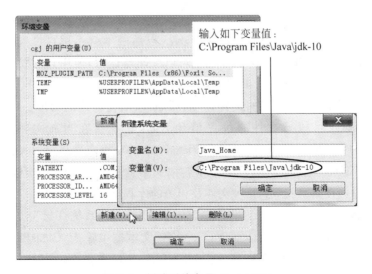

图 2.2 新建系统变量 Java_Home

(3) 在"环境变量"对话框的"系统变量"区域里,先选择 Path 变量,再单击"编辑"按钮,此时弹出"编辑系统变量"对话框。在"变量值"文本框中原有字符串的最前面输入"%Java_Home%\bin;"(其后的分号";"是路径分隔符),如图 2.3 所示。设置完成后单击"确定"按钮。图 2.3 中的设置就是将 JDK 的 bin 路径与系统路径之和设置为当前系统路径。

图 2.3 设置 Path 环境变量

如果在"环境变量"对话框里找不到 Path 变量,则单击"系统变量"区域里的"新建"按钮,在出现的"新建系统变量"对话框里填上如图 2.3 所示的内容。最后在"环境变量"对话框里单击"确定"按钮,再关闭"系统属性"对话框即完成路径的设置。

说明:如果不创建系统变量 Java_Home,则必须将"C:\Program Files\Java\jdk-10\bin;"添加到已存在的 Path 路径值的最前面。设置系统变量 Java_Home 的好处主要是便于维护系统变量 Path。

对于系统变量类路径 ClassPath,自从 JDK 5 以后版本就不用再设置,所以在 Java 10 中不用设置类路径 ClassPath,Java 程序完全可以编译与运行,但用户需要理解类路径的作用。ClassPath 环境变量的作用与 Path 的作用相似,ClassPath 是 JVM 执行 Java 程序时搜索类(.class)文件的路径(类所在的文件夹)的顺序,以最先找到的为准。JVM 查找类的过程,同 Windows 查找可执行文件的过程稍有不同,它不会在当前文件夹下查找,只找 ClassPath 指定的文件夹。即 JVM 除了在 ClassPath 的环境变量指定的文件夹中查找要运行的类之外,是不会在当前文件夹下查找相应类的,由此可知 ClassPath 环境变量的作用就是告诉 Java 解释器在哪里找到 .class 文件及相关的库程序。

若用户想自己设置 ClassPath,可按如下方法操作。在"系统变量"对话框中,单击"新建"按钮,弹出"新建系统变量"对话框,在"变量名"文本框中输入"ClassPath",在"变量值"文本框输入".;C:\Program Files\Java\jre-10\lib",然后单击"确定"按钮即可,如图 2.4 所示。

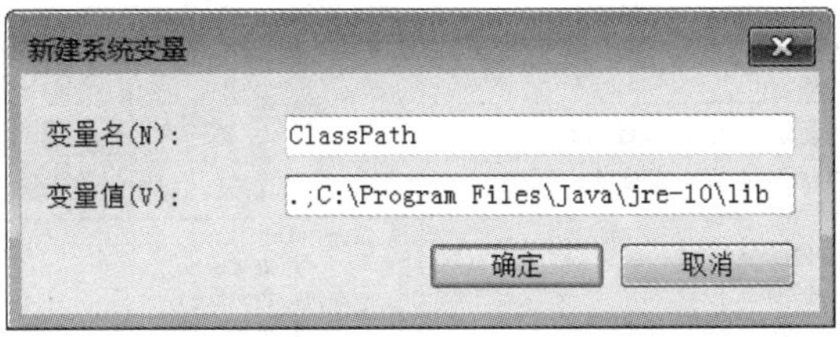

图 2.4　新建 ClassPath 系统变量

其中路径最前面的"."代表 JVM 运行时的当前文件夹,表示让 JVM 在任何情况下都会先去当前文件夹下查找要使用的类。"C:\Program Files\Java\jre-10\lib"文件夹下包含的.jar 文件采用的是.zip 压缩格式的文件,其中包含着 Java 程序运行时所需的类(即.class 字节码文件),使用时 Java 虚拟机能自动对其进行解压,所以可以把.jar 文件当作一个文件夹使用。

注意:系统环境变量路径 Path 和类路径 ClassPath 也可以在命令行窗口中利用 set 命令进行设置(这种设置方法只在本次有效,重新开机后则无效)。例如:

```
set path = C:\Program Files\Java\jdk-10\bin;%path%
set classpath = %classpath%;.;C:\Program Files\Java\jre-10\lib
```

说明:在 Windows 系统中,通过%xxx%来表示 xxx 环境变量的当前值,例如环境变量 Path 的设置值为"C:\windows\system32;c\windows;",则%path%就表示这个字符串。之所以将"C:\Program Files\Java\jdk-10\bin;"放在%path%的前面,是因为在"C:\windows\system32"下也有一个 java.exe 程序,这样当运行 Java 命令时,保证执行的是"C:\Program Files\Java\jdk-10\bin\java.exe",而不是"C:\windows\system32\java.exe"。

注意:在本节路径的设置中,作者是将 JDK 10 安装在默认的 C:\Program Files\Java\jdk-10 文件夹里,如果读者没将它安装在这个文件夹,请自行将"C:\Program Files\Java\jdk-10\bin"修改成用户的安装位置。

2.2　JDK 帮助文档下载与安装

开发 Java 程序,除了需要 JDK 以外,拥有帮助工具也是很必要的。JDK 也提供了它的帮助文档,使用户在遇到问题时能快速得到解答。下面介绍 JDK 帮助文档下载与安装操作。

可以到 Oracle 网站去下载 JDK 帮助文档,JDK 10 帮助文档的压缩文件为 jdk-10_doc-all.zip,需要用解压缩软件来释放它。下面的操作是以 WinRAR 为例进行解压缩的。

(1) 双击 jdk-10_doc-all.zip 压缩文件,在出现的 WinRAR 窗口中,单击"解压到"按钮后弹出"解压路径和选项"对话框,在该对话框的"常规"选项卡中选取 JDK 帮助文档所要保存的位置,建议保存到先前安装的 JDK 10 的文件夹中,其操作方式如图 2.5 所示。

(2) 在图 2.5 中单击"确定"按钮即可进行解压缩的操作。

解压完成后,可以在 C 盘中找到"C:\Program Files\Java\jdk-10"文件夹,在该文件夹中,可看到 docs 子文件夹,打开它之后可看到 index.html 文件,双击即可打开帮助文档。

图 2.5 选择 JDK 帮助文档的安装路径

2.3 JDK 的使用

安装完 JDK 并设置好相应的环境变量后,就可以利用 JDK 来编译、运行 Java 程序了。下面介绍如何以最简单的方式来编写、编译与运行 Java 应用程序。在开始编写程序代码之前,先在硬盘 D(本教材使用 D 盘)中创建一个名为"java"的文件夹,本书所有的例子均存储于 D:\java 文件夹下。

说明:目前在 Java 领域有很多优秀的集成开发工具,如 Eclipse IDE、NetBeans IDE、Interllij IDE、JDeveloper IDE 等,但还是建议初学者直接使用 Java SE 提供的 JDK,因为无论哪种集成开发环境都将 JDK 作为其核心,而且 IDE 界面操作复杂,还会屏蔽掉一些知识点,不利于初学者掌握基础知识。所以本教材用 JDK 在命令行方式下直接编译与运行 Java 程序。

【例 2.1】 编写一个 Java 应用程序(文件名 App2_1.java),其功能是在 DOS 窗口上显示"Hello Java!"字符串。程序源文件代码如下:

```
1   //filename: App2_1.java          简单的 Java 应用程序
2   public class App2_1                      //定义 App2_1 类
3   {
4     public static void main(String[] args)  //定义主方法
5     {
6       System.out.println("Hello Java !");
7     }
8   }
```

Java 应用程序源文件的命名规则:首先源文件的扩展名必须是.java;如果源文件中有多个类,则最多只能有一个 public 类,如果有,那么源文件的名字必须与这个 public 类的名字相同(文件名字符的大小写可以与 public 类名的大小写不同);如果源文件没有

public 类,那么源文件的名字由用户任意命名。

说明: (1) 当源文件中有 public 类时,在命名时虽然要求文件名与 public 类的名称相同,且可以不区分大小写,但良好的命名习惯应该是源文件名与 public 类名大小写完全相同。

(2) 源文件名是由操作系统管理的,所以在使用 javac 命令编译源文件时,文件名是不区分大小写的。

注意: 包含有 main() 方法的类是 Java 应用程序的主类,主类无论是否是 public 类,但执行程序时必须输入主类名,即"java 主类名",因为主类的 main() 方法是程序执行的起始点。

现在将源文件的内容输入记事本中,并把它存入 D:\java 文件夹内,根据 Java 对源文件命名规则的要求,必须将文件名命名为 App2_1.java,如图 2.6 所示。

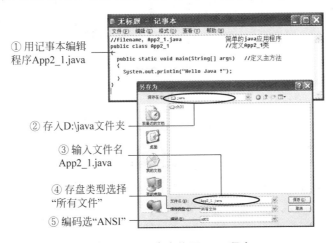

图 2.6 用记事本编写 Java 程序

在"另存为"对话框中将文件名设为 App2_1.java,请勿用其他的名称,否则编译时出错。此外,在"保存类型"下拉列表框内选择"所有文件",如果此处选择"文本文件(*.txt)",将造成文件名称为 App2_1.java.txt,因而无法编译。

注意: 在将 Java 源文件存盘之前,最好是先在计算机的窗口中,选择"工具"→"文件夹选项"命令,在弹出的"文件夹选项"对话框中选择"查看"选项卡,取消"隐藏已知文件类型的扩展名"前的复选框的选中状态,如图 2.7 所示。否则,由于系统隐藏了.txt 扩展名,所以会误将文件名 App2_1.java 存储为 App2_1.java.txt,造成编译时出错。

存好文件之后,接下来打开 DOS 窗口,并按下面的三个步骤来编译与运行 App2_1.java。

(1) 打开 DOS 窗口,先将路径切换到保存 App2_1.java 的 D:\java 文件夹中,即在 DOS 窗口内输入:

```
d:
cd java
```

(2) 切换好路径后,执行下面的命令来编译 App2_1.java。

```
javac App2_1.java
```

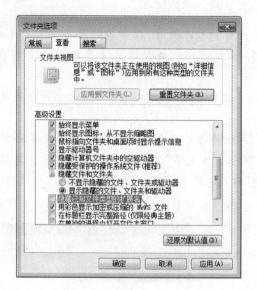

图 2.7　设置文件夹选项

在上面的命令中，javac 是用来编译其后给出的 Java 程序，它是 java 与 c 的合成字，而 c 是 compile（编译）的首字符。

编译好了之后，在 D:\java 文件夹内发现一个与文件名 App2_1 相同但扩展名为 .class 的文件。这个文件也就是 byte-codes 文件，即字节码文件。

（3）编译好了之后，执行下面的命令来运行字节码文件（即 App2_1.class）：

java App2_1

则在命令提示符窗口输出：

Hello Java!

注意：在运行字节码文件时，只需输入"java 主类名"即可，此处的主类名是指字节码的文件名，但不能把".class"也输进去，即不能输入"java App2_1.class"来运行程序，这样将会造成错误。

本章小结

1. JDK 的帮助文档（Java docs）与 Java 开发工具 JDK（Java Development Kit）同样是编写 Java 程序必备的工具。它们均可在 Oracle 公司的网站免费取得。

2. JDK 的核心是 Java API，所谓 API 就是指 Java 所提供的供开发人员使用的标准类库。

3. 在使用 Java 语言编译与运行程序之前，必须先设置系统环境变量 Path，Path 环境变量的作用是设置供操作系统去寻找可执行文件的路径的顺序；在 Java 10 中不用设置类路径 ClassPath，Java 程序完全可以正常编译与运行。

4. Java 应用程序源文件的命名规则：首先源文件的扩展名必须是 .java；如果源文件中有多个类，则最多只能有一个 public 类，如果有，那么源文件的名字必须与这个 public 类的名字相同(文件名字符的大小写可以与 public 类名的大小写不同);如果源文件没有 public 类,那么源文件的名字由用户任意命名。但需要注意的是:包含有 main()方法的类是应用程序的主类,主类无论是否是 public 类,但执行时必须输入主类名,即"java 主类名",因为主类的 main()方法是程序执行的起始点。

5. main()在 Java 应用程序里是一个相当特殊的方法,它一定要声明成 public,使得在类的其他地方能调用到它,且 main()方法没有返回值,所以在它之前要加上 void 关键字。

6. System.out 是指标准输出,其后所跟的字符串 println 是由 print 与 line 所组成的,其意义是将它后面括号中的内容输出到标准输出设备——显示器上。

7. 由于 Java 程序是由类所组成的,所以在完整的 Java 程序里,至少必须有一个类。

第 2 章习题

2.1 什么是 JDK?什么是 JRE?JDK 与 JRE 的关系是什么?

2.2 Java 开发工具 JDK 10 安装后,在安装文件夹下生成几个子文件夹?这些子文件夹中包含的内容有哪些?

2.3 环境变量 Path 和 ClassPath 的作用是什么?如何设置 Path 环境变量?

2.4 编写 Java 程序有哪些注意事项?

2.5 Java 应用程序源文件的命名有什么规定?

2.6 Java 应用程序的主类是什么样的类?

2.7 如何在命令行方式下编译与运行 Java 应用程序?

第 3 章　Java 语言基础

本章主要内容：
- 数据类型；
- 变量；
- 基本类型变量；
- 数据类型的转换规则；
- 从键盘输入数据的语句格式；
- 运算符。

本章主要介绍编写 Java 程序必须掌握的若干语言基础知识，包括数据类型、变量、常量、表达式等。掌握这些基础知识，是编写正确 Java 程序的前提条件。

3.1　数据类型

程序在执行的过程中，需要对数据进行运算，也需要存储数据。这些数据可能是由使用者输入的，也可能是从文件中取得的，甚至是由网络上得到的。在程序运行的过程中，这些数据通过变量存储在内存中，以便程序随时取用。

数据存储在内存的一块空间中，为了取得数据，必须知道这块内存空间的位置，为了方便使用，程序设计语言用变量名来代表该数据存储空间的位置。将数据指定给变量，就是将数据存储到对应的内存空间；调用变量，就是将对应的内存空间中的数据取出来使用。

一个变量代表一个内存空间，数据就存储在这个空间中，使用变量名来取得数据非常方便，然而由于数据在存储时所需要的内存容量各不相同，不同的数据就必须要分配不同大小的内存空间来存储，因此在 Java 语言中对不同的数据用不同的数据类型来区分。

在程序设计中，数据是程序的必要组成部分，也是程序处理的对象。不同的数据有不同的数据类型，不同的数据类型有不同的数据结构、不同的存储方式，并且参与的运算也不相同。通常计算机语言将数据按其性质进行分类，每一类称为一种数据类型(data type)。数据类型定义了数据的性质、取值范围、存储方式以及对数据所能进行的运算和操作。程序中的每一个数据都属于一种类型，定义了数据的类型也就相应决定了数据的性质以及对数据进行的操作，同时数据也受到类型的保护，确保对数据不进行非法操作。

Java 语言中的数据类型分为两大类：一类是基本数据类型(primitive types)；另一类是引用数据类型(reference types)，简称引用类型。基本数据类型是由程序设计语言系统所定义、不可再分的数据类型。每种基本数据类型的数据所占内存的大小是固定的，与软硬件环境无关。基本数据类型在内存中存放的是数据值本身。引用数据类型在内存中存放的是指向该数据的地址,不是数据值本身,它往往由多个基本数据类型组成,因此,对引用数据类型的应用称为对象引用,引用数据类型也被称为复合数据类型,在有的程序设计语言中称为指针。

基本数据类型有整型、浮点型、逻辑型和字符型;引用数据类型包括类、数组和接口等。本节只介绍基本数据类型,引用数据类型在5.1节中再进行介绍。

Java语言的数据类型实际上都是用类实现的,即引用对象的使用方式,同时Java语言也提供了类似C语言中简单类型的使用方式,即声明类型的变量。

Java语言定义了4类共8种基本类型,其中有4种整型、2种浮点型、1种布尔型和1种字符型,它们的分类及关键字如下。

- 整型:byte,short,int,long。
- 浮点型:float,double。
- 布尔型:boolean。
- 字符型:char。

1. 整型

整数有正整数、零、负整数,其含义与数学中的含义相同。Java语言的整数有三种进制的表示形式。

- 十进制:用多个0~9的数字表示,如123和−100,其首位不能为0。
- 八进制:以0开头,后跟多个0~7的数字,如0123。
- 十六进制:以0x或0X开头,后跟多个0~9的数字或a~f的小写字母或A~F的大写字母,a~f或A~F均表示值10~15,如0X123E。

Java语言定义了4种表示整数的类型:字节型(byte)、短整型(short)、整型(int)、长整型(long)。每种整型的数据都是带符号位的。Java语言的每种数据类型都对应一个默认的数值,使得这种数据类型变量的取值总是确定的,体现了其安全性。整型类型如表3.1所示。

表 3.1 Java 语言的整数类型

类　　型	数据位	范　　围
byte(字节型)	8	$-128 \sim 127$,即 $-2^7 \sim 2^7 - 1$
short(短整型)	16	$-32\,768 \sim 32\,767$,即 $-2^{15} \sim 2^{15} - 1$
int(整型)	32	$-2\,147\,483\,648 \sim 2\,147\,483\,647$,即 $-2^{31} \sim 2^{31} - 1$
long(长整型)	64	$-9\,223\,372\,036\,854\,775\,808 \sim 9\,223\,372\,036\,854\,775\,807$,即 $-2^{63} \sim 2^{63} - 1$

一个整数隐含为整型(int型)。当要将一个整数强制表示为长整数时,需在后面加字母l或L。所以若声明long型变量的值超过int型的取值范围时,如果数的后面不加l或L,系统会认是int型而出错。

2. 浮点型

Java语言用浮点型表示数学中的实数(浮点数),也就是既有整数部分又有小数部分的数。浮点数有两种表示方式。

- 标准计数法：由整数部分、小数点和小数部分构成，如 3.0,3.1415 等。
- 科学计数法：由十进制整数、小数点、小数和指数部分构成，指数部分由字母 E 或 e 跟上带正负号的整数表示，如 123.45 可表示为 1.2345E+2。

浮点数用于需要小数位精确度高的计算。例如，计算平方根或三角函数等，都会产生浮点型的值。Java 语言的浮点型有单精度浮点(float)和双精度浮点(double)两种，如表 3.2 所示。

表 3.2　Java 语言的浮点数类型

类　　型	数据位	范　　围
float(单精度浮点)	32	负数范围：−3.402 823 5E+38～−1.4E−45 正数范围：1.4E−45～3.402 823 5E+38
double(双精度浮点)	64	负数范围：−1.797 693 134 862 315 7E+308～−4.9E−324 正数范围：4.9E−324～1.797 693 134 862 315 7E+308

一个浮点数隐含为 double 型。若在一个浮点数后加字母 f 或 F，将其强制转换为 float 型，所以若声明 float 型变量时如果数的后面不加 f 或 F，系统会认为是 double 型而出错。double 型占 8 字节，有效数字最长为 15 位，之所以称它为 double 型，是因为它的精度是 float 型精度的 2 倍，所以又称为双精度型。

3. 布尔型

布尔型(boolean)也称为逻辑型，用来表示逻辑值。它只有 true 和 false 两个取值。其中，true 代表"真"，false 代表"假"，true 和 false 不能转换成数字表示形式。

所有关系运算(如 a>b)的返回值都是逻辑型的值。逻辑型也用于控制语句中的条件表达式，如 if、while、for 等语句。

4. 字符型

字符型(char)用来存储单个字符。Java 语言中的字符采用的是 Unicode 字符集编码方案，在内存中占 2 字节，是 16 位无符号的整数，一共有 65 536 个，字符的取值范围为 0～65 535，表示其在 Unicode 字符集中的排序位置。Unicode 字符是用"\u0000"到"\uFFFF"之间的十六进制数值来表示的，前缀"\u"表示是一个 Unicode 值，后面的 4 个十六进制值表示是哪个 Unicode 字符。Unicode 字符表的前 128 个字符刚好是 ASCII 表。每个国家的字母表的字母都是 Unicode 表中的一个字符。由于 Java 语言的字符类型采用了 Unicode 这种新的国际标准编码方案，因而便于中文字符和西文字符的处理。因此，与其他语言相比，Java 语言处理多语种的能力大大加强。

说明：(1) 字符型数据的声明只能表示单个字符，且必须使用单引号将字符括上。

(2) Java 语言中所有可见的 ASCII 字符都可以用单引号括起来成为字符，如'a'、'B'、'*'等。要想得到一个字符在 Unicode 字符集中的取值，必须强制转换成 int 类型，如(int)'a'。

(3) 由于字符型用来表示 Unicode 编码中的字符，所以字符型数据可以转化为整数，其值为 0～65 535。但要取得该取值范围的数所代表的 Unicode 表中相应位置上的字符，必须强制转换成 char 型，如"int c=20320; char s=(char)c;"。

现将 Java 语言的 4 类 8 种基本数据类型总结归纳成表 3.3。

表 3.3 Java 语言的基本数据类型

数据类型	关键字	占用字节数	默认数值	取值范围
布尔型	boolean	1	false	true,false
字节型	byte	1	0	−128～127
短整型	short	2	0	−32 768～32 767
整型	int	4	0	−2 147 483 648～2 147 483 647
长整型	long	8	0L	−9 223 372 036 854 775 808～9 223 372 036 854 775 807
单精度浮点型	float	4	0.0F	负数范围：−3.402 823 5E+38～−1.4E−45 正数范围：1.4E−45～3.402 823 5E+38
双精度浮点型	double	8	0.0D	负数范围：−1.797 693 134 862 315 7E+308～−4.9E−324 正数范围：4.9E−324～1.797 693 134 862 315 7E+308
字符型	char	2	'\u0000'	'\u0000'～'\uffff'

为了使用上的方便，Java 语言提供了数值型数据的最大值与最小值的标识符及常量值，如表 3.4 所示。

表 3.4 数值型常量的特殊值代码

数据类型	所在的类	最小值代码	最大值代码
byte	java.lang.Byte	Byte.MIN_VALUE	Byte.MAX_VALUE
short	java.lang.Short	Short.MIN_VALUE	Short.MAX_VALUE
int	java.lang.Integer	Integer.MIN_VALUE	Integer.MAX_VALUE
long	java.lang.Long	Long.MIN_VALUE	Long.MAX_VALUE
float	java.lang.Float	Float.MIN_VALUE	Float.MAX_VALUE
double	java.lang.Double	Double.MIN_VALUE	Double.MAX_VALUE

说明：表 3.4 中表示浮点数 float 和 double 的最小值和最大值的常量分别为正数范围的最小值和最大值。若要取得负数范围的最小值或最大值，可用加负号的方法获得，如取得 double 型的最小负数可用如下语句：double min＝−Double.MAX_VALUE。

3.2 关键字与标识符

1. 关键字

关键字(keyword)是 Java 语言中被赋予特定含义的一些单词，它们在程序中有着不同的用途，因此 Java 语言不允许用户对关键字赋予其他的含义。Java 语言定义的关键字如表 3.5 所示。

表 3.5 Java 语言定义的关键字

abstract	assert	boolean	break	byte	case
catch	char	class	continue	default	do
double	else	enum	extends	false	final
finally	float	for	if	implements	import
instanceof	int	interface	long	native	new

续表

null	package	private	protected	public	return
short	static	super	switch	synchronized	this
throw	throws	transient	true	try	void
volatile	while				

2. 标识符

标识符(identifier)是用来表示变量名、类名、方法名、数组名和文件名的有效字符序列。也就是说，任何一个变量、常量、方法、对象和类都需要有名字，这些名字就是标识符。标识符可以由编程者自由指定，但是需要遵循一定的语法规定。标识符要满足如下规定：

(1) 标识符可以由字母、数字和下画线(_)、美元符号($)等组合而成；

(2) 标识符必须以字母、下画线或美元符号开头，不能以数字开头。

在实际应用标识符时，应该使标识符能在一定程度上反映它所表示的变量、常量、对象或类的意义，这样程序的可读性会更好。例如，i1、i2、count、value_add 等都是合法的标识符，因关键字不能当作标识符使用，所以 do、2count、high♯、null 等都是非法的标识符。

同时，应注意 Java 语言是大小写敏感的语言。例如，class 和 Class、System 和 system 分别代表不同的标识符，在定义和使用时要特别注意这一点。

用 Java 语言编程时，经常遵循以下命名习惯(不是强制性的)：类名首字母大写；变量名、方法名及对象名的首字母小写。对于所有标识符，其中包含的所有单词都应紧靠在一起，而且中间单词的首字母大写。例如，ThisIsAClassName、thisIsMethodOrFieldName。若定义常量时，则所有字母大写，这样便可标志出它们属于编译期的常数。Java 包(package)属于一种特殊情况，它们全都是小写字母，即便中间的单词亦是如此。

3.3 常量

常量存储的是在程序中不能被修改的固定值，即常量是在程序运行的整个过程中保持其值不改变的量。Java 语言中的常量也是有类型的，包括整型、浮点型、布尔型、字符型和字符串型。

1. 整型常量

整型常量可以用来给整型变量赋值，整型常量可以采用十进制、八进制或十六进制表示。十进制的整型常量用非 0 开头的数值表示，如 80，－30；八进制的整型常量用以 0 开头的数字表示，如 016 代表十进制的数字 14；十六进制的整型常量用 0x 或 0X 开头的数值表示，如 0x3E 代表十进制的数字 62。

整型常量按照所占用的内存长度又可分为一般整型常量和长整型常量，其中一般整型常量占用 32 位，长整型常量占用 64 位，长整型常量的尾部有一个字母 l 或 L，如－32L、0L、3721L。

2. 浮点型常量

浮点型常量表示的是可以含有小数部分的数值常量。根据占用内存长度的不同，可以分为一般浮点(单精度)常量和双精度浮点常量两种。其中，单精度常量后跟一个字母 f 或

F,双精度常量后跟一个字母 d 或 D。双精度常量后的 d 或 D 可以省略。

浮点型常量可以有普通的书写方法,如 3.14f、-2.17d,也可以用指数形式,如 2.8e-2 表示 2.8×10^{-2},58E3D 代表 58×10^3(双精度)。

3. 布尔型常量

布尔型常量也称为逻辑型常量,包括 true 和 false,分别代表真和假。

4. 字符型常量

字符型常量是用一对单引号括起的单个字符,如'a'、'9'。字符可以直接是字母表中的字符,也可以是转义符,还可以是要表示的字符所对应的八进制数或 Unicode 码。

转义符是一些有特殊含义、很难用一般方式来表达的字符,如回车、换行等。为了表达清楚这些特殊字符,Java 语言中引入了一些特别的定义。所有的转义符都用反斜线(\)开头,后面跟着一个字符来表示某个特定的转义符,如表 3.6 所示。

表 3.6 常用的转义符

转 义 符	所代表的意义
\f	换页(form feed),走纸到下一页
\b	退格(backspace),后退一格
\n	换行(new line),将光标移到下一行的开始
\r	回车(carriage return),将光标移到当前行的行首,但不移到下一行
\t	横向跳格(tab),将光标移到下一个制表符位置
\\	反斜线字符(backslash),输出一个反斜杠
\'	单引号字符(single quote),输出一个单引号
\"	双引号字符(double quote),输出一个双引号
\uxxxx	1~4 位十六进制数(xxxx)所表示的 Unicode 字符
\ddd	1~3 位八制数(ddd)所表示的 Unicode 字符,范围为八进制的 000~377

5. 字符串常量

字符串常量是用双引号括起的一串若干个字符(可以是 0 个)。字符串中可以包括转义符,但标志字符串开始和结束的双引号必须在源代码的同一行上。例如:

"您好,刘女士!\n"

6. 常量的声明

常量声明的形式与变量的声明形式基本一样,只需用关键字 final 标识,通常 final 写在最前面。例如:

```
final int MAX = 10;
final float PI = 3.14f;
```

Java 语言建议常量标识符全部用大写字母表示。上式 MAX 声明为值是 10 的整型常量,PI 声明为浮点数常量。

程序中使用常量有两点好处:一是增加可读性,从常量名可知常量的含义;二是增强可维护性,若程序中多处使用常量时,当要对它们进行修改时,只需在声明语句中修改一处即可。

3.4 变量

在程序中使用的值大多是需要经常变化的数据,用常数值表示显然是不够的。因此,每一种计算机语言都使用变量(variable)来存储数据,变量的值在程序运行中是可以改变的,使用变量的原则是"先声明后使用",即变量在使用前必须先声明。

1. 变量声明

计算机程序是通过变量来操纵内存中的数据,所以程序在使用任何变量之前首先应该在该变量和内存单元之间建立联系,这个过程称为变量的声明或变量的定义。因此,也可以说变量存储的是在程序运行过程中可以修改的值。变量具有四个基本要素:名字、类型、值和作用域。Java 语言的每个变量都有一个名字,称为变量的标识符,所以对变量的命名一定要遵守标识符的规定。每个变量都具有一种类型,变量的类型决定了变量的数据性质和范围、变量存储在内存中所占空间的大小(字节数)以及对变量可以进行的合法操作等。声明变量包括指明变量的数据类型和变量的名称,必要时还可以指定变量的初始数值。变量声明语句后要加分号";"。

1) 变量声明格式

一个变量由标识符、类型和可选的初始值共同定义。变量声明的格式如下:

类型 变量名[= 初值][,变量名[= 初值]……];

其中,"变量名"是一个合法的标识符,变量名的长度没有限制;"类型"是变量所属的数据类型;[]中的是可选项。例如,"int i;"表示声明了标识符 i 是 int 类型的变量。声明后,系统将给变量分配内存空间,每一个被声明的变量都有一个内存地址值。当有多个变量同属一个类型时,各变量可在同一行定义,只需将它们之间用逗号分隔。例如:

int i,j,k;

表示同时声明了 3 个 int 类型的变量 i,j,k。

2) 变量初始化

在声明变量的同时也可以对变量进行初始化,即赋初值。例如:

int i = 0;

表示声明的 i 是 int 类型的变量,且 i 的初值为 0。此时 i 称为已初始化的变量。一个变量被初始化后,它将保存此值直到被改变时为止。

Java 语言程序中可以随时定义变量,不必集中在执行语句之前。

同样也可声明其他类型变量。例如:

```
float   x = 3.14f;
double  v = 3.1415926;
boolean truth = true;
char    c = 'A';
```

2. 变量的赋值

当声明一个变量并没有赋初值或需要重新对变量赋值时,就需要使用赋值语句。Java 语言的赋值语句同其他计算机语言的赋值语相同,其格式为:

```
变量名 = 值；
```

下面举例来说明。

```
byte b = 55;                //声明 byte 型变量 b 并赋值
short s = 128;              //声明 short 型变量 s 并赋值
boolean t = true;           //声明 boolean 型变量 t 并赋值
int x,y = 8;                //声明 int 型变量 x 和 y，并为 y 赋值
long z = 1234567890123L;    //声明 long 型变量 z 并赋值
float f = 2.718f;           //声明 float 型变量 f 并赋值
double d = 3.1415;          //声明 double 型变量 d 并赋值
char c;                     //声明 char 型变量 c
c = '\u0031';               //为 char 型变量 c 赋值
x = 12;                     //为 int 型变量 x 赋值
```

3.5 数据类型转换

Java 语言的数据类型在定义时就已经确定，因此不能随意转换成其他的数据类型，但 Java 语言容许用户有限度地做类型转换处理，这就是所谓的数据类型转换，简称类型转换。类型转换就是在 Java 程序中，将常数或变量从一种数据类型转换到另一种数据类型，但这种转换是有条件的，并不是一种数据类型能任意地转换为另一种数据类型。

1. 数值型不同类型数据的转换

由于数值型分为不同的类型，所以数值型数据有类型转换问题。数值型数据的类型转换分为自动类型转换（或称隐含类型转换）和强制类型转换两种。凡是把占用比特数较少的数据（简称较短的数据）转换成占用比特数较多的数据（简称较长的数据），都使用自动类型转换，即类型转换由编译系统自动完成，不需要程序做特别的说明。但如果把较长的数据转换成较短的数据时，就要使用强制类型转换，否则就会产生编译错误。

1）自动类型转换

在程序中已经定义好的数值型的变量，若是想以另一种数值类型表示时，Java 语言会在下列条件同时成立时，自动进行数据类型的转换。

① 转换前的数据类型与转换后的类型兼容。

② 转换后数据类型的表示范围比转换前数据类型的表示范围大。

条件②说明不同类型的数据进行运算时，需先转换为同一类型，然后进行运算。转换从"短"到"长"的优先关系为：

byte→short→char→int→long→float→double
低 ──────────────────────→ 高

举例来说，若是想将 short 类型的变量 a 转换为 int 类型，由于 short 与 int 皆为整数类型，符合上述条件①，而 int 的表示范围比 short 来得大，也符合条件②，因此 Java 语言会自动将原为 short 类型的变量 a 转换为 int 类型。

值得注意的是，类型的转换只限该语句本身，并不会影响原先变量的类型定义，而且通过自动类型的转换，可以保证数据的精确度，它不会因为类型转换而损失数据的内容。这种类型的转换方式也称为扩大转换（augmented conversion）。

在一个表达式中若有整数类型为 short 或 byte 的数据参加运算，为了避免溢出，Java

会将表达式中的short或byte类型的数据自动转换成int类型,这样就可以保证其运算结果的正确性,这也是Java语言所提供的"扩大转换"功能。

由于boolean类型只能存放true或false,与整数及字符不兼容,因此不可能做类型的转换。接下来看一看当两个数中有一个为浮点数时,其运算的结果如何?

【例3.1】 数据类型的自动转换。

```
1   //filename: App3_1.java          类型自动转换
2   public class App3_1                              //定义类App3_1
3   {
4     public static void main(String[ ] args)
5     {
6       int a = 155;
7       float b = 21.0f;
8       System.out.println("a = " + a + ",b = " + b);    //输出a,b的值
9       System.out.println("a/b = " + (a/b));            //输出a/b的值
10    }
11  }
```

输出结果为:

a = 155,b = 21.0
a/b = 7.3809524

程序中第8、9两行的System.out.println()语句,其功能是输出括号中表达式的值然后换行。由运行的结果可以看到,当两个数中有一个为浮点数时,其运算的结果会直接转换为浮点数。当表达式中变量的类型不同时,Java会自动将较小的表示范围转换成较大的表示范围后,再做运算。也就是说,假设有一个整数和双精度浮点数做运算时,Java会把整数转换成双精度浮点数后再做运算,运算结果也会变成双精度浮点数。

2) 强制类型转换

如果要将较长的数据转换成较短的数据时,就要进行强制类型转换。强制类型转换的格式如下:

(欲转换的数据类型) 变量名

这种强制类型的转换,因为是直接编写在程序代码中,所以也称为显性转换(explicit cast)。经过强制类型转换,将得到一个括号里声明的数据类型的数据,该数据是从指定变量名中所包含的数据转换而来的,但是指定的变量及其数据本身将不会因此而转变。下面的程序说明了在Java语言中是如何进行数据类型强制转换的。

【例3.2】 整型与浮点数据类型的转换。

```
1   //filename: App3_2.java          整数与浮点数的类型转换
2   public class App3_2
3   {
4     public static void main(String[ ] args)
5     {
6       int a = 155;
7       int b = 9;
8       float g, h;
9       System.out.println("a = " + a + ",b = " + b);    //输出a,b的值
```

```
10      g = a/b;                                        //将 a 除以 b 的结果放在 g 中
11      System.out.println("a/b = " + g + "\n");        //输出 g 的值
12      System.out.println("a = " + a + ",b = " + b);   //输出 a,b 的值
13      h = (float)a/b;                                 //先将 a 强制转换成 float 类型后再参加运算
14      System.out.println("a/b = " + h);               //输出 h 的值
15      System.out.println("(int)h = " + (int)h);       //将变量 h 强制转换成 int 型
16      }
17   }
```

程序执行结果如下:

a = 155,b = 9
a/b = 17.0

a = 155,b = 9
a/b = 17.222221
(int)h = 17

当两个整数相除时,小数点之后的数字会被截断,使得运算的结果保持为整数。但由于这并不是预期的计算结果,因此想要使运算的结果为浮点数,就必须将两个整数中的一个或是两个强制转换为浮点数类型,例如下面的三种写法均成立:

```
(float)a/b           //将整数 a 强制转换成浮点数,再与整数 b 相除
a/(float)b           //将整数 b 强制转换成浮点数,再以整数 a 除之
(float)a/(float)b    //将整数 a 与 b 同时强制转换成浮点数
```

只要在变量名前面加上欲转换的类型,如例中第 15 行中的变量 h,程序运行时就会自动将此行语句里的变量做类型转换的处理,并不影响原先定义的类型。

此外,若是将一个大于变量可表示范围的值赋值给这个变量时,这种转换称为缩小转换(narrowing conversion)。由于缩小转换在转换的过程中可能会因此损失数据的精确度,Java 并不会自动做这种类型的转换,此时必须由程序员做强制性的转换。

注意:在程序设计过程中,不推荐从较长数据向较短数据的转换,因为从较长数据向较短数据转换的过程中,由于数据存储位数的缩小,将导致计算数据精度的降低。

2. 字符串型数据与整型数据相互转换

1) 字符串转换成数值型数据

数字字符串型数据转换成 byte、short、int、float、double、long 等数据类型,或将字符串"true"、"false"转换成相应的布尔类型,可以分别使用表 3.7 所提供的 Byte、Short、Integer、Long、Double、Float 和 Boolean 类的 parseXXX()方法完成。

表 3.7　字符串转换成数值型数据的方法

转换的方法	功 能 说 明
Byte.parseByte(String s)	将数字字符串转换为字节型数据
Short.parseShort(String s)	将数字字符串转换为短整型数据
Integer.parseInt(String s)	将数字字符串转换为整型数据
Long.parseLong(String s)	将数字字符串转换为长整型数据
Float.parseFloat(String s)	将数字字符串转换为浮点型数据
Double.parseDouble(String s)	将数字字符串转换为双精度型数据
Boolean.parseBoolean(String s)	将字符串转换为布尔型数据

例如:

```
String myNumber = "1234.567";      //定义字符串型变量 myNumber
float myFloat = Float.parseFloat(myNumber);
```

第 2 条语句是将字符串型变量 myNumber 的值转换成浮点型数据后,赋给变量 myFloat。

2) 数值型数据转换成字符串

在 Java 语言中,字符串可用加号"+"来实现连接操作。所以若其中某个操作数不是字符串,该操作在连接之前会自动将其转换成字符串,因此可用加号来实现自动的转换。如:

```
int myInt = 1234;                  //定义整型变量 myInt
String  myString = "" + myInt;     //将整型数据转换成了字符串
```

其他数值型数据类型也可以利用同样的方法转换成字符串。

3.6 由键盘输入数据

在程序设计中,经常需要从键盘上读取数据,这时就需要用户从键盘输入数据,从而可以增加与用户之间的交互。利用键盘输入数据,Java 语言提供了两种方式。

数据输入方式 1:利用键盘输入数据。其基本格式如下:

```
import java.io.*;
public class class_name              //类名称
{
   public static void main(String[] args) throws IOException
   {
      ⋮
      String str;                    //声明 str 为 String 类型的变量
      BufferedReader buf;            //声明 buf 为 BufferedReader 类的变量,该类在 java.io 类库中
      buf = new BufferedReader(new InputStreamReader(System.in));   //创建 buf 对象
      ⋮
      str = buf.readLine(); //用 readLine()方法读入字符串存入 str 中,且须处理 IOException 异常
      ⋮
   }
}
```

这个输入数据的基本结构是固定的格式,其中有关输入语句的功能将在第 10 章介绍。

该格式由键盘输入的数据,不管是文字还是数字,Java 皆视为字符串,因此若是要由键盘输入数值则需要利用表 3.7 中的方法进行相应类型转换。该数据输入格式中的相应语句也可写成如下格式,其作用完全相同。

```
import java.io.*;
public class class_name              //类名称
{
   public static void main(String[] args) throws IOException
   {
      ⋮
      String str;                    //声明 str 为 String 类型的变量
      InputStreamReader inp;         //声明 inp 为 InputStreamReader 类的变量,该类在 java.io 类库中
      inp = new InputStreamReader(System.in); //创建 inp 对象
```

```
        BufferedReader buf;        //声明 buf 为 BufferedReader 类的变量,该类在 java.io 类库中
        buf = new BufferedReader(inp); //创建 buf 对象
        …
        str = buf.readLine();  //用 readLine()方法读入字符串存入 str 中,且须处理 IOException 异常
        …
    }
}
```

这种格式中的"str=buf.readLine();"语句是利用 buf 调用 readLine()方法将从键盘上读取的数据均作为字符串来处理,当然也可以利用 read()方法从键盘上读取单个的字符型数据。如设 c 是定义成 char 型的变量,则"c=(char)buf.read();"语句将是从键盘上读取一个字符,赋给字符型变量 c。

下面举例说明如何由键盘输入文字、数字以及两个以上的数据。

1. 输入字符串

从键盘输入的所有文字、数字,Java 皆视为字符串,因此程序在处理上很简单,只要将输入的内容赋值给一个字符串型变量即可。

【例 3.3】 从键盘输入数据。

```
1    //filename: App3_3.java              由键盘输入字符串
2    import java.io.*;                    //加载 java.io 类库里的所有类
3    public class App3_3
4    {
5        public static void main(String[] args) throws IOException
6        {
7            BufferedReader buf;
8            String str;
9            buf = new BufferedReader(new InputStreamReader(System.in));
10           System.out.print("请输入字符串:");                //输出字符串
11           str = buf.readLine();           //将输入的文字指定给字符串变量 str 存放
12           System.out.println("您输入的字符串是:" + str);  //输出字符串
13       }
14   }
```

程序运行结果为:

请输入字符串:Java 语言程序设计↙
您输入的字符串是:Java 语言程序设计

说明:其中加有下画线的内容是用户从键盘输入的内容,斜箭头号表示回车符,下同。

在程序中,第 2 行的 import 命令类似于 C/C++语言里的♯include,而"import java.io.*;"则是加载 java.io 类库里的所有类,以供后面的程序代码使用(程序中的 IOException、InputStreamReader 与 BufferedReader 类均属于该类库)。第 10 行 System.out.print()语句的功能与 System.out.println()语句的功能基本相同,也是输出括号中的数据,但其不同的是该语句输出数据后不换行。当程序运行到第 11 行时,会等待用户输入数据,输入完毕后按 Enter 键,所输入的内容赋给字符串变量 str。字符串变量的名称可以是任何合法的 Java 标识符。

说明:若将该程序的第 8 行改为"char str;",第 11 行改为"str=(char)buf.read();",

则该程序只从键盘上读取一个字符,然后输出。

2. 输入数值

由于从键盘输入的数据均被视为字符串,所以若想从键盘上输入数值型数据,必须先利用表 3.7 中所提供的方法进行类型转换后,字符串的内容才会变成数值。

【例 3.4】 从键盘输入数字,然后将其转换成数值型数据。

```
1    //filename: App3_4.java              由键盘输入整数
2    import java.io.*;
3    public class App3_4
4    {
5        public static void main(String[] args) throws IOException
6        {
7            float num;
8            String str;
9            BufferedReader buf;
10           buf = new BufferedReader(new InputStreamReader(System.in));
11           System.out.print("请输入一个实数: ");
12           str = buf.readLine();            //将输入的文字指定给字符串变量 str 存放
13           num = Float.parseFloat(str);     //将 str 转换成 float 类型后赋给 num
14           System.out.println("您输入的数为: " + num);
15       }
16   }
```

程序运行结果为:

请输入一个实数: 32.58 ↙
您输入的数为: 32.58

程序中的第 13 行语句是利用 parseFloat() 方法将从键盘输入的数据,转换为浮点型数据。

3. 输入多个数据

对于多个数据的输入与单个数据的输入基本相同,下面是从键盘输入两个整数,然后将其相乘后的结果输出到显示器上。

【例 3.5】 从键盘输入多个数据。

```
1    //filename: App3_5.java              由键盘输入多个数据
2    import java.io.*;
3    public class App3_5
4    {
5        public static void main(String[] args) throws IOException
6        {
7            int num1,num2;
8            String str1,str2;
9            InputStreamReader in;
10           in = new InputStreamReader(System.in);
11           BufferedReader buf;
12           buf = new BufferedReader(in);
13           System.out.print("请输入第一个数: ");
14           str1 = buf.readLine();             //将输入的内容赋值给字符串变量 str1
```

```
15      num1 = Integer.parseInt(str1);      //将 str1 转成 int 类型后赋给 num1
16      System.out.print("请输入第二个数：");
17      str2 = buf.readLine();              //将输入的内容赋值给字符串变量 str2
18      num2 = Integer.parseInt(str2);      //将 str2 转成 int 类型后赋给 num2
19      System.out.println(num1 + " * " + num2 + " = " + (num1 * num2));
20    }
21  }
```

程序运行结果如下：

请输入第一个数：3 ↙
请输入第二个数：6 ↙
3 * 6 = 18

程序中的第 14、15 行为第一个数的输入，第 17、18 行为第二个数的输入，再赋给适当的变量名及用相应的转换方法进行类型转换即可。

数据输入方式 2：为了简化输入操作，从 Java SE 5 版本开始在 java.util 类库中新增了一个专门用于输入操作的类 Scanner，可以使用该类创建一个对象，然后利用该对象调用相应的方法，从键盘上读取数据。语句格式如下：

```
import java.util.*;
public class class_name                        //类名称
{
  public static void main(String[] args)
  {
    Scanner reader = new Scanner(System.in);   //创建 Scanner 对象用于读取 System.in 的输入
    double num;                                //声明 double 型变量，也可声明其他数值型变量
    ⋮
    num = reader.nextDouble();                 //调用 reader 对象的相应方法，读取键盘数据
    ⋮
  }
}
```

Java 使用 System.out 表示标准的输出设备，而用 System.in 表示标准输入设备。默认情况下，标准输出设备是显示器，而标准输入设备是键盘。为了完成控制台（DOS）输出，只需使用 println()方法就可以在控制台上显示输出字符串。Java 并不直接支持控制台输入，但可以使用 Scanner 类创建它的对象，以读取来自 System.in 的输入，如"Scanner reader = new Scanner(System.in);"。

在上面的语法结构中用创建的 reader 对象调用 nextDouble()方法来读取用户从键盘上输入的 double 型数据，也可用 reader 对象调用下列方法，读取用户在键盘上输入的相应类型的数据：nextByte()，nextDouble()，nextFloat()，nextInt()，nextLong()，nextShort()，next()，nextLine()。

上述的 nextXXX()方法被调用后，则等待用户从键盘上输入数据并按 Enter 键（或空格键、Tab 键）确认。在从键盘上输入数据时，通常的做法是让 reader 对象先调用 hasNextXXX()方法判断用户在键盘上输入的是否是相应类型的数据，然后再调用 nextXXX()方法读取数据。例如，用户在键盘上输入 123.45 后按 Enter 键，hasNextFloat()的值为 true，而 hasNextInt()的值为 false。next()或 nextLine()方法被调用后，则等待用户在

键盘上输入一行文本,即字符串,这两个方法返回一个 String 类型的数据,String 类型将在 5.5 节讨论。

下面举一个简单的例子,来说明该语句的用法,该语句的其他用法在 4.4 节讲述循环语句时详细介绍。

【例 3.6】 利用 Scanner 类从键盘输入多个数据。

```
1    //filename: App3_6.java        由键盘输入多个数据
2    import java.util.*;            //加载 java.util 类库里的所有类
3    public class App3_6
4    {
5      public static void main(String[] args)
6      {
7        int num1;
8        double num2;
9        Scanner reader = new Scanner(System.in);
10       System.out.print("请输入第一个数:");
11       num1 = reader.nextInt();    //将输入的内容作为 int 型数据赋值给变量 num1
12       System.out.print("请输入第二个数:");
13       num2 = reader.nextDouble(); //将输入的内容作为 double 型数据赋值给变量 num2
14       System.out.println(num1 + " * " + num2 + " = " + ((float)num1 * num2));
15     }
16   }
```

程序运行结果如下:

请输入第一个数:5 ↙
请输入第二个数:8 ↙
5 * 8.0 = 40.0

【例 3.7】 利用 Scanner 类,使用 next()和 nextLine()方法接收从键盘输入字符串型数据。

```
1    //filename: App3_7.java        由键盘输入多个数据
2    import java.util.*;            //加载 java.util 类库里的所有类
3    public class App3_7
4    {
5      public static void main(String[] args)
6      {
7        String s1,s2;
8        Scanner reader = new Scanner(System.in);
9        System.out.print("请输入第一个数据:");
10       s1 = reader.nextLine();    //将输入的内容作为字符串型数据赋值给变量 s1
11       System.out.print("请输入第二个数据:");
12       s2 = reader.next();        //按 Enter 键后 next()方法将回车符和换行符去掉
13       System.out.println("输入的是" + s1 + "和" + s2);
14     }
15   }
```

程序运行结果如下:

请输入第一个数据:abc ↙

请输入第二个数据：xyz ↙
输入的是 abc 和 xyz

说明：next()方法一定要读取到有效字符后才可以结束输入，对输入有效字符之前遇到的空格键、Tab 键或 Enter 键等，next()方法会自动将其去掉，只有在输入有效字符之后，next()方法才将其后输入的空格键、Tab 键或 Enter 键视为分隔符或结束符；而 nextLine()方法的结束符只是 Enter 键，即 nextLine()方法返回的是 Enter 键之前的所有字符。可以将例 3.7 中的第 10 行改为调用 next()方法，而把第 12 行改为调用 nextLine()方法试一下，以加深理解。

3.7 运算符与表达式

在程序设计中经常要进行各种运算，从而达到改变变量值的目的。要实现运算，就要使用运算符。运算符是用来表示某一种运算的符号，它指明了对操作数所进行的运算。按操作数的数目来分，有一元运算符（如++）、二元运算符（如+、>）和三元运算符（如?:），它们分别对应于一个、两个和三个操作数。按照运算符功能来分，基本的运算符有下面几类。

- 算术运算符：+、−、*、/、%、++、−−。
- 关系运算符：>、<、>=、<=、==、!=。
- 逻辑运算符：!、&&、||、&、|。
- 位运算符：>>、<<、>>>、&、|、^、~。
- 赋值运算符：=；扩展赋值运算符，如+=、/=等。
- 条件运算符：?:。
- 其他运算符：包括分量运算符.、下标运算符[]、实例运算符 instanceof、内存分配运算符 new、强制类型转换运算符(类型)、方法调用运算符()等。

3.7.1 算术运算符

顾名思义,算术运算符就是用来进行算术运算的符号。这类运算符是最基本、最常见的。算术运算符作用于整型或浮点型数据,完成相应的算术运算。Java 语言的算术运算符分为一元运算符和二元运算符。一元运算符只有一个操作数参加运算，而二元运算符则有两个操作数参加运算。

1. 二元算术运算符

二元算术运算符如表 3.8 所示。

表 3.8 二元算术运算符

运算符	功能	示例
+	加运算	a+b
−	减运算	a−b
*	乘运算	a*b
/	除运算	a/b
%	取模（求余）运算	a%b

对于除号"/"，它的整数除法和实数除法是有区别的：两个整数之间做除法时，只保留整

数部分而舍弃小数部分。对于两个整数之间的除法和取模运算,式子(a/b)*b+(a%b)==a恒成立。

对取模运算符"%"来说,其操作数可以为浮点数。即 a % b 与 a-((int)(a/b)*b)的语义相同,这表示 a % b 的结果是除完后剩下的浮点数部分。只有单精度操作数的浮点表达式按照单精度运算求值,产生单精度结果。如果浮点表达式中含有一个或一个以上的双精度操作数,则按双精度运算,结果是双精度浮点数,如 37.2%10=7.2。

值得注意的是 Java 语言对加运算符进行了扩展,使它能够进行字符串的连接,如"abc"+"de",得到字符串"abcde",详见 3.7.7 节。

2. 一元算术运算符

一元算术运算符如表 3.9 所示。

表 3.9 一元算术运算符

运算符	功能	示例
+	正值	+a
-	负值	-a
++	加 1	++a 或 a++
--	减 1	--a 或 a--

加 1、减 1 运算符既可放在操作数之前(如++i 或--i),也可放在操作数之后(如 i++或 i--),但两者的运算方式不同。如果放在操作数之前,操作数先进行加 1 或减 1 运算,然后将结果用于表达式的操作;如果放在操作数之后,则操作数先参加其他的运算,然后再进行加 1 或减 1 运算。例如:

```
int i=10,j,k,m,n;
j=+i;       //取原值,则 j=10
k=-i;       //取相反符号值,则 k=-10
m=i++;      //先 m=i,再 i=i+1,则 m=10,i=11
m=++i;      //先 i=i+1,再 m=i,则 i=12,m=12
n=i--;      //先 n=i,再 i=i-1,则 n=12,i=11
n=--i;      //先 i=i-1,再 n=i,则 i=10,n=10
```

说明:一元运算符与操作数之间不允许有空格。加 1 或减 1 运算符不能用于表达式,只能用于简单变量。例如,++(x+1)有语法错误。

3.7.2 关系运算符

关系运算符用于比较两个值之间的大小,结果返回逻辑型的值 true 或 false。关系运算符都是二元运算符,如表 3.10 所示。

表 3.10 关系运算符

运算符	功能	示例	运算符	功能	示例
>	大于	a>b	<=	小于或等于	a<=b
>=	大于或等于	a>=b	==	等于	a==b
<	小于	a<b	!=	不等于	a!=b

注意：不能在浮点数之间做"=="的比较，因为浮点数在表达上有难以避免的微小误差，精确的相等比较无法达到，所以这类比较没有意义。

3.7.3 逻辑运算符

逻辑运算与关系运算的关系非常密切，关系运算是运算结果为逻辑型量的运算，而逻辑运算是操作数与运算结果都是逻辑型量的运算。逻辑运算符如表 3.11 所示。

表 3.11 逻辑运算符

运算符	功　能	示　例	运　算　规　则
&	逻辑与	a&b	两个操作数均为 true 时，结果才为 true
|	逻辑或	a|b	两个操作数均为 false 时，结果才为 false
!	逻辑非（取反）	!a	将操作数取反
^	异或	a^b	两个操作数同真或同假时，结果才为 false
&&	简洁与	a&&b	两个操作数均为 true 时，结果才为 true
||	简洁或	a||b	两个操作数均为 false 时，结果才为 false

! 为一元运算符，实现逻辑非。&、| 为二元运算符，实现逻辑与、逻辑或运算。简洁运算(&&、||)与非简洁运算(&、|)的区别在于：非简洁运算在必须计算完左右两个表达式之后，才取结果值；而简洁运算可能只需计算左边的表达式而不用计算右边的表达式，即对于 &&，只要左边表达式为 false，就不用计算右边表达式，则整个表达式为 false；对于 ||，只要左边表达式为 true，就不用计算右边表达式，则整个表达式为 true。

对于异或运算可以通过一句话来记住它：两个值不同，值为真；两个值相同，值为假（不同，称为"异"，也就是说两个值不能相同）。

下面的例子说明了关系运算符和逻辑运算符的使用。

【例 3.8】 关系运算符和逻辑运算符的使用。

```
1    //filename: App3_8.java     关系运算符和逻辑运算符的使用
2    public class App3_8
3    {
4      public static void main(String[] args)
5      {
6        int a = 25, b = 7;
7        boolean x = a < b;        //x = false
8        System.out.println("a < b = " + x);
9        int e = 3;
10       boolean y = a/e > 5;      //y = true
11       System.out.println("x ^ y = " + (x^y));
12       if(b < 0 & e!= 0) System.out.println("b/0 = " + b/0);
13       else System.out.println("a % e = " + a % e);
14       int f = 0;
15       if(f!= 0 && a/f > 5) System.out.println("a/f = " + a/f);
16       else System.out.println("f = " + f);
17     }
18   }
```

其运行结果为：

a < b = false
x ^ y = true
a % e = 1
f = 0

该程序第 12 行的条件中左边式子 b<0 虽然为 false，但非简洁运算符"&"还必须要求再计算右边的式子 e！=0 是否成立，尽管该式成立，但整个式子"b<0 & e！=0"的结果值仍为 false，因此该行后面的输出语句中的"b/0"永远不会被计算；但第 15 行 if 语句中的"&&"为简洁运算符，所以只要左边的式子"f！=0"不成立，就不需计算右边的"a/f>5"式子，所以在运行时不会发生除 0 溢出的错误。

3.7.4 位运算符

位运算符是对操作数以二进制比特位为单位进行的操作和运算，Java 语言中提供了如表 3.12 所示的位运算符。

表 3.12 位运算符

运算符	功　能	示　例	运　算　规　则
~	按位取反	~a	将 a 按位取反
&	按位与	a & b	将 a 和 b 按比特位相与
|	按位或	a | b	将 a 和 b 按比特位相或
^	按位异或	a ^ b	将 a 和 b 按比特位相异或
>>	右移	a>>b	将 a 各比特位向右移 b 位
<<	左移	a<<b	将 a 各比特位向左移 b 位
>>>	0 填充右移	a>>>b	将 a 各比特位向右移 b 位，左边的空位一律填 0

Java 语言的位运算符可分为按位运算和移位运算两类。这两类位运算符中，除一元运算符"~"以外，其余均为二元运算符。位运算符的操作数只能为整型或字符型数据。有的符号（如 &，|，^）与逻辑运算符的写法相同，但逻辑运算符的操作数为 boolean 型的量。用户在使用这种运算符要注意它们的区别。

3.7.5 赋值运算符

1. 赋值运算符

关于赋值运算符"="，我们在 3.4 节介绍变量的赋值时已经简单提过。简单的赋值运算是把一个表达式的值直接赋给一个变量或对象，使用的赋值运算符是"="，其格式如下：

变量或对象 = 表达式；

在赋值运算符两侧的类型不一致的情况下，则需要按 3.5 节中介绍的规则进行自动或强制类型转换。即变量从占用内存较少的短数据类型转化成占用内存较多的长数据类型时，Java 会自动进行隐含类型转换；而将变量从较长的数据类型转换成较短的数据类型时，则必须做强制类型转换，即采用"(类型)表达式"的方式。

赋值运算符右端的表达式可以还是赋值表达式,形成连续赋值的情况。例如:

a = b = c = 8;

首先执行 c＝8,该赋值表达式的值是 8,然后再执行 b＝8,该表达式的值是 8,最后执行 a＝8。

2．扩展赋值运算符

在赋值符"＝"前加上其他运算符,即构成扩展赋值运算符,例如,a＋＝3 等价于 a＝a＋3。即扩展赋值运算符是先进行某种运算之后,再对运算的结果进行赋值。表 3.13 列出了 Java 语言中的扩展赋值运算符及等效表达式。

表 3.13 扩展赋值运算符及等效表达式

运 算 符	示 例	等效表达式
＋＝	a＋＝b	a＝a＋b
－＝	a－＝b	a＝a－b
＊＝	a＊＝b	a＝a＊b
／＝	a／＝b	a＝a／b
％＝	a％＝b	a＝a％b
＆＝	a＆＝b	a＝a＆b
｜＝	a｜＝b	a＝a｜b
＾＝	a＾＝b	a＝a＾b
＞＞＝	a＞＞＝b	a＝a＞＞b
＜＜＝	a＜＜＝b	a＝a＜＜b
＞＞＞＝	a＞＞＞＝b	a＝a＞＞＞b

3.7.6 条件运算符

Java 语言提供了高效简便的三元条件运算符(?:)。该运算符的格式如下:

表达式 1?表达式 2:表达式 3;

其中,"表达式 1"是一个结果为布尔值的逻辑表达式。该运算符的功能是:计算"表达式 1"的值,当"表达式 1"的值为 true 时,则将"表达式 2"的值作为整个表达式的值;当"表达式 1"的值为 false 时,则将"表达式 3"的值作为整个表达式的值。例如,

```
int a = 1, b = 2, max;
max = a > b ? a : b;                //max 获得 a,b 之中的较大值
System.out.println("max = " + max); //输出结果为 max = 2
```

当要通过测试某个表达式的值来选择两个表达式中的一个进行计算时,用条件运算符来实现是一种简练的方法。这时,它实现了 if-else 语句的功能。

3.7.7 字符串运算符

字符串运算符"＋"是以 String 为对象进行的操作。运算符"＋"完成字符串连接操作,如果必要,系统则自动把操作数转换为 String 型。例如:

```
float a = 100.0f;                           //定义变量a为浮点型
print("The value of a is" + a + "\n");      //系统自动将a转换成字符串
```

如果操作数是一个对象,则可利用相应类中的 toString()方法,将该对象转换成字符串,然后再进行字符串连接运算。"＋＝"运算符也可以用于字符串。如设 s1 为 String 型,a 为 int 型,则有

```
s1 += a;                                    //s1 = s1 + a,a 自动转换为 String 型
```

3.7.8 表达式及运算符的优先级、结合性

表达式是由变量、常量、对象、方法调用和操作符组成的式子,它执行这些元素指定的计算并返回某个值。如,a＋b,c＋d 等都是表达式,表达式用于计算并对变量赋值,或作为程序控制的条件。作为特例,单独的常量、变量或方法等均可看作是一个表达式。

在对一个表达式进行运算时,要按运算符的优先顺序从高向低进行。运算符的优先级决定了表达式中不同运算执行的先后顺序,大体上来说,从高到低是:一元运算符、算术运算、关系运算和逻辑运算、赋值运算。运算符除有优先级外,还有结合性,运算符的结合性决定了并列的多个同级运算符的先后执行顺序。同级的运算符大都是按从左到右的方向进行(称为"左结合性")。大部分运算的结合性都是从左向右,而赋值运算、一元运算等则有右结合性。表 3.14 给出了 Java 语言中运算符的优先级和结合性。

表 3.14 运算符的优先级及结合性(表顶部的优先级较高)

优先级	运 算 符	运算符的结合性
1	. [ ] ( )	左→右
2	++ -- ! ~ +(正号) -(负号) instanceof	右→左
3	new (类型)	右→左
4	* / %	左→右
5	+ -(二元)	左→右
6	<< >> >>>	左→右
7	< > <= >=	左→右
8	== !=	左→右
9	&	左→右
10	^	左→右
11	|	左→右
12	&&	左→右
13	||	左→右
14	? :	左→右
15	= += -= *= /= %= <<= >>= >>>= &= ^= |=	右→左

在表达式中,可以用括号()显式地标明运算次序,括号中的表达式首先被计算。适当地使用括号可以使表达式的结构清晰。例如:

```
a>=b && c<d || e==f
```

可以用括号显式地写成:

((a<=b)&&(c<d))||(e==f)

这样就清楚地表明了运算次序,使程序的可读性加强。

注意:括号的使用必须匹配。

本章小结

1. Java 语言的数据类型可分为基本数据类型和引用数据类型两种。

2. 常量是在程序运行的整个过程中保持其值不改变的量;变量是其值在程序运行中可以改变的量。

3. Java 语言变量的名称可以由英文字母、数字或下画线等组成。但要注意,名称中不能有空格,且第一个字符不能是数字,还有不能是 Java 语言的关键字。此外,Java 语言的变量名是区分大小写的。

4. 使用变量的原则是"先声明后使用",即变量在使用前必须先声明。

5. 变量的赋值有以下三种方法:在声明的时候赋值、声明后再赋值、在程序中的任何位置声明并赋值。

6. Java 语言提供了数值类型量的最大值、最小值的代码。最大值的代码是 MAX_VALUE,最小值是 MIN_VALUE。如果要使用某个数值类型量的最大值或最小值,只要在这些代码的前面,加上它们所属的类全名即可。

7. 布尔(boolean)类型的变量,只有 true(真)和 false(假)两种。

8. Unicode(标准码)为每个字符制定了一个唯一的数值,因此在任何的语言、平台、程序都可以放心地使用。

9. 数据类型的转换可分为两种:自动类型转换和强制类型转换。

10. 由键盘输入数据时,Java 语言的输入格式是固定的。其中,对于数据输入方式 1,不管输入的是文字还是数字,Java 皆视为字符串,因此若是要由键盘输入数值型数据则必须再经过类型转换;对于数据输入方式 2,则是使用 Scanner 类的对象调用相应的 nextXXX() 方法直接读取由键盘输入的相应类型的数据。

11. 表达式是由操作数与运算符所组成的。括号()是用来处理表达式的优先级的,也是 Java 语言的运算符。

12. 当表达式中各数值型操作数的类型不匹配时,有如下处理方法:①占用较少字节的数据类型会转换成占用较多字节的数据类型;②有 short 和 int 类型,则用 int 类型;③字节类型会转换成 short 类型;④int 类型转换成 float 类型;⑤若某个操作数的类型为 double,则另一个也会转换成 double 类型;⑥布尔型不能转换成其他的类型。

13. Java 语言的运算符是有优先级和结合性的。运算符的优先级决定了表达式中不同运算执行的先后顺序,而结合性决定了并列的多个同级运算符的先后执行顺序。

第 3 章习题

3.1 Java 语言定义了哪几种基本数据类型?

3.2 表示整数类型数据的关键字有哪几个?它们各占用几个字节?

3.3 单精度浮点型(float)和双精度浮点型(double)的区别是什么?

3.4 字符型常量与字符串常量的主要区别是什么？
3.5 简述 Java 语言对定义标识符的规定。
3.6 Java 语言采用何种编码方案？有何特点？
3.7 什么是强制类型转换？在什么情况下需要用强制类型转换？
3.8 自动类型转换的前提是什么？转换时从"短"到"长"的优先级顺序是怎样的？
3.9 数字字符串转换为数值型数据时，所使用的方法有哪些？
3.10 写出由键盘输入数据的两种基本格式。
3.11 编写程序，从键盘上输入一个浮点数，然后将该浮点数的整数部分输出。
3.12 编写程序，从键盘上输入两个整数，然后计算它们相除后得到的结果并输出。
3.13 编写程序，从键盘上输入圆柱体的底半径 r 和高 h，然后计算其体积并输出。
3.14 Java 语言有哪些算术运算符、关系运算符、逻辑运算符、位运算符和赋值运算符？
3.15 逻辑运算符中的逻辑与、逻辑或和简洁与、简洁或的区别是什么？
3.16 逻辑运算符与位运算符的区别是什么？
3.17 什么是运算符的优先级和结合性？
3.18 写出下列表达式的值，设 $x=3, y=17, yn=true$。
(1) x+y*x--   (2) -x*y+y   (3) x<y && yn
(4) x>y || !yn   (5) y!=++x ? x:y   (6) y++/--x

第 4 章 流程控制

本章主要内容：
- 语句与复合语句；
- 分支结构（选择结构）；
- 循环结构；
- 跳转语句。

本章主要介绍编写 Java 程序必须掌握的流程控制语句，只有掌握这些流程控制语句，编写 Java 程序才能得心应手。

流程是指程序运行时，各语句的执行顺序。流程控制语句就是用来控制程序中各语句执行顺序的语句，是程序中基本却又非常关键的部分。任何一门高级语言都定义了自己的流程控制语句来控制程序中的流程。流程控制语句可以把单个的语句组合成有意义的、能完成一定功能的小逻辑模块。最主要的流程控制方式是结构化程序设计中规定的三种基本流程结构：顺序结构、分支结构（或称选择结构）和循环结构。

4.1 语句与复合语句

Java 语言中的语句就是指示计算机完成某种特定运算及操作的命令，一条语句执行完后再执行另一条语句。语句可以是以分号";"结尾的简单语句，也可以是用一对花括号"{}"括起来的复合语句。最简单的语句是方法调用语句和赋值语句，它们是在方法调用或赋值表达式后加一个分号";"所构成，分别表示完成相关的任务及赋值。例如：

```
System.out.println("Hello World");
x = a + 8;
y = x > 0 ? x : -x;
s = TextBox1.getText();
a = Integer.parseInt(s);
```

复合语句也称语句块，是指由一对花括号括起来的若干条简单语句。复合语句定义变量的作用域（scope）。一个复合语句可以嵌套另一个复合语句。Java 语言的复合语句与 C++ 复合语句不同的是：Java 语言不允许在两个嵌套的复合语句内声明同名的变量。如下面的代码在编译时将会出错。

```
public static void main(String[] args)
{
```

```
    int a;
     ⋮
    {
      int b;
      int a;    //错误,因变量 a 前面已定义
       ⋮
    }
}
```

另外在程序设计过程中经常要用到注释语句。Java 语言允许在源程序文件中添加注释(comment),以增加程序的可读性,系统不会对注释的内容进行编译。Java 语言有三种形式的注释。

1. 单行注释

单行注释以//开头,至该行行尾。其格式如下:

```
//单行注释(comment on one line)
```

2. 多行注释

多行注释以/*开头,以*/结束。其格式如下:

```
/*单行或多行注释
(comment on one or more lines)*/
```

3. 文件注释

文件注释是 Java 语言所特有的文档注释。它以/** 开头,以 */结尾。这种注释主要用于描述类、数据和方法。它是使用 JDK 提供的 javadoc.exe 命令所生成的扩展名为.html 的文件,从而为程序提供文档说明。

4.2 顺序结构

顺序结构是最简单的流程控制结构。顺序结构就是程序从上到下一行一行执行的结构,中间没有判断和跳转,直到程序结束。在顺序结构中程序中的语句将按照它们书写的先后顺序依次执行。所以,高级语言不需要为顺序结构定义专门的流程控制语句,只要编写时把语句按照希望其执行的顺序来书写即可。图 4.1 所示即为结构化程序设计中的顺序流程控制结构。

图 4.1 顺序结构执行流程

4.3 分支结构

分支结构又称为选择结构,是一种在两种以上的多条执行路径中选择一条执行的控制结构,这里所说的执行路径是指一组语句。通常分支结构要先做一个判断,然后根据判断的结果来决定选择哪一条执行路径。

4.3.1 if 条件语句

if 语句是 Java 程序中最常见的分支结构,每一种编程语言都有一种或多种形式的该类

语句,它是一种"二选一"的控制结构,即给出两种可能的执行路径供选择。分支前的判断称为条件表达式,简称为条件,它是一个结果为逻辑型量的关系表达式或逻辑表达式,根据这个表达式的值是"真"或"假"来决定选择哪个分支来执行。

if 语句有多种形式的应用,下面分别介绍。

第一种应用的格式为双路条件选择,其结构如下。程序执行流程如图 4.2 所示。

```
if(条件表达式)
{
    语句序列 1
}
else
{
    语句序列 2
}
```

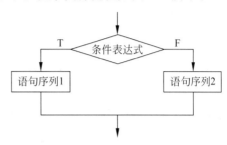

图 4.2 双路条件选择结构执行流程

if 和 else 都是 Java 语言的关键字,执行 if 语句时,程序先计算条件表达式的值,如果值为"真",则执行"语句序列 1";如果值为"假",则执行"语句序列 2"。

注意:这里分支的语句序列如果只有一个语句,则不需要用大括号括起来;否则,分支中的所有语句都需要用大括号括起,以便与分支之外的语句相区分。

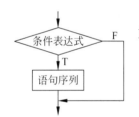

图 4.3 单路条件选择结构执行流程

第二种应用格式为单路条件选择,其结构如下。程序执行流程如图 4.3 所示。

```
if(条件表达式)
{
    语句序列
}
```

即只有 if 分支,没有 else 分支,如果条件表达式成立,则执行语句序列,否则直接执行 if 语句之后的其他语句。

【例 4.1】 找出三个整数中的最大值和最小值。

从两个方案中选择其一可以使用一个 if 语句,而从三个方案中选择其一可以使用两个 if 语句。本例使用了两个并列的 if 语句,其中,第二个 if 语句没有 else 语句。除此之外,本例使用了三元条件运算符(?:)解决同样的问题。程序如下:

```
1    //filename: App4_1.java       if 语句的应用
2    public class App4_1
3    {
4        public static void main(String[] args)
5        {
6            int a = 1, b = 2, c = 3, max, min;
7            if(a > b)
8                max = a;
9            else
10               max = b;
11           if(c > max) max = c;
12           System.out.println("Max = " + max);
```

```
13        min = a < b ? a : b;
14        min = c < min ? c : min;
15        System.out.println("Min = " + min);
16    }
17 }
```

程序运行结果：

```
Max = 3
Min = 1
```

该程序的第 7～10 行是双路条件选择语句,用于求 a 与 b 中较大的数存入变量 max 中；第 11 行是单路条件选择语句,用于将 max 与 c 比较；第 13、14 两行分别用条件运算符来代替简单的双路条件选择语句,求 a、b 和 c 三个数中的最小数。

第三种应用格式为多重条件选择结构,其结构如下。程序执行流程如图 4.4 所示。

```
if(条件表达式 1)
{
    语句序列 1
}
else if(条件表达式 2)
{
    语句序列 2
}
...
else if(条件表达式 n )
{
    语句序列 n
}
else{
    语句序列 n + 1
}
```

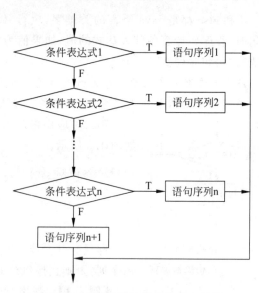

图 4.4 多重条件选择结构执行流程

该语句的功能是对 else if 进行了更多的条件判断,不同的条件对应不同的语句序列。同时,if 语句还可以进行语句的嵌套。需要注意的是,在使用 if 嵌套语句时,最好使用{}来确定相互的层次关系。

注意：在 Java 语言中,if()和 else if()括号中条件表达式的结果必须是逻辑型量（即 true 或 false）,这一点与 C 和 C++语言不同。

【**例 4.2**】 给出一个分数,按不同的分数段将其评定为 A、B、C、D 和 E 五个档次之一。

```
1   //filename: App4_2.java      多重条件选择语句的应用
2   public class App4_2
3   {
4      public static void main(String[] args)
5      {
6         int testScore = 86;
7         char grade;
8         if(testScore >= 90) {
```

```
9            grade = 'A';
10       } else if(testScore >= 80) {
11            grade = 'B';
12       } else if(testScore >= 70) {
13            grade = 'C';
14       } else if(testScore >= 60) {
15            grade = 'D';
16       } else {
17            grade = 'E';
18       }
19       System.out.println("评定成绩为: " + grade);
20   }
21 }
```

程序运行结果：

评定成绩为：B

由于给定的成绩 testScore 为 86 分，所以满足第 10 行的条件语句，所以将其成绩变量 grade 赋值为 B，然后直接执行第 19 行的输出语句，将评定的成绩输出。

4.3.2 switch 选择语句

在多重条件选择的情况下，可以使用 if-else 结构来实现其功能，但是，使用多分支开关语句会使程序更为精练、清晰。switch 语句就是多分支开关语句，常用于多重条件选择。它将一个表达式的值同许多其他值比较，并按比较结果选择执行哪些语句。switch 选择语句的格式如下：

```
switch(表达式)
{
  case 常量表达式 1：
      语句序列 1；
      break；
  case 常量表达式 2：
      语句序列 2；
      break；
        ⋮
  case 常量表达式 n：
      语句序列 n；
      break；
  default：
      语句序列 n+1；
}
```

switch 多分支选择语句在执行时，首先计算圆括号中"表达式"的值，这个值必须是整型或字符型，同时应与各个 case 后面的常量表达式值的类型相一致。计算出表达式的值后，将它先与第一个 case 后面的"常量表达式 1"的值相比较，若相同，则程序的流程转入第一个 case 分支的语句序列；否则，再将表达式的值与第二个 case 后面的"常量表达式 2"相比较。依次类推，如果表达式的值与任何一个 case 后的常量表达式值都不相同，则转去执行最后的 default 分支的语句序列，在 default 分支不存在的情况下，则跳出整个 switch 语句。在每个 case 语句后要用 break 退出 switch 结构。其中，break 是流程跳转语句，它的其他用法将在 4.5 节介绍。

【例 4.3】 利用 switch 语句来判断用户从键盘上输入的运算符，再输出计算后的结果。

```
1   //filename: App4_3.java        switch 语句的应用
2   public class App4_3
3   {
4     public static void main (String[ ] args) throws Exception
5     {
6       int a = 100, b = 6;
7       char oper;
8       System.out.print("请输入运算符: ");
9       oper = (char)System.in.read();        //从键盘读入一个字符存入变量 oper 中
10      switch(oper)
11      {
12        case '+':    //输出 a+b
13          System.out.println(a + " + " + b + " = " + (a+b));
14          break;
15        case '-':    //输出 a-b
16          System.out.println(a + " - " + b + " = " + (a-b));
17          break;
18        case '*':    //输出 a*b
19          System.out.println(a + " * " + b + " = " + (a*b));
20          break;
21        case '/':    //输出 a/b
22          System.out.println(a + "/" + b + " = " + ((float)a/b));
23          break;
24        default:    //输出字符串
25          System.out.println("输入的符号不正确!");
26      }
27    }
28  }
```

程序运行结果：

请输入运算符: /↵
100/6 = 16.666666

该程序的第 6 行是将两个整数分别存入变量 a 和 b 中，第 9 行是从键盘输入一个字符，并将其存放到字符型变量 oper 中，然后执行 switch 语句，将变量 oper 中的字符与每个 case 后的字符型常量相比较，如果是 +、-、*、/ 四个符号之一，则执行相应 case 分支下的语句，输出相应的计算结果，然后退出 switch 语句；若输入的不是上述四个符号之一，则执行 default 分支下的语句，输出"输入的符号不正确!"内容后结束程序的执行。

说明：switch 语句的每一个 case 判断，在一般情况下都有 break 语句，以指明这个分支执行完后，就跳出该 switch 语句。在某些特定的场合下可能不需要 break 语句，例如，要若干判断值共享一个分支时，就可以实现由不同的判断语句流入相同的分支。

【例 4.4】 从键盘上输入一个月份，然后判断该月份的天数。

```
1   //filename: App4_4.java        switch 语句的应用
2   import java.util.*;
3   public class App4_4
4   {
5     public static void main(String[] args)
6     {
7       int month,days;
8       Scanner reader = new Scanner(System.in);
9       System.out.print("请输入月份：");
10      month = reader.nextInt();
11      switch(month)
12      {
13        case 2: days = 28;                //2 月份是 28 天
14             break;
15        case 4:
16        case 6:
17        case 9:
18        case 11: days = 30;               //4、6、9、11 月份的天数为 30
19             break;
20        default: days = 31;               // 其他月份为 31 天
21      }
22      System.out.println(month + "月份为" + days + "天");
23    }
24  }
```

程序运行结果为：

请输入月份：6 ↵
6 月份为 30 天

该程序的第 8～10 行将从键盘上读入的整数存入变量 month 中。之后进入 switch 语句首先计算月份变量 month，然后根据其值来计算天数。从该程序中可看出，第 15～18 行的 case 共用一个 break 语句，即 switch 语句的每个 case 判断，都只负责指明分支的入口点，而不指定分支的出口点，分支的出口点需要用相应的跳转语句 break 来标明。如果将第 14、19 行的 break 语句去掉，输入的值仍然是 6，执行完 switch 语句后，变量 days 的值被修改成什么呢？是 31，而不是 30，也不是 28，因为 case 判断只负责指明分支的入口点。程序中第 16 行则是本次执行的分支的入口点，由于没有专门的出口，所以流程将继续沿着下面的分支逐个执行，执行到第 18 行时 days 的值被修改为 30，当执行到第 19 行才跳出 switch 语句。所以如果希望程序的逻辑结构正常完成分支的选择，需要为每一个分支另外编写退出语句。

4.4 循环结构

循环结构是在一定条件下，反复执行某段程序的控制结构，被反复执行的语句序列称为循环体。在 Java 语言中循环结构是由循环语句来实现的。Java 语言中的循环语句共有三种：while 语句、do-while 语句和 for 语句。

4.4.1 while 语句

while 语句是循环语句,也是条件判断语句。while 语句的一般语法结构如下:

```
while(条件表达式)
{
    循环体
}
```

循环体可以是单个语句,也可以是复合语句。while 语句的执行过程是先判断条件表达式的值,若为真,则执行循环体,循环体执行完之后,再转到条件表达式重新计算表达式的值并判断条件表达式值的真假;直到当计算出的条件表达式的值为假时,才跳过循环体执行 while 语句后面的语句,循环终止。

while 语句的循环执行过程如图 4.5 所示。

【例 4.5】 计算 Fibonacci(斐波那契)序列的前 16 项。
Fibonacci 序列的通项公式为

$$\begin{cases} f_1 = 0 \\ f_2 = 1 \\ f_n = f_{n-1} + f_{n-2}, \quad n \geqslant 3 \end{cases}$$

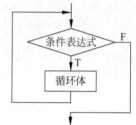

图 4.5 while 语句的循环执行过程

```
1   //filename: App4_5.java              while 语句的应用
2   public class App4_5
3   {
4       public static void main(String[] args)
5       {
6           final int MAX = 15;                  //定义常量 MAX = 15
7           int i = 0, j = 1, k = 1;
8           while(k <= MAX)
9           {
10              System.out.print(" " + i + " " + j);
11              i = i + j;                       //计算 Fibonacci 序列中的下一个数
12              j = i + j;                       //计算 Fibonacci 序列中的下一个数
13              k = k + 2;                       //用于改变循环的条件表达式的值
14          }
15          System.out.println();
16      }
17  }
```

程序运行结果:

```
 0 1 1 2 3 5 8 13 21 34 55 89 144 233 377 610
```

该程序的第 8~14 行是一个 while 循环,第 10 行是每次输出两个数,第 11 和 12 两行分别是用于计算 Fibonacci 序列中的下一个数。

【例 4.6】 从键盘上输入一个数,判断该数是否是 Fibonacci 序列中的数。

```
1   //filename: App4_6.java              while 语句的应用
2   import java.io.*;
```

```
3    public class App4_6
4    {
5      public static void main(String[ ] args) throws IOException
6      {
7        int a = 0, b = 1, n, num;
8        String str;
9        BufferedReader buf;
10       buf = new BufferedReader(new InputStreamReader(System.in));
11       System.out.print("请输入一个正整数: ");
12       str = buf.readLine();                //从键盘上读入字符串赋给变量 str
13       num = Integer.parseInt(str);         //将 str 转换成 int 类型后赋给 num
14       while(b < num)
15       {
16         n = a + b;
17         a = b;
18         b = n;
19       }
20       if(num == b) System.out.println(num + "是 Fibonacci 数");
21       else System.out.println(num + "不是 Fibonacci 数");
22     }
23   }
```

程序运行结果：

请输入一个正整数：234 ✓
234 不是 Fibonacci 数

该程序的第 12~13 行是从键盘上输入一个数；第 14 行是 while 循环的头，第 16~18 行是循环体，用于计算 Fibonacci 数列的递推公式；第 20、21 两行根据计算的结果判断其是否为 Fibonacci 数列中的数，然后输出相应的结果。

【例 4.7】 利用 hasNextXXX() 和 nextXXX() 方法的配合使用来完成键盘输入。用户在键盘上输入若干个数，每输入一个数需按 Enter 键或 Tab 键或空格键确认，最后在键盘上输入一个非数字字符串结束整个输入操作过程，然后计算这些数的和。hasNextXXX() 和 nextXXX() 方法的功能见 3.6 节。

```
1    //filename: App4_7.java          hasNextXXX()方法的使用
2    import java.util.*;
3    public class App4_7
4    {
5      public static void main(String[ ] args)
6      {
7        double sum = 0;
8        int n = 0;
9        System.out.println("请输入多个数,每输入一个数后按 Enter 或 Tab 或空格键确认: ");
10       System.out.println("最后输入一个非数字结束输入操作");
11       Scanner reader = new Scanner(System.in);   //用 System.in 创建一个 Scanner 对象
12       while(reader.hasNextDouble())              //判断输入流中是否有双精度浮点型数据
13       {
14         double x = reader.nextDouble();          //读取并转换成 double 型数据
15         sum = sum + x;
```

```
16          n++;
17      }
18      System.out.print("共输入了" + n + "个数,其和为: " + sum);
19   }
20 }
```

程序运行结果：

请输入多个数,每输入一个数后按 Enter 或 Tab 或空格键确认:
最后输入一个非数字结束输入操作
3 ✓
4.8 ✓
5 ✓
5.6 ✓
w ✓
共输入了 4 个数,其和为: 18.4

程序中的第 11 行是用指定的流创建一个 Scanner 类的对象 reader,第 12 行判断只要有数据输入且是 double 型,则进入循环内,第 14 行是从键盘上读取一个 double 型数值存入 x 中。该程序运行时,用户在键盘上每次输入一个数值后都需要按 Enter 或 Tab 键或空格键进行确认,最后输入一个非数字字符结束输入操作,因为当输入一个非数字字符并按 Enter 键后,reader.hasNextDouble()的值为 flase。

说明：当要求输入的数据是较长的数据类型(如 double 型)时,但实际输入的数据是较短的数据类型(如 int 或 float)时,则系统会自动的强制转换成较长的数据类型的数据(如 double 型)。

4.4.2 do-while 语句

do-while 语句的一般语法结构如下。do-while 循环语句的流程如图 4.6 所示。

```
do
{
    循环体
}
while(条件表达式);
```

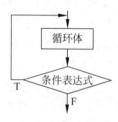

图 4.6 do-while 循环语句的流程

do-while 语句的使用与 while 语句很类似,不同的是它不像 while 语句是先计算条件表达式的值,而是无条件地先执行一遍循环体,再来判断条件表达式的值,若表达式的值为真,则再执行循环体,否则跳出 do-while 循环,执行下面的语句。可见,do-while 语句的特点是它的循环体至少被执行一次。

注意：与 while 循环语句的一个主要区别是 do-while 循环语句在结尾处加了一个分号";"。

【例 4.8】 从键盘上输入一个正整数 n,然后计算 1+2+…+n 的结果并输出。

```
1   //filename: App4_8.java         do-while 循环的应用
2   import java.util.*;
3   public class App4_8
```

```
4    {
5      public static void main(String[ ] args)
6      {
7        int n,i = 1,sum = 0;
8        Scanner buf = new Scanner(System.in);
9        do{
10         System.out.print("输入正整数: ");
11         n = buf.nextInt();
12       }while(n <= 0);        //要求输入数 n 必须大于 0,否则一直要求重新输入
13       while(i <= n)
14         sum += i++;                                  //计算和
15       System.out.println("1 + 2 + … + " + n + " = " + sum);   //输出结果
16     }
17   }
```

程序运行结果:

输入正整数: −6↙   //当输入负数时,程序要求重新输入数据
输入正整数: 10↙   //只有输入正数时,程序才继续往下运行
1 + 2 + … + 10 = 55

该程序的第 9～12 行是利用 do-while 循环从键盘上输入数据,直到输入的数大于 0 为止;第 13、14 两行是利用 while 循环求和;第 15 行输出计算结果。

【例 4.9】 用辗转相除法求两个整数的最大公约数。

设有不全为 0 的整数 a 和 b,它们的最大公约数记为 gcd(a,b),即同时能整除 a 和 b 的公因数中的最大者。按照欧几里得(Euclid)的辗转相除算法,gcd(a,b)具有如下性质:

① $\gcd(a,b) = \gcd(b,a)$。
② $\gcd(a,b) = \gcd(-a,b)$。
③ $\gcd(a,0) = |a|$。
④ $\gcd(a,b) = \gcd(b, a\%b), 0 \leqslant a \% b < b$。

本例程序中反复运用性质④,最终可使得第二个参数 a%b 等于 0,则第一个参数就是所求的最大公约数。程序如下:

```
1    //filename: App4_9.java
2    import java.io.*;
3    public class App4_9
4    {
5      public static void main(String[ ] args) throws IOException
6      {
7        int a,b,k;
8        String str1,str2;
9        BufferedReader buf;
10       buf = new BufferedReader(new InputStreamReader(System.in));
11       System.out.print("请输入第一个数 a = ");
12       str1 = buf.readLine();         //将输入的数据赋值给字符串变量 str1
13       a = Integer.parseInt(str1);    //将 str1 转成 int 类型数据后赋给 a
14       System.out.print("请输入第二个数 b = ");
15       str2 = buf.readLine();         //将输入的数据赋值给字符串变量 str2
16       b = Integer.parseInt(str2);    //将 str2 转成 int 类型数据后赋给 b
```

```
17      System.out.print("gcd(" + a + "," + b + ") = ");
18      do{
19        k = a % b;
20        a = b;
21        b = k;
22      }while(k!= 0);              //若余数 k 不为 0,则继续进行下一次循环
23      System.out.println(a);
24    }
25  }
```

程序运行结果如下:

请输入第一个数 a = 12 ✓
请输入第二个数 b = 18 ✓
gcd(12,18) = 6

该程序在第 18~22 行的 do-while 循环中,利用辗转相除法来求两个数的最大公约数,第 23 行是将最大公约数输出。

【例 4.10】 已知 s=n!,其中 n 为正整数,从键盘上任意输入一个大于 1 的整数 m,求满足 s<m 时的最大 s 及此时的 n,并输出 s 和 n 的值。

```
1   //filename: App4_10.java       循环语句的应用
2   import java.util.*;
3   public class App4_10
4   {
5     public static void main(String[] args)
6     {
7       int n = 1, s = 1, m;
8       Scanner reader = new Scanner(System.in);
9       do{
10        System.out.print("请输入大于 1 的整数 m: ");
11        m = reader.nextInt();
12      }while(m <= 1);              //若 m≤1 会一直要求重新输入,直到 m>1 为止
13      while(s < m)                 //判断 n!<m 是否成立
14      {
15        s *= n;                    //计算 s = n!
16        n++;
17      }
18      System.out.println("s = " + s/(n-1) + "    n = " + (n-2));   //输出结果
19    }
20  }
```

程序运行结果为:

请输入大于 1 的整数 m: 100 ✓
s = 24   n = 4

该程序的第 9~12 行的 do-while 语句是要求所输入的数必须为大于 1 的整数,否则重复循环,直到输入大于 1 的整数为止;第 13~17 行是利用 while 循环求满足条件 n!<m 的阶乘;当退出该循环时,则 s 和 n 并不满足本题的条件,所以第 18 行在输出时,必须修正为 s/(n-1)和 n-2,这才是满足题意要求的结果。

4.4.3 for 语句

for 语句是 Java 语言三个循环语句中功能较强,使用较广泛的一个。

for 循环语句的基本使用格式如下。其执行流程如图 4.7 所示。

```
for(表达式 1; 条件表达式; 表达式 2)
{
    循环体
}
```

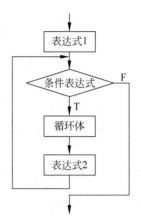

图 4.7 for 循环结构的流程

其中,"表达式 1"是用作初始化的表达式,完成初始化循环变量和其他变量的工作;"条件表达式"的返回值为逻辑型量,用来判断循环是否继续;"表达式 2"是循环后的操作表达式,用来修改循环变量,改变循环条件。三个表达式之间用分号隔开。

for 语句的执行过程:首先计算"表达式 1",完成必要的初始化工作;再判断条件表达式的值,若为假,则退出循环,若为真,则执行循环体,执行完循环体后再返回"表达式 2",计算并修改循环条件,这样一轮循环就结束了。第二轮循环从计算并判断条件表达式开始,若表达式的值仍为真,则继续循环,否则,跳出整个 for 语句执行下面的句子。

说明:for 语句的三个表达式都可以为空,但是,若条件表达式也为空,则表示当前循环是一个无限循环,需要在循环体中书写另外的跳转语句来终止循环。

【例 4.11】 求 1~10 的累加和。

本例演示了 for 语句的两种使用方法。

方法一:循环变量 i 以递增方式从 1 变化到 n,循环体语句执行 n=10 次,循环执行完后输出结果 s。

方法二:i 以递减方式变化。由于要写出累加的算式,i 及加号"+"应写在循环体中,而 n 个数只需要写 n-1 个加号,所以循环语句只需执行 n-1=9 次就够了,此时设计 i 从 n 变化到 2,循环执行完后再写最后一个 i 值及最后一次运算的结果(s+i)。

本例采用两种方法分别运算,程序如下:

```
1   //filename: App4_11.java      for 循环语句的应用
2   public class App4_11
3   {
4     public static void main(String[] args)
5     {
6       int i, n = 10, s = 0;
7       for(i = 1; i <= n; i++)                //从 1~10 进行累加求和
8         s = s + i;
9       System.out.println("Sum = 1 + … + " + n + " = " + s);
10      s = 0;
11      System.out.print("Sum = ");
12      for(i = n; i > 1; i--)                  //从 10~2 进行累加求和
13      {
14        s += i;
```

```
15          System.out.print(i + " + ");              //输出数 i 和加号" + "
16        }
17        System.out.println(i + " = " + (s + i));   //输出结果
18      }
19   }
```

该程序的执行结果如下：

Sum = 1 + … + 10 = 55
Sum = 10 + 9 + 8 + 7 + 6 + 5 + 4 + 3 + 2 + 1 = 55

该程序是用两个 for 循环语句分别完成从 1~10 累加求和的。第 7、8 行是第一个 for 循环，该循环的循环体只有第 8 行一条语句，所以不用花括号将其括上，该循环是从 1~10 进行累加求和；第 12~16 行是第二个 for 循环，该循环是从 10~2 进行累加求和；最后的数 1 是在第 17 行的输出语句中加上的。

4.4.4 多重循环

如果循环语句的循环体内又有循环语句，则称多重循环，也称循环嵌套。常用的有二重循环和三重循环。在实现手段上即可以是相同循环语句嵌套，也可以是两个不同的循环语句构成嵌套结构。下面举例说明。

【例 4.12】 求 100 以内的素数，并输出。

素数是指除 1 和自身外，不能被其他整数整除的数。显然最小的素数是 2，其余偶数均不是素数。对于一个奇数 k，使用 3~$\sqrt{k}$ 的每个整数 j 去除 k，如果找到一个整数 j 能除尽 k，则 k 不是素数；而只有测试完 3~$\sqrt{k}$ 中的所有整数 j 都不能除尽 k，才能确定 k 是素数。程序如下：

```
1    //filename: App4_12.java        循环嵌套的应用
2    public class App4_12
3    {
4       public static void main(String[] args)
5       {
6          final int MAX = 100;         //定义常量 MAX = 100
7          int j,k,n;
8          System.out.println("2~" + MAX + "的所有素数为：");
9          System.out.print("2\t");     //2 是第一个素数，不需测试直接输出
10         n = 1;                       //n 累计素数的个数
11         k = 3;        //k 是被测试的数，从最小奇数 3 开始测试，所有偶数不需测试
12         do                           //外层循环，对 3~100 的素数测试
13         {
14            j = 3;                    //用 j 去除待测试的数
15            while(j < Math.sqrt(k) && (k % j != 0))   //内层循环
16               j++;                   //若 j<$\sqrt{k}$，且 j 不能整除 k，则 j 加 1，再测试去除 k
17            if(j > Math.sqrt(k))
18            {
19               System.out.print(k + "\t");
20               n++;
21               if(n % 10 == 0) System.out.println( );  //每行输出 10 个数
```

```
22        }
23        k = k + 2;                              //测试下一个奇数
24     }while(k < MAX);
25     System.out.println("\n共有" + n + "个素数");
26   }
27 }
```

程序运行结果如下：

2～100 的所有素数为：
2   3   5   7   11 13 17 19 23 29
31 37 41 43 47 53 59 61 67 71
73 79 83 89 97
共有 25 个素数

在本程序第 15 行中的 Math.sqrt(k)方法返回 k 的平方根值。第 12～24 行定义的 do-while 外层循环,用于遍历 3～100 的奇数;第 15、16 行定义的内层 while 循环,用于判别 k 是否是素数,当找到一个 3～$\sqrt{k}$ 的整数 j 能除尽 k,则 k 不是素数,退出内循环,此时 j＜ Math.sqrt(k)。内层循环结束后,如果第 17 行的 j＞Math.sqrt(k)条件成立,说明没有一个 j 能除尽 k,则 k 是素数。外层 do-while 循环逐个测试 100 以内的奇数,循环初值 k＝3,每次递增值为 2,这样可以减少循环次数,缩短运行时间,提高程序效率。

4.5 循环中的跳转语句

循环中的跳转语句可以实现循环执行过程中的流程转移。在 switch 语句中,我们所使用过的 break 语句就是一种跳转语句。为了提高程序的可靠性和可读性,Java 语言不支持无条件跳转的 goto 语句,但是 Java 语言提供了三种无条件转移语句:break,continue 和 return。

4.5.1 break 语句

break 语句的作用是使程序的流程从 switch 语句的分支中跳出,或从循环体内部跳出,并将控制权交给分支语句或循环语句后面的语句。break 语句的格式如下:

break;

break 语句从它所在的分支语句或循环体中跳转出来,执行分支或循环体后面的语句。在实际的使用中,break 语句多用在两种情况下:一是使用 switch 语句终止某个 case;二是使一个循环立即结束。

4.5.2 continue 语句

continue 语句必须用在循环结构中,它的格式是:

continue;

continue 语句的作用是终止当前这一轮的循环,跳过本轮循环剩余的语句,直接进入下一轮循环。在 while 或 do-while 循环中,continue 语句会使流程直接跳转至条件表达式;在

for 语句中，continue 语句会跳转至表达式 2，计算并修改循环变量后再判断循环条件。

4.5.3 return 语句

return 语句用来使程序从方法中返回，并为方法返回一个值。return 语句的格式如下：

return 表达式；   //返回表达式的值

如果 return 语句未出现在方法中，则执行完方法的最后一条语句后自动返回到主程序。

本章小结

1. Java 程序都是由语句组成的，语句可以是以分号";"结尾的简单语句，也可以是用一对花括号"{}"括起来的复合语句。

2. Java 语言的注释方式有三种：①以//开始，直到该行结束；②以/＊和＊/括起来的文字；③利用 JDK 提供的 javadoc.exe 命令所生成的扩展名为.html 的文档注释。

3. Java 语言的流程控制方式是结构化程序设计中规定的三种基本流程结构：顺序结构、分支结构（或称选择结构）、循环结构。

4. 选择结构包括 if、if-else 和 switch 三种语句，在程序中使用选择结构，就像处在十字路口一样，根据不同的选择，程序的运行会有不同的方向与结果。

5. 需要重复执行某项功能时，循环结构是最好的选择，这时用户可以根据程序的要求或个人的使用习惯，选择使用 Java 语言所提供的 for、while 或 do-while 循环来完成。

6. 在循环里也可以声明变量，但所声明的变量只是局部变量，只要退出循环，这个变量就不存在了。

7. break 语句可以让程序强行跳离 switch 语句或循环语句，然后转去执行 switch 语句或循环语句的下一条语句，如果 break 语句出现在嵌套的循环中的内循环，则 break 语句只会跳离内层循环。

8. continue 语句可以让程序强行跳到循环的开始处去执行下一轮循环，当程序运行到 continue 语句时，会停止运行本轮循环体中剩余的语句，而转到循环的开始处继续运行。

9. return 语句用来使程序从方法中返回。

第 4 章习题

4.1 将学生的学习成绩按不同的分数段分为优、良、中、及和不及格五个等级，从键盘上输入一个 0～100 的成绩，输出相应的等级。要求用 switch 语句实现。

4.2 设学生的学习成绩按如下的分数段评定为四个等级：85～100 为 A；70～84 为 B；60～69 为 C；0～59 为 D。从键盘上输入一个 0～100 的成绩，要求用 switch 语句根据成绩，评定并输出相应的等级。

4.3 编写一个 Java 应用程序，从键盘输入一个 1～100 之间的整数，然后判断该数是否既可以被 3 整除又可被 7 整除的数。

4.4 编写一个 Java 应用程序，在键盘上输入数 n，计算并输出 1！＋2！＋…＋n！的结果。

4.5 在键盘上输入数 n,编程计算 $sum = 1 - \frac{1}{2!} + \frac{1}{3!} - \cdots (-1)^{n-1}\frac{1}{n!}$。

4.6 水仙花数是指其个位、十位和百位三个数字的立方和等于这个三位数本身,求出所有的水仙花数。

4.7 从键盘输入一个整数,判断该数是否是完全数。完全数是指其所有因数(包括1但不包括其自身)的和等于该数自身的数。例如,28=1+2+4+7+14 就是一个完全数。

4.8 计算并输出一个整数各位数字之和。例如,5423 的各位数字之和为 5+4+2+3。

4.9 从键盘上输入一个浮点数,然后将该浮点数的整数部分和小数部分分别输出。

4.10 设有一长为 3000m 的绳子,每天减去一半,问需几天时间,绳子的长度会短于 5m?

4.11 编程输出如下数字图案:

1　　　3　　　6　　　10　　15
2　　　5　　　9　　　14
4　　　8　　　13
7　　　12
11

第5章 数组与字符串

本章主要内容：
- 一维数组和多维数组的定义；
- 数组元素的访问；
- 字符串及应用。

在程序设计中，数组和字符串是常用的数据结构。无论是在面向过程的程序设计中，还是面向对象的程序设计中，数组和字符串都起着重要的作用。

5.1 数组的基本概念

所谓数组就是若干个相同数据类型的元素按一定顺序排列的集合。在 Java 语言中数组元素可以由基本数据类型的量组成，也可以由对象组成。数组中的所有元素都具有相同的数据类型，用一个统一的数组名和一个下标来唯一地确定数组中的元素。从数组的构成形式上来分，数组可以分为一维数组和多维数组。

为了充分地理解数组的概念，首先介绍 Java 语言有关内存分配的知识。Java 语言把内存分为两种：栈内存和堆内存。

在方法中定义的一些基本类型的变量和对象的引用变量都在方法的栈内存中分配，当在一段代码块中定义一个变量时，Java 就在栈内存中为这个变量分配内存空间，当超出变量的作用域后，Java 会自动释放掉为该变量所分配的内存空间。

堆内存用来存放由 new 运算符创建的数组或对象，在堆中分配的内存，由 Java 虚拟机的垃圾回收器来自动管理。在堆中创建了一个数组或对象后，同时还在栈中定义一个特殊的变量，让栈中的这个变量的取值等于数组或对象在堆内存中的首地址，栈中的这个变量就成了数组或对象的引用变量，引用变量实际上保存的是数组或对象在堆内存中的首地址(也称为对象的句柄)，以后就可以在程序中使用栈的引用变量来访问堆中的数组或对象。引用变量就相当于是为数组或对象起的一个名称。引用变量是普通的变量，定义时在栈中分配，引用变量在程序运行到其作用域之外后被释放。而数组或对象本身在堆内存中分配，即使程序运行到使用 new 运算符创建数组或对象的语句所在的代码块之外，数组或对象本身所占据的内存也不会被释放，数组或对象在没有引用变量指向它时，会变为垃圾，不能再被使用，但仍然占据内存空间不放，在随后一个不确定的时间被垃圾回收器收走(释放掉)，这也是 Java 比较占内存的原因。

Java 有一个特殊的引用型常量 null，如果将一个引用变量赋值为 null，则表示该引用变量不指向(引用)任何对象。

有了栈内存与堆内存的知识后,对下面要介绍的数组和后续章节中将要介绍的对象会有更深的了解。

数组主要有如下几个特点。
- 数组是相同数据类型元素的集合。
- 数组中的各元素是有先后顺序的,它们在内存中按照这个先后顺序连续存放在一起。
- 数组元素用整个数组的名字和它自己在数组中的顺序位置来表示。例如,a[0]表示名字为 a 的数组中的第一个元素,a[1]代表数组 a 的第二个元素,依次类推。

5.2 一维数组

一维数组是最简单的数组,其逻辑结构是线性表。要使用一维数组,需要经过定义、初始化和应用等过程。

5.2.1 一维数组的定义

要使用 Java 语言的数组,一般需经过三个步骤:一是声明数组;二是分配空间;三是创建数组元素并赋值。前两个步骤的语法如下:

```
数据类型[ ] 数组名;              //声明一维数组
数组名 = new 数据类型[个数];     //分配内存给数组
```

在数组的声明格式里,"数据类型"是声明数组元素的数据类型,可以是 Java 语言中任意的数据类型,包括基本类型和引用类型。"数组名"是用来统一这些相同数据类型的名称,其命名规则和变量的命名规则相同。其中"[ ]"指明该变量是一个数组类型变量,Java 语言是将"[ ]"放到数组名的前面,但也可以像 C/C++语言的定义方式将"[ ]"放在数组名的后面来定义数组,如"数据类型 数组名[ ];"。与 C/C++语言不同,Java 语言在数组的定义中并不为数组元素分配内存,因此"[ ]"中不用给出数组中元素的个数(即数组的长度),但必须在为它分配内存空间后才可使用。

数组声明之后,接下来便是要分配数组所需的内存,这时必须用运算符 new,其中"个数"是告诉编译器,所声明的数组要存放多少个元素,所以 new 运算符是通知编译器根据括号里的个数,在内存中分配一块空间供该数组使用。利用 new 运算符为数组元素分配内存空间的方式称为动态内存分配方式。

下面举例来说明数组的定义。例如:

```
int[ ] x;           //声明名称为 x 的 int 型数组
x = new int[10];    //x 数组中包含有 10 个元素,并为这 10 元素分配内存空间
```

在声明数组时,也可以将两个语句合并成一行,格式如下:

```
数据类型[ ] 数组名 = new 数据类型[个数];
```

利用这种格式在声明数组的同时,也分配一块内存供数组使用。如上面的例子可以写成如下形式:

```
int[ ] x = new int[10];
```

等号左边的 int[] x 相当于定义了一个特殊的变量 x,x 的数据类型是一个对 int 型数组对象的引用,x 就是一个数组的引用变量,其引用的数组元素个数不定。等号右边的 new int[10] 就是在堆内存中创建一个具有 10 个 int 型变量的数组对象。"int[] x = new int[10];"就是将右边的数组对象赋值给左边的数组引用变量。若利用两行的格式来声明数组,其意义也是相同的。例如:

```
int[ ] x;        //定义了一个数组 x
```

这条语句执行完成后的内存状态如图 5.1 所示。

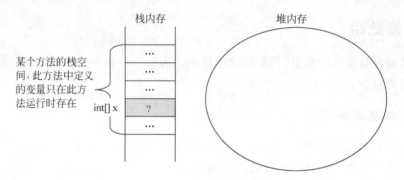

图 5.1 只声明了数组,而没有对其分配内存空间

```
x = new int[10];    //数组初始化
```

这条语句执行完后的内存状态如图 5.2 所示。

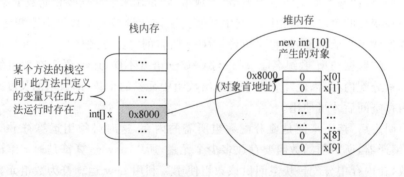

图 5.2 声明数组并分配相应的内存空间,引用变量指向数组对象

执行第 2 条语句"x=new int [10];"后,在堆内存里创建了一个数组对象,为这个数组对象分配了 10 个整数单元,并将数组对象赋给了数组引用变量 x。引用变量就相当于 C 语言中的指针变量,而数组对象就是指针变量指向的那个内存块。所以在 Java 内部还是有指针,只是把指针的概念对用户隐藏起来了,而用户所使用的是引用变量。

用户也可以改变 x 的值,让它指向另外一个数组对象,或者不指向任何数组对象。要想让 x 不指向任何数组对象,只需要将常量 null 赋给 x 即可。如"x=null;"这条语句执行完后的内存状态如图 5.3 所示。

执行完"x=null;"语句后,原来通过 new int [10]产生的数组对象不再被任何引用变量

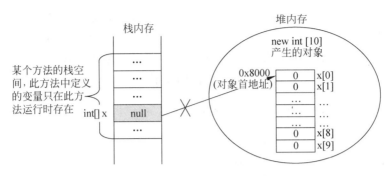

图 5.3 引用变量与引用对象断开

所引用,变成了"孤儿",也就成了垃圾,直到垃圾回收器来将它释放掉。

说明:数组用 new 运算符分配内存空间的同时,数组的每个元素都会自动赋一个默认值:整数为 0,实数为 0.0,字符为"\0",boolean 型为 false,引用型为 null。这是因为数组实际是一种引用型的变量,而其每个元素是引用型变量的成员变量。

Java 语言提供的 java.util.Arrays 类用于支持对数组的操作,如表 5.1 所示。

表 5.1 数组类 Arrays 的常用方法

常 用 方 法	功 能 说 明
public static intbinarySearch(X[] a, X key)	X 是任意数据类型。返回 key 在升序数组 a 中首次出现的下标,若 a 中不包含 key,则返回负值
public static void sort(X[] a)	X 是任意数据类型。对数组 a 升序排序后仍存放在 a 中
public static void sort(X[] a, int fromIndex, int toIndex)	对任意类型的数组 a 中从 fromIndex 到 toIndex-1 的元素进行升序排序,其结果仍存放在 a 数组中
public static X[] copyOf(X[] original, int newLength)	截取任意类型数组 original 中长度为 newLength 的数组元素复制给调用数组
public static boolean equals(X[] a, X[] a2)	判断同类型的两个数组 a 和 a2 中对应元素值是否相等。若相等则返 true,否则返回 false

5.2.2 一维数组元素的访问

当定义了一个数组,并用运算符 new 为它分配了内存空间以后,就可以引用数组中的每个元素了。要想使用数组里的元素,可以利用数组名和下标来实现。数组元素的引用方式为:

数组名[下标]

其中,"下标"可以是整型数或整型表达式,如 a[3+i](i 为整数)。Java 语言数组的下标是从 0 开始的。例如:

int[ ] x = new int[10];

其中,x[0]代表数组中第 1 个元素,x[1]代表第 2 个元素,x[9]为第 10 个元素,也就是最后一个元素。另外,与 C/C++不同,Java 语言对数组元素要进行越界检查以保证安全性。同时,对于每个数组都有一个属性 length 指明它的长度,如 x.length 指出数组 x 所包含的元素个数。

【例 5.1】 声明一个一维数组,其长度为 5,利用循环对数组元素进行赋值,然后再利用另一个循环逆序输出数组元素的内容。程序代码如下:

```
1    //filename: App5_1.java         一维数组
2    public class App5_1
3    {
4      public static void main(String[] args)
5      {
6        int i;
7        int[] a;                     //声明一个数组 a
8        a = new int[5];              //分配内存空间供整型数组 a 使用,其元素个数为 5
9        for(i = 0;i < 5;i++)         //对数组元素进行赋值
10         a[i] = i;
11       for(i = a.length - 1;i >= 0;i--)    //逆序输出数组的内容
12         System.out.print("a[" + i + "] = " + a[i] + ",\t");
13       System.out.println("\n 数组 a 的长度是: " + a.length);   //输出数组的长度
14     }
15   }
```

该程序的运行结果如下:

a[4] = 4, a[3] = 3, a[2] = 2, a[1] = 1, a[0] = 0
数组 a 的长度是: 5

该程序的第 7 行声明了一个整型数组 a,第 8 行为其分配包含 5 个元素的空间;第 9、10 行是利用 for 循环为数组元素赋值;第 11、12 行是利用 for 循环将数组 a 的各元素反序输出;第 13 行是利用数组的长度属性 length 输出元素个数。

5.2.3 一维数组的初始化及应用

对数组元素的赋值,既可以使用单独方式进行(如例 5.1),也可以在定义数组的同时就为数组元素分配空间并赋值,这种赋值方法称为数组的初始化。其格式如下:

数据类型[ ] 数组名 = {初值 0,初值 1,…,初值 n};

在花括号内的初值会依次赋值给数组的第 1,2,…,n+1 个元素。此外,在声明数组的时候,并不需要将数组元素的个数给出,编译器会根据所给的初值个数来设置数组的长度。如:

int[ ] a = {1,2,3,4,5};

在上面的语句中,声明了一个整型数组 a,虽然没有特别指明数组的长度,但是由于花括号里的初值有 5 个,编译器会分别依次指定各元素存放,a[0]为 1,a[1]为 2,…,a[4]为 5。

注意:在 Java 程序中声明数组时,无论用何种方式定义数组,都不能指定其长度。如以"int[5] a;"方式定义数组将是非法的,该语句在编译时将出错。

【例 5.2】 设数组中有 n 个互不相同的数,不用排序求出其中的最大值和次最大值。

```
1   //filename: App5_2.java          比较数组元素值的大小
2   public class App5_2
3   {
4     public static void main(String[] args)
5     {
6       int i,max,sec;
7       int[] a = {8,50,20,7,81,55,76,93};       //声明数组a,并赋初值
8       if(a[0]>a[1])
9       {
10        max = a[0];                              // max存放最大值
11        sec = a[1];                              // sec存放次最大值
12      }
13      else
14      {
15        max = a[1];
16        sec = a[0];
17      }
18      System.out.print("数组的各元素为: " + a[0] + "   " + a[1]);
19      for(i = 2;i < a.length;i++)
20      {
21        System.out.print("   " + a[i]);        //输出数组a中的各元素
22        if(a[i]> max)                            //判断最大值
23        {
24          sec = max;                             //原最大值降为次最大值
25          max = a[i];                            //a[i]为新的最大值
26        }
27        else if(a[i]> sec)                       //即a[i]不是新的最大值,但若a[i]大于次最大值
28          sec = a[i];                            //a[i]为新的次最大值
29      }
30      System.out.print("\n 其中的最大值是: " + max);   //输出最大值
31      System.out.println("    次最大值是: " + sec);    //输出次最大值
32    }
33  }
```

该程序运行结果为：

数组的各元素为: 8   50   20   7   81   55   76   93
其中的最大值是: 93   次最大值是: 81

该程序的第7行定义并初始化了数组a,第8~17行利用if-else语句将数组前两个元素中大的数保存在变量max中,将小的数存放在变量sec中;第19~29行利用for循环与if语句的结合,从数组的第三个元素开始到最后,对数组中的元素进行输出并检测,若检测到新的最大数,则将其保存到变量max中,次最大数保存到变量sec中;第30、31行将数组中的最大数和次最大数输出。

【例5.3】 设有N个人围坐一圈并按顺时针方向从1到N编号,从第S个人开始进行1到M报数,报数到第M的人,此人出圈,再从他的下一个人重新开始从1到M报数,如此进行下去,每次报数到M的人就出圈,直到所有人都出圈为止。给出这N个人的出圈顺序。

```
1    //filename: App5_3.java                    "约瑟夫环"问题
2    public class App5_3
3    {
4      public static void main(String[] args)
5      {
6        final int N=13,S=3,M=5;            //设有13个人,从第3个人开始1至5报数
7        int i=S-1,j,k=N,g=1;
8        int[] a=new int[N];
9        for(int h=1;h<=N;h++)
10         a[h-1]=h;                        //将第h人的编号存入下标为h-1的数组元素中
11       System.out.println("\n出圈的顺序为: ");
12       do
13       {
14         i=i+(M-1);                       //计算出圈人的下标i
15         while(i>=k)                      //当数组下标i大于等于圈中的人数k时
16           i=i-k;                         //将数组的下标i减去圈中的人数k
17         System.out.print("    "+a[i]);   //输出出圈人的编号
18         for(j=i;j<k-1;j++)
19           a[j]=a[j+1];                   //a[i]出圈后,将后续人的编号前移
20         k--;                             //圈中的人数k减1
21         g++;                             //g为循环控制变量
22       }while(g<=N);                      //共有N人,所以循环N次
23     }
24   }
```

程序运行后的输出结果如下:

出圈顺序为:
7 12 4 10 3 11 6 2 1 5 9 13 8

此题是著名的"约瑟夫环"问题。在第9、10行将每个人的编号h存入数组元素a[h-1]中。因为要求从第3个人开始进行1到5报数,而代表第3个人的是a[2],所以在第7行将控制数组下标的变量i赋值为S-1即i=2,表示从i=2的下标开始报数。第12~22行的do循环共执行N次,其中的第14行用于计算出圈人的下标,因为i=i+(M-1)就是下一个要出圈人的下标。由于变量k表示此时圈中剩余的人数,所当i>=k时,即是i已经超出剩下的人数,所以第16行是要重新计算数组的下标。第17行是输出出圈人的编号。第18、19行的循环是当下标为i的人出圈后,把后续人的编号前移。由于有一个人出圈,圈中的人数少1,所以第20行将用于表示圈中剩余人数的变量k减1。第21行的变量g是用于控制do循环次数的变量,所以每次加1,每次循环找出一个出圈的人,所以循环共执行N次。

下面再给出该题的另一种算法。

```
1    //filename: App5_3.java
2    public class App5_3                        //例题5.3的另一种解法
3    {
4      public static void main(String[] args)
5      {
6        final int N=13, S=3, M=5;     //N为总人数,从第S个人开始报数,报数到M的为出圈
```

```
7       int[ ] p = new int[N];          //数组 p 用于标识已出圈的人
8       int[ ] q = new int[N];          //数组 q 存放出队顺序
9       int i,j,k,n = 0;
10      k = S - 2;                      //k 从 1 开始数出圈人的下标
11      for(i = 1;i < = N;i++)
12      {
13        for(j = 1; j < = M; j++)      //从 1 到 M 报数,计算出圈人的下标 k
14        {
15          if(k == N - 1)              //当出圈人的下标达到末尾时
16            k = 0;                    //出圈人的下标从 0 开始
17          else
18            k++;                      //否则下标加 1
19          if(p[k] == 1)               //若 p[k] = 1,说明下标为 k 的人已出圈
20            j--;                      //由于让过已出圈的人,所以 j 要减 1,以保证每次数过 M 个人
21        }
22        p[k] = 1;                     //将下标为 k 的数组元素置 1,表示其出圈
23        q[n++] = k + 1;               //将下标为 k 的人的编号 k + 1 存入数组元素 q[n]中
24      }       //将上行改为 System.out.print((k + 1) + "   ");后可去掉下面三行输出语句
25      System.out.println("出圈顺序为: ");
26      for(i = 0; i < N; i++)
27        System.out.print(q[i] + "   ");
28      }
29   }
```

该种解法的输出结果与前一解法的输出结果完全相同。各行代码的功能请读者自行分析解释。

5.3　foreach 语句与数组

在第 4 章中我们介绍过 for 循环,自 JDK 5 开始引进了一种新的 for 循环,它不用下标就可遍历整个数组,这种新的循环称为 foreach 语句。foreach 语句只需提供三个数据:元素类型、循环变量的名字(用于存储连续的元素)和用于从中检索元素的数组。foreach 语句的语法如下:

```
for(type element : array)
{
  System.out.println(element);
   ⋮
}
```

其功能是每次从数组 array 中取出一个元素,自动赋给变量 element,用户不用判断是否超出了数组的长度。需要注意的是 element 的类型必须与数组 array 中元素的类型相同。例如:

```
int[ ] arr = {1,2,3,4,5};
for(int element : arr)
  System.out.println(element);              //输出数组 arr 中的各元素
```

5.4 多维数组

虽然一维数组可以处理一般简单的数据,但是在实际的应用中仍显不足,所以Java语言提供了多维数组,但在Java语言中并没有真正的多维数组。所谓多维数组,就是数组元素也是数组的数组。

5.4.1 二维数组

二维数组的声明方式与一维数组类似,内存的分配也一样是用new运算符。其声明与分配内存的格式如下所示:

数据类型[][] 数组名;
数组名 = new 数据类型[行数][列数];

二维数组在分配内存时,要告诉编译器二维数组行与列的个数。因此在上面格式中,"行数"是告诉编译器所声明的数组有多少行,"列数"则是声明每行中有多少列。例如:

```
int[][] a;              //声明二维整型数组 a
a = new int[3][4];      //分配一块内存空间,供 3 行 4 列的整型数组 a 使用
```

同样地,也可以用较为简洁的方式来声明数组,其格式如下:

数据类型[][] 数组名 = new 数据类型[行数][列数];

以该种方式声明的数组,在声明的同时,就分配一块内存空间,供该数组使用。如

```
int[][] a = new int[3][4];
```

虽然在应用上很像C语言中的多维数组,但还是有区别的,在C语言中定义一个二维数组,必须是一个m×n的矩形,如图5.4所示。Java语言的二维数组不一定是规则的矩形,如图5.5所示。

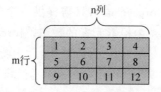

图5.4 C语言中二维数组必须是矩形

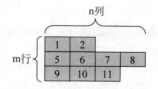

图5.5 Java语言中的二维数组不一定是矩形

如,定义一个如下的数组:

```
int[][] x;
```

它表示定义了一个数组引用变量x,第一个元素为x[0],第n个元素变量为x[n−1]。x中从x[0]到x[n−1]的每个元素变量正好又是一个整数类型的数组引用变量。需要注意的是,这里只是要求每个元素都是一个数组引用变量,并没有要求它们所引用数组的长度是多少,也就是每个引用数组的长度可以不一样。例如:

```
int[][] x;
```

```
x = new int[3][];
```

这两行代码表示数组 x 有三个元素,每个元素都是 int[]类型的一维数组。该语句相当于定义了三个数组引用变量,分别是 int[] x[0],int[] x[1]和 int[] x[2],完全可以把x[0]、x[1]和 x[2]当成普通变量名来理解。

由于 x[0]、x[1]和 x[2]都是数组引用变量,因此,必须对它们赋值,指向真正的数组对象,才可以引用这些数组中的元素。例如:

```
x[0] = new int[3];
x[1] = new int[2];
```

由此可以看出,x[0]和 x[1]的长度可以是不一样的,数组对象中也可以只有一个元素。程序运行到这之后的内存分配情况如图 5.6 所示。

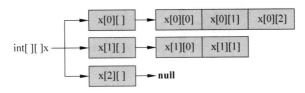

图 5.6　Java 中的二维数组可以看成是多个一维数组

x[0]中的第二个元素用 x[0][1]来表示,如果要将整数 100 赋给 x[0]中的第二个元素,写法如下:

```
x[0][1] = 100;
```

如果数组对象正好是一个 m×n 形式的规则矩阵,可不必向上面代码一样,先创建高维的数组对象后,再逐一创建低维的数组对象。完全可以用一条语句在创建高维数组对象的同时,创建所有的低维数组对象。例如:

```
int[ ][ ] x = new int[2][3];
```

该语句表示创建了一个 2×3 形式的二维数组,其内存布局如图 5.7 所示。

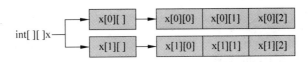

图 5.7　规则的二维数组内存分配

在二维数组中,若要取得二维数组的行数,只要在数组名后加上.length 属性即可;若要取得数组中某行元素的个数,则须在数组名后加上该行的下标,再加上.length。例如:

```
x.length;          //计算数组 x 的行数
x[0].length;       //计算数组 x 的第 1 行元素的个数
x[2].length;       //计算数组 x 的第 3 行元素的个数
```

注意:与一维数组相同,用 new 运算符来为数组申请内存空间时,很容易在数组各维数的指定中出现错误,二维数组要求必须指定高层维数。例如,下面是正确的申请方式:

```
int[][] myArray = new int[10][];     //只指定数组的高层维数
int[][] myArray = new int[10][3];    //指定数组的高层维数和低层维数
```

下面是错误的申请方式：

```
int[][] myArray = new int[ ][5];     //只指定数组的低层维数
int[][] myArray = new int[ ][ ];     //没有指定数组的任何维数
```

如果想直接在声明二维数组时就给数组赋初值，可以利用花括号实现，只要在数组的声明格式后面再加上初值的赋值即可。其格式如下：

```
数据类型[][] 数组名 = { {第 1 行初值},
                    {第 2 行初值},
                    { … },
                    {第 n+1 行初值} };
```

同样需要注意的是，用户并不需要定义数组的长度，因此在数据类型后面的方括号里并不必填写任何的内容。此外，在花括号内还有几组花括号，每组花括号内的初值会依次赋值给数组的第 1,2,…,n+1 行元素。例如：

```
int[][] a = { {11,22,33,44},         //二维数组的初始赋值
              {66,77,88,99} };
```

该语句中声明了一个整型数组 a，该数组有 2 行 4 列共 8 个元素，花括号里的两组初值会分别依次指定给各行里的元素存放，a[0][0]为 11，a[0][1]为 22，…，a[1][3]为 99。

注意：与一维数组一样，在声明多维数组并初始化时不能指定其长度，否则出错。如"int[2][3] b={{1,2,3},{4,5,6}};"语句在编译时将出错。

【例 5.4】 计算并输出杨辉三角形。

```
1   //filename: App5_4.java        二维数组应用的例子：显示杨辉三角形
2   public class App5_4
3   {
4       public static void main(String[] args)
5       {
6           int i,j;
7           int level = 7;
8           int[][] iaYong = new int[level][]; //声明7行二维数组,存放杨辉三角形的各数
9           System.out.println("杨辉三角形");
10          for(i = 0;i < iaYong.length;i++)
11              iaYong[i] = new int[i + 1];    //定义二维数组的第 i 行有 i+1 列
12          iaYong[0][0] = 1;
13          for(i = 1;i < iaYong.length;i++)   //计算杨辉三角形
14          {
15              iaYong[i][0] = 1;
16              for(j = 1;j < iaYong[i].length - 1;j++)
17                  iaYong[i][j] = iaYong[i-1][j-1] + iaYong[i-1][j];
18              iaYong[i][ iaYong[i].length - 1] = 1;
19          }
20          for(int[] row : iaYong)            //利用 foreach 语句显示出杨辉三角形
21          {
```

```
22          for(int col : row)
23              System.out.print(col + "  ");
24          System.out.println();
25      }
26   }
27 }
```

该程序的运行结果为：

杨辉三角形
```
1
1  1
1  2  1
1  3  3  1
1  4  6  4  1
1  5  10 10 5  1
1  6  15 20 15 6  1
```

该程序的第 8 行声明了一个 7 行的二维数组 iaYong，每行的列数由第 10、11 行的 for 循环来定义；第 13~19 行的 for 循环用于计算杨辉三角形并存入数组 iaYong 的相应元素中，其中的第 15、18 行分别是将第 i 行的第一个元素和最后一个元素置 1；第 16 行定义的内层 for 循环用于计算第 i 行的其他元素，其计算方法是第 17 行的循环体；第 20~25 行利用 foreach 循环将杨辉三角形输出。

5.4.2 三维以上的多维数组

通过对二维数组的介绍，不难发现，要想提高数组的维数，只要在声明数组的时候将下标与中括号再加一组即可，所以三维数组的声明为"int[][][] a;"，而四维数组为"int[][][][] a;"，依次类推。

使用多维数组时，输入输出的方式和一、二维数组相同，但是每多一维，嵌套循环的层数就必须多一层，所以维数越高的数组其复杂度也就越高。

【例 5.5】 声明三维数组并赋初值，然后输出该数组的各元素，并计算各元素之和。

```
1   //filename: App5_5.java            三维数组应用
2   public class App5_5
3   {
4       public static void main(String[] args)
5       {
6           int i,j,k,sum = 0;
7           int[][][] a = {{{1,2},{3,4}},{{5,6},{7,8}}};   //声明三维数组并赋初值
8           for(i = 0;i < a.length;i++)
9               for(j = 0;j < a[i].length;j++)
10                  for(k = 0;k < a[i][j].length;k++)
11                  {
12                      System.out.println("a[" + i + "][" + j + "][" + k + "] = " + a[i][j][k]);
13                      sum += a[i][j][k];                 //计算各元素之和
14                  }
15          System.out.println("sum = " + sum);
16      }
```

17   }

程序运行时的结果如下：

a[0][0][0] = 1
a[0][0][1] = 2
a[0][1][0] = 3
a[0][1][1] = 4
a[1][0][0] = 5
a[1][0][1] = 6
a[1][1][0] = 7
a[1][1][1] = 8
sum = 36

该程序利用三层循环来输出三维数组的各元素并计算各元素之和。

5.5 字符串

　　字符串就是一系列字符的序列。在 Java 语言中字符串是用一对双引号(" ")括起来的字符序列，在前几章的例子中已多次用到，如"你好"、"Hello"等。字符串也是编程中经常要使用的数据结构，从某种程度上说字符串有些类似于字符数组。在 Java 语言中无论是字符串常量还是字符串变量，都是用类来实现的。程序中用到的字符串可以分为两大类：一类是创建之后不会再做修改和变动的字符串变量；另一类是创建之后允许再做修改的字符串变量。对于前一种字符串变量，由于程序中经常需要对它做比较、搜索之类的操作，所以通常把它放在一个具有一定名称的对象之中，由程序完成对该对象的上述操作，在 Java 程序中存放这种字符串的变量是 String 类对象；对于后一种字符串变量，由于程序中经常需要对它做添加、插入、修改之类的操作，所以这种字符串变量一般都存放在 StringBuilder 类的对象之中。本书只讨论 String 类型的串变量。

5.5.1 字符串变量的创建

　　首先再强调一下字符串常量与字符常量的不同，字符常量是用单引号(')括起来的单个字符，而字符串常量是用双引号(")括起来的字符序列。
　　声明字符串变量的格式与其他变量一样，分为对象的声明与对象创建两步，这两步可以分成两个独立的语句，也可以在一个语句中完成。

格式一：

String 变量名；
变量名 = new String("字符串")；

如：

String s;   //声明字符串型引用变量 s,此时 s 的值为 null
s = new String("Hello");   //在堆内存中分配空间,并将 s 指向该字符串首地址

　　第一个语句只声明了字符串引用变量 s,此时 s 的值为 null；第二个语句则在堆内存中分配了内存空间,并将 s 指向了字符串的首地址。

上述的两个语句也可以合并成一个语句。其格式如下。

格式二：

String 变量名 = new String("字符串");

如：

String s = new String("Hello");

还有一种非常特殊而常用的创建 String 对象的方法，这种方法就是直接利用双引号括起来的字符串为新建的 String 对象赋值，即在声明字符串变量时直接初始化。

格式三：

String 变量名 = "字符串";

如：

String s = "Hello";

由于字符串是引用型变量，所以其存储方式与数组的存储方式基本相同。

程序中可以用赋值运算符为字符串变量赋值，除此之外，Java 语言定义"＋"运算符可用于两个字符串的连接操作（关于字符串的运算符在 3.7.7 中已讲述过）。例如：

str = "Hello" + "Java";   //str 的值为"HelloJava"

如果字符串与其他类型的变量进行"＋"运算，系统自动将其他类型的数据转换为字符串型。例如：

int i = 10;
String s = "i = " + i;   //s 的值为"i = 10"

前面说过，利用 String 类创建的字符串变量，一旦被初始化或赋值，它的值和所分配的内存内容就不可再改变。如果硬要改变它的值，它会产生一个新的字符串。例如：

String str1 = "Java";
str1 = str1 + " Good";

这看起来像是一个简单的字符串重新赋值，实际上在程序的解释过程中却不是这样的。程序首先产生 str1 的一个字符串对象并在内存中申请了一段空间，由于发现又需要重新赋值，在原来的空间已经不可能再追加新的内容，系统不得不将这个对象放弃，再重新生成第二个新的对象 str1 并重新申请一个新的内存空间。虽然 str1 指向的内存地址（句柄）是同一个，但对象已经不再是同一个了。

5.5.2　String 类的常用方法

Java 语言为 String 类定义了许多方法。可以通过下述格式调用 Java 语言定义的方法：

字符串变量名.方法名();

表 5.2 列出了 String 类的常用方法。

表 5.2　String 类的常用方法

常用方法	功能说明
public int length()	返回字符串的长度
public boolean equals(Object anObject)	将给定字符串与当前字符串相比较,若两字符串相等,则返回 true,否则返回 false
public String substring(int beginIndex)	返回字符串中从 beginIndex 开始到字符串末尾的子串
public String substring(int beginIndex,int endIndex)	返回从 beginIndex 开始到 endIndex－1 的子串
public char charAt(int index)	返回 index 指定位置的字符
public int indexOf(String str)	返回 str 在字符串中第一次出现的位置
public int compareTo(String anotherString)	若调用该方法的字符串大于参数字符串,则返回大于 0 的值;若相等则返回数 0;若小于参数字符串,则返回小于 0 的值
public String replace(char oldChar,char newChar)	以 newChar 字符替换字符串中所有 oldChar 字符
public String trim()	去掉字符串的首尾空格
public String toLowerCase()	将字符串中的所有字符都转换为小写字符
public String toUpperCase()	将字符串中的所有字符都转换为大写字符

【例 5.6】 判断回文字符串。

回文是一种"从前往后读"和"从后往前读"都相同的字符串,例如,"rotor"就是一个回文字符串。在本例中使用两种算法来判断回文字符串。

程序中比较两个字符时,使用关系运算符"＝＝",而比较两个字符串时,需使用 equals()方法。程序代码如下:

```
1   //filename: App5_6.java         字符串应用:判断回文字符串
2   public class App5_6
3   {
4     public static void main(String[] args)
5     {
6       String str = "rotor";
7       int i = 0,n;
8       boolean yn = true;
9       if(args.length > 0)
10        str = args[0];
11      System.out.println("str = " + str);
12      n = str.length();
13      char sChar,eChar;
14      while(yn && (i < n/2))    //算法 1
15      {
16        sChar = str.charAt(i);//返回字符串 str 正数第 i＋1 个位置的字符
17        eChar = str.charAt(n-i-1);     //返回字符串 str 倒数第 i＋1 个位置的字符
18        System.out.println("sChar = " + sChar + "   eChar = " + eChar);
19        if(sChar == eChar)         //判断两个字符是否相同使用运算符"＝＝"
20          i++;
21        else
22          yn = false;
23      }
```

```
24      System.out.println("算法 1: " + yn);
25      String temp = "",sub1 = "";              //算法 2
26      for(i = 0;i < n;i++)
27      {
28        sub1 = str.substring(i,i + 1);         //将 str 的第 i + 1 个字符截取下来赋给 sub1
29        temp = sub1 + temp;                    //将截下来的字符放在字符串 temp 的首位置
30      }
31      System.out.println("temp = " + temp);
32      System.out.println("算法 2: " + str.equals(temp));   //判断 str 与 temp 是否相等
33    }
34  }
```

该程序运行时可以带命令行参数。若在命令行方式下输入 java App5_6 hello,则程序的运行结果如下:

```
sChar = h    eChar = o
算法 1: false
temp = olleh
算法 2: false
```

该程序的第 9 行用于判断是否带命令行参数,在执行程序时,若带有参数,则第一个参数 args[0]赋值给字符串变量 str,否则,将 str 仍取程序中设定的值"rotor";第 14～24 行是算法 1,分别从前向后和从后向前依次获得源串 str 的一个字符 sChar 和 eChar,比较 sChar 和 eChar,如果不相等,则 str 肯定不是回文字符串,所以 yn=false,立即退出循环;否则,继续比较,直到 str 的所有字符全部比较完,若 yn 值仍为 true,才能肯定 str 是回文字符串;第 25～32 行是算法 2,将源串 str 反转存入字符串变量 temp 中,再比较两个字符串,如果相等则是回文字符串。

本章小结

1. 数组是由若干个相同类型的变量按一定顺序排列所组成的数据结构,它们用一个共同的名字来表示。数组的元素可以是基本类型或引用类型。数组根据存放元素的复杂程度,分为一维及多维数组。

2. 要使用 Java 语言的数组,必须经过两个步骤:①声明数组;②分配内存给数组。

3. 在 Java 语言中要取得数组的长度,即数组元素的个数,可以利用数组的.length 属性来完成。

4. 如果想直接在声明时就给数组赋初值,则只要在数组的声明格式后面加上元素的初值即可。

5. Java 语言允许二维数组中每行的元素个数不相同。

6. 在二维数组中,若要想获得整个数组的行数,或者是某行元素的个数时,也可以利用.length 属性来取得。

7. 字符串可以分为两大类:一类是创建之后不会再做修改和变动的字符串变量;另一类是创建之后允许再做修改的字符串变量。

8. 字符串常量与字符常量的不同,字符常量是用单引号(')括起来的单个字符,而字符串常量是用双引号(")括起来的字符序列。

第 5 章习题

5.1 从键盘输入 n 个数,输出这些数中大于其平均值的数。

5.2 从键盘输入 n 个数,求这 n 个数中的最大数与最小数并输出。

5.3 求一个 3 阶方阵的对角线上各元素之和。

5.4 找出 4×5 矩阵中值最小和最大元素,并分别输出其值及所在的行号和列号。

5.5 产生 0~100 的 8 个随机整数,并利用冒泡排序法将其升序排序后输出(冒泡排序算法:每次进行相邻两数的比较,若次序不对,则交换两数的次序)。

5.6 有 15 个红球和 15 个绿球排成一圈,从第 1 个球开始数,当数到第 13 个球时就拿出此球,然后再从下一个球开始数,当再数到第 13 个球时又取出此球,如此循环进行,直到仅剩 15 个球为止,问怎样排才能使每次取出的球都是红球?

5.7 编写 Java 应用程序,比较命令行中给出的两个字符串是否相等,并输出比较的结果。

5.8 从键盘上输入一个字符串和子串开始的位置与长度,截取该字符串的子串并输出。

5.9 从键盘上输入一个字符串和一个字符,从该字符串中删除给定的字符。

5.10 编程统计用户从键盘输入的字符串中所包含的字母、数字和其他字符的个数。

5.11 将用户从键盘输入的每行数据都显示输出,直到输入"exit"字符串,程序运行结束。

第6章 类与对象

本章主要内容：
- 类的定义；
- 成员变量和成员方法；
- 类及成员的修饰符；
- 对象的创建与使用；
- 成员变量的访问与方法的调用；
- 参数的传递；
- 匿名对象。

在前面的章节中，对 Java 语言的简单数据类型、数组、运算符和表达式及流程控制的方法做了详细的介绍。从本章开始将介绍面向对象的程序设计方法。面向对象的编程思想是力图使在计算机语言中对事物的描述与现实世界中该事物的本来面目尽可能地一致。所以在面向对象的程序设计中，类（class）和对象（object）是面向对象程序设计方法中最核心的概念。

6.1 类的基本概念

类的概念是为了让程序设计语言能更清楚地描述日常生活中的事物。类是对某一类事物的描述，是抽象的、概念上的定义；而对象则是实际存在的属该类事物的具体个体，因而也称为实例（instance）。下面用一个现实生活中的例子来说明类与对象的概念。图 6.1 所示的是一个"汽车类"与"汽车对象"的例子。

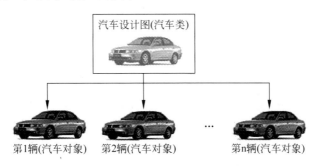

图 6.1 汽车类与汽车对象

其中，汽车设计图就是"汽车类"，由这个图纸设计出来的若干个汽车就是按照该类生产出的"汽车对象"。类是对象的模板、图纸，而对象则是类的一个实例，是实实在在的个体，一个类可以对应多个对象。如果将对象比作汽车，那么类就是汽车的设计图纸。所以面向对象程序设计思想的重点是类的设计，而不是对象的设计。

一般来说，类是由数据成员与函数成员封装而成的，其中数据成员表示类的属性，函数成员（即程序代码）表示类的行为，由此可见，类描述了对象的属性和对象的行为。下面用 Java 语言的类来描述圆柱体，并能保存圆柱体的信息（底半径和高），而且还能利用该类计算出圆柱体的底面积和体积。每一个圆柱体 Cylinder，无论尺寸大小，都有底半径和高这两个属性，而这两个属性就是圆柱体的数据，因此就本例而言，radius（半径）与 height（高）可以说是圆柱体类 Cylinder 的数据成员（data member）。当然，圆柱体类还可能有其他的数据，如重量、颜色等。Java 语言把类内的数据成员称为 field（域）。对圆柱体类而言，除了底半径和高这两个数据之外，还可以把计算底面积与体积这两个函数纳入圆柱体类里，变成类的函数成员（function member）。Java 语言称这种封装于类内的函数为"方法"（method）。在传统的程序设计语言里，计算底面积与体积等相关的功能通常可交由独立的函数（function）来处理，但在面向对象程序设计（Object Oriented Programming，OOP）里，这些函数是封装在类之内的。

在 Java 语言里，将函数称为方法。方法可以简化程序的结构，也可以节省编写相同代码的时间，达到程序模块化的目的。其实对于方法，我们并不陌生，在前面的例子中每一个类里的 main() 即是方法。使用方法来编写程序时，可把特定功能的程序代码独立出来，这样可以简化代码、精简重复的程序流程。

注意：Java 语言把数据成员称为域变量、属性、成员变量等；而把函数成员称为成员方法，简称为方法。

由上面的讨论可以看出，所谓的类就是把事物的数据与相关功能封装（encapsulate）在一起，形成一种特殊的数据结构，用以表达真实事物的一种抽象。encapsulate 原意是"将……装入胶囊内"，现在胶囊就是类，而成员变量与成员方法便是被封入的东西。图 6.2 为圆柱体类的示意图。

由图 6.2 可知，圆柱体类的成员变量有 pi、radius 与 height，而成员方法则有计算底面积的 area() 与计算体积的 volume()。

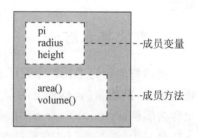

图 6.2　圆柱体类示意图

6.2　定义类

由于类是将数据和方法封装在一起的一种数据结构，其中数据表示类的属性，方法表示类的行为，所以定义类实际上就是定义类的属性与方法。用户定义一个类实际上就是定义一个新的数据类型。在使用类之前，必须先定义它，然后才可利用所定义的类来声明相应的变量，并创建对象，这与声明一个基本类型的变量（如 int x）实质上是一个概念，只是基本数据类型是系统定义好的，无须用户定义。

1. 类的一般结构

定义类又称为声明类，其一般的语法结构如下：

```
[类修饰符] class 类名称
{
    [修饰符] 数据类型 成员变量名称;         ——声明成员变量
        ⋮
    [修饰符] 返回值的数据类型 方法名(参数1,参数2,…,参数n)
    {
        语句序列;
        return [表达式];                  声明成员方法
    }
        ⋮
}
```

其中，方括号[]中的修饰符是可选项，它是一组限定类、成员变量和成员方法是否可以被程序里的其他部分访问和调用的控制符。其中，类修饰符分为公共访问控制符、抽象类说明符、最终类说明符和缺省访问控制符四种。各修饰符的含义如表 6.1 所示。

表 6.1 类修饰符的含义

修饰符	含 义
public	将一个类声明为公共类，它可以被任何对象访问
abstract	将一个类声明为抽象类，没有实现方法，需要子类提供方法的实现，所以不能创建该类的实例
final	将一个类声明为最终类即非继承类，表示它不能被其他类所继承
缺省	缺省修饰符时，则表示只有在相同包中的对象才能使用这样的类

一个类可以有多个修饰符，且无先后顺序之分，但 abstract 和 final 相互对立，所以不能同时应用在一个类的定义中。

2. 成员变量

一个类的成员变量描述了该类的内部信息，一个成员变量可以是基本类型变量，也可以是对象、数组等其他引用型数据。成员变量的格式如下：

[修饰符]变量类型变量名[=初值];

成员变量的修饰符有访问控制符、静态修饰符、最终修饰符、过渡修饰符和易失修饰符等，其含义如表 6.2 所示。

表 6.2 成员变量修饰符的含义

修饰符	含 义
public	公共访问控制符。指定该变量为公共的，它可以被任何对象的方法访问
private	私有访问控制符。指定该变量只允许自己类的方法访问，其他任何类(包括子类)中的方法均不能访问此变量
protected	保护访问控制符。指定该变量只可以被它自己的类及其子类或同一包中的其他类访问，在子类中可以覆盖此变量

续表

修饰符	含 义
缺省	缺省访问控制符时,则表示在同一个包中的其他类可以访问此成员变量,而其他包中的类不能访问该成员变量
final	最终修饰符。指定此变量的值不能改变
static	静态修饰符。指定该变量被所有对象共享,即所有的实例都可使用该变量
transient	过渡修饰符。指定该变量是一个系统保留、暂无特别作用的临时性变量
volatile	易失修饰符。指定该变量可以同时被几个线程控制和修改

除了访问控制修饰符有多个之外,其他的修饰符都只有一个。一个成员变量可以被两个以上的修饰符同时修饰,但有些修饰符是不能同时定义在一起的。

说明:在定义类的成员变量时,可以同时赋初值,表明成员变量的初始状态,但对成员变量的操作只能放在方法中。

3. 成员方法

类的方法是用来定义对类的成员变量进行操作的,是实现类内部功能的机制,同时也是类与外界进行交互的重要窗口。声明方法的语法格式如下:

[修饰符] 返回值的数据类型 方法名(参数1,参数2,…,参数n)
{
　　语句序列;　　⎫
　　return [表达式];⎬ 方法的主体
}

说明:如果不需要传递参数到方法中,只需将方法名后的圆括号写出即可,不必填写任何内容。另外,若方法没有返回值,则返回值的数据类型应为 void,且 return 语句可以省略。

在方法的定义中修饰符是可选项。方法的修饰符较多,包括访问控制符、静态修饰符、抽象修饰符、最终修饰符、同步修饰符和本地修饰符等,其含义如表 6.3 所示。

表 6.3 成员方法修饰符的含义

修饰符	含 义
public	公共访问控制符。指定该方法为公共的,它可以被任何对象的方法访问
private	私有访问控制符。指定该方法只允许自己类的方法访问,其他任何类(包括子类)中的方法均不能访问此方法
protected	保护访问控制符。指定该方法只可以被它的类及其子类或同一包中的其他类访问
缺省	缺省访问控制符时,则表示在同一个包中的其他类可以访问此成员方法,而其他包中的类不能访问该成员方法
final	最终修饰符。指定该方法不能被覆盖
static	静态修饰符。指定不需要实例化一个对象就可以调用的方法
abstract	抽象修饰符。指定该方法只声明方法头,而没有方法体,抽象方法需在子类中被实现
synchronized	同步修饰符。在多线程程序中,该修饰符用于对同步资源加锁,以防止其他线程访问,运行结束后解锁
native	本地修饰符。指定此方法的方法体是用其他语言(如 C 语言)在程序外部编写的

成员方法与成员变量同样有多个控制修饰符,当用两个以上的修饰符来修饰同一个方法时,需要注意,有的修饰符之间是互斥的,所以不能同时使用。

下面定义前面叙述过的圆柱体类如下:

```
class Cylinder          //定义圆柱体类 Cylinder
{
    double radius;      //声明成员变量 radius
    int height;         //声明成员变量 height
    double pi = 3.14;   //声明数据成员 pi 并赋初值
    void area()         //定义成员方法 area(),用来计算底面积
    {
        System.out.println("圆柱底面积 = " + pi * radius * radius);
    }
    void volume()       //定义成员方法 volume(),用来计算体积
    {
        System.out.println("圆柱体体积 = " + ((pi * radius * radius) * height));
    }
}
```

4. 成员变量与局部变量的区别

由类和方法的定义可知,在类和方法中均可定义属于自己的变量。类中定义的变量是成员变量,而方法中定义的变量是局部变量。类的成员变量与方法中的局部变量是有一定区别的。

(1) 从语法形式上看,成员变量是属于类的,而局部变量是在方法中定义的变量或是方法的参数;成员变量可以被 public、private、static 等修饰符所修饰,而局部变量则不能被访问控制修饰符及 static 所修饰;成员变量和局部变量都可以被 final 所修饰。

(2) 从变量在内存中的存储方式上看,成员变量是对象的一部分,而对象是存在于堆内存的,而局部变量是存在于栈内存的。

(3) 从变量在内存中的生存时间上看,成员变量是对象的一部分,它随着对象的创建而存在,而局部变量随着方法的调用而产生,随着方法调用的结束而自动消失。

(4) 成员变量如果没有被赋初值,则会自动以类型的默认值赋值(有一种情况例外,被 final 修饰但没有被 static 修饰的成员变量必须显式地赋值);而局部变量则不会自动赋值,必须显式地赋值后才能使用。

6.3 对象的创建与使用

对象是整个面向对象程序设计的理论基础,由于面向对象程序中使用类来创建对象,所以可以将对象理解为一种新型的变量,它保存着一些比较有用的数据,但可以要求它对自身进行操作。对象之间靠互相传递消息而相互作用。消息传递的结果是启动了方法,完成一些行为或者修改接收消息的对象的属性。对象一旦完成了它的工作,将被销毁,所占用的资源将被系统回收以供其他对象使用。一个对象的生命周期是:创建→使用→销毁。

6.3.1 创建对象

由于对象是类的实例,所以对象是属于某个已知的类,因此要创建属于某个类的对象,

可通过如下两个步骤来完成：
(1) 声明指向"由类所创建的对象"的变量。
(2) 利用 new 运算符创建新的对象，并指派给前面所创建的变量。
例如，要创建圆柱体类 Cylinder 的对象，可用下列语法来创建：

```
Cylinder volu;           //声明指向对象的变量 volu
volu = new Cylinder();   //利用 new 创建新的对象,并让变量 volu 指向它
```

通过这两个步骤，就可以利用指向对象的变量 volu，访问到"由类 Cylinder 创建的对象"的内容，即成员变量或方法。另外，在创建对象时也可以将上面的两个语句合并成一行，即在声明对象的同时使用 new 运算符创建对象。例如：

```
Cylinder volu = new Cylinder();      //声明并创建新的对象,并让 volu 指向该对象
```

对于新创建的对象 volu，因为是从 Cylinder 类产生的，所以它具有可用来保存数值 radius、height 和 pi 的变量，也包括了 area() 与 volume() 这两个用于计算圆柱底面积与体积的方法。

与创建数组同样的道理，在创建对象的第一步或等号的左边以类名 Cylinder 作为变量的类型在栈内存中定义了一个变量 volu，用来指向通过 new 运算符在堆内存中创建的一个 Cylinder 类的实例对象。也就是说变量 volu 是对存放在堆内存中对象的引用变量。创建对象并让 volu 变量指向它的过程如图 6.3 所示。

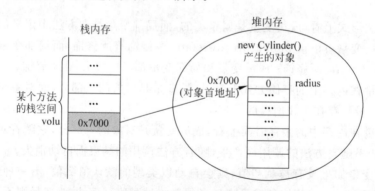

图 6.3　创建对象并让 volu 变量指向该对象的过程

因 volu 变量是指向由 Cylinder 类所创建的对象，所以可将它视为"对象的名称"，因而简称对象。事实上，volu 只是对象的名称，它是指向对象实体的变量，而非对象本身。

因为在一个方法内部的变量必须进行初始化，否则编译无法通过。所以当一个对象被创建时，会对其中各种类型的成员变量按表 6.4 自动进行初始化。除了基本类型之外的变量都是引用类型。所以在图 6.3 中所示的对象内存状态图中，成员变量 radius 的初始值为 0。

表 6.4　成员变量的初始值

成员变量类型	初　始　值	成员变量类型	初　始　值
byte	0	double	0.0D
short	0	char	'\u0000'(表示为空)

续表

成员变量类型	初 始 值	成员变量类型	初 始 值
int	0	boolean	false
long	0L	所有引用类型	null
float	0.0F		

6.3.2 对象的使用

创建新的对象之后,就可以对对象的成员进行访问。通过对象来引用对象成员的格式如下:

对象名.对象成员

在对象名和对象成员之间用"."相连,通过这种引用可以访问对象的成员。如果对象成员是成员变量,通过这种引用方式可以获取或修改类中成员变量的值。例如,若将对象 volu 的半径赋值为 2.8,把高赋值为 5,其代码为:

volu.radius = 2.8;
volu.height = 5;

如果引用的是成员方法,只要在成员方法名的圆括号内提供所需参数即可,如果方法不需要参数,则用空括号,如 volu.area()。

【例 6.1】 定义一个圆柱体类 Cylinder,并创建相应的对象,然后计算圆柱体的底面积与体积。

```
1   //filename: App6_1.java      圆柱体类 Cylinder
2   class Cylinder         //定义 Cylinder 类
3   {
4     double radius;       //定义成员变量 radius
5     int height;          //定义成员变量 height
6     double pi = 3.14;
7     void area()          //定义无返回值的方法 area(),用来计算圆柱体的底面积
8     {
9       System.out.println("底面积 = " + pi * radius * radius);
10    }
11    double volume()      //定义返回值为 double 型的方法 volume(),计算体积
12    {
13      return (pi * radius * radius) * height;
14    }
15  }
16  public class App6_1         //定义公共类
17  {
18    public static void main(String[] args)         //程序执行的起始点
19    {
20      Cylinder volu;
21      volu = new Cylinder();           //创建新的对象
22      volu.radius = 2.8;               //赋值圆柱 volu 的底半径
23      volu.height = 5;                 //赋值圆柱 volu 的高
```

```
24      System.out.println("底圆半径 = " + volu.radius);        //输出底圆半径
25      System.out.println("圆柱的高 = " + volu.height);        //输出圆柱的高
26      System.out.print("圆柱");
27      volu.area();                                          //输出圆柱底面积
28      System.out.println("圆柱体体积 = " + volu.volume());    //输出圆柱体积
29    }
30  }
```

程序运行结果如下:

```
底圆半径 = 2.8
圆柱的高 = 5
圆柱底面积 = 24.6176
圆柱体体积 = 123.088
```

根据 2.3 节介绍的 Java 源文件的命名规则,将该程序文件命名为 App6_1.java。当将 App6_1.java 编译成字节码文件之后,会生成 Cylinder.class 和 App6_1.class 两个文件(这是因为 App6_1.java 源文件中有两个类 Cylinder 和 App6_1 的原因),且 Java 会把它们置于相同的目录下。由此可知,如果 Java 程序中有多个类,经编译之后便会产生与类相等数目的.class 文件。

在 Cylinder 类里定义了整型 height、双精度型 radius 和 pi 三个成员变量,并将成员变量 pi 赋值为 3.14。同时在该类内还定义了 area()和 volume()两个方法,其中 area()方法无返回值,所以该方法名前用 void 来修饰,volume()的返回值类型是双精度型,所以用 double 来修饰。在 area()和 volume()两个方法中用到变量 pi 时,则会用 3.14 的值来进行运算。App6_1 类中的主方法 main()是程序运行的起始点。

说明:当程序运行到调用方法语句时,程序会暂时跳到该方法中运行,等到该方法运行结束后,才又返回到主方法 main()中继续往下运行。

在例 6.1 的 Cylinder 类中,虽然在类的定义中,将数据成员 pi 赋值为 3.14,但其值还是可以被修改的。另外,如果用 new 运算符创建两个对象 volu1 和 volu2,由于这两个对象的成员是分配在不同的内存块中,因此若修改了其中一个对象的 pi 值,另一个对象的 pi 值将不受影响。举例说明如下。

【例 6.2】 同时创建多个圆柱体类 Cylinder 的对象,并修改其中一个对象的成员变量 pi 的值。

```
1   //filename: App6_2.java       圆柱体类 Cylinder 的成员在内存中的分配关系
2   class Cylinder                 //定义 Cylinder 类
3   {
4     double radius;
5     int height;
6     double pi = 3.14;
7     void area()
8     {
9       System.out.println("底面积 = " + pi * radius * radius);
10    }
11    double volume()
12    {
```

```
13         return (pi * radius * radius) * height;
14    }
15 }
16 public class App6_2              //定义公共类
17 {
18    public static void main(String[] args)
19    {
20         Cylinder volu1,volu2;       //声明指向对象的变量 volu1 和 volu2
21         volu1 = new Cylinder();     //创建圆柱对象 1: volu1
22         volu2 = new Cylinder();     //创建圆柱对象 2: volu2
23         volu1.radius = volu2.radius = 2.5;
24         volu2.pi = 3;               //修改 volu2 的 pi 值
25         System.out.println("圆柱 1 底半径 = " + volu1.radius);
26         System.out.println("圆柱 2 底半径 = " + volu2.radius);
27         System.out.println("圆柱 1 的 pi 值 = " + volu1.pi);
28         System.out.println("圆柱 2 的 pi 值 = " + volu2.pi);
29         System.out.print("圆柱 1");
30         volu1.area();
31         System.out.print("圆柱 2");
32         volu2.area();
33    }
34 }
```

程序运行结果如下：

```
圆柱 1 底半径 = 2.5
圆柱 2 底半径 = 2.5
圆柱 1 的 pi 值 = 3.14
圆柱 2 的 pi 值 = 3.0
圆柱 1 底面积 = 19.625
圆柱 2 底面积 = 18.75
```

在例 6.2 中定义了两个对象 volu1 和 volu2，并在第 23 行将对象 volu1 和 volu2 的 radius 均设置为 2.5，然后在第 24 行将 volu2 的 pi 值重新赋值为 3，由于 pi 是 double 型的变量，所以系统自动将 pi 置为 3.0。因为每一个新创建的对象的成员变量均有其固定的存放空间，因此修改 volu2 的 pi 值并不影响 volu1 原来的 pi 值。

通过上述的两个例子可以看出在主方法 main() 内如果需要访问类的成员（如 radius 或 pi）时，是通过格式

对象名.成员名

进行的，如 volu.radius。但是如果是在类声明的内部使用这些成员时，则可直接使用成员名称，而不需要调用它的对象名称，这是因为在定义类时，还根本不知道哪个对象要调用它，如下面的代码：

```
1  class Cylinder         //定义 Cylinder 类
2  {
3     double radius;
4     int height;
5     double pi = 3.14;
```

```
6    void area()                     在类内可直接使用成员的名称
7    {
8        System.out.println("底面积 = " + pi * radius * radius);
9    }
10 }
```

总而言之,在类声明之外(如上例的 main()方法中)用到成员名称时,则必须指明是哪个对象变量,也就是用"指向对象的变量.成员名"的语法来访问对象中的成员;相反,若是在类内部使用类自己的成员时,则不必指出成员名称前的对象名称。

6.3.3 在类定义内调用方法

在前面的例子中所见到的方法均是在类定义的外部被调用,如在例 6.2 中的 area()方法是定义在 Cylinder 类内,但在另一个类 public class App6_2 中的"volu1.area();"语句表示在 Cylinder 类的外部通过对象 volu1 来调用 area()方法。但实际上,在类定义的内部,方法与方法之间也可以相互调用。

【例 6.3】 以圆柱体类 Cylinder 为例来介绍在类内部调用自己的方法。

```
1   //filename: App6_3.java       在类内部调用方法
2   class Cylinder                 //定义 Cylinder 类
3   {
4     double radius;
5     int height;
6     double pi = 3.14;
7     double area()      //定义返回值为 double 型的方法 area(),计算底面积
8     {
9        return pi * radius * radius;
10    }
11    double volume()    //定义返回值为 double 型的方法 volume(),计算体积
12    {
13       return area() * height;     //在类内调用 area()方法
14    }
15 }
16 public class App6_3              //定义公共类
17 {
18    public static void main(String[] args)
19    {
20       Cylinder volu;
21       volu = new Cylinder();      //创建新的对象
22       volu.radius = 2.8;          //赋值圆柱 volu 的底半径
23       volu.height = 5;            //赋值圆柱 volu 的高
24       System.out.println("底圆半径 = " + volu.radius);
25       System.out.println("圆柱的高 = " + volu.height);
26       System.out.print("圆柱");
27       System.out.println("底面积 = " + volu.area());
28       System.out.println("圆柱体体积 = " + volu.volume());
29    }
30 }
```

程序运行结果如下：

```
底圆半径 = 2.8
圆柱的高 = 5
圆柱底面积 = 24.6176
圆柱体体积 = 123.088
```

从该例中可以看出，在同一个类的定义里面，某一方法可以直接调用本类的其他方法，而不需要要加上对象名。如在 Cylinder 类的 volume()方法中的第 13 行即调用了在同一类中定义的 area()方法。

如果要强调是对象本身的成员的话，则可以在成员名前加 this 关键字，即"this.成员名"。此时 this 即代表调用此成员的对象。下面举例说明。在例 6.3 中的 Cylinder 类的 volume()方法内使用 this 关键字，则代码如下。

```
double volume()
{
    return this.area() * this.height;
}
```

在类的定义内调用本类的其他成员，可在该成员前加this，则this代表调用该成员的对象

如果在主方法 main()中有语句 volu.volume()，则在类定义里的 this 关键字即代表对象 volu。

6.4 参数的传递

从 6.2 节介绍的方法的语法格式中可以看出，方法既可以有返回值，也可以有参数，但在此之前我们所编写的程序中没有传递任何参数，如例 6.3 中的 area()方法与 volume()方法。当方法不需要传递任何参数时，方法的括号内什么也不用写。但事实上，方法中可以具有各种类型的参数，以满足各种不同的计算要求。

6.4.1 以变量为参数调用方法

调用方法并传递参数时，参数其实就是方法的自变量，所以参数要放在方法的括号内来进行传递。括号内的参数可以是数值型、字符串型，甚至是对象。

【例 6.4】 以圆柱体类 Cylinder 为例来介绍用变量调用方法。

```
1   //filename: App6_4.java     以一般变量为参数的方法调用
2   class Cylinder
3   {
4       double radius;
5       int height;
6       double pi;
7       void setCylinder(double r, int h, double p)    //具有三个参数的方法
8       {
9           pi = p;
10          radius = r;
11          height = h;
12      }
```

```
13    double area()
14    {
15        return pi * radius * radius;
16    }
17    double volume()
18    {
19        return area() * height;
20    }
21 }
22 public class App6_4                              //定义公共类
23 {
24    public static void main(String[] args)
25    {
26        Cylinder volu = new Cylinder();
27        volu.setCylinder(2.5, 5,3.14);           //调用并传递参数到setCylinder()方法
28        System.out.println("底圆半径 = " + volu.radius);
29        System.out.println("圆柱的高 = " + volu.height);
30        System.out.println("圆周率 pi = " + volu.pi);
31        System.out.print("圆柱");
32        System.out.println("底面积 = " + volu.area());
33        System.out.println("圆柱体体积 = " + volu.volume());
34    }
35 }
```

程序运行结果如下：

```
底圆半径 = 2.5
圆柱的高 = 5
圆周率 pi = 3.14
圆柱底面积 = 19.625
圆柱体体积 = 98.125
```

在该例中的 Cylinder 类内的第 7～12 行定义了带参数的方法 setCylinder()，该方法可接收三个参数：r、h、p。其中，r 和 p 为 double 型，h 为 int 型。这三个参数是用来给对象的成员变量进行赋值。当执行到第 27 行主方法里的 volu.setCylinder(2.5,5,3.14)语句时，则 Cylinder 类里的 setCylinder()方法便会接收传递进来的三个参数，然后在该方法体内将这三个参数赋值给相应的成员变量 radius、height 和 pi。

注意：setCylinder()方法中的参数变量 r、h 和 p 均是局部变量，它们的作用范围仅限于 setCylinder()方法的内部，一旦离开此方法，它们就会失去作用。

说明：若通过方法调用，将外部传入的参数赋值给类的成员变量，方法的形式参数与类的成员变量同名时，则需用 this 关键字来标识成员变量。如该例中的方法 setCylinder()。

```
class Cylinder
{
    double radius;
      ⋮
    void setCylinder(double radius)
    {
        radius = radius;         //用参数 radius 给成员变量 radius 赋值
```

        }
           ⋮
}

在该代码中的赋值语句"radius= radius;"分不清哪个是成员变量,哪个是方法的变量。由于形式参数是方法内部的局部变量,所以当成员变量与方法中的局部变量同名时,在方法内对同名变量的访问是指那个局部变量。所以当特指成员变量时,要用 this 关键字。上面的代码可以改写为如下形式。

```
class Cylinder
{
    double radius;
      ⋮
    void setCylinder(double radius)
    {
        this.radius = radius;                    //用关键字 this 特指成员变量
    }
      ⋮
}
```

6.4.2 以数组作为参数或返回值的方法调用

方法不只可以用来传送一般的变量,也可以用来传递数组。

1. 传递数组

要传递数组到方法里,只要指明传入的参数是一个数组即可。

【例 6.5】 以一维数组为参数的方法调用,求若干数的最小值。

```
1   //filename: App6_5.java    以数组为参数的方法调用
2   public class App6_5                    //定义主类
3   {
4     public static void main(String[] args)
5     {
6       int[] a = {8,3,7,88,9,23};        //定义一维数组 a
7       LeastNumb minNumber = new LeastNumb();
8       minNumber.least(a);                //将一维数组 a 传入 least()方法
9     }
10  }
11  class LeastNumb                        //定义另一个类
12  {
13    public void least(int[] array)       //参数 array 接收一维整型数组
14    {
15      int temp = array[0];
16      for(int i = 1;i < array.length;i++)
17        if(temp > array[i])
18          temp = array[i];
19      System.out.println("最小的数为: " + temp);
20    }
21  }
```

程序运行结果为:

最小的数为: 3

该例是将一个一维数组传递到 least() 方法中, least() 方法接收到此数组后, 便把该数组的最小值输出。从该例可以看出, 如果要将数组传递到方法里, 只需在方法名后的括号内写上数组的名称即可, 也就是说实参只给出数组名即可。

二维数组的传递与一维数组的传递相似, 只要在方法里声明传入的参数是一个二维数组即可。

2. 返回值为数组类型的方法

一个方法如果没有返回值, 则在该方法的前面用 void 来修饰; 如果返回值的类型为简单数据类型, 只需在声明方法的前面加上相应的数据类型即可; 同理, 若需方法返回一个数组, 则必须在该方法的前面加上数组类型的修饰符。如要返回一个一维整型数组, 则必须在该方法前加上 int[], 若是返回二维整型数组, 则须加上 int[][], 依次类推。下面举例说明。

【例 6.6】 将一个矩阵转置后输出。

```
1   //filename: App6_6.java        返回值是数组类型的方法
2   public class App6_6
3   {
4     public static void main(String[] args)
5     {
6       int[][] a = {{1,2,3},{4,5,6},{7,8,9}};     //定义二维数组
7       int[][] b = new int[3][3];
8       Trans pose = new Trans();                   //创建 Trans 类的对象 pose
9       b = pose.transpose(a);                      //用数组 a 调用方法, 返回值赋给数组 b
10      for(int i = 0;i < b.length;i++)             //输出数组的内容
11      {
12        for(int j = 0;j < b[i].length;j++)
13          System.out.print(b[i][j] + "   ");
14        System.out.print("\n");                   //每输出数组的一行后换行
15      }
16    }
17  }
18  class Trans
19  {
20    int temp;
21    int[][] transpose(int[][] array)              //返回值和参数均为二维整型数组的方法
22    {
23      for(int i = 0;i < array.length;i++)         //将矩阵转置
24        for(int j = i + 1;j < array[i].length;j++)
25        {
26          temp = array[i][j];
27          array[i][j] = array[j][i];              ⎫
28          array[j][i] = temp;                     ⎬ 将二维数组的行与列互换
29        }                                         ⎭
30      return array;                               //返回二维数组
31    }
32  }
```

程序运行结果如下:

1　4　7
2　5　8
3　6　9

Trans 类中的 transpose() 方法用以接收二维整型数组,且返回值类型也是二维整型数组。该方法用 array 数组接收传进来的数组参数,转置后又存入该数组,即用一个数组实现转置,最后用 return array 语句返回转置后的数组。

结论:Java 语言在给被调用方法的参数赋值时,只采用传值的方式。所以,基本类型数据传递的是该数据的值本身;而引用类型数据传递的也是这个变量的值本身,即对象的引用变量,而非对象本身。通过方法调用,可以改变对象的内容,但对象的引用变量是不能改变的。简言之,就是当参数是基本数据类型时,是传值方式调用;而当参数是引用型的变量时,是传址方式调用。

6.4.3　方法中的可变参数

在方法调用并传递参数的过程中,所传递的参数个数必须是根据方法在定义中指定的参数个数来传递的,但从 Java 5 后方法中接收参数的个数可以不是固定的,而可以根据需要传递参数的个数。方法中接收不固定个数的参数称为可变参数,方法接收可变参数的语法格式如下:

返回值类型 方法名(固定参数列表,数据类型 … 可变参数名)
{
　　方法体
}

其中,"固定参数列表"是形如"数据类型 参数名 1,数据类型 参数名 2,…,数据类型 参数名 n"的固定参数;"数据类型 … 可变参数名"中的"数据类型"表示可变参数的数据类型,"…"是声明可变参数的标识。个数可变的形参相当于数组,所以在向方法传递可变实参后,可变实参则以数组的形式保存下来,其"可变参数名"就是保存可变实参的数组名,数组的长度由可变实参的个数决定。

说明:(1) 如果方法中有多个参数,可变参数必须位于最后一项,即可变参数只能出现在参数列表的最后。

(2) 可变参数符号"…"要位于数据类型和数组名之间,其前后有无空格都可以。

(3) 调用可变参数的方法时,编译器为该可变参数隐含创建一个数组,在方法体中以数组的形式访问可变参数。

【例 6.7】　定义具有一个固定参数和具有可变参数的方法,然后分别传入不同个数的参数,并输出。

```
1   //filename: App6_7.java      可变参数的应用
2   public class App6_7
3   {
4       public static void display(int x,String…arg)  //x 是固定参数,arg 是接收可变参数的数组名
5       {
```

```
6        System.out.print(x + "   ");                    //输出固定参数
7        for(int i = 0;i < arg.length;i++)               //利用 for 循环输出可变参数的每个值
8            System.out.print(arg[i] + "   ");
9        System.out.print("\n");
10   }
11   public static void main(String[] args)
12   {
13       display(5);                                     //没有可变参数,所以只传递固定参数
14       display(6,"a","b");                             //传递 2 个可变参数
15       display(7,"AA","BB","CC","DD");                 //传递 4 个可变参数
16   }
17 }
```

程序运行结果为：

```
5
6   a   b
7   AA   BB   CC   DD
```

该程序的第 4～10 行定义了具有固定参数 x 和可变参数 arg 的方法 display(),arg 是一个用于接收可变参数的字符串型数组名,所以在 String 和 arg 之间用"…"连接。第 6 行输出用 x 接收的固定参数,第 7、8 行利用 for 循环语句将接收可变参数的字符型数组 arg 中的每个参数输出。在主方法的第 13 行调用 display(5)方法时只传入一个实参 5,所以该数值只被 display()方法的形参 x 接收,第 14 行中调用 display(6,"a","b")时,除了数值 6 被 display()方法的形参 x 接收外,"a"和"b"两个字符串实参被字符串型可变数组 arg 接收。同理第 15 行中的四个字符串实参"AA"、"BB"、"CC"、"DD"被字符型可变数组 arg 接收。

6.5 匿名对象

当一个对象被创建之后,在调用该对象的方法时,也可以不定义对象的引用变量,而直接调用这个对象的方法,这样的对象称为匿名对象。例如,若将例 6.4 中第 26、27 行代码：

```
Cylinder volu = new Cylinder();
volu.setCylinder(2.5,5,3.14);
```

改写为：

```
new Cylinder().setCylinder(2.5,5,3.14);
```

则 new Cylinder()就是匿名对象。这个语句没有声明任何对象,而是直接用 new 运算符创建了 Cylinder 类的对象并直接调用了它的 setCylinder()方法。这个语句的执行结果与改写前的执行结果相同。当这个方法执行完后,这个对象也就成了垃圾。

使用匿名对象通常有如下两种情况。

(1) 如果对一个对象只需要进行一次方法调用,那么就可以使用匿名对象。

(2) 将匿名对象作为实参传递给一个方法调用。如一个程序中有一个 getSomeOne() 方法要接收一个 MyClass 类对象作为参数,方法的定义如下：

```
public static void getSomeOne(MyClass c)
```

```
{
    ⋮
}
```

可以用下面的语句调用这个方法：

```
getSomeOne(new MyClass());
```

本章小结

1. 类是把事物的数据与相关的功能封装在一起，形成的一种特殊结构，用以表达现实世界的一种抽象概念。

2. 同一个 Java 程序内，若定义了多个类，则最多只能有一个类声明为 public，在这种情况下，文件名称必须与声明成 public 的类名称相同。

3. Java 语言把数据成员称为成员变量，把函数成员称为成员方法，成员方法简称为方法。

4. 封装是指把变量和方法包装在一个类内，以限定成员的访问，从而达到保护数据的一种技术。

5. 由类所创建的对象称为实例。

6. 创建属于某类的对象，可以通过下面两个步骤来完成：①声明指向"由类所创建的对象"的变量；②利用 new 运算符创建新的对象，并用步骤①所创建的变量来指向它。

7. 要访问到对象里的某个成员变量时，可以通过"对象名.成员变量名"的形式来达到；若要调用封装在类内的方法时，则可以使用"对象名.方法名()"的语法形式来完成。

8. 如果要强调"对象本身的成员"，可以在成员名前加上"this"关键字。即"this.成员名"，此时的 this 即代表调用该成员的对象。

9. 若方法本身没有返回值，则必须在方法定义的前面加上关键字 void。

10. 在类外部可访问到类内部的公共成员。

11. 方法的参数可以是任意类型的数据，其返回值也可是任意类型。

12. 当一个对象被创建之后，在调用该对象的方法时，不定义对象的引用变量，而直接调用这个对象的方法，这样的对象称为匿名对象。

第 6 章习题

6.1 类与对象的区别是什么？

6.2 如何定义一个类？类的结构是怎样的？

6.3 定义一个类时所使用的修饰符有哪几个？每个修饰符的作用是什么？是否可以混用？

6.4 成员变量的修饰符有哪些？各修饰符的功能是什么？是否可以混用？

6.5 成员方法的修饰符有哪些？各修饰符的功能是什么？是否可以混用？

6.6 成员变量与局部变量的区别有哪些？

6.7 创建一个对象使用什么运算符？对象实体与对象引用有何不同？

6.8 对象的成员如何表示？

6.9 在成员变量或成员方法前加上关键字 this 表示什么含义？

6.10 什么是方法的返回值？返回值在类的方法里的作用是什么？

6.11 在方法调用中，使用对象作为参数进行传递时，是"传值"还是"传址"？对象作参数起到什么作用？

6.12 什么叫匿名对象？一般在什么情况下使用匿名对象？

6.13 以 m 行 n 列二维数组为参数进行方法调用，分别计算二维数组各列元素之和，返回并输出所计算的结果。

第 7 章　Java 语言类的特性

本章主要内容：
- 类的私有成员与公共成员；
- 方法的重载；
- 构造方法；
- 类的静态成员；
- 对象的应用。

在第 6 章中介绍了 Java 语言类的基本概念和类的简单使用方法，本章将继续介绍 Java 语言类的特性。

7.1　类的私有成员与公共成员

在第 6 章的例子中，可以看到类的成员变量 pi、radius 和 height 可以在类 Cylinder 的外部任意修改。这虽然方便了程序员灵活使用，但也存在弊端。例如，在对圆柱体对象 volu 表示高的成员变量 height 赋值时，若误输入为负数，如 volu.height＝－5，则在计算圆柱体的体积时就会得出体积值是负数的结果，这显然是错误的。这是由于在类的外部访问成员变量时，没有一个机制来限制对成员的访问方式，从而导致了安全上的漏洞。

7.1.1　私有成员

如果没有一个机制来限制对类中成员的访问，则很可能会造成错误的输入。为了防止这种情况的发生，Java 语言提供了私有成员访问控制修饰符 private。也就是说，如果在类的成员声明的前面加上修饰符 private，则就无法从该类的外部访问到该类内部的成员，而只能被该类自身访问和修改，而不能被任何其他类（包括该类的子类）获取或引用，因此达到了对数据最高级别保护的目的。下面举例说明。

【例 7.1】　在圆柱体类 Cylinder 中，创建类的私有成员，使之在该类的外部无法访问该成员。

```
1    //filename: App7_1.java    定义私有成员,使之无法在类外被访问
2    class Cylinder                          //定义 Cylinder 类
3    {
4        private double radius;              //将成员变量 radius 声明为私有成员
5        private int height;                 //将成员变量 height 声明为私有成员
6        private double pi = 3.14;           //将成员变量 pi 声明为私有成员,并赋初值
```

```
7        double area()
8        {
9            return pi * radius * radius;    //在 Cylinder 类内部,故可访问私有成员
10       }
11       double volume()
12       {
13           return area() * height;         //在类内可以访问私有成员 height
14       }
15   }
16   public class App7_1                      //定义公共主类
17   {
18       public static void main(String[] args)
19       {
20           Cylinder volu;
21           volu = new Cylinder();
22           volu.radius = 2.8;           错误!!在类的外部,不能直接访问私有成员。
23           volu.height = -5;
24           System.out.println("底圆半径 = " + volu.radius);
25           System.out.println("圆柱的高 = " + volu.height);
26           System.out.print("圆柱");
27           System.out.println("底面积 = " + volu.area());
28           System.out.println("圆柱体体积 = " + volu.volume());
29       }
30   }
```

该程序在进行编译时将给出出错信息,说明无法在类 Cylinder 外部的任何位置访问该类内的私有成员。

7.1.2 公共成员

既然在类的外部无法访问到类内部的私有成员,那么 Java 就必须提供另外的机制,使得私有成员得以通过这个机制来供外界访问。解决此问题的办法就是创建公共成员。为此,Java 提供了公共访问控制符 public。如果在类的成员声明的前面加上修饰符 public,则表示该成员可以被所有其他的类所访问。由于 public 修饰符会造成安全性和数据封装性的下降,所以一般应减少公共成员的使用。下面举例说明如何利用公共方法(也称公共成员方法)来访问私有成员变量。

【例 7.2】 创建圆柱体类 Cylinder 的公共方法,来访问类内的私有成员变量。

```
1   //filename: App7_2.java   定义公共方法来访问私有成员
2   class Cylinder
3   {
4       private double radius;              //声明私有成员变量
5       private int height;
6       private double pi = 3.14;
7       public void setCylinder(double r, int h)   //声明具有两个参数的公共方法
8       {                                          //用于对私有成员变量进行访问
9           if(r > 0 && h > 0)
10          {
11              radius = r;
```

```
12        height = h;
13      }
14      else
15        System.out.println("您的数据有错误!!");
16   }
17   double area()
18   {
19     return pi * radius * radius;    //在类内可以访问私有成员 radius 和 pi
20   }
21   double volume()
22   {
23     return area() * height;         //在类内可以访问私有成员 height
24   }
25 }
26 public class App7_2                  //定义公共主类
27 {
28   public static void main(String[] args)
29   {
30     Cylinder volu = new Cylinder();
31     volu.setCylinder(2.5, -5);      //通过公共方法 setCylinder()访问私有数据
32     System.out.println("圆柱底面积 = " + volu.area());
33     System.out.println("圆柱体体积 = " + volu.volume());
34   }
35 }
```

程序运行结果如下：

您的数据有错误!!
圆柱底面积 = 0.0
圆柱体体积 = 0.0

该例中在 Cylinder 类内的第 7～16 行将 setCylinder()方法声明为公共方法，并接收两个参数 r 和 h。如果判断传进来的两个变量均大于 0，则将私有成员变量 radius 设置为 r，将 height 设置为 h，否则输出"您的数据有错误!!"的提示信息。

通过本例可以看出，唯有通过公共方法 setCylinder()，私有成员 radius 和 height 才能得以修改。因此在公共方法内加上判断代码，可以杜绝错误数据的输入。本例第 31 行中刻意将 volu 的高设置为 -5，所以私有成员 radius 和 height 并没有被赋值，其默认值为 0，故输出的底面积值和体积值均为 0。

7.1.3 缺省访问控制符

若在类成员的前面不加任何访问控制符，则该成员具有缺省的访问控制特性，这种缺省访问控制权表示这个成员只能被同一个包（类库）中的类所访问和调用，如果一个子类与其父类位于不同的包中，子类也不能访问父类中的缺省访问控制成员，也就是说其他包中的任何类都不能访问缺省访问控制成员。

同理，对于类来说，如果一个类没有访问控制符，说明它具有缺省访问控制特性，这种缺省的访问控制权规定只能被同一包中的类访问和引用，而不可以被其他包中的类所使用。

7.2 方法的重载

方法的重载是实现"多态"的一种方法。在面向对象的程序设计语言中,有一些方法的含义相同,但带有不同的参数,这些方法使用相同的名字,这就叫方法的重载(overloading)。也就是说,重载是指在同一个类内具有相同名称的多个方法,这多个同名方法如果参数个数不同,或者是参数个数相同但类型不同,则这些同名的方法就具有不同的功能。

注意:方法的重载中参数的类型是关键,仅仅是参数的变量名不同是不行的。也就是说参数的列表必须不同,即:或者参数个数不同,或者参数类型不同,或者参数的顺序不同。

【例 7.3】 在圆柱体类 Cylinder 中,利用方法的重载来设置成员变量。

```
1   //filename: App7_3.java          方法的重载
2   class Cylinder
3   {
4     private double radius;
5     private int height;
6     private double pi = 3.14;
7     private String color;
8     public double setCylinder(double r, int h)      //重载方法
9     {
10      radius = r;
11      height = h;
12      return r + h;
13    }
14    public void setCylinder(String str)             //重载方法
15    {
16      color = str;
17    }
18    public void show()
19    {
20      System.out.println("圆柱的颜色为: " + color);
21    }
22    double area()                                    //定义缺省访问控制符的方法
23    {
24      return pi * radius * radius;
25    }
26    double volume()                                  //定义缺省访问控制符的方法
27    {
28      return area() * height;
29    }
30  }
31  public class App7_3                                //定义主类
32  {
33    public static void main(String[] args)
34    {
35      double r_h;
36      Cylinder volu = new Cylinder();
37      r_h = volu.setCylinder(2.5,5);                 //设置圆柱的底半径和高
38      volu.setCylinder("红色");                       //设置圆柱的颜色
```

```
39      System.out.println("圆柱底半径与高之和 = " + r_h);
40      System.out.println("圆柱体体积 = " + volu.volume());
41      volu.show();
42    }
43  }
```

程序运行结果如下:

圆柱底半径与高之和 = 7.5
圆柱体体积 = 98.125
圆柱的颜色为:红色

该程序在 Cylinder 类中添加了一个 String 型的成员变量 color,用来表示圆柱体的颜色,同时定义了两个同名方法 setCylinder():一个是具有两个数值型的参数,用来设置圆柱的底半径和高;另一个是具有字符串型的参数,用来设置圆柱体的颜色。并且这两个方法的返回值类型也不相同,一个返回值为 double 类型,一个没有返回值。在程序运行时,系统会根据参数的个数与类型来判断和调用相应的 setCylinder()方法。

由该例可知,通过方法的重载,只需一个方法名称即可拥有多个不同的功能,使用起来非常方便。由此可以看出,方法的重载是指同一类内定义多个名称相同的方法,然后根据其参数的不同(可能是参数的个数不同,或参数的类型不同)来设计不同的功能,以适应编程的需要。

说明:Java 语言中不允许参数个数或参数类型完全相同,而只有返回值类型不同的重载。

7.3 构造方法

前面所介绍的由 Cylinder 类所创建的对象,其成员变量都是在对象建立之后,再由相应的方法来赋值。如果一个对象在被创建时就完成了所有的初始化工作,将会很简洁。因此,Java 语言在类里提供了一个特殊的成员方法——构造方法。

7.3.1 构造方法的作用与定义

构造方法(constructor)是一种特殊的方法,它是在对象被创建时初始化对象成员的方法。构造方法的名称必须与它所在的类名完全相同。构造方法没有返回值,但在定义构造方法时,构造方法名前不能用修饰符 void 来修饰,这是因为一个类的构造方法的返回值类型就是该类本身。构造方法定义后,创建对象时就会自动调用它,因此构造方法不需要在程序中直接调用,而是在对象创建时自动调用并执行。这一点不同于一般的方法,一般的方法在用到时才调用。

【**例 7.4**】 利用构造方法来初始化圆柱体类 Cylinder 的成员变量。

```
1   //filename: App7_4.java        构造方法的使用
2   class Cylinder                              //定义类 Cylinder
3   {
4     private double radius;
5     private int height;
6     private double pi = 3.14;
```

```
 7    public Cylinder(double r,int h)          //定义有参数的构造方法
 8    {
 9       radius = r;
10       height = h;
11    }
12    double area()
13    {
14       return pi * radius * radius;
15    }
16    double volume()
17    {
18       return area() * height;
19    }
20 }
21 public class App7_4                          //定义主类
22 {
23    public static void main(String[ ] args)
24    {
25       Cylinder volu = new Cylinder(3.5,8);   //调用有参构造方法创建对象
26       System.out.println("圆柱底面积 = " + volu.area());
27       System.out.println("圆柱体体积 = " + volu.volume());
28    }
29 }
```

程序运行结果如下：

圆柱底面积 = 38.465
圆柱体体积 = 307.72

该程序在类 Cylinder 中定义了有参数的构造方法 Cylinder(double r,int h)，其主要功能是利用构造方法的 double 型参数 r 和 int 型参数 h 分别为相应类型的类私有成员 radius 和 height 赋值为 r 和 h。在主方法 main() 中的第 25 行，则以 Cylinder 类创建对象，并自动调用 Cylinder(3.5,8) 构造方法。Cylinder(3.5,8) 构造方法执行之后，volu 对象的 radius 成员变量被设置为 3.5，而 height 成员变量被设置为 8。

注意：在构造方法中不含返回值的概念是不同于 void 的，对于 public void Cylinder (double r,int h) 这样的写法就不再是构造方法，而变成了普通方法，所以在定义构造方法时若加了 void 修饰符，则这个方法就不再被自动调用了。前面已经提到过，构造方法没有返回值，这是因为一个类的构造方法的返回值类型就是该类本身。

由此可以看出，构造方法是一种特殊的、与类名相同的方法，专门用于在创建对象时完成初始化工作。构造方法的特殊性主要体现在如下几个方面：

(1) 构造方法的方法名与类名相同；
(2) 构造方法没有返回值，但不能写 void；
(3) 构造方法的主要作用是完成对类对象的初始化工作；
(4) 构造方法一般不能由编程人员显式地直接调用，而是用 new 来调用；
(5) 在创建一个类的对象的同时，系统会自动调用该类的构造方法为新对象初始化。

我们知道，在声明成员变量时可以为它赋初值，那么为什么还需要构造方法呢？这是因

为构造方法可以带上参数,而且构造方法还可以完成赋值之外的其他一些复杂操作,这在以后的内容中会进行讲解。

7.3.2 默认的构造方法

细心的读者可能会发现,在例 7.4 以前的例子中均没有定义构造方法,依然可以创建新的对象,并能正确地执行程序,这是因为如果省略构造方法,Java 编译器会自动为该类生成一个默认的构造方法(default constructor),程序在创建对象时会自动调用默认的构造方法。默认的构造方法没有参数,在其方法体中也没有任何代码,即什么也不做。如果上面例子中的 Cylinder 类没有定义构造方法,则编译系统会自动为其生成默认的构造方法如下:

```
Cylinder() {}
```

如果 class 前面有 public 修饰符,则默认的构造方法也会是 public 的。

由于系统提供的默认构造方法往往不能满足需求,所以用户可以自己定义类的构造方法来满足需要,一旦用户为该类定义了构造方法,系统就不再提供默认的构造方法,这是 Java 的覆盖(overriding)所致。关于覆盖的概念在 8.1.3 节中讨论。

注意:若在一个类里只定义了有参数的构造方法,但却调用无参数的构造方法创建对象,则编译不能通过。例如,若将例 7.4 中的第 25 行改为"Cylinder volu=new Cylinder();",则在编译时报错。

7.3.3 构造方法的重载

一般情况下,每个类都有一个或多个构造方法。但由于构造方法与类同名,所以当一个类有多个构造方法时,则这多个构造方法可以重载。我们已经知道,只要方法与方法之间的参数个数不同,或参数的类型不同,便可定义多个名称相同的方法,这就是方法的重载。因此我们不难定义出构造方法的重载。构造方法的重载,可以让用户用不同的参数来创建对象。下面举例说明。

【例 7.5】 在圆柱体类 Cylinder 中,使用构造方法的重载。

```
1    //filename: App7_5.java      构造方法的重载
2    class Cylinder                              //定义类 Cylinder
3    {
4      private double radius;
5      private int height;
6      private double pi = 3.14;
7      String color;
8      public Cylinder()    //定义无参数的构造方法
9      {
10       radius = 1;
11       height = 2;
12       color = "绿色";
13     }
14     public Cylinder(double r, int h, String str)   //定义有三个参数的构造方法
15     {
16       radius = r;
17       height = h;
```

```
18          color = str;
19      }
20      public void setColor()
21      {
22          System.out.println("该圆柱的颜色为: " + color);
23      }
24      double area()
25      {
26          return pi * radius * radius;
27      }
28      double volume()
29      {
30          return area() * height;
31      }
32  }
33  public class App7_5                              //定义主类
34  {
35      public static void main(String[] args)
36      {
37          Cylinder volu1 = new Cylinder();
38          System.out.println("圆柱 1 底面积 = " + volu1.area());
39          System.out.println("圆柱 1 体积 = " + volu1.volume());
40          volu1.setColor();
41          Cylinder volu2 = new Cylinder(2.5,8,"红色");
42          System.out.println("圆柱 2 底面积 = " + volu2.area());
43          System.out.println("圆柱 2 体积 = " + volu2.volume());
44          volu2.setColor();
45      }
46  }
```

程序运行结果如下：

圆柱 1 底面积 = 3.14
圆柱 1 体积 = 6.28
该圆柱的颜色为：绿色
圆柱 2 底面积 = 19.625
圆柱 2 体积 = 157.0
该圆柱的颜色为：红色

该程序中定义了两个构造方法：其中第一个构造方法 Cylinder()没有参数，其作用是把私有成员变量 radius 设置为 1，把 height 设置为 2，把 color 设置为"绿色"；第二个构造方法 Cylinder(double r,int h,String str)则分别接收 double 型、int 型和 String 型的变量，再将相应的成员变量设置为相应的值。

在主方法 main()中的第 37 行调用无参构造方法时，将成员变量 radius 设置为 1，把 height 设置为 2，把 color 设置为"绿色"；而第 41 行调用有参构造方法时，则将 volu2 对象的 radius 设置为 2.5，height 设置为 8，color 设置为"红色"。

7.3.4 从一个构造方法内调用另一个构造方法

为了某些特定的运算，Java 语言允许在类内从某一个构造方法内调用另一个构造方法。利用这个方法,可缩短程序代码,减少开发程序时间。从某一个构造方法内调用另一构造方法,是通过使用 this() 语句来调用的。下面举例说明。

【例 7.6】 在圆柱体类 Cylinder 内用一个构造方法调用另一个构造方法。

```
1   //filename: App7_6.java          从某一个构造方法内调用另一个构造方法
2   class Cylinder                             //定义类 Cylinder
3   {
4     private double radius;
5     private int height;
6     private double pi = 3.14;
7     String color;
8     public Cylinder()                        //定义无参数的构造方法
9     {
10      this(2.5,5,"红色");                    //用 this 语句来调用另一个构造方法
11      System.out.println("无参构造方法被调用了");
12    }
13    public Cylinder(double r,int h,String str)  //定义有三个参数的构造方法
14    {
15      System.out.println("有参构造方法被调用了");
16      radius = r;
17      height = h;
18      color = str;
19    }
20    public void show()
21    {
22      System.out.println("圆柱底半径为: " + radius);
23      System.out.println("圆柱体的高为: " + height);
24      System.out.println("圆柱的颜色为: " + color);
25    }
26    double area()
27    {
28      return pi * radius * radius;
29    }
30      double volume()
31      {
32        return area() * height;
33      }
34  }
35  public class App7_6                        //主类
36  {
37    public static void main(String[] args)
38    {
39      Cylinder volu = new Cylinder();
40      System.out.println("圆柱底面积 = " + volu.area());
41      System.out.println("圆柱体体积 = " + volu.volume());
42      volu.show();
43    }
44  }
```

程序运行结果如下:

有参构造方法被调用了
无参构造方法被调用了
圆柱底面积 = 19.625
圆柱体体积 = 98.125
圆柱底半径为:2.5
圆柱体的高为:5
圆柱的颜色为:红色

从例 7.6 中可以看到,在没有参数的构造方法 Cylinder()中的第 10 行,通过 this(2.5, 5,"红色")语句来调用有参数的构造方法 Cylinder(double r,int h,String str),并把 radius 设置为 2.5,将 height 设置为 5,将 color 设置为"红色"。

注意:(1)在某一个构造方法内调用另一个构造方法时,必须使用 this()语句来调用,否则编译时将出现错误。

(2) this()语句必须写在构造方法内的第一行位置。

7.3.5 公共的构造方法与私有的构造方法

构造方法一般都是公共(public)的,这是因为它们在创建对象时,是在类的外部被系统自动调用的。如果构造方法被声明为 private,则无法在该构造方法所在的类以外的地方被调用,但在该类的内部还是可以被调用的。

【**例 7.7**】 创建圆柱体类 Cylinder,并在该类的一个构造方法内调用另一个私有的构造方法。

```
1   //filename: App7_7.java        公共构造方法与私有构造方法
2   class Cylinder                                //定义类 Cylinder
3   {
4     private double radius;
5     private int height;
6     private double pi = 3.14;
7     String color;
8     private Cylinder()                          //定义私有的构造方法
9     {
10      System.out.println("无参构造方法被调用了");
11    }
12    public Cylinder(double r,int h,String str)  //定义有三个参数的构造方法
13    {
14      this();      //在公共构造方法中用 this()语句来调用另一个构造方法
15      radius = r;
16      height = h;
17      color = str;
18    }
19    public void show()
20    {
21      System.out.println("圆柱底半径为:" + radius);
22      System.out.println("圆柱体的高为:" + height);
23      System.out.println("圆柱的颜色为:" + color);
24    }
```

```
25    double area()
26    {
27      return pi * radius * radius;
28    }
29    double volume()
30    {
31      return area() * height;
32    }
33  }
34  public class App7_7                            //主类
35  {
36    public static void main(String[ ] args)
37    {
38      Cylinder volu = new Cylinder(2.5,5,"蓝色");
39      System.out.println("圆柱底面积 = " + volu.area());
40      System.out.println("圆柱体体积 = " + volu.volume());
41      volu.show();
42    }
43  }
```

程序的运行结果为：

无参构造方法被调用了
圆柱底面积 = 19.625
圆柱体体积 = 98.125
圆柱底半径为：2.5
圆柱体的高为：5
圆柱的颜色为：蓝色

该例中的无参构造方法 Cylinder() 被设置为 private, 而有参构造方法 Cylinder(double r, int h, String str) 被声明为 public。程序运行时，在主方法 main() 中的第 38 行创建了新的对象 volu, 并调用有参构造方法。由于有参构造方法是公共的，所以可在类外调用。程序进入到有参构造方法内时，由于是在同一类内，所以可以利用 this() 语句调用私有的构造方法 Cylinder(), 输出"无参构造方法被调用了"的字符串，接下来给私有成员变量赋值，然后回到 main() 里继续执行后续语句，直到程序运行完毕。

由于声明为 private 的构造方法无法在类外被调用，但因私有的无参构造方法 Cylinder() 与公共的带参的构造方法 Cylinder(double r, int h, String str) 是在同一类内, 而在同一类内是可以访问私有成员的，所以本例中在公共的构造方法中用 this() 语句调用了私有的构造方法。

7.4 静态成员

static 称为静态修饰符，它可以修饰类中的成员。被 static 修饰的成员称为静态成员，也称为类成员，而不用 static 修饰的成员称为实例成员。

7.4.1 实例成员

在类定义中如果成员变量或成员方法没有用 static 来修饰，则该成员就是实例成员。对实例成员，我们并不陌生，因为在此之前编写的程序中，用到的都是实例成员。如在例 7.5

的主方法 main()中分别用 new 运算符创建两个新的对象 volu1 和 volu2,这两个对象都各自拥有自己保存自己成员的存储空间,而不与其他对象共享,如图 7.1 所示。

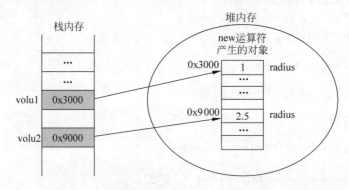

图 7.1　volu1 与 volu2 各自拥有自己成员的存储空间,而不与其他对象共享

由图 7.1 可以看出,所创建的对象 volu1 和 volu2 均有各自的存储空间来保存自己的值,而不与其他对象共享。因为这些成员变量各自独立,且存于不同的内存之中,因此若修改了 volu1 的某个成员变量的值,volu2 的成员变量并不受影响。具有此特性的成员变量,在 Java 中称为实例变量(instance variable)。

在例 7.7 中,Cylinder 类里的方法 area()和 volume()必须通过对象来调用。如下面的代码段。

```
Cylinder volu1 = new Cylinder(2.5,5,"蓝色");
volu1.volume();
Cylinder volu2 = new Cylinder(3.2,8,"红色");
volu2.volume();
```

也就是说,必须先创建对象,再利用对象来调用方法,而无法不通过对象而直接去调用 volume()方法。具有此特性的方法,在 Java 中称为实例方法(instance method)。由此可知,实例成员属个别对象所有,彼此之间不能共享。

7.4.2　静态变量

用 static 修饰的成员变量称为静态变量,也称为类变量。静态变量是隶属于类的变量,而不是属于任何一个类的具体对象。也就是说,对于该类的任何一个具体对象而言,静态变量是一个公共的存储单元,不是保存在某个对象实例的内存空间中,而是保存在类的内存空间的公共存储单元中。或者说,对于类的任何一个具体对象而言,静态变量是一个公共的存储单元,类的任何一个对象访问它时,取到的都是一个相同的数值。同样,类的任何一个对象去修改它时,也都是在对同一个内存单元做操作。静态变量在定义时用 static 来修饰。静态变量在某种程度上与其他语言的全局变量相似,如果不是私有的就可以在类的外部进行访问,此时不需要创建类的实例对象,只需要类名就可以引用。换句话说就是,静态变量不需要实例化就可以使用。当然,也可以通过实例对象来访问静态变量。使用格式有如下两种:

类名.静态变量名;

对象名.静态变量名；

类中若含有静态变量，则静态变量必须独立于方法之外，就像其他高级语言在声明全局变量时必须在函数之外声明一样。

【例 7.8】 将圆柱体类 Cylinder 里的变量 pi 和 num 声明为静态变量。

```
1   //filename: App7_8.java        静态变量的使用
2   class Cylinder                              //定义类 Cylinder
3   {
4     private static int num = 0;               //声明 num 为静态变量
5     private static double pi = 3.14;          //声明 pi 为静态变量，并赋初值
6     private double radius;
7     private int height;
8     public Cylinder(double r, int h)          //定义有两个参数的构造方法
9     {
10      radius = r;
11      height = h;
12      num++;                                  //当构造方法 Cylinder()被调用时，num 便加 1
13    }
14    public void count()                       // count()方法用来显示目前创建对象的个数
15    {
16      System.out.print("创建了" + num + "个对象：");
17    }
18    double area()
19    {
20      return pi * radius * radius;
21    }
22    double volume()
23    {
24      return area() * height;
25    }
26  }
27  public class App7_8                         //主类
28  {
29    public static void main(String[] args)
30    {
31      Cylinder volu1 = new Cylinder(2.5,5);
32      volu1.count();
33      System.out.println("圆柱 1 的体积 = " + volu1.volume());
34      Cylinder volu2 = new Cylinder(1.0,2);
35      volu2.count();
36      System.out.println("圆柱 2 的体积 = " + volu2.volume());
37    }
38  }
```

程序运行结果为：

创建了 1 个对象：圆柱 1 的体积 = 98.125
创建了 2 个对象：圆柱 2 的体积 = 6.28

在该例中，由于每个对象的 pi 值均相同，所以没有必要让每个对象都保存有自己的 pi

值,因此将 pi 声明为静态变量,使之成为所有对象公用的存储空间,所有对象都共用 pi 这个变量。另外,本例中还声明了另一个静态变量 num 用于记录程序中共产生了多少个对象。因为对象创建时会自动调用构造方法,所以在构造方法中加入了"num++;"语句,这样每创建一个对象就调用一次构造方法,从而每产生一个对象,num 的值就会自动加 1。Cylinder 类中的 count()方法用来显示 num 值。因为 num 被声明为 static,所以每一个对象的 num 变量均指向内存中的同一地址,也就是说,num 这个变量是由所有的对象所共享。

注意:对于静态变量的使用,建议采用"类名.静态变量名"的形式来访问。

由于静态变量是所有对象的公共存储空间,所以使用静态变量的另一个优点是可以节省大量的内存空间,尤其是大量创建对象的时候。

7.4.3 静态方法

与静态变量相似,用 static 修饰符修饰的方法属于类的静态方法,又称为类方法。静态方法的实质是属于整个类的方法,而不加 static 修饰符的方法是属于某个具体对象的方法。将一个方法声明为 static 有以下几重含义。

(1) 非 static 的方法是属于某个对象的方法,在创建这个对象时,对象的方法在内存中拥有属于自己专用的代码段。而 static 的方法是属于整个类的,它在内存中的代码段将被所有的对象所共用,而不被任何一个对象所专用。

(2) 由于 static 方法是属于整个类的,所以它不能操纵和处理属于某个对象的成员,而只能处理属于整个类的成员,即 static 方法只能访问 static 成员变量或调用 static 成员方法,或者说在静态方法中不能访问实例变量与实例方法。

(3) 在静态方法中不能使用 this 或 super。因为 this 是代表调用该方法的对象,但现在静态方法既然不需要对象来调用,this 也自然不应存在于静态方法内部。关于 super 关键字的用法,将在第 8 章再讨论。

(4) 调用静态方法时,可以使用类名直接调用,也可以用某一个具体的对象名来调用。其格式如下:

类名.静态方法名();
对象名.静态方法名();

【例 7.9】 利用圆柱体类 Cylinder 来介绍静态方法的使用。

```
1    //filename: App7_9.java        静态方法的使用
2    class Cylinder                                //定义类 Cylinder
3    {
4        private static int num = 0;
5        private static double pi = 3.14;
6        private double radius;
7        private int height;
8        public Cylinder(double r, int h)
9        {
10           radius = r;
11           height = h;
12           num++;                               //当构造方法 Cylinder()被调用时,num 便加 1
13       }
```

```
14      public static void count()             //声明count()为静态方法
15      {
16        System.out.println("创建了" + num + "个对象");
17      }
18      double area()
19      {
20        return pi * radius * radius;
21      }
22      double volume()
23      {
24        return area() * height;
25      }
26    }
27    public class App7_9                      //主类
28    {
29      public static void main(String[] args)
30      {
31        Cylinder.count();         //在对象产生之前用类名Cylinder调用count()方法
32        Cylinder volu1 = new Cylinder(2.5,3);
33        volu1.count();                       //用对象volu1调用count()方法
34        System.out.println("圆柱1的体积 = " + volu1.volume());
35        Cylinder volu2 = new Cylinder(1.0,2);
36        Cylinder.count();         //用类名Cylinder直接调用count()方法
37        System.out.println("圆柱2的体积 = " + volu2.volume());
38      }
39    }
```

程序运行结果为：

创建了0个对象
创建了1个对象
圆柱1的体积 = 58.875
创建了2个对象
圆柱2的体积 = 6.28

该例中，在类Cylinder中除了将count()方法声明为static之外，其余与例7.8基本相同。但在主方法main()中的第31和36两行是以类名Cylinder直接调用count()方法，而不是通过对象名来调用。实际上也可以通过对象名来调用静态方法，如第33行的"volu1.count();"。但通过对象名调用静态方法时，必须先创建对象，然后才能进行调用。另外，在本例中可以看到，静态方法可以在不产生对象的情况下直接以类名来调用。

注意：对于静态方法的调用，建议采用"类名.静态方法名();"的形式来访问。

当一个类在被Java虚拟机解释器装载运行时，由于Java程序是从main()开始运行的，所以，这个类中必须有main()方法作为程序执行的入口点。现在有了静态方法的知识后，读者现在可以理解main()方法的定义了。由于Java虚拟机需要在类外调用main()方法，所以该方法的访问权限必须是public；又因为Java虚拟机运行时系统在开始执行一个程序前，并没有创建main()方法所在类的一个实例对象，所以它只能通过类名来调用main()方法作为程序的入口，即调用main()方法的是类名，而不是由类所创建的对象，因而该方法必须是static的。

7.4.4 静态初始化器

静态初始化器是由关键字 static 修饰的一对花括号"{}"括起来的语句组。它的作用与类的构造方法有些相似，都是用来初始化工作的，但静态初始化器与构造方法有几点根本的不同。

（1）构造方法是对每个新创建的对象进行初始化，而静态初始化器是对类自身进行初始化。

（2）构造方法是在用 new 运算符创建新对象时由系统自动执行，而静态初始化器一般不能由程序调用，它是在所属的类被加载入内存时由系统调用执行的。

（3）用 new 运算符创建多少个新对象，构造方法就被调用多少次，但静态初始化器则在类被加载入内存时只执行一次，与创建多少个对象无关。

（4）不同于构造方法，静态初始化器不是方法，因而没有方法名、返回值和参数。

例如，给例 7.9 中的 Cylinder 类添加上如下的静态初始化器。

```
static              //类初始化器
{
    num = 100;      //num 的初始值为 100
    System.out.println("静态初始化器被调用了,num 的初值为" + num);
}
```

在例 7.9 的第 7 行之后添加如上所示的类静态初始化器后，则程序的运行结果如下：

```
静态初始化器被调用了,num 的初值为 100
创建了 100 个对象
创建了 101 个对象
圆柱 1 的体积 = 58.875
创建了 102 个对象
圆柱 2 的体积 = 6.28
```

尽管在该例中创建了类 Cylinder 的两个新对象，但其中的静态初始化器中的代码只执行了一次。这个例子也反过来说明，当一个程序中用到了其他类时，才会去装载那个类。因此，可以得出如下结论：类是在第一次被使用的时候才被装载的，而不是在程序启动时就装载程序中的所有可能要用到的类。

说明：如果有多个静态初始化器，则它们在类的初始化时会依次执行。

总之，静态初始化器的作用是对整个类完成初始化操作，包括给 static 成员变量赋初值，它在系统向内存加载时自动完成。

7.5 对象的应用

变量可分为基本类型的变量与非基本类型的变量两种。在声明基本类型的变量时采用的格式是"数据类型 变量名"，如 int a、double b 等。声明一个对象的格式与其相似，即"类名 对象名"。因而也可以将对象称为类类型的变量，它属于非基本类型的变量。实际上对象是一种引用型变量，而引用型变量实际上保存的是对象在内存中的首地址（也称为对象的句柄），所以就对象的功能而言，对象是"指向对象的变量"，但就其类型而言它属于"类类型的变量"。因此在某些场合,可以像使用基本类型变量一样使用对象。

7.5.1 对象的赋值与比较

在使用对象时,一般是先用 new 运算符创建对象,然后再对其进行操作处理。但有时没有使用 new 运算符创建新对象,仍然可以对其进行赋值。

【例 7.10】 创建圆柱体类 Cylinder,并对该类创建的对象进行赋值运算。

```
1   //filename: App7_10.java        对象的赋值
2   class Cylinder         //定义类 Cylinder
3   {
4     private static double pi = 3.14;
5     private double radius;
6     private int height;
7     public Cylinder(double r,int h)
8     {
9       radius = r;
10      height = h;
11    }
12    public void setCylinder(double r,int h)
13    {
14      radius = r;
15      height = h;
16    }
17    double volume()
18    {
19      return pi * radius * radius * height;
20    }
21  }
22  public class App7_10            //主类
23  {
24    public static void main(String[ ] args)
25    {
26      Cylinder volu1,volu2;        //声明 volu1,volu2 两个引用型变量
27      volu1 = new Cylinder(2.5,5);    //创建对象,并将 volu1 指向它
28      System.out.println("圆柱 1 的体积 = " + volu1.volume());
29      volu2 = volu1;             //将 volu1 赋值给 volu2,volu2 也指向了该对象
30      volu2.setCylinder(1.0,2);      //重新设置圆柱的底半径和高
31      System.out.println("圆柱 2 的体积 = " + volu1.volume());
32    }
33  }
```

程序运行结果为:

圆柱 1 的体积 = 98.125
圆柱 2 的体积 = 6.28

在该例的主方法 main()中,声明了 volu1,volu2 两个类 Cylinder 类型的变量,但只创建了一个对象 volu1,通过第 29 行的对象赋值语句"volu2=volu1;",将两个不同名的引用变量指向了同一个对象,所以通过任意一个引用变量对对象做修改,另一个引用变量所指向的

对象内容也会随着更改。这可从该程序的第 31 行看出，该语句调用的是 volu1 的方法 volume()，而输出的结果则是通过第 30 行语句调用 volu2 的方法 setCylinder(1.0,2) 所修改后的内容。所以说对引用变量赋值后，这两个引用变量指向了同一个对象。

由于引用变量中存放的是对象在内存中的首地址，那么对象被赋值后，到底是它们所共同指向的同一对象的内容相等，还是这两个引用变量中所保存的地址相等？在 6.4 节中已经讨论过，当参数是基本数据类型时，是传值方式调用，而当参数是引用变量时，则是传址方式调用。所以牢记这个结论，对理解参数传递非常有意义。另外，引用变量也可以作为方法的参数来使用。下面通过一个例子来说明这些问题。

【例 7.11】 以圆柱体类 Cylinder 的对象为参数进行方法调用，并说明对象的比较。

```
1   //filename: App7_11.java         向方法内传递对象
2   class Cylinder                       //定义类 Cylinder
3   {
4     private static double pi = 3.14;
5     private double radius;
6     private int height;
7     public Cylinder(double r, int h)
8     {
9       radius = r;
10      height = h;
11    }
12    public void compare(Cylinder volu)   //以对象作为方法的参数
13    {
14      if(this == volu)                    //判断 this 与 volu 是否指向同一对象
15        System.out.println("这两个对象相等");
16      else
17        System.out.println("这两个对象不相等");
18    }
19  }
20  public class App7_11                    //主类
21  {
22    public static void main(String[] args)
23    {
24      Cylinder volu1 = new Cylinder(1.0,2);
25      Cylinder volu2 = new Cylinder(1.0,2);
26      Cylinder volu3 = volu1;
27      volu1.compare(volu2);                //调用 compare()，比较 volu1 与 volu2 是否相等
28      volu1.compare(volu3);                //调用 compare()，比较 volu1 与 volu3 是否相等
29    }
30  }
```

程序运行后输出结果如下：

这两个对象不相等
这两个对象相等

该例中，Cylinder 类的 compare() 方法接收的参数是对象，并用 if(this==volu) 语句判断两个引用变量是否相等。在主方法 main() 中，声明了三个引用变量 volu1、volu2 和 volu3，并在第 24、25 行用相同的实参创建了两个对象 volu1 和 volu2。但在第 27、28 行分

别用 volu2、volu3 调用 volu1 的 compare()方法,从输出结果上看,volu1 与 volu2 不相等,而 volu1 与 volu3 却相等。这是因为 volu1 和 volu2 分别指向了两个新创建的 Cylinder 类对象,尽管创建的两个对象看上去完全相同,但它们是两个彼此独立的对象,是两个占据不同内存空间地址的不同对象,而引用变量 volu1 与 volu2 的值分别是这两个对象在内存中的首地址,显然它们是不相等的。而 volu1 和 volu3 是指向同一个对象的两个变量,它们的值是同一对象在内存中的首地址,所以它们是相等的。比较两个对象的相等还可用 equals()方法,详见 8.1.5 节。

7.5.2 引用变量作为方法的返回值

引用变量不但可以作为参数进行传递,而且也可以作为方法的返回值。若要方法返回类类型的变量,只需在方法声明的前面加上要返回的类名即可。

【例 7.12】 创建个人类 Person,在该类中定义一个以对象作为返回值的方法 compare()。

```
1   //filename: App7_12.java      方法的返回值为对象
2   class Person                              //定义类 Person
3   {
4     private String name;
5     private int age;
6     public Person(String name, int age)
7     {
8       this.name = name;
9       this.age = age;
10    }
11    public Person compare(Person p)        //返回值的类型为对象
12    {
13      if(this.age > p.age)
14        return this;                        //返回调用该方法的对象
15      else
16        return p;                           //返回参数对象
17    }
18  }
19  public class App7_12                      //主类
20  {
21    public static void main(String[] args)
22    {
23      Person per1 = new Person("张三",20);
24      Person per2 = new Person("李四",21);
25      Person per3;
26      per3 = per1.compare(per2);
27      if(per3 == per1)
28        System.out.println("张三年龄大");
29      else
30        System.out.println("李四年龄大");
31    }
32  }
```

程序输出结果为:

李四年龄大

该例是通过比较两个对象的成员变量 age 的大小,来返回 age 的值较大的对象。

7.5.3 类类型的数组

在第 5 章中介绍过数组,数组元素可以是存放各种类型的数据,当然数组也可以用来存放对象。用数组来存放对象,一般要经过如下两个步骤:

(1) 声明类类型的数组变量,并用 new 运算符分配内存空间给数组;
(2) 用 new 创建新的对象,分配内存空间给它,并让数组元素指向它。

下面举例说明。

【例 7.13】 对象数组的应用。以个人类 Person 为类型,创建数组。

```
1   //filename: App7_13.java        对象数组的应用
2   class Person                                   //定义类 Person
3   {
4     private String name;
5     private int age;
6     public Person(String name, int age)
7     {
8       this.name = name;
9       this.age = age;
10    }
11    public void show()
12    {
13      System.out.println("姓名: " + name + "   年龄: " + age);
14    }
15  }
16  public class App7_13                           //主类
17  {
18    public static void main(String[] args)
19    {
20      Person[] per;                              //声明类类型的数组
21      per = new Person[3];                       //用 new 运算符为数组分配内存空间
22      per[0] = new Person("张三", 20);
23      per[1] = new Person("李四", 21);           用 new 运算符创建新对象,并分配给数组元素
24      per[2] = new Person("王二", 19);
25      per[2].show();                             //利用对象 per[2]调用 show()方法
26      per[0].show();                             //利用对象 per[0]调用 show()方法
27    }
28  }
```

程序运行结果如下:

姓名: 王二   年龄: 19
姓名: 张三   年龄: 20

在主方法 main()中,定义了一个包含 3 个元素的数组 per,其类型为 Person 类类型,即

数组元素是 Person 类型的变量,所以程序的第 22～24 行分别是用数组元素指向新建对象的内存首地址。用不同的对象调用相应的 show()方法,则显示出相应对象的成员变量。

7.5.4 以对象数组为参数进行方法调用

通过例 7.13 可以知道,数组也可以用来存放对象。因此,也可将对象数组作为参数传递到方法里。下面举例说明。

【例 7.14】 以对象数组作为参数传递给方法,返回对象数组中最小的成员变量。

```
1   //filename: App7_14.java      以对象数组为参数进行方法调用
2   class Person                           //定义类 Person
3   {
4     private String name;
5     private int age;
6     public Person(String name, int age)
7     {
8       this.name = name;
9       this.age = age;
10    }
11    public static int minAge(Person[] p)   //以对象数组作为参数传递给方法
12    {
13      int min = Integer.MAX_VALUE;         //将 min 的初值设为 int 型整数的最大值
14      for(int i = 0; i < p.length; i++)
15        if(p[i].age < min)
16          min = p[i].age;     //将对象数组中成员变量 age 的最小值存入变量 min 中
17      return min;             //返回对象数组中最小的成员变量的值
18    }
19  }
20  public class App7_14
21  {
22    public static void main(String[] args)
23    {
24      Person[] per = new Person[3];
25      per[0] = new Person("张三",20);
26      per[1] = new Person("李四",21);
27      per[2] = new Person("王二",19);
28      System.out.println("最小的年龄为: " + Person.minAge(per));
29    }
30  }
```

程序的运行结果为:

最小的年龄为: 19

从该例中可以看出,在一个方法中接收类类型数组的形式参数的格式为"类名[] 数组名"。如本例中的语法格式为:

public static int minAge(Person[] p)

由于该方法被声明为 static,所以在主方法的第 28 行直接用类名 Person 来调用该方法,并传递对象数组到该方法里。但需注意的是,传递数组时的实参只需给出其数组名即可。

7.6 Java 语言的垃圾回收

在 Java 程序的生命周期中，Java 运行环境提供了一个系统的垃圾回收器线程，负责自动回收那些没有被引用的对象所占用的内存，这种清除无用对象进行内存回收的过程就叫作垃圾回收（garbage-collection）。垃圾回收是 Java 语言提供的一种自动内存回收功能，可以让程序员减轻许多内存管理的负担，也减少程序员犯错的机会。

当一个对象被创建时，JVM 会为该对象分配一定的内存、调用该对象的构造方法并开始跟踪该对象。当该对象停止使用时，JVM 将通过垃圾回收器回收该对象所占用的内存。那么，Java 是如何知道一个对象是无用的呢？这是因为系统中的任何对象都有一个引用计数器，一个对象被引用 1 次，则该对象的引用计数器为 1，被引用 2 次，则引用计数器为 2；相反，若对一个对象减少 1 次引用，则该对象的引用计数器就减 1，依次类推，当一个对象的引用计数器减到 0 时，说明该对象可以回收。

垃圾回收有以下两个好处。

（1）它把程序员从复杂的内存追踪、监测、释放等工作中解放出来。

（2）它防止了系统内存被非法释放，从而使系统更加稳定。

垃圾回收有以下特点。

（1）只有当一个对象不被任何引用类型的变量使用时，它占用的内存才可能被垃圾回收器回收。如下面的程序段：

```
String str1 = "This is a string";
String str2 = str1;
str1 = null;
str2 = new String("This is another string");
```

当程序执行到第 3 行时，"This is a string"对象仍然被 str2 引用，因此，此时不能被垃圾回收器回收。当程序执行完第 4 行时，str2 引用了一个新的字符串对象，此时"This is a string"对象不在被任何引用类型的变量(str1 和 str2)引用，因此，此时该对象可以被当作垃圾回收。

（2）不能通过程序强迫垃圾回收器立即执行。

垃圾回收器负责释放没有引用与之关联的对象所占用的内存，但是回收的时间对程序员是透明的，在任何时候，程序员都不能通过程序强迫垃圾回收器立即执行，但可以通过调用 System.gc()或者 Runtime.gc()方法提示垃圾回器进行内存回收操作，不过这也不能保证调用该方法后，垃圾回收器立即执行。

（3）当垃圾回收器将要释放无用对象占用的内存时，先调用该对象的 finalize()方法。

在 Java 语言中对象的回收是由系统进行的，但有一些任务需要在回收时进行，如清理一些非内存资源、关闭打开的文件等。这可通过覆盖对象中的 finalize()方法来实现，因为系统在回收时会自动调用对象的 finalize()方法。finalize()方法的形式如下：

```
protected void finalize() throws Throwable
```

由于只有当垃圾回收器将要释放该对象的内存时，才会执行该对象的 finalize()方法，如果在小程序或应用程序退出之前，垃圾回收器始终没有执行释放内存的操作，那么垃圾回收器将不会调用无用对象的 finalize() 方法。换句话说，以下情况是完全可能的：一个小程序或应用程序只占用了少量的内存，没有造成严重的内存需求，于是垃圾回收器没有释放这些对象的内存就退出了。显然，如果程序员为某个对象定义了 finalize() 方法，JVM 可能不会调用它，因为垃圾回收器不曾释放过这个对象的内存，调用 System.gc() 也不会起作用，因为它仅仅是给 JVM 一个建议而不是命令。当一个对象将要退出生命周期时，可以通过 finalize() 方法来释放对象所占的其他相关资源，但是，JVM 有很大的可能不调用对象的 finalize() 方法，因此很难保证使用该方法来释放资源是安全有效的。

本章小结

1. 用修饰符 private 修饰的类成员称为类的私有成员（private member）。私有成员无法从该类的外部访问到，而只能被该类自身访问和修改，而不能被任何其他类（包括该类的子类）获取或引用；如果在类的成员声明的前面加上修饰符 public，则该成员为公共成员，表示该成员可以被所有其他的类所访问。

2. 所谓重载是指在同一个类内定义相同名称的多个方法。这些同名的方法或者参数的个数不同或者参数的个数相同但类型不同，这些同名的方法便可以具有不同的功能。

3. 构造方法可视为一种特殊的方法，它的主要功能是帮助创建的对象赋初值。

4. 构造方法的名称必须与其所属的类名称相同，且不能有返回值。

5. 从某一构造方法内调用另一构造方法，必须通过 this() 语句来调用。

6. 构造方法有公共(public)与私有(private)之分，公共构造方法可以在程序的任何地方被调用，所以新创建的对象均可自动调用它，而私有构造方法则无法在该构造方法所在的类以外的地方被调用。

7. 如果一个类没有定义构造方法，则 Java 编译系统会自动为其生成默认的构造方法。默认的构造方法是没有任何参数，方法体内也没有任何语句的构造方法。

8. 实例变量与实例方法、静态变量与静态方法是不同的成员变量与成员方法。

9. 基本类型的变量是指由 int、double 等关键字所声明而得到的变量，而由类声明而得到的变量称为类类型的变量，它是属于引用类型变量的一种。

10. 对象也可以用数组来存放，但必须有下面两个步骤：①声明类类型的数组变量，并用 new 运算符分配内存空间给数组；②用 new 运算符产生新的对象，并分配内存空间给它，并让数组元素指向它。

11. Java 语言具有垃圾自动回收的功能。

第 7 章习题

7.1 一个类的公共成员与私有成员有何区别？

7.2 什么是方法的重载？

7.3 一个类的构造方法的作用是什么？若一个类没有声明构造方法，该程序能正确执行吗？为什么？

7.4 构造方法有哪些特性？

7.5 在一个构造方法内可以调用另一个构造方法吗？如果可以，如何调用？

7.6 静态变量与实例变量有哪些不同？

7.7 静态方法与实例方法有哪些不同？

7.8 在一个静态方法内调用一个非静态成员为什么是非法的？

7.9 对象的相等与指向它们的引用相等有什么不同？

7.10 什么是静态初始化器？其作用是什么？静态初始化器由谁在何时执行？它与构造方法有何不同？

7.11 Java 语言中怎样清除没有被引用的对象？能否控制 Java 系统中垃圾的回收时间？

第8章 继承、抽象类、接口和枚举

本章主要内容：
- 子类的创建；
- 在子类中访问父类的成员；
- 覆盖父类的方法；
- 抽象类与抽象方法；
- 接口及接口的实现；
- 利用接口实现类的多重继承；
- 枚举；
- 包（类库）。

类的继承是使用已有的类为基础派生出新的类。通过类继承的方式，便能开发出新的类，而不需要编写相同的程序代码，所以说类的继承是程序代码再利用的概念。

抽象类与接口都是类概念的扩展。通过继承扩展出的子类，加上覆盖的应用，抽象类可以一次创建并控制多个子类。接口则是Java语言里实现多重继承的重要方法。

8.1 类的继承

类的继承是面向对象程序设计的一个重要特点，通过继承可以实现代码的复用，被继承的类称为父类或超类（superclass），由继承而得到的类称为子类（subclass）。一个父类可以同时拥有多个子类，但由于Java语言中不支持多重继承，所以一个类只能有一个直接父类。父类实际上是所有子类的公共成员的集合，而每一个子类则是父类的特殊化，是对公共成员变量和方法在功能、内涵方面的扩展和延伸。

子类继承父类可访问的成员变量和成员方法，同时可以修改父类的成员变量或重写父类的方法，还可以添加新的成员变量或成员方法。采用继承机制来组织、设计系统中的类，可以提高程序的抽象程度，使之更能接近于人类的思维方式，同时通过继承也能较好地实现代码重用，提高程序开发效率，降低维护工作量。

在Java语言中有一个名为java.lang.Object的特殊类，所有的类都是直接或间接地继承该类而得到的。

8.1.1 子类的创建

Java语言中类的继承是通过extends关键字来实现的，在定义类时若使用extends关键字指出新定义类的父类,就是在两个类之间建立了继承关系。新定义的类称为子类,它可以从父类那里继承所有非私有成员作为自己的成员。通过在类的声明时使用 extends 关键字来创建一个类的子类,其格式如下:

```
class SubClass extends SuperClass
{
    ⋮
}
```

上述语句把 SubClass 声明为类 SuperClass 的直接子类,如果 SuperClass 又是某个类的子类,则 SubClass 同时也是该类的间接子类。

如果没有 extends 关键字,则该类默认为 java.lang.Object 类的子类。因此,在 Java 语言中所有的类都是通过直接或间接地继承 java.lang.Object 类得到的。所以在此之前的所有例子中的类均是 java.lang.Object 类的子类。

子类的每个对象也是其父类的对象,这是继承性的"即是"性质。也就是说,若 SubClass 继承 SuperClass,则 SubClass 即是 SuperClass,所以在任何可以使用 SuperClass 实例的地方,都允许使用 SubClass 实例,反之则不然,父类对象不一定是它的子类的对象。

1. 子类的构建方法

【例 8.1】 类的继承,创建个人类 Person,再以该类为父类创建一个学生子类 Student。

```
1   //filename: App8_1.java      类继承的简单例子
2   class Person              //Person 类是 java.lang.Object 类的子类
3   {
4     private String name;    //name 表示姓名
5     private int age;        //age 表示年龄
6     public Person()         //定义 Person 类的无参构造方法
7     {
8       System.out.println("调用了个人类的构造方法 Person()");
9     }
10    public void setNameAge(String name,int age)
11    {
12      this.name = name;
13      this.age = age;
14    }
15    public void show()
16    {
17      System.out.println("姓名: " + name + "   年龄: " + age);
18    }
19  }
20  class Student extends Person        //定义 Student 类,继承自 Person 类
21  {
22    private String department;
23    public Student()                  //定义 Student 类的构造方法
24    {
25      System.out.println("调用了学生类的构造方法 Student()");
26    }
27    public void setDepartment(String dep)
28    {
```

```
29            department = dep;
30            System.out.println("我是" + department + "的学生");
31        }
32    }
33    public class App8_1                        //主类
34    {
35        public static void main(String[] args)
36        {
37            Student stu = new Student();        //创建 Student 对象
38            stu.setNameAge("张小三",21);        //调用父类的 setNameAge()方法
39            stu.show();                         //调用父类的 show()方法
40            stu.setDepartment("计算机系");      //调用子类的 setDepartment()方法
41        }
42    }
```

程序执行结果为：

调用了个人类的构造方法 Person() ⎫ 先调用父类的构造方法 Person(),再调用子类的
调用了学生类的构造方法 Student() ⎭ 构造方法 Student()后所得到的结果
姓名：张小三　年龄：21——调用由父类继承而来的方法所得到的结果
我是计算机系的学生——调用子类的方法所得到的结果

该程序中定义了三个类：Person、Student 和 App8_1，其中 Person 类为 Student 类的父类，所以在程序的第 20 行定义子类 Student 时，利用 extends 关键字表示它是继承自父类 Person。Person 类共有两个成员变量 name 和 age、一个无参的构造方法 Person()和两个成员方法 setNameAge()与 show()。继承自 Person 的子类 Student 则包含一个成员变量 department、一个构造方法 Student()和一个成员方法 setDepartment()。

在程序运行时，第 37 行创建新的对象 stu，并调用 Student()的构造方法。有趣的是，明明是调用 Student()构造方法，理应输出"调用了学生类的构造方法 Student()"字符串，但却输出了"调用了个人类的构造方法 Person()"字符串，这似乎是 Person()构造方法被调用了，而且是先调用父类的构造方法之后，才接着调用子类的构造方法。事实上，在 Java 语言的继承中，执行子类的构造方法之前，会先调用父类中没有参数的构造方法，其目的是为了要帮助继承自父类的成员做初始化操作。

第 38、39 两行分别利用 stu 对象，调用从父类继承而来的 setNameAge()和 show()方法设置 Person 类的成员变量 name、age 并输出"姓名：张小三　年龄：21"。最后程序的第 40 行则是调用子类的 setDepartment()方法把子类的成员变量 department 的值设置为"计算机系"，并输出相应的字符串。

说明：(1) 通过 extends 关键字，可将父类中的非私有成员继承给子类。在使用这些继承过来的成员时，利用过去惯用的语法即可，如第 38、39 行均是利用子类所产生的 stu 对象，调用从父类继承而来的方法。

(2) Java 程序在执行子类的构造方法之前，会先自动调用父类中没有参数的构造方法，其目的是为了帮助继承自父类的成员做初始化的操作。

(3) 在严格意义上说，构造方法是不能被继承的，例如父类 Person 有一个构造方法 Person(String,int)，不能说子类 Student 也自动有一个构造方法 Person(String,int)，但这

并不意味着子类不能调用父的构造方法。

2. 调用父类中特定的构造方法

通过例 8.1 可知，程序中即使没有明确地指定子类调用父类的构造方法，但程序执行时子类还是会先调用父类中没有参数的构造方法，以便进行初始化操作。但如果父类中有多个构造方法时，如何才能调用父类中某个特定的构造方法呢？其做法就是在子类的构造方法中通过 super()语句来调用父类特定的构造方法。下面举例来说明。

【例 8.2】 以 Person 作为父类，创建学生子类 Student，并在子类中调用父类中某指定的构造方法。

```
1   //filename: App8_2.java        调用父类中的特定构造方法
2   class Person                   //定义 Person 类
3   {
4     private String name;
5     private int age;
6     public Person()              //定义 Person 类的无参构造方法
7     {
8       System.out.println("调用了 Person 类的无参构造方法");
9     }
10    public Person(String name,int age)   //定义 Person 类的有参构造方法
11    {
12      System.out.println("调用了 Person 类的有参构造方法");
13      this.name = name;
14      this.age = age;
15    }
16    public void show()
17    {
18      System.out.println("姓名："+ name +"   年龄："+ age);
19    }
20  }
21  class Student extends Person    //定义继承自 Person 类的子类 Student
22  {
23    private String department;
24    public Student()              //定义 Student 类的无参构造方法
25    {
26      System.out.println("调用了学生类的无参构造方法 Student()");
27    }
28    public Student(String name,int age,String dep)   //定义 Student 类的有参构造方法
29    {
30      super(name,age);            //调用父类的有参构造方法，在第 10 行定义的
31      department = dep;
32      System.out.println("我是"+ department +"的学生");
33      System.out.println("调用了学生类的有参构造方法 Student(String name,int age,String dep)");
34    }
35  }
36  public class App8_2             //主类
37  {
38    public static void main(String[] args)
```

```
39    {
40        Student stu1 = new Student();        //创建对象,并调用无参构造方法
41        Student stu2 = new Student("李小四",23,"信息系");   //创建对象,并调用有参构造方法
42        stu1.show();
43        stu2.show();
44    }
45 }
```

程序运行结果如下:

调用了 Person 类的无参构造方法
调用了学生类的无参构造方法 Student()
调用了 Person 类的有参构造方法
我是信息系的学生
调用了学生类的有参构造方法 Student(String name,int age,String dep)
姓名: null   年龄: 0
姓名: 李小四   年龄: 23

该程序中的 Person 类及其子类 Student 均有两个构造方法,一个无参数,另一个有参数。在 Student 类的有参数构造方法中第 30 行利用 super(name,age)来传递参数 name 和 age 到父类的构造方法中,因此只要子类的构造方法 Student(String name,int age,String dep)被调用,则父类的构造方法 Person(String name,int age)也会被调用,因此通过该方式来调用父类中特定的构造方法。

程序执行到第 40 行时调用无参构造方法 Student(),此构造方法会自动先调用父类中的无参构造方法 Person(),再执行自己的构造方法 Student()。第 41 行则调用了具有三个参数的构造方法 Student(String name,int age,String dep),通过第 30 行的"super(name,age);"语句,第 10 行所定义的 Person(String name,int age)构造方法会被调用。第 31 行将 stu2 自己本身的成员变量 department 赋值为"信息系"。第 42 行用 stu1 对象调用 show()方法,因 stu1 的成员变量 name 和 age 没有被赋值,其默认值分别为 null 和 0。第 43 行则以 stu2 调用 show()方法,因 stu2 的成员变量 name 和 age 已被父类的构造方法分别赋值为"李小四"和 23,故显示出相应的结果。

说明:(1)如果省略了第 30 行的"super(name,age);"语句,则父类中的无参构造方法还会被调用。

(2)调用父类构造方法的 super()语句必须写在子类构造方法的第一行,否则编译时将出现错误信息。

(3)在子类中访问父类的构造方法,其格式为 super(参数列表)。super()可以重载,也就是说,super()会根据参数的个数与类型,执行父类相应的构造方法。

(4)Java 程序在执行子类的构造方法之前,如果没有用 super()来调用父类中特定的构造方法,则会先调用父类中"没有参数的构造方法"。因此,如果父类中只定义了有参数的构造方法,而在子类的构造方法中又没有用 super()来调用父类中特定的构造方法,则编译时将发生错误,因为 Java 程序在父类中找不到"没有参数的构造方法"可供执行。解决的办法是在父类中加上一个"不做事"且没有参数的构造方法即可,如 public Person(){ }。

(5)super()与 this()的功能相似,但 super()是从子类的构造方法调用父类的构造方

法,而 this()则是在同一个类内调用其他的构造方法。当构造方法有重载时,super()与 this()均会根据所给出的参数类型与个数,正确地执行相对应的构造方法。

(6) super()与 this()均必须放在构造方法内的第 1 行,也就是这个原因,super()与 this()无法同时存在同一个构造方法内。

(7) 与 this 关键字一样,super 指的也是对象,所以 super 同样不能在 static 环境中使用,包括静态方法和静态初始化器(static 语句块)。

8.1.2 在子类中访问父类的成员

在子类中使用 super 不但可以访问父类的构造方法,还可以访问父类的成员变量和成员方法,但 super 不能访问在子类中添加的成员。在子类中访问父类成员的格式如下:

```
super.变量名;
super.方法名;
```

另外,由于在子类中不能继承父类中的 private 成员,所以无法在子类中(类外)访问父类中的这种成员。但如果将父类中的成员声明为 protected(保护)成员的,而非 private 成员,则 protected 成员不仅可以在父类中直接访问,同时也可以在其子类中访问。下面举例说明。

【例 8.3】 在学生子类 Student 中访问父类 Person 的成员。

```
1    //filename: App8_3.java      用 protected 修饰符和 super 关键字访问父类的成员
2    class Person                 //定义 Person 类
3    {
4      protected String name;     //声明被保护的成员变量
5      protected int age;
6      public Person() {}         //定义 Person 类的"不做事"的无参构造方法
7      public Person(String name,int age)  //定义 Person 类的有参构造方法
8      {
9        this.name = name;
10       this.age = age;
11     }
12     protected void show()      //定义被保护的成员方法
13     {
14       System.out.println("姓名:" + name + "  年龄:" + age);
15     }
16   }
17   class Student extends Person  //定义子类 Student,其父类为 Person
18   {
19     private String department;  //声明私有数据成员
20     int age = 20;                //新添加了一个与父类的成员变量 age 同名的成员变量
21     public Student(String xm,String dep) //定义 Student 类的有参构造方法
22     {
23       name = xm;                 //在子类中直接访问父类的 protected 成员 name
24       department = dep;
25       super.age = 25;            //利用 super 关键字将父类的成员变量 age 赋值为 25
26       System.out.println("子类 Student 中的成员变量 age = " + age);
27       super.show();              //去掉 super 而只写 show()也可
```

```
28         System.out.println("系别: " + department );
29     }
30 }
31 public class App8_3                    //主类
32 {
33     public static void main(String[] args)
34     {
35         Student stu = new Student("李小四","信息系");
36     }
37 }
```

程序运行结果为：

子类 Student 中的成员变量 age = 20
姓名：李小四　年龄：25
系别：信息系

由于在该程序的子类 Student 的构造方法中没有用 super() 来调用父类中特定的构造方法，所以在第 6 行父类 Person 中必须定义一个"不做事"且没有参数的构造方法，本例中没有用到父类中的有参构造方法，只是为了说明问题而设置的。另外，在父类 Person 中的第 4、5 行将 name 和 age 声明为 protected 的，所以可以在子类中直接访问其父类的成员，如第 23 行。也可用 super 关键字来访问父类的成员，如第 25 行。由于在第 12 行将父类的 show() 方法也声明为 protected 的，所以在子类中可以直接调用也可以用关键字 super 来调用，如第 27 行。

说明：用 protected 修饰的成员可以被该类自身、与它在同一个包中的其他类、在其他包中该类的子类三种类所引用。将成员声明为 protected 的最大好处是可以同时兼顾成员的安全性与便利性，因为它只能供父类与子类或同一包中的类来访问，而其他类则无法访问它。

8.1.3 覆盖

覆盖（overriding）的概念与方法的重载相似，它们均是 Java"多态"（polymorphism）的技巧之一。重载的概念已在 7.2 节中介绍过，重载是指在同一个类内定义多个名称相同但参数个数或类型不同的方法，Java 虚拟机可根据参数的个数或类型的不同来调用相应的方法。而覆盖则是指在子类中定义名称、参数个数与类型均与父类中完全相同的方法，用以重写父类中同名方法的功能。

1. 覆盖父类的方法

在子类中重新定义父类已有的方法时，应保持与父类中完全相同的方法头声明，即应与父类中被覆盖的方法有完全相同的方法名、返回值类型和参数列表，否则就不是方法的覆盖，而是子类定义自己的与父类无关的方法，父类的方法未被覆盖，所以仍然存在。也就是说，子类继承父类中所有可被访问的成员方法时，如果子类的方法头与父类中的方法头完全相同，则不能继承，此时子类的方法是覆盖父类的方法。

注意：子类中不能覆盖父类中声明为 final 或 static 的方法。

【例 8.4】 以个人类 Person 为父类，创建学生子类 Student，并用子类中的方法覆盖父类的方法。

```java
1   //filename: App8_4.java       方法的覆盖
2   class Person                              //定义 Person 类
3   {
4     protected String name;
5     protected int age;
6     public Person(String name,int age)      //定义 Person 类的构造方法
7     {
8       this.name = name;
9       this.age = age;
10    }
11    protected void show()
12    {
13      System.out.println("姓名：" + name + "  年龄：" + age);
14    }
15  }
16  class Student extends Person    //定义子类 Student,其父类为 Person
17  {
18    private String department;
19    public Student(String name,int age,String dep)   //定义 Student 类的构造方法
20    {
21      super(name,age);
22      department = dep;
23    }
24    protected void show()                   //覆盖父类 Person 中的同名方法
25    {
26      System.out.println("系别：" + department);
27    }
28  }
29  public class App8_4
30  {
31    public static void main(String[] args)
32    {
33      Student stu = new Student("王永涛",24,"电子");
34      stu.show();
35    }
36  }
```

程序运行结果为：

系别：电子

该例中的父类 Person 和子类 Student 中各自定义了自己的构造方法,并且它们都有各自定义的同名同类型的方法 show(),由于方法头相同,所以父类中的 show()不被子类所继承,而是被子类中的同名方法所覆盖,因此第 34 行 stu 调用的是子类的方法而不是父类的方法。

说明：在子类中覆盖父类的方法时,可以扩大父类中的方法权限,但不可以缩小父类方法的权限。所以在上例中第 24 行的 protected 改为 public 是可以的,但不能改为 private。

2. 用父类的对象访问子类的成员

在例 8.4 中第 33 行是用子类来声明子类对象 stu,而在第 34 行则是利用子类对象 stu

来调用 show() 方法。但事实上，通过父类对象也可以访问子类成员。

【例 8.5】 利用父类 Person 的对象调用子类 Student 中的成员。

```
1   //filename: App8_5.java        通过父类的对象来调用子类的成员
2   class Person                                    //定义 Person 类
3   {
4     protected String name;
5     protected int age;
6     public Person(String name, int age)           //定义 Person 类的构造方法
7     {
8       this.name = name;
9       this.age = age;
10    }
11    protected void show()
12    {
13      System.out.println("姓名："+ name +"  年龄："+ age);
14    }
15  }
16  class Student extends Person                    //定义子类 Student,其父类为 Person
17  {
18    private String department;
19    public Student(String name, int age, String dep)  //定义 Student 类的构造方法
20    {
21      super(name,age);
22      department = dep;
23    }
24    protected void show()
25    {
26      System.out.println("系别："+ department);
27    }
28    public void subShow()
29    {
30      System.out.println("我在子类中");
31    }
32  }
33  public class App8_5                             //主类
34  {
35    public static void main(String[] args)
36    {
37      Person per = new Student("王永涛",24, "电子");  //声明父类变量 per 指向子类对象
38      per.show();                                 //利用父类对象 per 调用 show() 方法
39      //per.subShow();
40    }
41  }
```

程序运行结果为：

系别：电子

该例只是在例 8.4 的子类里多加了一个 subShow() 方法。在该程序的第 37 行声明了父类的对象 per,并且指向了子类对象。第 38 行则是以父类的对象 per 调用 show() 方法,

但从程序的运行结果可以看出是子类的 show() 方法被调用了。虽然是以父类的变量 per 指向子类的实体对象,并以 per 来调用 show() 方法,但此时"覆盖"仍然会发生。也就是说,通过父类的对象依然可以访问子类的成员。

注意:通过父类的对象访问子类的成员,只限于"覆盖"的情况发生时。也就是说,父类与子类的方法名称、参数个数与类型必须完全相同,才可通过父类的对象调用子类的方法。如果某一方法仅存在于子类中,如例 8.5 中的 subShow() 方法,当以父类对象调用它时,即将第 39 行的注释去掉,则编译时将产生错误。

说明:创建父类类型的变量指向子类对象(如例 8.5 的第 37 行代码),即将子类对象赋值给父类类型的变量,这种技术称为"向上转型"。由于向上转型是将子类对象看作是父类对象,是从一个较具体的类到一个较抽象的类之间的转换,所以它是安全的。同样也有"向下转型"概念,所谓向下转型就是将父类对象通过强制转换为子类型再赋值给子类对象的技术,向下转型就是将较抽象的类转换为较具体的类。如将例 8.5 的第 37 行代码创建的父类类型的变量 per 赋值给子类类型 Student 的变量 stu,可采用赋值语句 Student stu=(Student)per,这就是向下转型技术。当在程序中使用向下转型技术时,必须使用显式类型转换。

8.1.4 不可被继承的成员与最终类

在默认情况下,所有的成员变量和成员方法都可以被覆盖,如果父类的成员不希望被子类的成员所覆盖可以将它们声明为 final。如果用 final 来修饰成员变量,则说明该成员变量是最终变量,即常量,程序中的其他部分都可以访问,但不能修改。如果用 final 修饰成员方法,则该成员方法不能再被子类所覆盖,即该方法为最终方法。对于一些比较重要且不希望被子类重写的方法,可以使用 final 修饰符对成员方法进行修饰,这样可增加代码的安全性。下面举例说明。

【例 8.6】 父类中被声明为 final 的成员在子类中可被继承,但不能被覆盖。

```
1    //filename: App8_6.java           父类中的 final 方法不允许覆盖
2    class AAA
3    {
4       static final double PI = 3.14;      //声明静态常量
5       public final void show()            //声明最终方法
6       {
7          System.out.println("pi = " + PI);
8       }
9    }
10   class BBB extends AAA
11   {
12      private int num = 100;
13      public void show()                  //错误,不可覆盖父类的方法
14      {
15         System.out.println("num = " + num);
16      }
17   }
18   public class App8_6
19   {
20      public static void main(String[] args)
```

```
21    {
22        BBB ex = new BBB();
23        ex.show();
24    }
25 }
```

该程序的第 13 行定义的 show()方法覆盖了父类 AAA 的 show()方法,但父类的 show()方法已被声明为 final,不允许被子类所覆盖,所以编译时出错。同理,父类成员变量 PI 也被声明为 final,所以子类不能修改该变量。因为凡是被声明为 final 的量均为常量,而常量无法在程序代码的任何地方再做修改。

如果一个类被 final 修饰符所修饰,则说明这个类不能再被其他类所继承,即该类不可能有子类,这种类被称为最终类。

注意:所有已被 private 修饰符限定为私有的方法,以及所有包含在 final 类中的方法,都被默认为是 final 的。这些方法既不可能被子类所继承,也不可能被覆盖,所以它们自然都是最终的方法。

定义在类中的 final 成员变量和定义在方法中的 final 局部变量一旦给定,就不能更改。大体上说,final 成员变量和 final 局部变量都是只读量,它们能且只能被赋值一次,而不能被赋值多次。

一个成员变量若被 static final 两个修饰符所限定时,它实际的含义就是常量,所以在程序中通常用 static 和 final 一起来指定一个常量,且这样的常量只能在定义时被赋值。

定义一个成员变量时,若只用 final 修饰而不用 static 修饰,则必须且只能赋值一次,不能默认。这种成员变量的赋值方式有两种:一种是在定义变量时赋初值;另一种是在某一个构造方法中进行赋值。

8.1.5 Object 类

在本章的开头介绍过,在 Java 语言中有一个特殊类 Object,该类是 java.lang 类库中的一个类,所有的类都是直接或间接地继承该类而得到的。即如果某个类没有使用 extends 关键字,则该类默认为 java.lang.Object 类的子类。所以说 Object 类是所有类的源。表 8.1 给出了 Object 类常用的方法。

表 8.1 Object 类常用的方法

常 用 方 法	功 能 说 明
public boolean equals(Object obj)	判断两个对象变量所指向的是否为同一个对象
public String toString()	将调用 toString()方法的对象转换成字符串
public final Class getClass()	返回运行时对象所属的类
protected Object clone()	返回调用该方法的对象的一个副本

1. equals()方法

在第 7 章的例 7.11 中我们曾经用比较运算符"=="来比较两个对象是否相等。判断两个对象是否相等还可用 equals()方法,由于 equals()方法是 Object 类中所定义的方法,而 Object 类又是所有类的父类,所以在任何类中均可以直接使用该方法。另外,在第 5.5.2 节中介绍过字符串类的方法,其中也包含 equals()方法。对于字符串的操作,Java 程序在执行时会维护一个字符串池(string pool),对于一些可共享的字符串对象,会先在字符串池中查找是否有相同的字符串内容(字符相同),如果有就直接返回,而不是直接创建一个新的字符串对象,以减少内存的占用。当在程序中直接使用""括起来的一个字符串时,该字符串就会在字符串池中。下面通过类和字符串两种对象的例子说明使用比较运算符"=="和 equals() 方法的异同。

【例 8.7】 使用"=="和 equals()方法比较对象的异同。

```
1    //filename: App8_7.java        对象的两种比较方式
2    class A
3    {
4        int a = 1;
5    }
6    public class App8_7
7    {
8        public static void main(String[ ] args)
9        {
10           A obj1 = new A();
11           A obj2 = new A();
12           String s1,s2,s3 = "abc",s4 = "abc";   //s3、s4 为指向字符串池中同一字符串"abc"的对象
13           s1 = new String("abc");
14           s2 = new String("abc");
15           System.out.println("s1.equals(s2)是" + (s1.equals(s2)));
16           System.out.println("s1 == s3 是" + (s1 == s3));
17           System.out.println("s1.equals(s3)是" + (s1.equals(s3)));
18           System.out.println("s3 == s4 是" + (s3 == s4));
19           System.out.println("s2.equals(s3)是" + (s2.equals(s3)));
20           System.out.println("s1 == s2 是" + (s1 == s2));
21           System.out.println("obj1 == obj2 是" + (obj1 == obj2));
22           System.out.println("obj1.equals(obj2)是" + (obj1.equals(obj2)));
23           obj1 = obj2;
24           System.out.println("obj1 = obj2 后 obj1 == obj2 是" + (obj1 == obj2));
25           System.out.println("obj1 = obj2 后 obj1.equals(obj2)是" + (obj1.equals(obj2)));
26       }
27   }
```

程序运行结果为:

s1.equals(s2)是 true
s1 == s3 是 false
s1.equals(s3)是 true
s3 == s4 是 true
s2.equals(s3)是 true
s1 == s2 是 false
obj1 == obj2 是 false
obj1.equals(obj2)是 false
obj1 = obj2 后 obj1 == obj2 是 true
obj1 = obj2 后 obj1.equals(obj2)是 true

从该程序的运行结果可以看出,对于字符串变量来说,使用"=="运算符和使用 equals()方法来比较字符串时,其比较方式是不同的。"=="运算符用于比较两个变量本身的值,即

两个对象在内存中的首地址,而 equals()方法则是比较两个字符串中所包含的内容是否相同;而对于非字符串类型的变量来说,"=="运算符和 equals()方法都用来比较其所指对象在堆内存中的首地址,换句话说,"=="运算符和 equals()方法都是用来比较两个类类型的变量是否指向同一个对象;另外,对于 s3 和 s4 这两个由字符串常量所生成的变量,其中所存放的内存地址是相同的。

2. toString()方法

toString()方法的功能是将调用该方法的对象的内容转换成字符串,并返回其内容,但返回的是一些没有意义且看不懂的字符串。因此,如果要用 toString()方法返回对象的内容,可以重新定义该方法以覆盖父类中的同名方法以满足需要。

3. getClass()方法

因 getClass()方法是 Object 类中所定义的方法,而 Object 类是所有类的父类,所以在任何类中均可调用这个继承而来的方法。该方法的功能是返回运行时的对象所属的类。一个 java.lang.Class 对象代表了 Java 应用程序运行时所加载的类或接口的实例,Class 对象由 JVM 自动产生,每当一个类被加载时,JVM 就自动为其生成一个 Class 对象。由于 Class 类没有构造方法,所以可以通过 Object 类的 getClass()方法来取得对象对应的 Class 对象,所以说 getClass()方法的功能是返回运行时的对象所属的类。在取得 Class 对象之后,就可以通过 Class 对象的一些方法来获取类的基本信息。

【例 8.8】 Object 类中 getClass()方法的使用。

```
1   //filename: App8_8.java        利用 getClass()方法返回运行该方法的对象所属的类
2   class Person
3   {
4     protected String name;
5     public Person(String xm)    //定义 Person 类的构造方法
6     {
7       name = xm;
8     }
9   }
10  public class App8_8                      //主类
11  {
12    public static void main(String[] args)
13    {
14      Person per = new Person("张三");
15      Class obj = per.getClass();          //用对象 per 调用 getClass()方法
16      System.out.println("对象 per 所属的类为: " + obj);
17      System.out.println("对象 per 是否是接口: " + obj.isInterface());
18    }
19  }
```

程序运行结果为:

对象 per 所属的类为: class Person
对象 per 是否是接口: false

该程序中定义了两个类,它们均没有指定父类,因而会以 Object 类为其父类。第 14 行声明了一个 Person 类的对象 per，并将其指向新的对象。第 15 行则是以对象 per 调用 getClass()方法，这个方法继承自 Object 类，虽然在 Person 类里没有定义它，但还是可以让 Person 类的对象来使用。getClass()方法返回值是 Class 类型，所以必须先在第 15 行声明一个 Class 类型的变量 obj 来接收它。注意，这里的 C 是大写的。第 16 行则输出 obj 所属的类。从运行结果可以看出，Java 在 Person 之前加上"class"字符串，代表 Person 是一个类。第 17 行则是调用 isInterface()方法询问 per 是否为接口，运行结果是 false，即不是接口。

4. 对象运算符 instanceof

Object 类中的 getClass()方法返回的是运行时的对象所属的类，除此之外，还可利用对象运算符 instanceof 来测试一个指定对象是否是指定类或它的子类的实例，若是，则返回 true，否则返回 false。

在 Object 类中的 getClass()方法返回运行时对象所属的类，返回值是 Class 类型。在 Class 类中的 getName()方法返回一个类的名称，返回值是 String 类型。由于所有类都是 Object 类的子类，根据继承的"即是"原则，所有类的对象即是 Object 类的对象。所以通过当前对象 this 调用 Object 类中的 getClass()方法，得到当前对象所在的类（Class），再调用 Class 中的 getName()方法得到 this 的类名字符串。另外，还可用 getSuperclass()方法获得父类。下面举例说明。

【例 8.9】 运算符 instanceof 及 getName()、getSuperclass()方法的使用。

```
1    //filename: Person.java
2    public class Person                          //定义 Person 类
3    {
4        static int count = 0;                    //定义静态变量 count
5        protected String name;
6        protected int age;
7        public Person(String n1, int a1)         //构造方法
8        {
9            name = n1;
10           age = a1;
11           this.count++;                        //调用父类的静态变量
12       }
13       public String toString()
14       {
15           return this.name + " , " + this.age;
16       }
17       public void display()
18       {
19           System.out.print("本类名 = " + this.getClass().getName() + "; ");
20           System.out.println("父类名 = " + this.getClass().getSuperclass().getName());
21           System.out.print("Person.count = " + this.count + "   ");
22           System.out.print("Student.count = " + Student.count + "   ");
23           Object obj = this;
24           if(obj instanceof Student)            //判断对象属于哪个类
25               System.out.println(obj.toString() + "是 Student 类对象.");
```

```
26        else if(obj instanceof Person)
27            System.out.println(obj.toString() + "是 Person 类对象.");
28    }
29 }
30 class Student extends Person    //子类 Student 继承自父类 Person,且是主类但不是 public 类
31 {
32    static int count = 0;                    //隐藏了父类的 count
33    protected String dept;
34    protected Student(String n1,int a1,String d1)
35    {
36        super(n1,a1);                        //调用父类的构造方法
37        dept = d1;
38        this.count++;                        //调用子类的静态变量
39    }
40    public String toString()                 //覆盖父类的同名方法
41    {
42        return super.toString() + "," + dept;  //调用父类的同名方法
43    }
44    public void display()
45    {
46        super.display();                     //调用父类的方法
47        System.out.print("super.count = " + super.count);   //引用父类的变量
48        System.out.println("  ; this.count = " + this.count);
49    }
50    public static void main(String[] args)
51    {
52        Person per = new Person("王永涛",23);
53        per.display();
54        Student stu = new Student("张小三",22,"计算机系");
55        stu.display();
56    }
57 }
```

程序的运行结果为(执行时输入 java Student):

本类名 = Person; 父类名 = java.lang.Object
Person.count = 1   Student.count = 0   王永涛,23 是 Person 类对象。 ⎫ 父类对象 per 调用自己的
⎭ display()方法输出的结果

本类名 = Student; 父类名 = Person
Person.count = 2   Student.count = 1   张小三,22,计算机系是 Student 类对象。 ⎫ 子类对象 stu 调用
super.count = 2   ; this.count = 1 ⎬ 自己的 display()
⎭ 方法输出的结果

在程序的第 52 行创建一个父类对象 per,第 53 行是用 per 调用父类的 display()方法,输出 per 所在的类的名称和其父类的名称及相应各自的内容。第 54 行创建了一个子类对象 stu,第 55 行是用该子类对象 stu 调用自己的 display()方法,输出 stu 所在的类名及其父类名称及相应的内容。在父类的 display()方法内的第 23 行语句"Object obj = this;"的功能是创建了一个父类对象 obj 指向调用该方法的对象,然后通过 24 行或 26 行的 if 语句判断其所属的类,并输出相应的提示信息。

8.2 抽象类

在 8.1 节中介绍了类的继承关系,子类继承父类的非私有成员。在 Java 语言中还可以创建专门的类作为父类,这种类被称为抽象类(abstract class)。抽象类的作用有点类似"模板",其目的是根据它的格式来创建和修改新的类。但是并不能直接由抽象类创建对象,只能通过抽象类派生出新的子类,再由其子类来创建对象。也就是说,抽象类是不能用 new 运算符来创建实例对象的类,它可以作为父类被它的所有子类所共享。

8.2.1 抽象类与抽象方法

抽象类是以修饰符 abstract 修饰的类。定义抽象类的语法格式如下:

```
abstract class 类名
{
    声明成员变量;
    返回值的数据类型 方法名(参数表)
    {
         ⋮
    }
    abstract 返回值的数据类型 方法名(参数表);   ——抽象方法。在抽象方法里,不能定义方法体
}
```

说明:在抽象类中的方法可分为两种,一种是以前介绍的带有方法体的一般方法,另一种是没有方法体的"抽象方法",它是以 abstract 关键字开头的方法,此方法只声明返回值的数据类型、方法名称与所需的参数,但没有方法体。也就是说,对抽象方法只需要声明,而不需要实现,即用";"结尾,而不是用"{}"结尾。当一种方法声明为抽象方法时,意味着这种方法必须被子类的方法所覆盖,否则子类仍然是抽象的。抽象方法声明中修饰符 static 和 abstract 不能同时使用。

抽象类的子类必须实现父类中的所有抽象方法,或者将自己也声明为抽象的。

注意:(1) 由于抽象类是需要被继承的,所以抽象类不能用 final 来修饰。也就说,一个类不能既是最终类又是抽象类,即关键字 abstract 与 final 不能合用。

(2) abstract 不能与 private、static、final 或 native 并列修饰同一种方法。

抽象类中不一定包含抽象方法,但包含抽象方法的类一定要声明为抽象类。抽象类本身不具备实际的功能,只能用于派生其子类,而声明为抽象的方法必须在子类派生时被覆盖。所以说一个类被定义为抽象类,则该类就不能用 new 运算符创建具体实例对象,而必须通过覆盖的方式实现抽象类中的方法。

抽象类可以有构造方法,且构造方法可以被子类的构造方法所调用,但构造方法不能被声明为抽象的。由于不能用抽象类直接创建对象,因此某些情况下在抽象类内定义构造方法是多余的。

8.2.2 抽象类的应用

由于抽象类的目的是要根据它的格式来创建新的类,所以抽象类中的抽象方法并没有定义处理数据的方法体,而是要保留给由抽象类派生出的子类来定义。下面举例说明。由

于几何形状是一个抽象的概念,而由此概念则可派生出"长方形"和"圆形"等具体的几何形状。所以将形状(shape)声明为抽象的父类,由于每个形状都有一个公共的名称属性 name,因此可把 name 这个成员变量以及对其赋值的方法设置在父类(抽象类)中。另外,如果要为每一个具体的几何图形的类编写计算其面积 getArea()和周长 getLength()的方法,但由于每种几何图形的面积和周长的计算方法并不相同,所以将这两个方法放在父类(抽象类)里并不恰当。但每个由父类 Shape 派生出的子类又都要用到这两个方法,因此可以将这两个方法在父类(抽象类)里声明为抽象的方法,而把具体的处理方式留在其子类来定义。

【例 8.10】 抽象类的应用举例,定义一个形状抽象类 Shape,以该抽象类为父类派生出圆形子类 Circle 和矩形子类 Rectangle。

```
1   //filename: App8_10.java          抽象类的应用
2   abstract class Shape                           //定义形状抽象类 Shape
3   {
4     protected String name;
5     public Shape(String xm)                      //抽象类中的一般方法,本方法是构造方法
6     {
7       name = xm;
8       System.out.print("名称: " + name);
9     }
10    abstract public double getArea();            //声明抽象方法
11    abstract public double getLength();          //声明抽象方法
12  }
13  class Circle extends Shape                     //定义继承自 Shape 的圆形子类 Circle
14  {
15    private final double PI = 3.14;
16    private double radius;
17    public Circle(String shapeName,double r)     //构造方法
18    {
19      super(shapeName);
20      radius = r;
21    }
22    public double getArea()                      //实现抽象类中的 getArea()方法
23    {
24      return PI * radius * radius;
25    }
26    public double getLength()                    //实现抽象类中的 getLength()方法
27    {
28      return 2 * PI * radius;
29    }
30  }
31  class Rectangle extends Shape                  //定义继承自 Shape 的矩形子类 Rectangle
32  {
33    private double width;
34    private double height;
35    public Rectangle(String shapeName,double width,double height)    //构造方法
36    {
37      super(shapeName);
38      this.width = width;
```

```
39        this.height = height;
40    }
41    public double getArea()                  //实现抽象类中的getArea()方法
42    {
43        return width * height;
44    }
45    public double getLength()                //实现抽象类中的getLength()方法
46    {
47        return 2 * (width + height);
48    }
49 }
50 public class App8_10                        //定义主类
51 {
52    public static void main(String[] args)
53    {
54        Shape rect = new Rectangle("长方形",6.5,10.3);   //声明父类对象,指向子类对象
55        System.out.print("; 面积 = " + rect.getArea());
56        System.out.println("; 周长 = " + rect.getLength());
57        Shape circle = new Circle("圆",10.2);           //声明父类对象circle,指向子类对象
58        System.out.print("; 面积 = " + circle.getArea());
59        System.out.println("; 周长 = " + circle.getLength());
60    }
61 }
```

程序运行结果如下：

名称：长方形；面积 = 66.95；周长 = 33.6
名称：圆；面积 = 326.68559999999997；周长 = 64.056

该程序中定义了抽象类 Shape 作为父类，并分别定义了其两个子类 Circle 和 Rectangle，在其各自的子类中实现了父类中"计算面积"和"周长"的抽象方法。在主方法的第 54、57 行分别创建了父类对象，但指向的是其子类对象。

8.3 接口

接口(interface)是 Java 语言所提供的另一种重要功能，它的结构与抽象类非常相似。接口本身也具有数据成员、抽象方法、默认方法和静态方法，但它与抽象类有下列不同。

(1) 接口的数据成员都是静态的且必须初始化，即数据成员必须是静态常量。
(2) 接口中除了有抽象方法外，还可以有静态方法和默认方法。

8.3.1 接口的定义

接口定义的语法格式如下：

```
[public] interface 接口名称 [extends 父接口名列表]
{
    [public][static][final] 数据类型 常量名 = 常量;    定义常量
        ⋮
    [public][abstract] 返回值的数据类型 方法名(参数表);  定义抽象方法
        ⋮
```

```
[public] static 返回值的数据类型 方法名(参数表)
{
    方法体                                          定义静态方法
}
    ⋮
[public] default 返回值的数据类型 方法名(参数表)
{
    方法体                                          定义默认方法
}
    ⋮
}
```

其中 interface 前的 public 修饰符可以省略,若省略,则接口使用缺省的访问控制,即接口只能被与它处在同一包中的成员访问。当修饰符声明为 public 时,接口能被任何类的成员访问。

接口与一般的类一样,本身也具有数据成员与成员方法,但数据成员必须是静态的且一定要赋初值,且此值不能再被修改,若省略数据成员的修饰符,系统默认为 public static final;对抽象方法,若方法名前即使省略修饰符,系统仍然默认为 public abstract;接口中的静态方法是用 public static 修饰的;而默认方法是用 public default 修饰的。在实际定义接口时,一般都省略数据成员与抽象方法的修饰符。但修饰静态方法的 static 和修饰默认方法的 default 不能省略。事实上,只需要记得如下几点即可:一是接口中的"抽象方法"只需做声明,不用定义其处理数据的方法体;二是数据成员都是静态的且必须赋初值,即数据成员必须是静态常量;三是接口中的成员都是公共的,所以在定义接口时若省略了 public 修饰符,在实现抽象方法时,则不能省略该修饰符;由接口的定义可以看出接口实际上就是一种特殊的抽象类。

按照 Java 语言的命名惯例,接口中的常量通常都使用大写字母命名。由于接口中的常量与静态方法都是静态的,所以可以直接用接口名调用。虽然可以在接口中定义常量,但不推荐这种使用方式,因为使用枚举定义常量比接口中定义常量更好。关于枚举的定义与应用将在 8.4 节介绍。

总之,接口中定义的抽象方法不管是否用 public abstract 进行修饰,其默认总是使用 public abstract 来修饰,即接口中的抽象方法不能有方法的实现,即不能有方法体,而接口中的静态方法和默认方法都必须有方法的实现,即必须要定义方法体。

8.3.2 接口的实现与引用

既然接口中有抽象方法,而抽象方法只需要声明而不用定义方法体,所以接口与抽象类一样不能用 new 运算符直接创建对象。相反地,必须利用接口的特性来创建一个新的类,然后再用它来创建对象。利用接口创建新类的过程称为接口的实现(implementation)。接口的实现类似于继承,只是不用 extends 关键字,而是在声明一个类的同时用关键字 implements 来实现一个接口。接口实现的语法格式为:

```
class 类名称 implements 接口名表
{
    ⋮
```

}

一个类要实现一个接口时,应注意以下问题。

(1) 如果实现某接口的类不是 abstract 的抽象类,则在类的定义部分必须实现指定接口的所有抽象方法,即非抽象类中不能存在抽象方法。

(2) 一个类在实现某接口的抽象方法时,必须使用完全相同的方法头,否则只是在定义一个新方法,而不是实现已有的抽象方法。

(3) 接口中抽象方法的访问控制修饰符都已指定为 public,所以类在实现方法时,必须显式地使用 public 修饰符,否则将被系统警告为缩小了接口中定义的方法的访问控制范围。

(4) 与类一样,每个接口都被编译成独立的扩展名为 .class 的字节码文件。

接口可以作为一种引用类型来使用,任何实现该接口的类的实例都可以存储在该接口类型的变量中,通过这些变量可以访问类所实现的接口中的方法,Java 程序运行时系统动态地确定该使用哪个类中的方法。也就是说,可以声明接口类型的变量或数组,并用它来访问实现该接口的类的对象。下面举例说明。

【例 8.11】 利用形状接口 IShape 建造类。

```
1    //filename: App8_11.java        接口的实现
2    interface IShape                //定义接口
3    {
4      static final double PI = 3.14;
5      abstract double getArea();    //声明抽象方法
6      abstract double getLength();  //声明抽象方法
7    }
8    class Circle implements IShape  //以 IShape 接口来实现 Circle 类
9    {
10     double radius;
11     public Circle(double r)
12     {
13       radius = r;
14     }
15     public double getArea()       //实现接口中的 getArea()方法
16     {
17       return PI * radius * radius;
18     }
19     public double getLength()     //实现接口中的 getLength()方法
20     {
21       return 2 * PI * radius;
22     }
23   }
24   class Rectangle implements IShape  //以 IShape 接口来实现 Rectangle 类
25   {
26     private double width;
27     private double height;
28     public Rectangle(double width,double height)
29     {
30       this.width = width;
```

```
31          this.height = height;
32       }
33       public double getArea()              //实现接口中的getArea()方法
34       {
35          return width * height;
36       }
37       public double getLength()            //实现接口中的getLength()方法
38       {
39          return 2 * (width + height);
40       }
41    }
42    public class App8_11                    //主类
43    {
44       public static void main(String[] args)
45       {
46          IShape circle = new Circle(5.0);   //声明父接口变量circle,指向子类对象
47          System.out.print("圆面积 = " + circle.getArea());
48          System.out.println("; 周长 = " + circle.getLength());
49          Rectangle rect = new Rectangle(6.5,10.8);    //声明Rectangle类的变量rect
50          System.out.print("矩形面积 = " + rect.getArea());
51          System.out.println("; 周长 = " + rect.getLength());
52       }
53    }
```

该程序的运行结果如下：

圆面积 = 78.5; 周长 = 31.400000000000002
矩形面积 = 70.2; 周长 = 34.6

该程序的第 2～7 行定义了 IShape 接口,第 8～23 行是 IShape 接口在 Circle 类中的实现,第 24～41 行是 IShape 接口在 Rectangle 类中的实现。在主方法中的第 46 行声明了一个接口类型的变量 circle 并指向实现该接口的类的对象,并用该变量去调用相应类中的方法。第 49 行则是创建一个 Rectangle 类的变量 rect 并指向其对象,并用该对象去调用自己的方法。

说明：在文件管理方面,接口在编译完之后,所产生的文件名为"接口名.class"。所以例 8.11 编译完后将产生 IShape.class、Circle.class、Rectangle.class 和 App8_11.class 4 个字节码文件,其中 IShape.class 是接口生成的字节码文件。

8.3.3 接口的继承

与类相似,接口也有继承性。定义一个接口时可通过 extends 关键字声明该新接口是某个已存在接口的子接口,它将继承父接口的常量、抽象方法和默认方法。与类的继承不同的是,一个接口可以有一个以上的父接口,它们之间用逗号分隔,形成父接口列表。新接口将继承所有父接口中的常量、抽象方法和默认方法,但不能继承父接口中的静态方法,也不能被实现类所继承。

【例 8.12】 接口的继承。

```
1    //filename: Cylinder.java
```

```java
2   interface Face1                           //定义接口Face1
3   {
4       static final double PI = 3.14;
5       abstract double area();
6   }
7   interface Face2                           //定义接口Face2
8   {
9       abstract void setColor(String c);
10  }
11  interface Face3 extends Face1,Face2       //接口的多重继承
12  {
13      abstract void volume();
14  }
15  public class Cylinder implements Face3    //定义Cylinder类,并实现Face3接口
16  {
17      private double radius;
18      private int height;
19      protected String color;
20      public Cylinder(double r,int h)
21      {
22          radius = r;
23          height = h;
24      }
25      public double area()                  //实现Face1接口中的方法
26      {
27          return PI * radius * radius;
28      }
29      public void setColor(String c)        //实现Face2接口中的方法
30      {
31          color = c;
32          System.out.println("颜色: " + color);
33      }
34      public void volume()                  //实现Face3接口中的方法
35      {
36          System.out.println("圆柱体体积 = " + area() * height);
37      }
38      public static void main(String[] args)
39      {
40          Cylinder volu = new Cylinder(3.0,2);
41          volu.setColor("红色");
42          volu.volume();
43      }
44  }
```

程序运行结果如下:

颜色: 红色
圆柱体体积 = 56.519999999999996

该程序的第 2~6 行定义接口 Face1,第 7~10 行定义接口 Face2,第 11~14 行定义接口 Face3,该接口有两个父接口 Face1 和 Face2,是接口的多重继承,所以 Face3 接口继承了

两个父接口的所有成员。第15～44行定义了类Cylinder来实现接口Face3。在主方法中的第40行创建了一个指向Cylinder类的对象volu,并用volu调用了相应的方法,输出相应的结果。

8.3.4 利用接口实现类的多重继承

Java语言只支持类的单重继承,不支持类的多重继承,即一个类只能有一个直接父类。单继承性使得Java程序结构简单、层次清楚、易于管理,更安全可靠,从而避免了C++中因多重继承而引起的难以预测的冲突。但Java语言中接口的主要作用是可以帮助实现类似于类的多重继承功能。所谓多重继承,是指一个子类可以有一个以上的直接父类,该子类可以继承它所有直接父类的非私有成员。Java语言虽不支持类的多重继承,但可以利用接口间接地解决多重继承问题,并能实现更强的功能。

虽然一个类只能有一个直接父类,但是它可以同时实现若干个接口。一个类实现多个接口时,在implements子句中用逗号分隔各个接口名。这种情况下如果把接口理解成特殊的类,那么这个类利用接口实际上就获得了多个父类,即实现了多重继承。

【例8.13】 利用接口实现类的多重继承。

```
1    //filename: Cylinder.java        多重继承
2    interface Face1                                //定义接口Face1
3    {
4        static final double PI = 3.14;
5        abstract double area();
6    }
7    interface Face2                                //定义接口Face2
8    {
9        abstract void volume();
10   }
11   public class Cylinder implements Face1,Face2   //多重继承
12   {
13       private double radius;
14       private int height;
15       public Cylinder(double r, int h)
16       {
17           radius = r;
18           height = h;
19       }
20       public double area()
21       {
22           return PI * radius * radius;
23       }
24       public void volume()
25       {
26           System.out.println("圆柱体体积 = " + area() * height);
27       }
28       public static void main(String[] args)
29       {
```

```
30      Cylinder volu = new Cylinder(5.0,2);
31      volu.volume();
32    }
33  }
```

程序运行结果为:

圆柱体体积 = 157.0

该例与例 8.12 相似,只是第 11 行定义的是类而不是接口。

8.3.5 接口中静态方法和默认方法

可以在接口中定义用 static 修饰的静态方法。接口中的静态方法与普通类中静态方法的定义相同。接口中的静态方法不能被子接口继承,也不能被实现该接口的类继承。对接口中静态方法的访问,可以通过接口名直接进行访问,即用"接口名.静态方法名()"的形式进行调用。接口中的默认方法用 default 修饰符来定义,默认方法可以被子接口或被实现该接口的类所继承,但子接口中若定义名称相同的默认方法,则父接口中的默认方法被隐藏。接口中的默认方法虽然有方法体,但不能通过接口名直接调用,必须通过接口实现类的实例进行访问,即通过"对象名.默认方法名()"的形式进行访问。

【例 8.14】 在接口 Face 中定义默认方法、静态方法和抽象方法,在接口的实现类中进行相应的方法调用。

```
1   //filename: App8_14   默认方法和静态方法
2   interface Face                              //定义接口 Face
3   {
4     final static double PI = 3.14;            //定义常量
5     public default double area(int r)         //定义默认方法
6     {
7       return r * r * PI;
8     }
9     abstract double volume(int r,double h);   //声明抽象方法
10    public static String show()               //定义静态方法
11    {
12      return "我是 Face 接口中的静态方法";
13    }
14  }
15  public class App8_14 implements Face        //定义主类 App8_14 并实现接口 Face
16  {
17    public double volume(int r,double h)      //实现接口中的方法
18    {
19      return area(r) * h;                     //调用接口中的默认方法 area()
20    }
21    public static void main(String[] args)
22    {
23      System.out.println(Face.show());        //直接使用接口名调用接口的静态方法
24      App8_14 ap = new App8_14();
25      System.out.println("圆柱体体积为: " + ap.volume(1,2.0));
```

```
26    }
27 }
```

程序运行结果如下:

我是 Face 接口中的静态方法
圆柱体体积为: 6.28

该程序第 2~14 行定义了接口 Face。其中,第 5~8 行定义了默认方法 area();第 10~13 行定义了静态方法 show()。第 15~27 行定义了主类 App8_14 并实现了 Face 接口。其中,第 17~20 行实现了接口中的抽象方法 volume(),并在其方法中调用了接口的默认方法 area();在主方法的第 23 行则是直接用接口名调用了接口中的静态方法 show();第 25 行则利用对象 ap 调用方法 volume()输出了圆柱体的体积值。

8.3.6 解决接口多重继承中名字冲突问题

如果子接口中定义了与父接口同名的常量或者相同名称的方法,则父接口中的常量被隐藏,方法被覆盖。但在接口的多重继承中可能存在常量名或方法名称重复的问题,即名字冲突问题。对于常量,若名称不冲突,子接口可以继承多个父接口中的常量,如果多个父接口中有同名的常量,则子接口不能继承,但子接口中可以定义一个同名的常量。对于多个接口中存在同名的方法时,此时必须通过特殊的方式加以解决。

如果一个类实现了两个接口,其中一个接口中有默认方法,另一接口中也有一个名称和参数都相同的方法(默认或非默认方法),此时发生方法名冲突。如果出现这种情况,编译器就不知道该继承哪个方法,所以编译报错。要解决方法名冲突问题,可以在接口的实现类中提供同名方法的一个新实现,或委托其中一个父接口中的方法。

【例 8.15】 在两个接口 Face1 和 Face2 中定义的同名的默认方法 area(),在实现类中委托其中一个父接口中的默认方法。

```
1  //filename: App8_15   默认方法和静态方法
2  interface Face1                                  //定义接口 Face1
3  {
4    final static double PI = 3.14;                 //定义常量
5    public default double area(int r)              //定义与 Face2 中同名的默认方法
6    {
7      return r * r * PI;
8    }
9    abstract double volume(int r,double h);        //声明抽象方法
10 }
11 interface Face2                                  //定义接口 Face2
12 {
13   public default double area(int r)              //定义与 Face1 中同名的默认方法
14   {
15     return r * r;
16   }
17 }
18 public class App8_15 implements Face1,Face2      //定义主类并实现接口 Face1 和 Face2
19 {
```

```
20    public double area(int r)
21    {
22       return Face2.super.area(r);        //委托父接口 Face2 的 area()方法
23    }
24    public double volume(int r,double h)  //实现接口中的方法
25    {
26       return area(r) * h;                //调用的是接口 Face2 中的 area()方法
27    }
28    public static void main(String[ ] args)
29    {
30       App8_15 ap = new App8_15();
31       System.out.println("柱体体积为："+ ap.volume(1,2.0));
32    }
33 }
```

程序运行结果如下：

柱体体积为：2.0

该程序在 Face1 和 Face2 两个接口中定义了同名同参数的默认方法 area()。第 18～33 行定义主类 App8_15 的同时实现了两个接口 Face1 和 Face2，所以方法名 area()冲突。为了解决方法名冲突问题，可以提供同名方法 area()的一个新实现，或者是委托一个父接口的默认方法。本例在第 22 行采用的是委托父接口 Face2 的默认方法。

说明：

（1）在多个父接口的实现类中解决同名默认方法的名字冲突问题有两种办法：一种是提供同名方法的一个新实现；另一种是委托一个父接口的默认方法，如例 8.15 中的第 22 行。

（2）如果两个父接口中有一个提供的不是默认方法，而是抽象方法，则只需要在接口的实现类中提供同名方法的一个新实现即可。

（3）如果两个父接口中的同名方法都是抽象方法，则不会发生名字冲突，实现接口的类可以实现该同名方法即可，或者不实现该方法而将自己也声明为抽象类。

（4）如果一个类继承一个父类并实现了一个接口，而从父类和接口中继承了同名的方法，此时采用"类比接口优先"的原则，即只继承父类的方法，而忽略来自接口的默认方法。

8.4 枚举

在开发应用程序过程中，经常会遇到有些数据的取值被限定在几个确定的值之间的情况，即这些值可以被一一列举出来。例如，性别只有男和女、一周只有七天、一年只有四季等。对这种类型的数据，虽然可以通过在类或接口中定义常量来实现，但存在不安全因素，因此从 Java 5 开始增加了对枚举类型的支持。对类似这种当一个变量有几种固定取值时，将其声明为枚举类型，在应用上就更加方便与安全。

8.4.1 枚举类型的定义

枚举是一种特殊的类，所以枚举也称枚举类，它是一种引用类型。它的声明和使用与类和接口相似。枚举类型的声明必须使用关键字 enum，其语法格式如下：

```
[修饰符] enum 枚举类型名
{
   枚举成员
   方法
}
```

修饰符可以是 public、private、internal。

枚举类型名有两层含义：一是作为枚举名使用；二是表示枚举成员的数据类型，正因为如此，枚举成员也称为枚举实例或枚举对象。

枚举成员是可一一列出的枚举常量，所以枚举成员也称为枚举常量或枚举值。任意两个枚举成员之间不能重名，各枚举值之间用逗号","分隔。

定义枚举所使用的关键字 enum 与 class 和 interface 的地位相同。枚举这种特殊的类与普通类有如下区别。

（1）枚举可以实现一个或多个接口，使用 enum 关键字声明的枚举默认继承了 java.lang.Enum 类，而不是继承 java.lang.Object 类，因此枚举不能显式地继承其他父类。

（2）使用 enum 定义非抽象的枚举类时默认使用 final 修饰，因此枚举类不能派生子类。

（3）创建枚举类型的对象时不能使用 new 运算符，而是直接将枚举成员赋值给枚举对象。

（4）因为枚举是类，所以它可以有自己的构造方法和其他方法。但构造方法只能用 private 访问修饰符，如果省略，则默认使用 private 修饰符，如果强制使用访问修饰符，则只能使用 private。

（5）枚举的所有枚举成员必须在枚举体的第一行显式列出，否则该枚举不能产生枚举成员。枚举成员默认使用 public static final 进行修饰。

下面声明一个表示方向的枚举类型。

```
public enum Direction
{EAST,SOUTH,WEST,NORTH; }
```

该代码声明了一个名为 Direction 的枚举，其包含 4 个表示方位的枚举成员：EAST、SOUTH、WEST、NORTH，其类型就是声明的 Direction 枚举类型，且默认使用 public static final 进行修饰。定义完枚举类型后便可以通过枚举类型名直接引用其枚举成员，如 Direction.SOUTH。由于枚举成员都是常量，所以按命名惯例它们都用大写字母表示。最后一个枚举常量 NORTH 后的分号可以省略，但如果枚举中还声明了方法，那么最后的分号不能省略。该代码经编译后将生成一个 Direction.class 的字节码文件。所有枚举类型都包含表 8.2 所示的 values() 和 valueOf() 两个预定义方法。

表 8.2 枚举类型预定义的方法

方　　法	功　能　说　明
public static enumtype[] values()	返回枚举类型的数组，该数组包含枚举的所有枚举成员，并按它们的声明顺序存储
public static enumtype valueOf(String str)	返回名称为 str 的枚举成员

由于所有枚举类都继承自抽象类 java.lang.Enum，该类定义了枚举共用的方法以方便

用户使用。由于 Enum 类实现了 java.lang.Comparable 和 java.lang.Serializable 两个接口,所以枚举类型是可以使用比较器和遍历操作的。表 8.3 给出了 Enum 类的常用方法。

表 8.3　Enum 类的常用方法

常 用 方 法	功 能 说 明
public final int compareTo(E o)	返回当前枚举成员与参数枚举成员 o 在定义时顺序的比较结果
public final String name()	返回枚举常量的名称
public final int ordinal()	返回枚举成员在枚举中的序号(枚举成员的序号从 0 开始)
public final boolean equals(Object other)	比较两个枚举引用的对象是否相等
public String toString()	返回枚举成员的名称
public static < T extends Enum < T >> T valueOf(Class< T > enumType,String name)	返回指定枚举类型和指定名称的枚举成员

8.4.2　不包含方法的枚举

由于 Java 中的每一个枚举都继承自 java.lang.Enum 类,所以当定义一个枚举类型时,每个枚举类型的成员都可以看作是 Enum 类的实例,这些枚举成员默认被 final public static 修饰。当访问枚举类型的成员时,直接使用枚举名调用枚举成员即可,即"枚举名.枚举成员"。当然如果不想使用这种形式取得枚举类的对象,也可使用 Enum 类定义的 valueOf()方法通过"枚举名.valueOf()"的形式进行调用来获取枚举类的对象。

【例 8.16】 定义一个枚举类型,然后输出枚举成员的名称和对应的序号。

```
1    //filename: App8_16.java
2    enum Direction                              //定义名为 Direction 的枚举类型
3    { EAST,SOUTH,WEST,NORTH }                   //声明 4 个枚举成员
4    public class App8_16                        //定义主类
5    {
6        public static void main(String[] args)  //主方法
7        {
8            Direction dir = Direction.EAST;     //定义一个枚举型变量,并赋给一个枚举值
9            Direction dir1 = Direction.valueOf("NORTH");  //用枚举名 Direction 调用 valueOf()方法
10           System.out.println(dir);            //输出枚举变量的值
11           System.out.println("   " + dir1);
12           for(Direction d:Direction.values())  //利用 foreach 语句输出枚举成员的序号和名称
13               System.out.println("序号:" + d.ordinal() + " 的值为: " + d.name());
14       }
15   }
```

程序运行结果:

```
EAST   NORTH
序号:0 的值为: EAST
序号:1 的值为: SOUTH
序号:2 的值为: WEST
序号:3 的值为: NORTH
```

该程序的第 2、3 行定义了名为 Direction 的枚举类型，其中包含 4 个枚举成员。第 8 行定义了一个枚举型变量 dir，将枚举成员 EAST 赋给该变量。第 9 行是用枚举名 Direction 调用 valueOf()方法将枚举成员赋给枚举型变量 dir1。第 10、11 两行分别输出相应变量的值。第 12 行则是利用 foreach 语句遍历输出所有枚举成员的序号和名称。

8.4.3 包含属性和方法的枚举

因为枚举也是一种类，所以它具有与其他类几乎相同的特性，因此可以定义枚举的属性、构造方法以及方法。但是，枚举的构造方法只是在构造枚举实例值时被调用。每一个枚举实例值都是枚举的一个对象，因此创建每个枚举实例时都需要调用该构造方法。

【例 8.17】 定义一个枚举类型，通过构造方法为枚举成员的属性赋值，然后输出相应的结果。

```
1   //filename: App8_17.java
2   enum Direction                              //定义名为 Direction 的枚举类型
3   {
4     EAST("东"),SOUTH("南"),WEST("西"),NORTH("北");  //声明 4 个带有属性的枚举成员
5     private String name;                      //定义私有属性 name
6     private Direction(String name)            //定义构造方法,只能用 private 修饰
7     {
8       this.name = name;
9     }
10    public String toString()                  //重写 toString()方法
11    {
12      return name;
13    }
14  }
15  public class App8_17                        //定义主类
16  {
17    public static void main(String[] args)    //主方法
18    {
19      Direction dir = Enum.valueOf(Direction.class,"NORTH"); //直接用 Enum 调用 valueOf()方法
20      System.out.println(dir);                //输出枚举变量的属性
21      for(Direction d:Direction.values())     //利用 foreach 语句输出枚举成员的名称和属性
22        System.out.println(d.name() + " 的属性是 (" + d.toString() + ")");
23    }
24  }
```

该程序的运行结果如下：

北
EAST 的属性是（东）
SOUTH 的属性是（南）
WEST 的属性是（西）
NORTH 的属性是（北）

该程序定义的枚举类 Direction 中，声明了 4 个带有属性的枚举成员。第 5 行定义了 name 属性，并通过第 6 行的构造方法设置 name 属性的内容，因为枚举 Direction 声明了有参的构造方法，所以在声明枚举成员时就必须调用这个有参的构造方法，这样在定义枚举成

员时就必须使用形如"EAST("东"),SOUTH("南"),WEST("西"),NORTH("北");"的语句格式。第 10~13 行覆盖了 toString()方法用于返回 name 属性值。主方法中第 19 行的 valueOf()方法是重载方法,所以调用方式不同于例 8.16 中 valueOf()方法的调用方式。该语句中是用 Enum 调用该方法的,当然也可用 Direction 来调用该方法。

8.5 包

利用面向对象技术开发一个实际的系统时,通常需要设计许多类共同工作,但由于 Java 编译器为每个类生成一个字节码文件,同时,在 Java 语言中要求文件名与类名相同,因此若要将多个类放在一起,就要保证类名不能重复。但当声明的类很多时,类名冲突的可能性很大,这时,就更需要利用合理的机制来管理类名。为了更好地管理这些类,Java 语言中引入了包(package)的概念来管理类名空间。就像文件夹把各种文件组织在一起,使硬盘更清晰、有条理一样,Java 语言中的包把各种类组织在一起,使得程序功能清楚、结构分明。

8.5.1 包的概念

所谓包就是 Java 语言提供的一种区别类名空间的机制,是类的组织方式。每个包对应一个文件夹,包中还可以再有包,称为包等级。在源程序中可以声明类所在的包,就像保存文件时要说明文件保存在哪个文件夹中一样。同一包中的类名不能重复,不同包中的类名可以相同。所以说,包实际上提供了一种命名机制和可见性限制机制。

当源程序中没有声明类所在的包时,Java 将类放在默认包中,这意味着每个类使用的名字必须互不相同,否则会发生名字冲突,就像在一个文件夹中的文件名不能相同一样。一般不要求处于同一个包中的类有明确的相互关系,如包含、继承等,但是由于同一个包中的类在默认情况下可以相互访问,所以为了方便编程和管理,通常把需要在一起工作的类放在一个包中。

8.5.2 使用 package 语句创建包

若要创建自己的包,就必须以 package 语句作为 Java 源文件的第一条语句,指明该文件中定义的类所在的包。它的格式为:

package 包名 1[.包名 2[.包名 3]…];

经过 package 的声明之后,在同一文件内的所有类或接口都被纳入相同的包中。Java 编译器把包对应于文件系统的文件夹进行管理。例如,在名为 mypackage 的包中,所有类文件都存储在 mypackage 文件夹下。同时,在 package 语句中用"."来指明文件夹的层次。例如:

package cgj.ly.mypackage;

指定这个包中的文件存储在文件夹 cgj\ly\mypackage 中。实际上,创建包就是在当前文件夹下创建一个子文件夹,以便存放这个包中包含的所有 .class 文件。语句中的"."代表文件夹分隔符,即该语句创建了三个文件夹:第一个是当前文件下的子文件夹 cgj;第二个是 cgj

下的子文件夹 ly；第三个是 ly 下的子文件夹 mypackage。当前包中的所有类就存放在这个文件夹里。

注意：包名与对应文件夹名的大小写应一致。

包层次的根文件夹是由环境变量 ClassPath（参见 2.1.2 节）来确定的。在 Java 源文件中若没有使用 package 语句声明类所在的包时，则 Java 默认包的路径是当前文件夹，并没有包名，即无名包（unnamed package），无名包中不能有子包。在此之前的所有例子中的类均存在同一个源文件内，因此它们都被纳入"无名包"内。因为 Java 有这个机制，所以就算不指明 package 名称，依然可以正确地运行。

注意：包及子包的定义，实际上是为了解决名字空间、名字冲突，它与类的继承没有关系。事实上，一个子类与其父类可以位于不同的包中。使用包名时要十分小心，如果要改变一个包名，就必须同时改变对应的文件夹名。

8.5.3 Java 语言中的常用包

由于 Java 语言的 package 是用来存放类与接口的地方，所以也把 package 译为"类库"，即 Java 类库是以包的形式实现的。Java 语言已经把功能相近的类分门别类地存放到不同的类库中（除类之外还包含有接口、异常等）。Java 提供的用于程序开发的类库称为应用程序接口（Application Programming Interface，API）。Java 语言的常用包有：

- java.lang：语言包；
- java.io：输入输出流的文件包；
- java.util：实用包；
- java.net：网络功能包；
- java.sql：数据库连接包；
- java.text：文本包。

下面简单介绍几个常用包中的类。

1. 语言包

语言包 java.lang 提供了 Java 语言最基础的类。每个 Java 程序运行时，系统都自动地引入 java.lang 包，所以该包的加载是默认的。该包中主要包含如下类：

- Object 类；
- 数据类型包装类（The Data Type Wrapper）；
- 字符串类（String）；
- 数学类（Math）；
- 系统和运行时类（System、Runtime）；
- 类操作类（Class）；
- 错误和异常处理类（Throwable，Exception 和 Error）；
- 线程类（Thread）；
- 过程类（Process）。

2. 输入输出流的文件包

输入输出流的文件包 java.io 是 Java 语言的标准输入输出类库，包含了实现 Java 程序与操作系统、用户界面以及其他 Java 程序之间的数据交换所使用的类。凡是需要完成与操

作系统有关的较底层的输入输出操作的 Java 程序,都需要使用该包。该包中主要包含的类如下:
- 基本输入输出流类;
- 文件输入输出流类;
- 过滤输入输出流类;
- 管道输入输出流类;
- 随机输入输出流类。

3. 实用包

实用包 java.util 提供了实现各种不同实用功能的类,包括日期类、集合类等。该包中主要包含的类如下:
- 数据输入类(Scanner);
- 日期类(Date、Calendar 等);
- 链表类(LinkedList);
- 向量类(Vector);
- 哈希表类(Hashtable);
- 栈类(Stack);
- 树类(TreeSet)。

4. 网络功能包

网络功能包 java.net 是 Java 语言用来实现网络功能的类库。由于 Java 语言还在不断地发展和扩充,它的功能(尤其是网络功能)也在不断地扩充。目前已经实现的网络功能主要有底层的网络通信、访问 Internet 资源。开发者可以利用 java.net 包中的类,开发出具有网络功能的程序。该包中主要包含的类如下:
- 访问网络资源类(URL);
- 套接字类(Socket);
- 服务器端套接字类(ServerSocket);
- 数据报打包类(DatagramPacket);
- 数据报通信类(DatagramSocket)。

5. 数据库连接包

数据库连接包 java.sql 是实现 JDBC(Java DataBase Connection,Java 数据库连接)的类库。利用该包可以使 Java 程序具有访问不同种类数据库的功能,如 MySQL、SQL Server、Oracle 等。只要安装了合适的驱动程序,同一个 Java 程序不需要修改就可以访问这些不同数据库中的数据。

6. 文本包

Java 文本包 java.text 中的 Format、DataFormat、SimpleDateFormat 等类提供各种文本或日期格式。

8.5.4 Java 语言中几个常用的类

在新的 JDK 版本中,将 JDK 早期版本中的某些方法标记为 deprecated,即过时的方法。虽然这些方法现在还能用,但在将来的某个版本中可能就不支持了,因此建议少用或不用

Java 类的过时方法。

1. Date 类

Date 类在 java.util 包中,是描述日期时间的类。Date 类的构造方法和常用方法见表 8.4 和表 8.5。

表 8.4　Date 类的构造方法

构造方法	功 能 说 明
public Date()	用系统日期时间数据创建 Date 对象
public Date(long date)	用长整型数 date 创建 Date 对象,date 表示从 1970 年 1 月 1 日 00:00:00 时开始到该日期时刻的微秒数

表 8.5　Date 类的常用方法

常 用 方 法	功 能 说 明
public long getTime()	返回从 1970 年 1 月 1 日 00:00:00 时开始到目前的微秒数
public boolean after(Date when)	日期比较,日期在 when 之后返回 true,否则返回 false
public boolean before(Date when)	日期比较,日期在 when 之前返回 true,否则返回 false

Date 对象表示时间的默认顺序是:星期、月、日、小时、分、秒、年。如果希望按年、月、日、时、分、秒、星期的顺序显示其时间,这时可以使用 java.text.DateFormat 类的子类 java.text.SimpleDateFormat 来实现日期的格式化。SimpleDateFormat 类有一个常用的构造方法:public SimpleDateFormat(String pattern)。该构造方法可以用参数 pattern 指定格式创建一个对象,该对象调用 format(Date date)方法来格式化时间对象 date。需要注意的是,pattern 中应当含有如下一些有效的字符序列:

- y 或 yy 表示用 2 位数字输出的年份,yyyy 表示用 4 位数字输出年份;
- M 或 MM 表示用 2 位数字或文本输出月份,若要用汉字输出月份,pattern 中应连续包含至少 3 个 M;
- d 或 dd 表示用 2 位数字输出日;
- H 或 HH 表示用 2 位数字输出小时;
- m 或 mm 表示用 2 位数字输出分;
- s 或 ss 表示用 2 位数字输出秒;
- E 表示用字符串输出星期;
- a 表示输出上、下午。

2. Calendar 类

Calendar 类在 java.util 包中,是描述日期时间的抽象类。Calendar 类通常用于需要将日期值分解的情况,Calendar 类中声明了 YEAR 等多个常量,分别表示年、月、日等日期中的单个部分值,如表 8.6 所示。Calendar 类的常用方法如表 8.7 所示。

表 8.6　Calendar 类中常用的常量

常 量 名	意 义
public static final int YEAR	表示对象日期的年
public static final int MONTH	表示对象日期的月,0~11 分别表示 1~12 月

续表

常 量 名	意 义
public static final int DAY_OF_MONTH	表示对象日期的日
public static final int DATE	与 public static final int DAY_OF_MONTH 意义相同
public static final int DAY_OF_YEAR	表示对象日期是该年的第几天
public static final int WEEK_OF_YEAR	表示对象日期是该年的第几周
public static final int HOUR	表示对象日期的时
public static final int MINUTE	表示对象日期的分
public static final int SECOND	表示对象日期的秒

表 8.7 Calendar 类的常用方法

常 用 方 法	功 能 说 明
public int get(int field)	返回对象属性 field 的值,属性是表 8.6 描述的静态常量
public void set(int field,int value)	设置对象属性 field 的值为 value
public boolean after(Object when)	日期比较,日期在 when 之后返回 true,否则返回 false
public boolean before(Object when)	日期比较,日期在 when 之前返回 true,否则返回 false
public static Calendar getInstance()	获取 Calendar 对象
public final Date getTime()	由 Calendar 对象创建 Date 对象
public long getTimeInMillis()	返回从 1970 年 1 月 1 日 00:00:00 时开始到目前的微秒数
public void setTimeInMillis(long millis)	以长整型数 millis 设置对象日期,millis 表示从 1970 年 1 月 1 日 00:00:00 时开始到该日期时刻的微秒数

Calendar 类对象的获得,一般不采用 new 运算符来创建,而是通过该类的 getInstance()方法创建日历对象,得到当前系统的日期时间。如创建日历对象可采用 Calendar now = Calendar.getInstance()语句,然后用 now 对象调用方法 get(int field)可以获取有关年份、月份、小时、星期等信息,参数的有效值由 Calendar 类的静态常量指定。例如:

```
Calendar now = Calendar.getInstance();         //创建日历对象
int month = now.get(Calendar.MONTH);           //获得日历对象的月份值
```

也可利用 now 对象调用相应的 set()方法将日历翻到任何一个时间。

3. Random 类

Random 类是 java.util 包中的类,模拟了一个伪随机数发生器,产生的伪随机数服从均匀分布,可以使用系统时间或给出一个长整型数作为"种子"构造出 Random 对象,然后使用对象的方法获得一个个随机数。Random 类的构造方法和常用方法见表 8.8 和表 8.9。

表 8.8 Random 类的构造方法

构 造 方 法	功 能 说 明
public Random()	用系统时间作为种子创建 Random 对象
public Random(long seed)	用 seed 作为种子创建 Random 对象

表 8.9　Random 类的常用方法

常 用 方 法	功 能 说 明
public int nextInt()	返回一个整型随机数
public int nextInt(int n)	返回一个大小为 0～n 的整型随机数
public long nextLong()	返回一个长整型随机数
public float nextFloat()	返回一个 0.0～1.0 的单精度随机数
public double nextDouble()	返回一个 0.0～1.0 的双精度随机数

4. Math 类

Math 类定义在 Java 标准类库的 java.lang 包中，该类提供了两个常量 π 和 e 的取值，以及大量用于计算的基本数学函数，见表 8.10 与表 8.11。

表 8.10　Math 类中常用的常量

常 量 名	意 义
public static final double PI	圆周率 π＝3.141 592 653 589 793
public static final double E	自然对数率 e＝2.718 281 828 459 045

表 8.11　Math 类的常用方法

常 用 方 法	功 能 说 明
public static double abs(double a)	返回数 a 的绝对值
public static double sin(double a)	返回 a 的正弦值，a 的单位为弧度
public static double cos(double a)	返回 a 的余弦值，a 的单位为弧度
public static double tan(double a)	返回 a 的正切值，a 的单位为弧度
public static double asin(double a)	返回 a 的反正弦值
public static double acos(double a)	返回 a 的反余弦值
public static double atan(double a)	返回 a 的反正切值
public static double sqrt(double a)	返回数 a 的平方根，a 必须是正数
public static double ceil(double a)	返回大于或等于 a 的最小实型整数值
public static double floor(double a)	返回小于或等于 a 的最大实型整数值
public static double random()	返回取值在[0.0,1.0)区间的随机数
public static double pow(double a,double b)	返回以 a 为底，以 b 为指数的幂值

8.5.5　利用 import 语句引用 Java 定义的包

1. 导入包

如果要使用 Java 包中的类，必须在源程序中用 import 语句导入所需要的类。import 语句的格式为：

import 包名1[.包名2[.包名3…]].类名|*

其中，import 是关键字，包名1[.包名2[.包名3…]]表示包的层次，与 package 语句相同，它对应于文件夹。"类名"则指明所要导入的类，如果要从一个类库中导入多个类，则可以使用星号"*"表示包中的所有类。多个包名及类名之间用圆点"."分隔。例如：

```
import cgj.ly.mypackage;
import javafx.stage.*;
```

Java 编译器为所有程序自动隐含地导入 java.lang 包，因此用户无须用 import 语句导入它所包含的所有类，就可使用其中的类，但是若要使用其他包中的类，就必须用 import 语句导入。

注意：使用星号"*"只能表示本层次的所有类，不包括子层次下的类。

另外，凡在 Java 程序中需要使用类的地方，都可以指明包含该类的包，这时就不必用 import 语句导入该类了。只是这样要输入大量的字符，在一定意义上讲，使用 import 语句是为了使书写更方便。如果导入的几个包中包括名字相同的类，则当使用该类时，必须指明包含它的包，使编译器能够载入特定的类。例如，Date 类包含在 java.util 中，可以使用 import 语句导入它以实现它的子类 myDate。

```
import java.util.*;
class myDate extends Date{
    ⋮
}
```

也可以直接给出该类的全称引入该类，而无须使用 import 语句，例如：

```
class myDate extends java.util.Date{
    ⋮
}
```

这两者是等价的。

2. Java 包的路径

由于 Java 语言使用文件系统来存储包和类，类名就是文件名，包名就是文件夹名。若要引用 Java 包，仅在源程序中增加 import 语句是不够的，还必须告诉系统，程序运行时在哪儿才能找到 Java 的包。由于包层次的根文件夹是由环境变量 ClassPath 来确定的。所以这个功能由环境变量 ClassPath 完成。关于环境变量 ClassPath 的设定请参阅 2.1.2 节。

8.5.6 Java 程序结构

有了前面的知识后，现在来归纳总结一下 Java 源文件的结构。一个 Java 源文件一般可以包括以下几部分：

- package，声明包，0 或 1 个；
- import，导入包，0 或多个；
- public class，声明公有类，0 个或 1 个，文件名与该类名相同；
- class，声明类，0 或多个；
- interface，声明接口，0 或多个。

其中，只能有一个声明包的语句，且必须是第一条语句，声明为 public 的类最多只能有一个，且文件名必须与该类名相同。

本章小结

1. 通过 extends 关键字,可将父类的非私有成员(成员变量和成员方法)继承给子类。

2. 父类有多个构造方法时,如果要调用特定的构造方法,则可在子类的构造方法中,通过 super()语句来调用。

3. Java 程序在执行子类的构造方法之前,如果没有用 super()语句来调用父类中特定的构造方法,则会先调用父类中没有参数的构造方法。其目的是为了帮助继承自父类的成员做初始化操作。

4. 在构造方法内调用同一类内的其他构造方法使用 this()语句,而从子类的构造方法调用其父类的构造方法则使用 super()语句。

5. this()除了可以用来调用同一类的构造方法之外,如果同一类内的成员变量与局部变量的名称相同时,也可以利用"this.成员变量名"来调用同一类内的成员变量。

6. this()与 super()的相似之处:(1)当构造方法有重载时,两者均会根据所给予的参数的类型与个数,正确地选择执行相对应的构造方法;(2)两者均必须编写在构造方法内的第一行,也就是因为这个原因,this()与 super()无法同时存在于同一个构造方法内。

7. 除了利用 super()来调用父类的构造方法外,还利用"super.成员名"的形式来调用父类中的成员变量或成员方法。

8. 把成员声明成 protected 最大的好处是可同时兼顾到成员的安全与便利性,因为它只能供父类、子类及同一包中的类来访问,而其他类则无法更改或读取它。

9. 重载是指在同一个类内,定义名称相同但参数个数或类型不同的多个方法。Java 系统可根据参数的个数或类型,调用相对应的方法。

10. 覆盖是在子类当中,定义名称、参数个数与类型均与父类相同的方法,用以覆盖父类中方法的功能。

11. 如果父类的方法不希望子类的方法来覆盖它,可以在父类的方法之前加上 final 关键字,这样该方法就不会被覆盖。

12. final 关键字的另一作用是把它放在成员变量前面,这样该变量就变成一个常量,因而便无法在程序中的任何地方再做修改。

13. 无论是自定义的类,还是 Java 内置的类,所有的类均继承自 Object 类。

14. Java 语言的抽象类是专门用来当作父类的,所以抽象类不能直接用来创建对象。抽象类的目的是要用户根据它的格式来修改并创建新的类。

15. 抽象类中的方法可分为两种:一种是一般的方法;另一种是以关键字 abstract 开头的抽象方法。抽象方法是没有定义方法体的方法,是要保留给由抽象类派生出的子类来定义。

16. 接口的结构和抽象类非常相似,它也具有数据成员、抽象方法、默认方法和静态方法,但它与抽象类有两点不同:(1)接口的数据成员都是静态的且必须初始化;(2)接口中的抽象方法必须全部声明为 public abstract。

17. Java 语言并不允许类的多重继承,但利用接口可实现多重继承。

18. 接口与一般类一样,均可通过扩展技术来派生出新的接口。原来的接口称为基本接口或父接口;派生出的接口称为派生接口或子接口。通过这种机制,子接口不仅可以拥有父接口的成员，同时也可以添加新的成员以满足实际问题的需要。

19. 枚举是一种特殊的类，所以它是一种引用类型。

20. 枚举类型名有两层含义：一是作为枚举名使用；二是表示枚举成员的数据类型。正因为如此，枚举成员也称为枚举实例或枚举对象。

21. Java 语言的 package 是存放类与接口的地方，因此我们把 package 译为"类库"。它是在使用多个类或接口时，避免名称重复而采用的一种措施。

22. 在源文件内若没有指明 package，则 Java 把它视为"没有名称的 package"。

23. 如果多个类分别属于不同的 package，若某个类要访问到其他类的成员时，必须做下列修改：①若某个类需要被访问时，则必须把这个类声明为 public 的；②若要访问不同 package 内某个 public 类的成员时，在程序代码内必须明确地指明"被访问 package 的名称.类名称"。

24. 在类之前加上 public 修饰符是为了让其他包里的类也可以访问该类里的成员。如果省略了类的修饰符，则只能让同一个包里的类来访问。

25. 导入包里的某个类，其格式为"import 包名.类名"。

26. String 类放置在 java.lang 类库内。在 java.lang 类库里所有的类均会自动加载，因此当使用到 String 类时，无须利用 import 命令来加载它。

第 8 章习题

8.1 子类将继承父类的所有成员吗？为什么？

8.2 在子类中可以调用父类的构造方法吗？若可以，如何调用？

8.3 在调用子类的构造方法之前，若没有指定调用父类的特定构造方法，则会先自动调用父类中没有参数的构造方法，其目的是什么？

8.4 在子类中可以访问父类的成员吗？若可以，用什么方式访问？

8.5 用父类对象变量可以访问子类的成员方法吗？若可以，则只限于什么情况？

8.6 什么是多态机制？Java 语言中是如何实现多态的？

8.7 方法的覆盖与方法的重载有何不同？

8.8 this 和 super 分别有什么特殊的含义？

8.9 什么是最终类与最终方法？它们的作用是什么？

8.10 什么是抽象类与抽象方法？使用时应注意哪些问题？

8.11 什么是接口？为什么要定义接口？

8.12 如何定义接口？接口与抽象类有哪些异同？

8.13 在多个父接口的实现类中，多个接口中的方法名冲突问题有几种形式？如何解决？

8.14 编程题。定义一个表示一周七天的枚举，并在主方法 main() 中遍历枚举所有成员。

8.15 什么是包？它的作用是什么？如何创建包？如何引用包中的类？

第 9 章　异常处理

本章主要内容：
- 异常的定义与分类；
- try-catch-finally 语句；
- 抛出异常的方式；
- 自定义异常类的设计。

程序在运行过程中发生错误或出现异常情况是不可避免的，因此使用编程语言开发一个完整的应用系统时，在程序中应提供对出错或异常情况进行处理的策略。

9.1 异常处理的基本概念

异常（exception）是指在程序运行中由代码产生的一种错误。在不支持异常处理的程序设计语言中，每一个运行时错误必须由程序员手动控制。这样不仅会给程序员增加很大的工作量，而且这种方法本身也是很麻烦的。Java 语言中的异常处理机制避免了这些问题，在处理的过程中，把程序运行时错误的管理带到了面向对象的世界中。

9.1.1 错误与异常

在软件开发过程中，程序中出现错误是不可避免的。程序中的错误按不同的性质，可分为不同的种类，有些错误能够被系统在编译时或在运行时发现，有些错误不能被系统发现。作为程序员来说，就必须及时发现并改正程序中的错误，对不同的错误应采用不同的处理方式。

当程序不能正常运行或运行结果不正确时，表明程序中有错误。按照错误的性质可将程序错误分为语法错、语义错和逻辑错三种。

语法错是由于违反程序设计语言的语法规则而产生的错误，如标识符未声明、表达式中运算符与操作数类型不兼容、括号不匹配、语句末尾缺少分号等。这类错误通常在编译时能被发现，并能给出错误的位置和性质，所以又称编译错误。Java 程序中的编译错误是由于编写的程序代码中存在着语法错误，而未能通过由源代码到字节码的编译过程而产生的错误。语法错误是由语言的编译系统负责检测和报告。没有编译错误是一个程序能正常运行的基本条件，只要没有编译错误，Java 程序的源代码才能被编译成字节码。

如果程序在语法上正确，但在语义上存在错误，如输入数据格式错、除数为 0 错、给变量赋值超出其允许范围等，这类错误称为语义错。语义错不能被编译系统检测到并发现，含有语义错的程序能够通过编译，只有到程序运行时才能发现其错误，所以语义错又称运行错。Java 解释器在运行时能够发现语义错，一旦发现语义错，Java 将停止程序运行，并给出错误的位置和性质。有些语义错能够被程序事先处理，如除数为 0、数组下标越界等，程序中应设法避免产生这类错误；还有一些语义错误不能被程序事先处理，如待打开的文件不存在、网络连接中断等，这类错误的发生不由程序本身所控制，因此必须进行异常处理。

如果程序编译通过，也可运行，但运行结果与预期结果不符，如由于循环条件不正确而没有结果、循环次数不对等因素导致的计算结果不正确等。这类错误是指程序不能实现程序员的设计意图和设计功能而产生的错误，所以称为逻辑错。系统无法找到逻辑错，所以逻辑错最难排除。程序员必须凭借自身的程序设计经验，找出错误的原因及位置，从而改正错误。

虽然程序有三种性质的错误，但 Java 系统中根据错误严重程度的不同，而将程序运行时出的错分为两类：错误和异常。

错误是指程序在执行过程中所遇到的硬件或操作系统的错误，如内存溢出、虚拟机错等。错误对于程序而言是致命性的，错误将导致程序无法运行，而且程序本身不能处理错误，只能依靠外界干预，否则会一直处于非正常状态。如没有找到 .class 文件，或 .class 文件中没有 main()方法等，这样程序不能运行。

异常是指在硬件和操作系统正常时，程序遇到的运行错。有些异常是由于算法考虑不周而引起的，也有些是由编程过程中疏忽大意而引发的，如运算时除数为 0、操作数超出数据范围、数组下标越界、文件找不到或网络连接中断等。异常对于程序而言是非致命性的，虽然异常会导致程序非正常终止，但 Java 语言的异常处理机制使程序自身能够捕获和处理异常，由异常处理代码调整程序运行方向，使程序仍可继续运行。因此，为了加强程序的健壮性，在进行程序设计时，必须考虑到可能发生的异常事件并做出相应的处理。

由于异常是可以检测和处理的，所以就产生了相应的异常处理机制。目前大多数面向对象的语言都提供了异常处理机制，而错误处理一般由系统承担，语言本身不提供错误处理机制。

9.1.2 Java 语言的异常处理机制

异常是指程序在运行过程中发生由于算法考虑不周或软件设计错误等导致的程序异常事件。Java 语言提供的异常处理机制是通过面向对象的方法来处理异常的。所以在 Java 语言中所有异常都是以类的形式存在的，除了内置的异常类之外，Java 语言也允许用户自行定义异常类。

在一个程序运行过程中，如果发生了异常事件，则产生代表该异常的一个"异常对象"，并把它交给运行系统，再由运行系统寻找相应的代码来处理这一异常。生成异常对象并把它提交给运行系统的过程称为抛出异常。异常本身作为一个对象，产生一个异常就是产生一个异常对象。这个对象可能由应用程序本身产生，也可能由 Java 虚拟机产生，这取决于产生异常的类型。该异常对象中包含了异常事件类型以及发生异常时应用程序目前的状态和调用过程等必要的信息。

异常抛出后，运行系统从生成异常对象的代码开始，沿方法的调用栈逐层回溯查找，直到找到包含相应异常处理的方法，并把异常对象提交给该方法为止，这个过程称为捕获异常。

　　Java 语言中定义了很多异常类，每个异常类都代表一种运行错误，类中包含了该运行错误的信息和处理错误的方法等内容。每当 Java 程序运行过程中发生一个可识别的运行错误时，即该错误有一个异常类与之对应时，系统都会产生一个相应的该异常类的对象。一旦一个异常对象产生了，系统中就一定有相应的机制来处理它，从而保证整个程序运行的安全性。这就是 Java 语言的异常处理机制。

　　异常本质上是一个在程序执行期间发生的事件，这个事件将中断程序的正常执行。当在 Java 方法内部发生异常时，这个方法就创建一个该异常的对象，并把它传递给运行时环境。创建一个异常对象并把它传递给运行时环境的过程就是抛出一个异常。运行时环境从异常发生的方法开始查找异常处理程序，如果异常处理程序捕获到的异常类型和这个程序能够处理异常的类型相同，那么这个程序就叫作合适的异常处理程序，然后异常处理机制将控制权从发生异常的程序交给能处理该异常的异常处理程序；如果没有找到合适的异常处理程序，运行时环境将终止程序执行。

　　简单地说，发现异常的代码可以"抛出"一个异常，运行系统"捕获"该异常，并交由程序员编写的相应代码进行异常处理。

9.2　异常处理类

　　由于 Java 语言中定义了很多异常类，而每个异常类都代表一种运行错误，所以说，Java 语言的异常类是处理运行时错误的特殊类，类中包含了该运行错误的信息和处理错误的方法等内容。

　　在异常类层次的最上层有一个单独的类叫作 Throwable，它是 java.lang 包中的一个类。这个类用来表示所有的异常情况，该类派生出了两个子类 java.lang.Error 和 java.lang.Exception。其中，Error 子类由系统保留，因为该类定义了那些应用程序通常无法捕捉到的错误。Error 类及其子类的对象，代表了程序运行时 Java 系统内部的错误。即 Error 类及子类的对象是由 Java 虚拟机生成并抛出给系统，这种错误有内存溢出错、栈溢出错、动态链接错等。通常 Java 程序不对这种错误进行直接处理，必须交由操作系统处理；而 Exception 子类则是供应用程序使用的，它是用户程序能够捕捉到的异常情况。一般情况下，通过产生它的子类来创建自己的异常，即 Exception 类对象是 Java 程序抛出和处理的对象，它有各种不同的子类分别对应于各种不同类型的异常。由于应用程序不处理 Error 类，所以一般所说的异常都是指 Exception 类及其子类。

　　同其他类相同，Exception 类有自己的属性和方法，它的构造方法有两个：
- public Exception();
- public Exception(String s);

　　第二个构造方法可以接收字符串参数传入的信息，该信息通常是对该异常所对应的错误的描述。

　　Exception 类从父类 Throwable 那里还继承了若干方法，常用的有如下两个。

　　public String toString()：该方法返回描述当前 Exception 类信息的字符串。

　　public void printStackTrace()：该方法没有返回值，它的功能是完成一个输出操作，在当前的标准输出设备（一般是屏幕显示器）上输出当前异常对象的堆栈使用轨迹，即程序先后调用并执行了哪些对象或类的哪些方法，使得运行过程中产生了这个异常对象。

异常类的层次结构如图 9.1 所示。

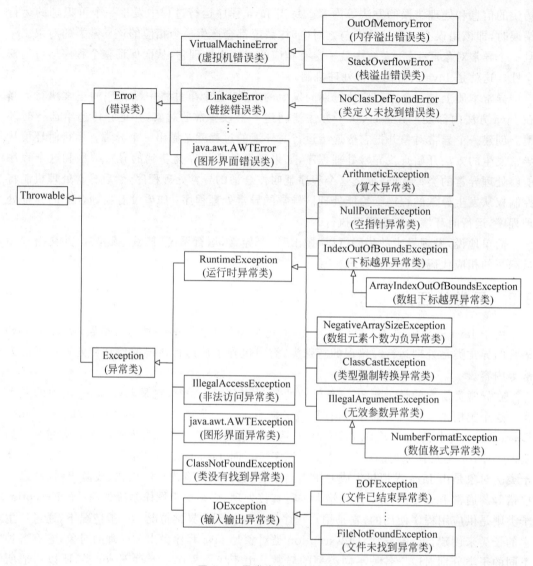

图 9.1　异常类的层次结构

在 Exception 类中有一个子类 RuntimeException 代表运行时异常，它是程序运行时自动地对某些错误做出反应而产生的，所以 RuntimeException 可以不编写异常处理的程序代码，依然可以成功编译，因为它是在程序运行时才有可能产生，如除数为 0 异常、数组下标越界异常、空指针异常等。这类异常应通过程序调试尽量避免而不是使用 try-catch-finally 语句去捕获它。

除 RuntimeException 之外，其他则是非运行时异常，这种异常经常是在程序运行过程中由环境原因造成的异常，如输入输出异常、网络地址不能打开、文件未找到等。这类异常必须在程序中使用 try-catch-finally 语句去捕获它并进行相应的处理，否则编译不能通过。这是因为 Java 编译器要求 Java 程序必须捕捉或声明所有的非运行时异常，如果程序不加以捕捉,Java编译器则给出编译错误信息。在非运行时异常类中最常用的是IOException类,所有使用输入输出相关命令的情况都必须处理IOException所引发的异常。

总之,程序对错误与异常的处理方式有三种:一是程序不能处理的错误;二是程序应避免而可以不去捕获的运行时异常;三是必须捕获的非运行时异常。

9.3 异常的处理

在Java语言中,异常处理是通过try、catch、finally、throw、throws五个关键字来实现的。异常处理的理论似乎很烦琐,但实际使用时并不复杂。

1. 异常的产生

下面通过一个例子来看一下异常产生到捕获并处理的过程。

【例9.1】 输出一个数组的所有元素,捕获数组下标越界异常和除数为0异常。

```
1   //filename: App9_1.java          异常的产生
2   public class App9_1
3   {
4     public static void main(String[] args)
5     {
6       int i;
7       int[] a = {1,2,3,4};            //定义并初始化数组
8       for(i = 0; i < 5; i++)
9         System.out.println("  a[" + i + "] = " + a[i]);
10      System.out.println("5/0" + (5/0));
11    }
12  }
```

该程序所产生的异常是运行时异常,所以编译时没问题,但运行时产生异常,程序运行结果如下:

```
a[0] = 1
a[1] = 2
a[2] = 3
a[3] = 4
Exception in thread "main" java.lang.ArrayIndexOutOfBoundsException: 4
    at App9_1.main(App9_1.java:9)
```

该程序中定义了只有4个元素的数组a,下标为0~3。程序运行时,正常执行了前4次循环,但在执行第5次循环并试图输出a[4]时,Java抛出了一个异常对象,系统报告了异常对象的类型(java.lang.ArrayIndexOutOfBoundsException:数组下标越界异常类)及异常发生所在的方法(App9_1.main),所以程序卡在第9行同时终止程序的运行。这是因为在循环中要访问a[4],而下标为4的数组元素不存在,这就会产生一个数组下标越界异常。程序中的第10行语句"System.out.println("5/0"+(5/0));"因除数为0将会产生一个算术异常(ArithmeticException),但由于程序终止在第9行,所以该行语句并没有执行到。

2. 使用try-catch-finally语句捕获和处理异常

一般来说,系统捕获抛出的异常对象并输出相应的信息,同时终止程序的运行,导致其后的程序无法运行。这其实并不是用户所期望的,因此就需要能让程序来接收和处理异常

对象，从而不会影响其他语句的执行，这就是捕获异常的意义所在。当一个异常被抛出时，应该有专门的语句来接收这个被抛出的异常对象，这个过程就是捕获异常。当一个异常类的对象被捕获或接收后，用户程序就会发生流程跳转，系统终止当前的流程而跳转到专门的异常处理语句块，或直接跳出当前程序和 Java 虚拟机回到操作系统。

在 Java 语言的异常处理机制中，提供了 try-catch-finally 语句来捕获和处理一个或多个异常，其语法格式如下：

```
try
{
      要检查的语句序列                    } try 块
}
catch(异常类名 形参对象名)
{
      异常发生时的处理语句序列            } catch 块
}
finally
{
      一定会运行的语句序列                } finally 块
}
```

其中，"要检查的语句序列"是可能产生异常的代码；"异常发生时的处理语句序列"是捕获到某种异常对象时进行处理的代码，catch 后面括号内的"形参对象名"为相应"异常类"的对象，其中"异常类"指的是由程序抛出的异常对象所属的类；"一定会运行的语句序列"是其必须执行的代码，无论是否捕获到异常。

try-catch-finally 语句的功能与处理异常的顺序：try 块中代码可能会抛出一个或多个异常，若发生异常，则程序的运行便中断，并抛出由"异常类"所产生的"对象"。同时，该代码块也指定了它后面的 catch 语句所捕获的异常类型，try 语句块用来启动 Java 的异常处理机制。可能抛出异常的语句包括 throw 语句、调用可能抛出异常的方法的方法调用语句，这些都应该包含在这个 try 语句块中；catch 语句块紧跟在 try 语句块的后面，用来指定需要捕获的异常类型，当 try 语句块中的某条语句在执行时一旦出现异常，此时被启动的异常处理机制就会自动捕获到它，然后流程自动跳过产生异常的语句后面的所有尚未执行的语句，系统就直接跳到 catch 语句中，查看是否为匹配的异常类。若抛出的异常对象属于 catch 后面括号内欲捕获的异常类，则 catch 会捕获此异常，然后进入到 catch 块内继续执行；无论 try 程序块是否捕获到异常，或者捕获到的异常是否与 catch 后面括号里的异常相同，最后一定会运行 finally 块里的程序代码；finally 块的代码运行结束后，程序再转到 try-catch-finally 块之后的语句继续运行。

3. 多异常处理

catch 块紧跟在 try 块的后面，用来接收 try 块可能产生的异常。一个 catch 语句块通常会用同种方式来处理它所接收到的所有异常，但是实际上一个 try 块可能产生多种不同的异常，如果希望能采取不同的方法来处理这些不同的异常，就需要使用多异常处理机制。多异常处理是通过在一个 try 块后面定义若干个 catch 块来实现的，每个 catch 块用来接收和处理一种特定的异常对象。

当 try 块抛出一个异常时，程序的流程首先转向第一个 catch 块，并审查当前异常对象可否被这个 catch 块所接收。能接收是指异常对象与 catch 后面圆括号中的参数类型相匹配,即 catch 所处理的异常类型与生成的异常对象的类型完全一致或是它的祖先类(catch 括号中的异常类型应对应所产生的异常类或该异常的祖先类)。如果 try 块产生的异常对象被第一个 catch 块所接收,则程序的流程将直接跳转到这个 catch 语句块中,try 块中尚未执行的语句和其他的 catch 块将被忽略。如果 try 块产生的异常对象与第一个 catch 块不匹配,系统将自动转到第二个 catch 块进行匹配。如果第二个仍不匹配,就转向第三个,依次类推,直到找到一个可以接收该异常对象的 catch 块,即完成流程的跳转。

如果所有的 catch 块都不能与当前的异常对象匹配,则说明当前方法不能处理这个异常对象,程序流程将返回到调用该方法的上层方法。如果这个上层方法中定义了与所产生的异常对象相匹配的 catch 块,流程就跳转到这个 catch 块中,否则继续回溯更上层的方法。如果所有方法中都找不到合适的 catch 块,则由 Java 运行系统来处理这个异常对象。此时通常会终止程序的执行,退出 JVM 返回到操作系统,并在标准输出设备上输出相关的异常信息。

在另一种完全相反的情况下,假设 try 块中的所有语句都没有引发异常,则所有的 catch 块都会被忽略而不予执行。

【例 9.2】 使用 try-catch-finally 语句对程序中产生的异常进行捕获与处理。

```
1    //filename: App9_2.java        异常的捕获与处理
2    public class App9_2
3    {
4      public static void main(String[ ] args)
5      {
6        int i;
7        int[ ] a = {1,2,3,4};
8        for(i = 0;i < 5;i++)
9        {
10         try
11         {
12           System.out.print("a[" + i + "]/" + i + " = " + (a[i]/i));
13         }
14         catch(ArrayIndexOutOfBoundsException e)
15         {
16           System.out.print("捕获到了数组下标越界异常");
17         }
18         catch(ArithmeticException e)
19         {
20           System.out.print("异常类名称是: " + e);              //显示异常信息
21         }
22         catch(Exception e)
23         {
24           System.out.println("捕获" + e.getMessage() + "异常!");   //显示异常信息
25         }
26         finally
27         {
28           System.out.println("    finally   i = " + i);
29         }
30       }
31       System.out.println("继续!!");
32     }
33   }
```

程序运行结果为：

异常类名称是：java.lang.ArithmeticException:/ by zero   finally i = 0
a[1]/1 = 2   finally   i = 1
a[2]/2 = 1   finally   i = 2
a[3]/3 = 1   finally   i = 3
捕获到了数组下标越界异常   finally   i = 4
继续！！

该程序运行时，第一次循环时就捕获到了算术异常，并且是被第二个 catch 块所捕获到的，因此后面的 catch 语句就不再起作用。同样在执行第 5 次循环时，数组下标越界异常被捕获到，而这个异常是被第一个 catch 语句捕获到，因此后面的 catch 语句也不再起作用。同时，异常捕获到后，其他语句仍然可以正常运行，直到整个程序结束。该程序的第 14、18 和 22 行 catch 后面的括号内的异常类后边都有一个变量 e，其作用是如果捕获到异常，则 Java 会利用异常类创建一个相应类类型的变量 e，利用此变量便能进一步提取有关异常的信息。事实上，可以将 catch 括号里的内容想象成是方法的参数，因此变量 e 就是相应异常类的变量。变量 e 接收到由异常类所产生的对象之后，进入到相应的 catch 块进行处理，如本例的第二个和第一个 catch 块。当然在 catch 块中也可以不使用相应的异常类变量 e，如本例的第 1 个 catch 块就是如此。

说明：

（1）异常捕获的过程中做了两个判断：第一个是 try 程序块中是否有异常产生；第二个是产生的异常是否和 catch 后面的括号内欲捕获的异常类型匹配。

（2）catch 块中的语句应根据异常类型的不同而执行不同的操作，比较通用的作法是输出异常的相关信息，包括异常名称、产生异常的方法名等。

（3）由于异常对象与 catch 块的匹配是按照 catch 块的先后排列顺序进行的，所以在处理多异常时应注意认真设计各 catch 块的排列顺序。一般地，将处理较具体、较常见异常的 catch 块应放在前面，而可以与多种异常类型相匹配的 catch 块应放在较后的位置。若将子类异常的 catch 语句块放在父类异常 catch 语句块的后面，则编译不能通过。

（4）当在 try 块中的语句抛出一个异常时，其后的代码不会被执行。所以，可以通过 finally 语句块来为异常处理提供一个统一的出口，使得在流程跳转到程序的其他部分以前能够对程序的状态做统一的管理，所以 finally 语句块中经常用于对一些资源做清理工作，如关闭打开的文件等。

（5）finally 块是可以省略的，若省略 finally 块，则在 catch 块结束后，程序跳转到 try-catch 块之后的语句继续运行。

（6）当 catch 块中含有 System.exit(0) 语句时，则不执行 finally 块中的语句，程序直接终止；当 catch 块中含有 return 语句时则执行完 finally 块中的语句后再终止程序。

9.4 抛出异常

在捕获一个异常前，必须有一段代码生成一个异常对象并把它抛出。根据异常类型的不同，抛出异常的方法也不相同，具体分为：

(1) 系统自动抛出的异常；
(2) 指定方法抛出异常。

所有系统定义的运行时异常都可以由系统自动抛出。而指定方法抛出异常需要使用关键字 throw 或 throws 来明确指定在方法内抛出异常。如用户程序自定义的异常不可能依靠系统自动抛出，这种情况就必须借助于 throw 或 throws 语句来定义何种情况算是产生了此种异常对应的错误，并应该抛出这个异常。

1. 抛出异常的方法与调用方法处理异常

在前面的几个异常处理的例子中，异常的产生和处理都是在同一个方法中进行的。也就是说，异常的处理是在产生异常的方法中进行的。但在实际编程中，有时并不需要由产生异常的方法自己处理，而需要在该方法之外进行处理。此时该方法应声明抛出异常，而由该方法的调用者负责处理。这时与异常有关的方法就有两个：抛出异常的方法和处理异常的方法。

1) 抛出异常的方法

如果在一个方法内部的语句执行时可能引发某种异常，但是并不能确定如何处理，则此方法应声明抛出异常，表明该方法将不对这些异常进行处理，而由该方法的调用者负责处理。也就是说，方法中的异常没有用 try-catch 语句捕获异常和处理异常的代码。一个方法声明抛出异常有如下两种方式。

方式一：在方法体内使用 throw 语句抛出异常对象。其语法格式为：

throw 由异常类所产生的对象；

其中，"由异常类所产生的对象"是一个从 Throwable 派生的异常类对象。

方式二：在方法头部添加 throws 子句表示方法将抛出异常。带有 throws 子句的方法声明格式如下：

[修饰符] 返回值类型 方法名([参数列表]) throws 异常类列表

其中，throws 是关键字，"异常类列表"是方法中要抛出的异常类，当异常类多于一个的时候，要用逗号","隔开。

说明：通过这两种方式抛出异常，在方法中就不必编写 try-catch-finally 程序段，而交由调用此方法的程序来处理。当然这两种情况下，也可以在本方法内用 try-catch-finally 语句来处理异常。

2) 处理异常的方法

由一个方法抛出异常后，该方法内又没有处理异常的语句，则系统就会将异常向上传递，由调用它的方法来处理这些异常，若上层调用方法中仍没有处理异常的语句，则可以再往上追溯到更上层，这样可以一层一层地向上追溯，一直可追溯到 main() 方法，这时 JVM 肯定要处理的，这样编译就可以通过了。也就是说，如果某个方法声明抛出异常，则调用它的方法必须捕获并处理异常，否则会出现错误。

下面通过几个不同的例子来介绍在方法内抛出异常的不同处理方式。

【例 9.3】 使用 throw 语句在方法内抛出异常，并在同一方法内进行相应的异常处理。

1   //filename: App9_3.java   使用 throw 语句在方法之中抛出异常

```
2   public class App9_3
3   {
4     public static void main(String[] args)
5     {
6       int a = 5, b = 0;
7       try
8       {
9         if(b == 0)
10          throw new ArithmeticException();          //抛出异常
11        else
12          System.out.println(a + "/" + b + " = " + a/b);    //若不抛出异常,则运行此行
13      }
14      catch(ArithmeticException e)
15      {
16        System.out.println("异常:" + e + " 被抛出了!");
17        e.printStackTrace();          //输出当前异常对象的堆栈使用轨迹
18      }
19    }
20  }
```

该程序的运行结果是:

异常:java.lang.ArithmeticException 被抛出了!
java.lang.ArithmeticException
    at App9_3.main(App9_3.java:10)

在抛出异常时,throw 关键字所抛出的是由异常类所产生的对象,因此第 10 行的 throw 语句必须使用 new 运算符来产生对象。第 10 行抛出的异常对象,就是第 14 行 catch (ArithmeticException e)语句中变量 e 所接收的对象。第 16 行输出的是异常信息,第 17 行是调用 e 的 printStackTrace()方法输出当前异常对象的堆栈使用轨迹。

该例中是故意从 try 块内抛出系统定义的运行异常(ArithmeticException)。事实上若不使用 throw 关键字来抛出此异常,系统还是会自动抛出。即在 try 块内只写一条"System.out.println(a+"/"+b+"="+a/b);",则程序的运行结果仍然相同。所以说在程序代码中抛出系统定义的运行时异常并没有太大的意义,通常从程序代码中抛出的是自己编写的异常,因为系统并不会自动帮我们抛出它们。

【例 9.4】 求命令行方式中输入的整数 n 的阶乘 n!,并捕获可能出现的异常。

可能出现的异常有如下几种情况:一是程序运行时,命令行没有提供参数,但由于程序中引用了 args[0],这时将产生数组下标越界异常:ArrayIndexOutOfBoundsException;二是命令行中提供的参数不能转换成 int 型数据,此时程序中调用 Integer.parseInt(args[0])方法时,将产生数据格式异常:NumberFormatException;三是命令行提供的参数 n 是负数,则无法计算 n!,为此程序中还要对 n 是否为负数进行判断,如果 n 是负数,在方法中抛出无效参数异常:IllegalArgumentException,所以还需对 IllegalArgumentException 异常进行捕获。通过上面的分析,编写程序代码如下:

```
1   //filename: App9_4.java
2   public class App9_4
3   {
```

```
4      public static double multi(int n)         //使用throw语句在方法之中抛出异常
5      {
6        if(n<0)
7           throw new IllegalArgumentException("求负数阶乘异常");
8        double s = 1;
9        for(int i = 1;i <= n;i++) s = s * i;
10       return s;
11     }
12     public static void main(String[ ] args)
13     {
14       try
15       {
16          int m = Integer.parseInt(args[0]);
17          System.out.println(m + "!= " + multi(m));         //调用计算阶乘的方法multi()
18       }
19       catch(ArrayIndexOutOfBoundsException e)
20       {
21          System.out.println("命令行中没提供参数!");
22       }
23       catch(NumberFormatException e)
24       {
25          System.out.println("应输入一个【整数】!");
26       }
27       catch(IllegalArgumentException e)
28       {
29          System.out.println("出现的异常是: " + e.toString());
30       }
31       finally
32       {
33          System.out.println("程序运行结束!!");
34       }
35     }
36   }
```

如程序运行时提供的参数是一个负数,如 java App9_4 －5,则程序运行结果如下:

出现的异常是: java.lang.IllegalArgumentException: 求负数阶乘异常
程序运行结束!!

在输出的信息中"求负数阶乘异常"是由于在第 7 行抛出该种异常时使用的是"IllegalArgumentException("求负数阶乘异常");",它是在原来异常信息的基础上追加的。如果将"IllegalArgumentException("求负数阶乘异常");"改为"IllegalArgumentException();",将没有此追加信息。

由于在 main()方法第 16 行中的 Integer.parseInt(args[0])语句可能会引起两种异常:一种是由于使用了参数 args[0],要求运行程序时,在命令行输入一个参数,如果没有输入参数,将引发 ArrayIndexOutOfBoundsException 异常;另一种可能的异常是 Integer.parseInt(args[0])语句要求 args[0]的值应是整数,否则将引发 NumberFormatException异常。因此,需对这两种异常进行捕获。除此之外,主方法 main()中的第 17 行还调用了multi()方法,该方法在第 7 行通过语句"throw new IllegalArgumentException("求负数阶乘异常");"抛出 IllegalArgumentException 异常,但该方法没有对这个异常进行捕获,所以在主方法 main()中还要对该异常进行捕获。由此可见,如果一个方法没有对可能出现的异常进行捕获,则调用该方法的方法应该对其可能出现的异常进行捕获。

【例 9.5】 利用命令行参数提供一个成绩,若提供的参数超过 2 位(设成绩最高为 99 分),在 check()方法头部用 throws 语句抛出空指针异常给调用方法去处理;若给出的参数中含有非数字时,则在 check()方法内用 throw 语句抛出数值格式异常给调用方法去处理;若命令行中没有提供参数,则在主方法 main()中进行异常处理。

```
1   //filename: App9_5.java          使用 throws 语句在方法之中抛出异常
2   public class App9_5
3   {
4     static void check(String str1) throws NullPointerException   //方法头抛出空指针异常
5     {
6       if(str1.length()> 2)                    //如果字符串参数 str 的字符长度大于 2
7       {
8         str1 = null;                          //则字符串参数赋值为空
9         System.out.println(str1.length());    //试图输出空串的长度会抛出空指针异常
10      }
11      char ch;
12      for(int i = 0;i < str1.length();i++)
13      {
14        ch = str1.charAt(i);
15        if(!Character.isDigit(ch))            //判断参数中字符是否为数字
16          throw new NumberFormatException();  //方法中抛出数值格式异常
17      }
18    }
19    public static void main(String[] args) throws Exception   //抛出异常给系统处理
20    {
21      int num;
22      try
23      {
24        check(args[0]);                       // 用参数 args[0]调用 check()方法
25        num = Integer.parseInt(args[0]);
26        if(num > 60)
27          System.out.println("成绩为: " + num + "  及格");
28        else
29          System.out.println("成绩为: " + num + "  不及格");
30      }
31      catch(NullPointerException e)
32      {
33        System.out.println("空指针异常: " + e.toString());
34      }
35      catch(NumberFormatException ex)
36      {
37        System.out.println("输入的参数不是数值类型");
38      }
39      catch(Exception e)
40      {
41        System.out.println("命令行中没有提供参数");
```

```
42      }
43    }
44 }
```

如果程序运行时输入命令：java App9_5 345，则输出如下结果：

空指针异常：java.lang.NullPointerException

在该程序的第 4 行定义 check（）方法的同时指明可能抛出空指针异常：NullPointerException，也就是说，在系统运行时若提供的命令行参数的长度超过 2 个字符（假设成绩不能等100），则该方法抛出 NullPointerException 异常。同样在系统运行时若提供的命令行参数不是数值类型，则方法抛出 NumberFormatException 异常。注意，check（）方法本身并不处理这两个异常，仅仅只是将相应的异常抛出而已，且一个是在方法头部用关键字 throws 抛出，另一个是在方法内部关键字 throw 抛出。因此，就必须要在调用它的方法，即主方法 main（）中捕获此异常。所以在 main（）方法中的第 22～38 行定义了处理这两种异常的方式。

因为在第 24 行调用 check（）方法，若提供的命令行参数的字符个数超过 2 位，则不可能是一个合理的分数，由于在第 8 行将其赋值为空串，因此在访问其长度时，该方法抛出空指针异常，被第 31 行捕获到，然后输出"空指针异常：java.lang.NullPointerException"信息。同理，第 15 行调用 java.lang.Character 类的静态方法 isDigit（）判断命令行提供的参数中是否全为数字，若提供的命令行参数不是数值类型时，则在该方法第 16 行抛出异常，被 35 行捕获到，所以输出了"输入的参数不是数值类型"字符串。同样当程序运行时若没有提供命令行参数，则主方法也将会抛出异常，该异常的类型由主方法 main（）声明后面所使用的 throws 语句指明，因此主方法抛出的异常由第 39 行的 catch 语句捕获到，然后输出"命令行中没有提供参数"。

2. 由方法抛出异常交系统处理

对于程序需要处理的异常，一般编写 try-catch-finally 语句捕获并处理，而对于程序中无法处理必须交由系统处理的异常，由于系统直接调用的是主方法 main（），所以可以在主方法头使用 throws 子句声明抛出异常交由系统处理。如下面的程序，编译能通过，运行也没问题。

```
import java.io.*;
public class Test                       由main()抛出异常让系统默
{                                        认的异常处理机制去处理
    public static void main(String[] args) throws IOException
    {
        FileInputStream fis = new FileInputStream("autoexec.bat");
    }
}
```

针对 IOException 类的异常处理，编写的方式也有三种：

- 直接由主方法 main（）抛出异常，让 Java 默认的异常处理机制来处理，即若在主方法 main（）内没有使用 try-catch 语句捕获异常，则必须在声明主方法 main（）头部的后面加上 throws IOException 子句，如上面的程序段；

- 在程序代码内编写 try-catch 语句来捕获由系统抛出的异常,如此则不用指定 main() throws IOException 抛出异常了;
- 既在 main() 方法头的后面使用 throws IOException 抛出异常,也可以在程序中使用 try-catch 语句来捕获由系统抛出的异常。

关于 IOException 异常类,我们在 3.6 节中已经用到过,下面再举一例说明。

【例 9.6】 将输入的字符串中的小写字母转换成大写字母,若用户没有输入数据,则给出提示信息。

```
1   //filename: App9_6.java          利用 IOexception 的异常处理
2   import java.io.*;                //加载 java.io 类库中的所有类
3   public class App9_6
4   {
5     public static void main(String[] args) throws IOException
6     {
7       String str;
8       BufferedReader buf;
9       buf = new BufferedReader(new InputStreamReader(System.in));
10      while(true)
11      {
12        try
13        {
14          System.out.print("请输入字符串:");
15          str = buf.readLine();              //将从键盘输入的数据赋给变量 str
16          if(str.length()>0)
17            break;
18          else
19            throw new IOException();         //抛出输入输出异常
20        }
21        catch(IOException e)
22        {
23          System.out.println("必须输入字符串!!");
24          continue;
25        }
26      }
27      String s = str.toUpperCase();           //将 str 中的内容转换成大写,赋给变量 s
28      System.out.println("转换后的字符串为:" + s);
29    }
30  }
```

该程序在运行时,若直接按 Enter 键,则表示输入的字符串的长度为 0,因此,抛出异常,然后被 catch 语句捕获,输出"必须输入字符串!!"后,返回到循环头要求重新输入数据。

9.5 自动关闭资源的 try 语句

Java 程序中经常要创建一些对象(如打开的文件、数据库连接等),这些对象在使用后需要关闭,如果忘记关闭可能会引起一些问题。在 JDK 7 之前通常使用 finally 子句来确保一定会调用 close() 方法关闭打开的资源,但是如果调用 close() 方法也可能抛出异常,这时就需要在 finally 块内再嵌套一个 try-catch 语句,这样程序代码就会冗长。自 JDK 7 之后为开发人员提供了自动关闭资源功能,为管理资源提供了一种更加简便的方式。这种功能是通过一种新的 try 语句实现的,称为 try-with-resources 语句,也称为自动资源管理语句。try-with-resources 语句能够自动地关闭在 try-catch 语句块中使用的资源。这里的"资源"是指在程序完成后,必须关闭的对象,try-with-resources 语句确保了每个资源在语句结束时被关闭。try-with-resources 语句的格式如下:

```
try(声明或初始化资源的代码)
{
    使用资源对象 res 的语句
}
```

其中,try 后面括号的"声明或初始化资源的代码"是声明、初始化一个或多个资源的语句,当有多个资源时用";"号分隔开,当 try 语句执行结束时会自动关闭这些资源。需强调一点,并非所有的资源都可以自动关闭,只有实现 java.lang.AutoCloseable 接口的那些资源才可以自动关闭,该接口只有一个抽象方法:

void close() throws Exception

自动关闭资源的 try 语句相当于包含了隐式的 finally 语句块,该 finally 语句块会自动调用 res.close() 方法关闭前面所访问的资源。因此,自动关闭资源的 try 语句后面既可以没有 catch 块也可以没有 finally 块。当然,如果程序需要,自动关闭资源的 try 语句后面也可以带有一个或多个 catch 块和一个 finally 块。如果在 try-with-resources 语句中含有 catch 和 finally 子句,则 catch 和 finally 子句将会在 try-with-resources 语句中打开的资源被关闭之后得到调用。

说明: java.io.Closeable 接口继承 AutoCloseable 接口,这两个接口被所有的 I/O 流类实现。因此,在使用 I/O 流时,可以使用 try-with-resources 语句。

【**例 9.7**】 使用 try-with-resources 语句读取文件中的数据。

```
1    //filename: App9_7.java
2    import java.io.IOException;
3    import java.nio.file.Paths;
4    import java.util.Scanner;
5    public class App9_7
6    {
7      public static void main(String[] args) throws IOException
8      {
9        try(Scanner in = new Scanner(Paths.get("chapter9\\t.txt")))
10       {
11         while(in.hasNext())
12           System.out.println(in.nextLine());
13       }
14     }
15   }
```

该程序的功能是输出 t.txt 中的内容,t.txt 在当前目录下的 chapter9 子文件夹中。第 9~13 行是 try-with-resources 语句,第 9 行用 Scanner 类创建它的对象,以读取来自 t.txt 的输入。第 11、12 两行每次读取一行内容并输出。Scanner 类是实现了 AutoCloseable 接口的类,所以实现了close()方法,因此对象in是可以自动关闭的资源,这样当代码块退出或发生异常时都会自动调用in.close()方法关闭资源,与finally子句用法相同。如果资源关闭时出现异常,那么try语句块中的其他异常会被忽略,可以在catch语句块中调用getSuppressed()方法将"被忽略的异常"重新显示出来。

9.6 自定义异常类

系统定义的异常类主要用来处理系统可以预见的较常见的运行错误,对于某个应用程序所特有的运行错误,则需要编程人员根据程序的特殊逻辑关系在用户程序里自己创建用户自定义的异常类和异常对象。这种用户自定义异常类主要用来处理用户程序中可能产生的逻辑错误,使得这种错误能够被系统及时识别并处理,而不致扩散产生更大的影响,从而使用户程序有更好的容错性能,并使整个系统更加稳定。

创建用户自定义异常时,一般需完成如下工作。

(1) 声明一个新的异常类。用户自定义的异常类必须是 Throwable 类的直接或间接子类。Java 推荐用户自定义的异常类以 Exception 为直接父类,也可以使用某个已经存在的系统异常类或用户自己定义的异常类为其父类。

(2) 为用户自定义的异常类定义属性和方法,或覆盖父类的属性和方法,使这些属性和方法能够体现该类所对应的错误信息。习惯上是在自定义异常类中加入两个构造方法,分别是没有参数的构造方法和含有字符串型参数的构造方法。

针对特定的异常,只有定义了相应的异常类,系统才能识别这些特定的运行异常,这样才能及时地控制和处理这种特定的异常,所以定义足够多的异常类是构建一个稳定完善的应用系统的重要基础之一。

用户自定义异常不能由系统自动抛出,因而必须借助于 throw 语句来定义何种情况算是产生了此种异常对应的错误,并应该抛出这个异常类的对象。

【例9.8】 计算圆面积时,圆半径不允许是负值,因此自定义一个半径为负值的异常类CircleException。若给定圆半径为负数时,则抛出相应的异常,并捕获与处理。

```
1    //filename: App9_8.java                    //自定义异常类的用法
2    class CircleException extends Exception    //自定义异常类
3    {
4      double radius;
5      CircleException(double r)                //自定义异常类的构造方法
6      {
7        radius = r;
8      }
9      public String toString()
10     {
11       return "半径 r = " + radius + "不是一个正数";
12     }
13   }
14   class Circle                               //定义 Circle 类
15   {
16     private double radius;
17     public void setRadius(double r) throws CircleException    //由方法抛出异常
```

```
18    {
19        if(r < 0)
20            throw new CircleException(r);              //抛出异常
21        else
22            radius = r;
23    }
24    public void show()
25    {
26        System.out.println("圆面积 = " + 3.14 * radius * radius);
27    }
28 }
29 public class App9_8                                    //定义主类
30 {
31    public static void main(String[ ] args)
32    {
33        Circle cir = new Circle();
34        try
35        {
36            cir.setRadius(-2.0);                        //捕获由 setRadius()方法抛出的异常
37        }
38        catch(CircleException e)
39        {
40            System.out.println("自定义异常:" + e.toString() + "");
41        }
42        cir.show();
43    }
44 }
```

该程序的运行结果如下:

自定义异常:半径 r = -2.0 不是一个正数
圆面积 = 0.0

该程序的第 2~13 行自定义了 CircleException 异常类,其父类是 Exception,因继承的关系,该类已具备了异常处理的功能。在自定义异常类 CircleException 中定义了两个方法:一个是在第 5~8 行定义的构造方法,另一个是在第 9~12 行定义的 toString()方法。第 14~28 行定义了 Circle 类,该类中的 setRadius()方法可能抛出 CircleException 异常,抛出异常条件定义在第 19~20 行,也就是当半径小于 0 时便抛出异常,捕获由 setRadius()方法抛出的异常写在第 34~41 行。该程序中的第 36 行调用 setRadius(-2.0)时,因传入的值为负数,故 setRadius()方法抛出异常,并由第 38 行的 catch()所接收并输出字符串,最后程序运行第 42 行时输出圆面积的值 0.0,因为没有对代表半径的成员变量 radius 赋值,系统自动将其初始化为 0.0,所以其面积值也为 0.0。

通过本章的讨论,可以看出对异常的处理不外乎两种方式:
- 在方法内使用 try-catch 语句来处理方法本身所产生的异常。
- 如果不想在当前方法中使用 try-catch 语句来处理异常,可在方法声明的头部使用 throws 语句或在方法内部使用 throw 语句将它送往上一层调用机构去处理。

对于非运行时异常,Java 要求必须进行捕获并处理,而对运行时异常则不必,可以交给

Java 运行时系统来处理。

异常处理是 Java 程序设计非常重要的一个方面,本章详细地讲述了 Java 异常处理的有关知识。针对程序中出现的异常问题,用 Java 异常处理机制进行处理,不仅提高程序运行的稳定性、可读性,而且能够以与程序设计人员独立的方式进行程序的异常情况处理,有利于程序版本的升级。

本章小结

1. 异常类可分为两大类,分别为 java.lang.Exception 与 java.lang.Error 类。
2. 程序代码没有编写处理异常时,Java 语言的默认异常处理机制是:(1)抛出异常;(2)停止程序的执行。
3. 当异常发生时,有两种处理方式:(1)交由 Java 语言默认的异常处理机制做处理;(2)自行编写 try-catch-finally 语句块来捕获异常。
4. try 语句块若有异常发生时,程序的运行便会中断,抛出"由异常类所产生的对象",并按下列步骤来运行:

(1) 抛出的对象如果属 catch()括号内所欲捕获的异常类,catch 会捕获此异常,然后进到 catch 语句块内继续运行;

(2) 无论 try 语句块是否捕获到异常,或者捕获到的异常是否与 catch()括号里的异常类相匹配,最后一定会运行 finally 语句块里的程序代码;

(3) finally 块运行结束后,程序转到 try-catch-finally 语句之后的语句继续运行。

5. RuntimeException 不编写异常处理的程序代码,仍然可以编译成功,它是在程序运行时才有可能发生;而 IOException 一定要进行捕获处理才可以,它通常用来处理与输入输出有关的操作。
6. catch()括号内只接收由 Throwable 类的子类所产生的对象,其他的类均不接收。
7. 抛出异常有下列两种方式:(1)系统自动抛出异常;(2)指定方法抛出异常。
8. 方法中没有使用 try-catch 语句来处理异常,可在方法声明的头部使用 throws 语句或在方法内部使用 throw 语句将它送往上一层调用机构去处理。即如果一个方法可能会抛出异常,则可将处理此异常的 try-catch-finally 语句写在调用此方法的程序块内。
9. 自动关闭资源语句 try-with-resources,只能关闭实现了 java.lang.AutoCloseable 接口的资源。

第 9 章习题

9.1 什么是异常?简述 Java 语言的异常处理机制。

9.2 Throwable 类的两个直接子类 Error 和 Exception 的功能各是什么?用户可以捕获到的异常是哪个类的异常?

9.3 Exception 类有何作用?Exception 类的每个子类对象代表了什么?

9.4 什么是运行时异常?什么是非运行时异常?

9.5 抛出异常有哪两种方式?

9.6 在捕获异常时,为什么要在 catch()括号内有一个变量 e?

9.7　在异常处理机制中,用catch()括号内的变量e接收异常类对象的步骤有哪些?

9.8　在什么情况下,方法的头部必须列出可能抛出的异常?

9.9　若try语句结构中有多个catch()子句,这些子句的排列顺序与程序执行效果是否有关?为什么?

9.10　什么是抛出异常?系统定义的异常如何抛出?用户自定义的异常又如何抛出?

9.11　自动关闭资源语句,为什么只能关闭实现java.lang.AutoCloseable接口的资源?

9.12　系统定义的异常与用户自定义的异常有何不同?如何使用这两类异常?

第 10 章　Java 语言的输入输出与文件处理

本章主要内容：
- 流的概念；
- 处理字节流的基本类：InputStream 和 OutputStream；
- 处理字符流的基本类：Reader 和 Writer；
- 标准输入输出；
- 文件及文件夹的管理与操作。

输入输出是指程序与外部设备或其他计算机进行交互的操作。几乎所有的程序都具有输入输出操作，如从键盘上读取数据、从文件读取数据和向文件写入数据等。通过输入输出操作可以从外界接收信息，或者是把信息传递给外界。Java 语言将输入输出操作用流来实现，用统一的接口来表示，从而使程序设计简单明了。

10.1　Java 语言的输入输出

Java 语言的输入输出功能必须借助于输入输出包 java.io 来实现。Java 开发环境提供了丰富的流类，完成从基本的输入输出到文件操作。利用 java.io 包中所提供的输入输出类，Java 程序不但可以很方便地实现多种输入输出操作，而且还可实现对复杂的文件与文件夹的管理。

10.1.1　流的概念

流（stream）是指计算机各部件之间的数据流动。按照数据的传输方向，流可分为输入流与输出流。从流的内容上划分，流分为字节流和字符流。Java 语言里流中的数据既可以是未经加工的原始二进制数据，也可以是经过一定编码处理后符合某种格式规定的特定数据，即流是由位（bits）组合或字符（characters）所构成的序列，如字符流序列、数字流序列等。用户可以通过流来读写数据，甚至可以通过流连接数据源，并可以将数据以字符或位组合的形式保存。

1. 输入输出流

在 Java 语言中，把不同类型的输入输出源（键盘、屏幕、文件、网络等）抽象为流，而其中输入或输出的数据称为数据流(data stream),用统一的方式来表示,从而使程序设计简单明了。数据流分为输入流和输出流两大类。将数据从外设或外存(如键盘、鼠标、文件等)传递到应用程序的流称为输入流(input stream);将数据从应用程序传递到外设或外存(如屏幕、打印机、文件等)的流称为输出流(output stream)。对于输入流只能从其读取数据而不能向其写入数据,同样对于输出流只能向其写入数据而不能从其读取数据。数据流是Java程序发送和接收数据的一个通道,通常应用程序中使用输入流读出数据、输出流写入数据,就好像数据流入到程序或从程序中流出。也就是说程序接收数据时可以认为是读数据流,而程序发送数据时可以认为是写数据流,如图10.1所示。

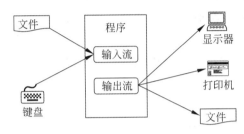

图 10.1 输入流与输出流示意图

采用数据流来处理输入与输出的目的是使得程序的输入输出操作独立于相关设备。因为每个设备的实现细节由系统执行完成,所以程序中不需要关注这些细节问题,使得一个程序能够用于多种输入输出设备,不需要对源代码做任何修改。也就是说对任何设备的输入输出,只要针对流做处理就可以了,从而增强了程序的可移植性。

流式输入输出的最大特点是数据的获取和发送是沿着数据序列顺序进行,每一个数据都必须等待排在它前面的数据读入或送出之后才能被读写,每次读写操作处理的都是序列中剩余的未读写数据中的第一个,而不能随意选择输入输出的位置。

对流序列中不同性质和格式的数据以及不同的传输方向,Java语言的输入输出类库中有不同的流类来实现相应的输入输出操作。

2. 缓冲流

对数据流的每次操作若都是以字节为单位进行,则可以向输出流写入一个字节,或从输入流中读取一个字节,显然这样数据的传输效率很低。为了提高数据的传输效率,通常使用缓冲流(buffered stream),即为一个流配有一个缓冲区(buffer),这个缓冲区就是专门用于传送数据的一块内存。

当向一个缓冲流写入数据时,系统将数据发送到缓冲区,而不是直接发送到外部设备。缓冲区自动记录数据,当缓冲区满时,系统将数据全部发送到相应的外部设备。

当从一个缓冲流中读取数据时,系统实际是从缓冲区中读取数据。当缓冲区空时,系统就会从相关外部设备自动读取数据,并读取尽可能多的数据填满缓冲区。由此可见,缓冲流提高了内存与外部设备之间的数据传输效率。

10.1.2 输入输出流类库

为了方便流的处理，Java语言的流类都封装在java.io包中，所以要使用流类，必须导入java.io包。在该包中的每一个类都代表了一种特定的输入或输出流。这些流完成各种不同的功能，用户通过输入输出流类，可将各种格式的数据均视为流来处理，因而使得Java程序对于数据的读写方式更为一致。根据输入输出数据类型的不同，输入输出流按处理数据的类型分为两种：一种是字节流(byte stream)；另一种是字符流(character stream)。它们处理信息的基本单位分别是字节和字符。字节流每次读写8位二进制数，由于它只能将数据以二进制的原始方式读写，而不能分解、重组和理解这些数据，所以可以使之变换、恢复到原来的有意义的状态，因此字节流又被称为二进制字节流(binary byte stream)或位流(bits stream)；而字符流一次读写16位二进制数，并将其作为一个字符而不是二进制位来处理。

字符流是针对字符数据的特点进行过优化的，因而提供了一些面向字符的有用的特性。字符流的源或目标通常是文本文件。Java中的字符使用的是16位的Unicode编码，每个字符占有2字节。字符流可以实现Java程序中的内部格式与文本文件、显示输出、键盘输入等外部格式之间的转换。

很多情况下，数据源或目标中含有非字符数据，例如Java编译器产生的字节码文件中含有Java虚拟机的指令。这些信息不能被解释成字符，所以必须用字节流来输入输出。

在java.io包中有四个基本类：InputStream、OutputStream及Reader、Writer类，它们分别处理字节流和字符流。它们之间的相互关系如下：

输入输出流 { 字节流：处理字节数据(基本类型为InputStream、OutputStream)
字符流：处理字符数据(基本类型为Reader、Writer) }

定义在java.io包中的输入输出类，其层次结构如图10.2所示。

其中InputStream、OutputStream、Reader与Writer是抽象类，用于数据流的输入输出；File是文件类，用于对磁盘文件与文件夹的管理；RandomAccessFile是随机访问文件类，用于实现对磁盘文件的随机读写操作。

在流的输入输出操作中InputStream和OutputStream流类通常用来处理"位流"(bit stream)即字节流，这种流通常被用来读写诸如图片、音频、视频之类的二进制数据，也就是二进制文件，但也可以处理文本文件；而Reader与Writer类则是用来处理"字符流"(character stream)，也就是文本文件。

由于InputStream、OutputStream、Reader与Writer是抽象类，所以一般而言，并不会直接使用这些类，因为不能表明它们具体对应哪种I/O设备。而通常是根据这些类所派生的子类来对文件处理，因为这些子类与具体的I/O设备相对应。

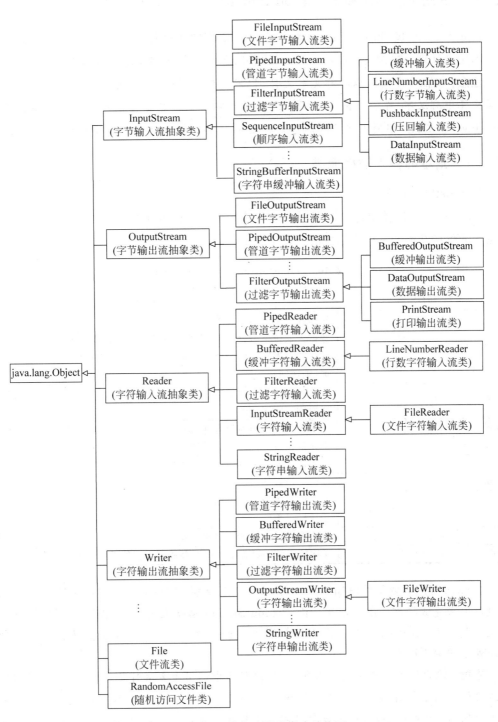

图 10.2 输入输出流的类层次结构图

10.2 使用 InputStream 和 OutputStream 流类

InputStream 和 OutputStream 流类是 Java 语言中用来处理以位（bit）为单位的流，它除了可用来处理二进制文件（binary file）的数据之外，也可用来处理文本文件。

注意：虽然字节流可以操作文本文件，但不提倡这样做，因为用字节流操作文本文件，如果文件中有汉字，可能会出现乱码。这是因为字节流不能直接操作 Unicode 字符所致。因此 Java 语言不提倡使用字节流读写文本文件，而建议使用字符流操作文本文件。

10.2.1 基本的输入输出流类

1. InputStream 流类

InputStream 流类中包含一套所有字节输入都需要的方法，可以完成最基本的从输入流读入数据的功能。其中常用方法见表 10.1。

表 10.1 InputStream 流类的常用方法

常用方法	功能说明
public int read()	从输入流中的当前位置读入一个字节（8b）的二进制数据，然后以此数据为低位字节，配上 8 个全 0 的高位字节合成一个 16 位的整型量（0～255）返回给调用此方法的语句，若输入流中的当前位置没有数据，则返回 −1
public int read(byte[] b)	从输入流中的当前位置连续读入多个字节保存在数组 b 中，同时返回所读到的字节数
public int read(byte[] b, int off, int len)	从输入流中的当前位置连续读入 len 个字节，从数组 b 的第 off＋1 个元素位置处开始存放，同时返回所读到的字节数
public int available()	返回输入流中可以读取的字节数
public long skip(long n)	使位置指针从当前位置向后跳过 n 个字节
public void mark(int readlimit)	在当前位置处做一个标记，并且在输入流中读取 readlimit 个字节数后该标记失效
public void reset()	将位置指针返回到标记的位置
public void close()	关闭输入流与外设的连接并释放所占用的系统资源

当 Java 程序需要从外设如键盘、磁盘文件等读入数据时，应该创建一个适当类型的输入流对象来完成与该外设的连接。由于 InputStream 是抽象类，所以程序中创建的输入流对象一般是 InputStream 某个子类的对象，通过调用该对象继承的 read() 方法就可实现对相应外设的输入操作。

注意：流中的方法都声明抛出异常，所以程序中调用流方法时必须处理异常，否则编译不能通过。由于所有的 I/O 流类都实现了 AutoCloseable 接口，而只有实现该接口的资源才可以使用 try-with-resources 语句自动关闭打开的资源。因此，在使用 I/O 流进行输入输出操作时，可以使用 try-with-resources 语句处理异常。

2. OutputStream 流类

OutputStream 流类中包含一套所有字节输出都需要的方法，可以完成最基本的向输出流写入数据的功能,其中常用的方法见表 10.2。

表 10.2 OutputStream 流类的常用方法

常 用 方 法	功 能 说 明
public void write(int b)	将参数 b 的低位字节写入到输出流
public void write(byte[] b)	将字节数组 b 中的全部字节按顺序写入到输出流
public void write(byte[] b,int off,int len)	将字节数组 b 中第 off+1 个元素开始的 len 个数据,顺序地写入到输出流
public void flush()	强制清空缓冲区并执行向外设写操作
public void close()	关闭输出流与外设的连接并释放所占用的系统资源

flush()方法说明:对于缓冲流式输出,write()方法所写的数据并没有直接传到与输出流相连的外设上,而是先暂时存放在流的缓冲区中,等到缓冲区的数据积累到一定的数量,再执行一次向外设的写操作把它们全部写到外设上。这样处理可以降低计算机对外设的读写次数,提高系统效率。但是在某些情况下,缓冲区中的数据不满时就需要将它们写到外设上,此时应使用 flush()方法强制清空缓冲区并执行外设的写操作。

当 Java 程序需要向外设如屏幕、磁盘文件等输出数据时,应该创建一个适当类型的输出流的对象来完成与该外设的连接。由于 OutputStream 是抽象类,所以程序中创建的输出流对象一般是 OutputStream 某个子类的对象,通过调用该对象继承的 write()方法就可以实现对相应外设的输出操作。

10.2.2 输入输出流的应用

由于 InputStream、OutputStream 是抽象类,所以在具体应用时使用的都是由它们所派生的子类,不同的子类,用于不同情况数据的输入输出操作。下面简要介绍这些子类。

1. 文件输入输出流

FileInputStream 和 FileOutputStream 分别是 InputStream 和 OutputStream 的直接子类,这两个子类主要是负责完成对本地磁盘文件的顺序输入与输出操作的流。FileInputStream 类的对象表示一个文件字节输入流,从中可读取一个字节或一批字节。在生成 FileInputStream 类的对象时,若指定的文件找不到,则抛出 FileNotFoundException 异常,该异常必须捕获或声明抛出。FileOutputStream 类的对象表示一个文件字节输出流,可向流中写入一个字节或一批字节。在生成 FileOutputStream 类的对象时,若指定的文件不存在,则创建一个新的文件,若已存在,则清除原文件的内容。在进行文件的读写操作时会产生 IOExecption 异常,该异常必须捕获或声明抛出。FileInputStream 类和 FileOutputStream 类的构造方法如表 10.3 和表 10.4 所示。

表 10.3 FileInputStream 类的构造方法

构 造 方 法	功 能 说 明
public FileInputStream(String name)	以名为 name 的文件为数据源建立文件输入流
public FileInputStream(File file)	以文件对象 file 为数据源建立文件输入流
public FileInputStream(FileDescriptor fdObj)	以文件描述符对象 fdObj 为输入端建立一个文件输入流

表 10.4　FileOutputStream 类的构造方法

构 造 方 法	功 能 说 明
public FileOutputStream(String name)	以指定名字的文件为接收端建立文件输出流
public FileOutputStream(String name, boolean append)	以指定名字的文件为接收端建立文件输出流，并指定写入方式，append 为 true 时输出字节被写到文件的末尾
public FileOutputStream(File file)	以文件对象 file 为接收端建立文件输出流
public FileOutputStream(FileDescriptor fdObj)	以文件描述符对象 fdObj 建立一个文件输出流

在上述两个表中的 File 是在 java.io 包中定义的一个类，每个 File 类对象表示一个磁盘文件或文件夹，其对象属性中包含了文件或文件夹的相关信息，如名称、长度、所含文件个数等，调用它的方法可以获取文件或文件夹的有关信息。FileDescriptor 是 java.io 包中定义的另一个类，该类不能实例化，该类中有三个静态成员：in、out 和 err，分别对应于标准输入流、标准输出流和标准错误流，利用它们可以在标准输入流和标准输出流上建立文件输入输出流，实现键盘输入或屏幕输出操作。

注意：无论哪个构造方法，在创建文件输入或输出流时都可能因给出的文件名不对、路径不对或文件的属性不对等，不能打开文件而造成错误，此时系统会抛出 FileNotFoundException 异常。执行 read() 和 write() 方法时还可能因 I/O 错误，系统抛出 IOException 异常，所以创建输入输出流并调用构造方法语句以及执行读写操作的语句应该被包含在 try 语句块中，并有相应的 catch 语句块来处理可能产生的异常。同样也可以使用自动关闭资源语句 try-with-resources 处理异常。

【例 10.1】　在程序中创建一个文本文件 myfile.txt，从键盘输入一串字符，然后再读取该文件并将文本文件内容显示在屏幕上。

```
1    //filename: App10_1.java        利用输入输出流读写文本文件
2    import java.io.*;
3    class App10_1
4    {
5      public static void main(String[] args)
6      {
7        char ch;
8        int data;
9        try(
10          FileInputStream fin = new FileInputStream(FileDescriptor.in);
11          FileOutputStream fout = new FileOutputStream("D:/cgj/myfile.txt");
12        )
13        {
14          System.out.println("请输入一串字符,并以 # 结束：");
15          while ((ch = (char)fin.read())!= '#')
16            fout.write(ch);
17        }
18        catch (FileNotFoundException e)
19        {
20          System.out.println("文件没找到!");
21        }
22        catch (IOException e) { }
```

```
23     try(
24      FileInputStream fin = new FileInputStream("D:/cgj/myfile.txt ");
25      FileOutputStream fout = new FileOutputStream(FileDescriptor.out);
26     )
27     {
28       while (fin.available()>0)
29       {
30         data = fin.read();
31         fout.write(data);
32       }
33     }
34     catch (IOException e) { }
35   }
36 }
```

该程序的第 9～22 行使用了自动关闭资源语句来处理异常，其中第 10、11 两行分别声明了文件字节输入流对象 fin 和文件字节输出流对象 fout，第 10 行创建了标准输入流对象即键盘输入，第 11 行创建了输出流对象为 D 盘上 cgj 文件夹下的 myfile.txt 文件。第 15 行调用 fin 的 read()方法从键盘上读取数据，而第 16 行调用了 fout 的 write()方法将从键盘上读取的数据写入到文件 myfile.txt 中。同理第 23～35 行也是使用自动关闭资源语句来处理异常，其中第 24、25 两行重新定义了输入输出流对象 fin 和 fout，然后分别调用各自的 read()和 write()方法将文件 myfile.txt 中的内容输出到屏幕上。

程序在运行时，要求从键盘输入数据，当输入一串字符并以字母"♯"结尾后按 Enter 键时，则在屏幕上输出该字符串。

说明：该例中如果输入的文本中有汉字，则在输出汉字时可能会出现乱码。

前面提到，FileInputStream 和 FileOutputStream 主要是用来处理二进制文件的，下面再来看一个处理二进制文件的例子。

【例 10.2】 用 FileInputStream 和 FileOutputStream 来实现对二进制图像文件的复制。

```
1  //filename: App10_2.java          读写二进制文件
2  import java.io.*;
3  public class App10_2
4  {
5    public static void main(String[] args) throws IOException
6    {
7      try(
8        FileInputStream fi = new FileInputStream("风景.jpg");
9        FileOutputStream fo = new FileOutputStream("风景1.jpg");
10     )
11     {
12       System.out.println("文件的大小 = " + fi.available());   //输出文件的大小
13       byte[] b = new byte[fi.available()];                    //创建 byte 型的数组 b
14       fi.read(b);                                             //将图像文件读入 b 数组
15       fo.write(b);          //将数组 b 中数据写入新文件"风景 1.jpg"
16       System.out.println("文件已被复制并被更名");
17     }
```

```
18    }
19 }
```

该程序的运行结果为：

文件的大小 = 54268
文件已被复制并被更名

本程序中是将图像文件"风景.jpg"放在当前文件夹下。该程序中的第 8、9 两行分别创建了处理读取与写文件的流对象 fi 和 fo，第 13 行由 available()方法取得文件的大小，并用该值定义了 byte 型数组 b 的大小，从输出中可以看出此文件占了 54 268 字节。第 14 行将图像文件数据读入到 b 数组中，第 15 行则是将 b 数组中的数据写入新文件"风景1.jpg"中。

2. 顺序输入流

顺序输入流类 SequenceInputStream 是 InputStream 的直接子类，其功能是将多个输入流顺序连接在一起，形成单一的输入数据流，没有对应的输出数据流存在。在进行输入时，顺序输入流依次打开每个输入流并读取数据，在读取完毕后将该流关闭，然后自动切换到下一个输入流。也就是说，由多个输入流构成的顺序输入流，当从一个流中读取数据遇到 EOF 时，SequenceInputStream 将自动转向下一个输入流，直到构成 SequenceInputStream 类的最后一个输入流读取到 EOF 时为止。顺序输入流有两个构造方法，如表 10.5 所示。

表 10.5 SequenceInputStream 类的构造方法

构造方法	功能说明
public SequenceInputStream(Enumeration e)	创建一个串行输入流，连接枚举对象 e 中的所有输入流
public SequenceInputStream（InputStream s1，InputStream s2）	创建一个串行输入流，连接输入流 s1 和 s2

创建了一个顺序输入流类对象之后，就可以使用顺序输入流类提供的方法进行数据输入，SequenceInputStream 类的常用方法如表 10.6 所示。

表 10.6 SequenceInputStream 类的常用方法

常用方法	功能说明
public int available()	返回流中的可读取的字节数
public void close()	关闭输入流
public int read()	从输入流中读取字节，遇到 EOF 就转向下一输入流
public int read(byte[] b,int off,int len)	将 len 个数据读到一个字节数组从 off 开始的位置

3. 管道输入输出流

管道字节输入流 PipedInputStream 和管道字节输出流 PipedOutputStream 类提供了利用管道方式进行数据输入输出管理的类。管道流用来将一个程序或线程的输出连接到另外一个程序或线程作为输入，使得相连线程能够通过 PipedInputStream 和 PipedOutputStream 流进行数据交换，从而可以实现程序内部线程间的通信或不同程序间的通信。

PipedInputStream 和 PipedOutputStream 类分别是 InputStream 和 OutputStream 类的直接子类。这两个类必须结合使用，其中，管道输入流作为管道的接收端、管道输出流作为管道的发送端,在程序设计中应注意数据的传输方向。

PipedInputStream 是一个通信管道的接收端,它必须与一个作为发送端的 PipedOutputStream 对象相连;PipedOutputStream 是一个通信管道的发送端,它必须与一个作为接收端的 PipedInputStream 对象相连。管道输入输出流提供了两种连接方法。

第一种在构造方法中给出对应的管道流,在创建对象时进行连接。其构造方法如下。

(1) PipedInputStream(PipedOutputStream src),创建一个管道字节输入流,并将其连接到 src 指定的管道字节输出流。

(2) PipedOutputStream(PipedInputStream src),创建一个管道字节输出流,并将其连接到 src 的管道字节输入流。

第二种是利用管道字节输入输出流提供的 connect()方法进行连接。

PipedInputStream 类的常方法如表 10.7 所示。

表 10.7　PipedInputStream 类的常用方法

常 用 方 法	功 能 说 明
public int available()	返回可以读取的字节数
public void close()	关闭管道输入流并释放系统资源
public int read()	从管道输入流中读取下一字节数据
public int read(byte[] b,int off,int len)	从管道输入流读取 len 字节数据到数组
protected void receive(int b)	从管道中接收 1 字节数据
public void connect(PipedOutputStream src)	连接到指定输出流,管道输入流将从该输出流接收数据

PipedOutputStream 类的常方法如表 10.8 所示。

表 10.8　PipedOutputStream 类的常用方法

常 用 方 法	功 能 说 明
public void close()	关闭管道输出流并释放系统资源
public void connect(PipedInputStream snk)	连接到指定输入流,管道输出流将从该输入流读取数据
public void write(int b)	写指定字节数据到管道输出流
public void write(byte[] b,int off,int len)	从数组 off 偏移处写 len 字节数据到管道输出流
public void flush()	刷新输出流并使缓冲区数据全部写出

4. 过滤输入输出流

过滤字节输入流类 FilterInputStream 和过滤字节输出流类 FilterOutputStream,分别实现了在数据的读、写操作的同时进行数据处理,它们是 InputStream 和 OutputStream 类的直接子类。FilterInputStream 和 FilterOutputStream 也是两个抽象类,它们又分别派生出数据输入流类 DataInputStream 和数据输出流类 DataOutputStream 等子类。过滤字节输入输出流的主要特点是,过滤字节输入输出流是建立在基本输入输出流之上,并在输入输出数据的同时能对所传输的数据做指定类型或格式的转换,即可实现对二进制字节数据的理解和编码转换。

创建输入输出流时,应该将其所连接的输入输出流作为参数传递给过滤流的构造方法。下面介绍常用的过滤流:数据输入流类 DataInputStream 和数据输出流类 DataOutputStream。

有时按字节为基本单位进行读写处理并不方便,如一个二进制文件中存放有 100 个整数值,从中读取时,自然希望按 int 为基本单位(4 字节)进行读取,每次读取一个整数值,而不是每次读取 1 字节。Java 语言中按照基本数据类型进行读写的就是 DataInputStream 类和 DataOutputStream 类,这两个类的对象是过滤流。将基本字节输入输出流,自动转换成按基本数据类型进行读写的过滤流,然后利用流串接的方式,即将一个流与其他流串联起来,以达到数据转换的目的。如从一个二进制文件按 int 为基本单位进行读取时流的串接如图 10.3 所示。

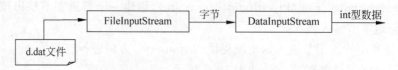

图 10.3　流的串接示意图

在图 10.3 中,FileInputStream 类的对象是 1 字节输入流,每次输入 1 字节。与 DataInputStream 类的对象串接后每次可直接读取一个 int(4 字节)型数据。

数据输入流类 DataInputStream 和数据输出流类 DataOutputStream 分别是过滤字节输入输出流 FilterInputStream 和 FilterOutputStream 的子类。由于 DataInputStream 和 DataOutputStream 分别实现了 DataInput 和 DataOutput 两个接口中定义的独立于具体机器的带格式的读写操作,从而实现了对不同类型数据的读写。

数据输入流类 DataInputStream 和数据输出流类 DataOutputStream 的构造方法如下。

(1) DataInputStream(InputStream in),建立一个新的数据输入流,从指定的输入流 in 读数据。

(2) DataOutputStream(OutputStream out),建立一个新的数据输出流,向指定的输出流 out 写数据。

由构造方法的形式可以看到,作为过滤流,字节输入流和输出流分别作为数据输入流和数据输出流的构造方法的参数,即作为过滤流必须与相应的数据流相连。表 10.9 和表 10.10 分别给出了 DataInputStream 类和 DataOutputStream 类的常用方法。

表 10.9　DataInputStream 类的常用方法

常 用 方 法	功 能 说 明
public boolean readBoolean()	从流中读 1 字节,若字节值非 0 返回 true,否则返回 false
public byte readByte()	从流中读 1 字节,返回该字节值
public char readChar()	从流中读取 a、b 2 字节,形成 Unicode 字符(char)((a<<8)|(b & 0xff))
public short readShort()	从流中读入 2 字节的 short 值并返回
public int readInt()	从流中读入 4 字节的 int 值并返回
public float readFloat()	从流中读入 4 字节的 float 值并返回
public long readLong()	从流中读入 8 字节的 long 值并返回
public double readDouble()	从流中读入 8 字节的 double 值并返回

表 10.10　DataOutputStream 类的常用方法

常 用 方 法	功 能 说 明
public void writeBoolean(boolean v)	若 v 的值为 true,则向流中写入(字节)1,否则写入(字节)0
publicvoid writeByte(int v)	向流中写入 1 字节。写入 v 的最低 1 字节,其他字节丢弃
public void writeChar(int v)	向流中写入 v 的最低 2 字节,其他字节丢弃
public void writeShort(int v)	向流中写入 v 的最低 2 字节,其他字节丢弃
public void writeInt(int v)	向流中写入参数 v 的 4 字节
public void writeFloat(float v)	向流中写入参数 v 的 4 字节
public void writeLong(long v)	向流中写入参数 v 的 8 字节
public void writeDouble(double v)	向流中写入参数 v 的 8 字节

【例 10.3】 利用数据输入输出流将不同类型的数据写到一个文件 temp.txt 中,然后再读出来显示在屏幕上。

```
1    //filename: App10_3.java          数据输入输出流的应用
2    import java.io.*;
3    public class App10_3
4    {
5      public static void main(String[] args)
6      {
7        try(
8          FileOutputStream fout = new FileOutputStream("D:/temp");
9          DataOutputStream dout = new DataOutputStream(fout);
10       )
11       {
12         dout.writeInt(10);
13         dout.writeLong(12345);
14         dout.writeFloat(3.1415926f);
15         dout.writeDouble(987654321.123);
16         dout.writeBoolean(true);
17         dout.writeChars("Goodbye! ");
18       }
19       catch (IOException e) { }
20       try(
21         FileInputStream fin = new FileInputStream("D:/temp");
22         DataInputStream din = new DataInputStream(fin);
23       )
24       {
25         System.out.println(din.readInt());
26         System.out.println(din.readLong());
27         System.out.println(din.readFloat());
28         System.out.println(din.readDouble());
29         System.out.println(din.readBoolean());
30         char ch;
31         while ((ch = din.readChar())!= '\0')
32           System.out.print(ch);
33       }
34       catch (FileNotFoundException e)
35       {
```

```
36          System.out.println("文件未找到!!");
37        }
38        catch (IOException e) {  }
39      }
40  }
```

该程序的运行结果为:

```
10
12345
3.1415925
9.87654321123E8
true
Goodbye!
```

该程序的第 8 行创建了一个文件字节输出流对象 fout 与 D 磁盘上的文件 temp 相连。第 9 行以文件字节输出流对象 fout 作为参数,创建一个数据输出流对象 dout,然后利用 dout 的相应方法向 D 盘上的 temp 文件写数据。同理,第 21 行创建一个文件字节输入流对象 fin 与 D 磁盘上的文件 temp 相连,第 22 行以 fin 为参数创建一个数据输入流对象 din,之后利用 din 的相应方法将文件 temp 中的内容读出并输出到屏幕上。

5. 标准输入输出流

在以前讲的例子中,当 Java 程序与外设进行数据交换时,需要先创建一个输入或输出流类的对象,完成与外设的连接。例如,当 Java 程序读写文件时,需要先创建文件输入或输出流类的对象来建立与文件的连接。但是,当程序对标准输入输出设备进行操作时,则不需要如此。

对一般的计算机系统,标准输入设备通常指键盘,标准输出设备通常指屏幕显示器。为了方便程序对键盘输入和屏幕输出进行操作,Java 系统事先在 System 类中定义了静态流对象 System.in、System.out 和 System.err。System.in 对应于输入流,通常指键盘输入设备;System.out 对应于输出流,指显示器等信息输出设备;System.err 对应于标准错误输出设备,使得程序的运行错误可以有固定的输出位置,通常该对象对应于显示器。

System.in、System.out、System.err 这三个标准的输入与输出流对象定义在 java.lang.System 类中,与其他类必须在程序中用 import 语句引入文件中不同,上述三个对象在 Java 源程序编译时被自动装载。

(1) 标准输入:Java 语言的标准输入 System.in 是 BufferedInputStream 类的对象,当程序需要从键盘上读入数据时,只需调用 System.in 的 read()方法即可,该方法从键盘缓冲区读入一个字节的二进制数据,返回以此字节为低位字节,高位字节为 0 的整型数据。

需要说明的是,System.in.read()语句应包含在 try 块中,且 try 块后面要有一个接收 IOException 异常的 catch 块。

下面的语句段等待用户输入一个数据后,才继续往下执行,达到暂时保留屏幕的目的。

```
System.out.println("按任一键继续");
try{
   char test = (char)System.in.read();
}
catch (IOException e) { }
```

(2) 标准输出：Java 语言的标准输出 System.out 是打印输出流 PrintStream 类的对象。PrintStream 类是过滤字节输出流类 FilterOutputStream 的一个子类，其中定义了向屏幕输送不同类型数据的方法 print()和 println()。这两个方法的区别是前者输出数据后不换行，后者换行。System.out 对应的输出流通常指显示器、打印机或磁盘文件等信息输出设备。

(3) 标准错误输出：标准错误输出 System.err 用于为用户显示错误信息。也是由 PrintStream 类派生的错误流。err 流的作用是使用方法 print()或 println()将信息输出到 err 流并显示在屏幕上，以方便用户使用和调试程序。err 也使用与 out 同样的方法，如"System.err.println("这是一个错误");"。但 err 与标准输出 out 不同的是，err 会立即显示指定的(错误)信息让用户知道，即使指定程序将结果重新定位到文件，err 输出的信息也不会被重新定位，而仍会显示在显示设备上。

【例 10.4】 从键盘上输入一串字符，然后再显示在屏幕上，并显示 System.in 和 System.out 所属的类。

```
1   //filename: App10_4.java          数据流的应用
2   import java.io.*;
3   public class App10_4
4   {
5     public static void main(String[] args)
6     {
7       try
8       {
9         byte[] b = new byte[128];                //设置输入缓冲区
10        System.out.print("请输入字符：");
11        int count = System.in.read(b);//读取标准输入流,将回车符和换行符也存放到b数组中
12        System.out.println("输入的是：");
13        for(int i = 0;i < count;i++)
14          System.out.print(b[i] + " ");          //输出数组 b 中元素的 ASCII 值
15        System.out.println();
16        for(int i = 0;i < count - 2;i++)         //不显示回车符与换行符
17          System.out.print((char)b[i] + "  ");   //按字符方式输出数组 b 的元素
18        System.out.println();
19        System.out.println("输入的字符个数为" + count);
20        Class InClass = System.in.getClass();
21        Class OutClass = System.out.getClass();
22        System.out.println("in 所在的类是：" + InClass.toString());
23        System.out.println("out 所在的类是：" + OutClass.toString());
24      }
25      catch(IOException e) { }
26    }
27  }
```

该程序的运行结果为：

请输入字符：abc↙
输入的是：
97 98 99 13 10
a b c

输入的字符个数为 5
in 所在的类是：class java.io.BufferedInputStream
out 所在的类是：class java.io.PrintStream

从程序的运行结果可以看出，当从键盘上输入了 abc 三个字符并按 Enter 键之后，输出结果却是显示为输入了 5 个字符。这是因为 Java 语言把 Enter 键当作两个字符：一个是 ASCII 码值为 13 的回车符"\r"；另一个是 ASCII 码值为 10 的换行符"\n"。所以在第 16 行的 for 循环条件中的 count 减 2 的目的就是不输出回车符和换行符。另外程序中的 getClass()是 Object 类的方法，该方法返回运行时的对象所属的类。toString()也是 Object 类的方法，该方法返回当前对象的字符串表示（见 8.1.5 节）。

10.3 使用 Reader 和 Writer 流类

InputStream 和 OutputStream 类通常是用来处理"字节流"即"位流"的，也就是二进制文件，而 Reader 和 Write 类则是用来处理"字符流"的，也就是文本文件。与字节输入输出流的功能一样，字符输入输出流类 Reader 和 Write 只是建立一条通往文本文件的通道，而要实现对字符数据的读写操作，还需要相应的读方法和写方法来完成。

虽然 Reader 和 Write 类可用来处理字符串的读取和写入的操作，但由于 Reader 和 Writer 均是抽象类，所以并不能直接使用这两个类，而是使用它们的子类来创建对象，再利用对象来处理读写操作。Reader 和 Write 类所提供的方法见表 10.11 和 10.12。但由于是以 Reader 和 Write 类所派生出的子类来创建对象，再利用它们来进行读写操作，因此这些方法通常是继承给子类使用，而不是用在父类本身。

表 10.11　Reader 类的常用方法

常 用 方 法	功 能 说 明
public int read()	从输入流中读一个字符
public int read(char[] cbuf)	从输入流中读最多 cbuf.length 个字符，存入字符数组 cbuf 中
public int read(char[] cbuffer,int off,int len)	从输入流中读最多 len 个字符，存入字符数组 cbuffer 中从 off 开始的位置
public long skip(long n)	从输入流中最多向后跳 n 个字符
public boolean ready()	判断流是否做好读的准备
public void mark(int readAheadLimit)	标记输入流的当前位置
public boolean markSupported()	测试输入流是否支持 mark
public void reset()	重定位输入流
public void close()	关闭输入流

表 10.12　Writer 类的常用方法

常 用 方 法	功 能 说 明
public void write(int c)	将单一字符 c 输出到流中
public void write(String str)	将字符串 str 输出到流中
public void write(char[] cbuf)	将字符数组 cbuf 输出到流

续表

常用方法	功能说明
public void write(char[] cbuf,int off,int len)	将字符数组按指定的格式输出(off 表示索引,len 表示写入的字符数)到流中
public void flush()	将缓冲区中的数据写到文件中
public void close()	关闭输出流

10.3.1 使用 FileReader 类读取文件

文件字符输入流类 FileReader 是继承自 InputStreamReader 类,而 InputStreamReader 类又继承自 Reader 类,因此 Reader 类与 InputStreamReader 类所提供的方法均可供 FileReader 类所创建的对象使用。

在使用 FileReader 类读取文件时,必须先调用 FileReader()构造方法创建 FileReader 类的对象,再利用它来调用 read()方法,FileReader 类的构造方法见表 10.13。

表 10.13　FileReader 类的构造方法

构造方法	功能说明
public FileReader(String name)	根据文件名称创建一个可读取的输入流对象

【**例 10.5**】 利用 FileReader 类读取 D:\java 文件夹下的文本文件 test.txt,其内容如图 10.4 所示。

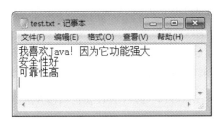

图 10.4　文本文件 test.txt 的内容

程序代码如下:

```
1    //filename: App10_5.java         FileReader 类的使用
2    import java.io.*;
3    public class App10_5
4    {
5      public static void main(String[] args) throws IOException
6      {
7        char[] c = new char[500];                //创建可容纳 500 个字符的数组
8        try(FileReader fr = new FileReader("D:/java/test.txt");)
9        {
10         int num = fr.read(c);      //将数据读入字符数组 c 内,并返回读取的字符数
11         String str = new String(c,0,num);      //将字符数组转换成字符串
12         System.out.println("读取的字符个数为:" + num + ",其内容如下:");
```

```
13            System.out.println(str);
14        }
15    }
16 }
```

该程序的运行结果为：

```
读取的字符个数为：29,其内容如下：
我喜欢Java!因为它功能强大
安全性好
可靠性高
```

由于该程序第 10 行的 read() 方法可能会抛出 IOException 异常，所以在第 5 行的主方法 main() 之后加上了 throws IOException，让系统来捕获异常。第 8 行以文件 D:\java\test.txt 创建一个文件字符输入流对象 fr，利用此对象即可进行文件的相关处理。第 10 行利用流对象 fr 调用 read() 方法，并把所读入的字符存放在字符数组 c 中，并将 read() 方法所读取的字符数赋给变量 num。第 11 行利用 String() 构造方法将字符数组 c 从下标为 0 的位置开始取 num 个字符赋给变量 str，实际上，str 就是所读取文件的全部内容。

注意：Java 把每个汉字和英文字母均作为一个字符对待，但把 Enter 键生成的回车换行符"\r\n"作为两个字符。

10.3.2 使用 FileWriter 类写入文件

文件字符输出流类 FileWriter 继承自 OutputStreamWriter 类，而 OutputStreamWriter 类又继承自 Writer 类，因此 Writer 类与 OutputStreamWriter 类所提供的方法均可供 FileWriter 类所创建的对象使用。

要使用 FileWriter 类将数据写入文件，必须先调用 FileWriter() 构造方法创建 FileWriter 类对象，再利用它来调用 write() 方法。FileWriter 类的构造方法见表 10.14。

表 10.14 FileWriter 类的构造方法

构 造 方 法	功 能 说 明
public FileWriter(String filename)	根据所给文件名创建一个可供写入字符数据的输出流对象，原先的文件会被覆盖
public FileWriter(String filename,boolean a)	同上，但如果 a 设置为 true，则会将数据追加在原先文件的后面

【**例 10.6**】 利用 FileWriter 类将字符数组与字符串写到文件里。

```
1    //filename: App10_6.java          FileWriter 类的使用
2    import java.io.*;
3    public class App10_6
4    {
5        public static void main(String[] args) throws IOException
6        {
7            FileWriter fw = new FileWriter("d:\\java\\test.txt");
8            char[] c = {'H','e','l','l','o','\r','\n'};
```

```
9       String str = "欢迎使用 Java!";
10      fw.write(c);                        //将字符数组写到文件里
11      fw.write(str);                      //将字符串写到文件里
12      fw.close();                         //关闭流
13  }
14 }
```

该程序的第 10、11 两行的 write( )方法会抛出 IOException 异常,所以在主方法名的后面加上 throws IOException,让系统来捕获异常。第 7 行创建了一个文件字符输出流对象 fw,利用它即可写入数据到文件。第 8、9 两行分别定义了字符数组与字符串,第 10、11 两行则将字符数组与字符串写入文件中。该例中没有用自动关闭资源语句,所以第 12 行用 fw 调用 close( )方法关闭流 fw。

10.3.3 使用 BufferedReader 类读取文件

缓冲字符输入流类 BufferedReader 继承自 Reader 类,BufferedReader 类是用来读取缓冲区里的数据。使用 BufferedReader 类来读取缓冲区中的数据之前,必须先创建 FileReader 类对象,再以该对象为参数来创建 BufferedReader 类的对象,然后才可以利用此对象来读取缓冲区中的数据。BufferedReader 类有两个构造方法,如表 10.15 所示。BufferedReader 类的常用方法如表 10.16 所示。

表 10.15 BufferedReader 类的构造方法

构 造 方 法	功 能 说 明
public BufferedReader(Reader in)	创建缓冲区字符输入流
public BufferedReader(Reader in,int size)	创建缓冲区字符输入流,并设置缓冲区大小

表 10.16 BufferedReader 类的常用方法

常 用 方 法	功 能 说 明
public int read( )	读取单一字符
public int read(char[ ] cbuf)	从流中读取字符并写入到字符数组 cbuf 中
public int read(char[ ] cbuf,int off,int len)	从流中读取字符存放到字符数组 cbuf 中(off 表示数组下标,len 表示读取的字符数)
public long skip(long n)	跳过 n 个字符不读取
public String readLine( )	读取一行字符串
public void close( )	关闭流

【例 10.7】 利用缓冲字符输入流类 BufferedReader 读取文本文件。

```
1   //filename: App10_7.java          BufferedReader 类的使用
2   import java.io.*;
3   public class App10_7
4   {
5       public static void main(String[] args) throws IOException
6       {
```

```
7       String thisLine;
8       int count = 0;
9       try(
10        FileReader fr = new FileReader("D:/java/test.txt");
11        BufferedReader bfr = new BufferedReader(fr);
12      )
13      {
14        while ((thisLine = bfr.readLine())!= null)      //每次读取一行,直到结束
15        {
16          count++;                                       //计算读取的行数
17          System.out.println(thisLine);
18        }
19        System.out.println("共读取了" + count + "行");
20      }
21      catch (IOException ioe)
22      {
23        System.out.println("错误! " + ioe);
24      }
25    }
26  }
```

该程序的运行结果如下:

```
Hello
欢迎使用 Java!
共读取了 2 行
```

该程序的第 10 行先创建一个 FileReader 类对象 fr,第 11 行再以 fr 为参数创建 BufferedReader 类的对象 bfr。第 14 行调用了 BufferedReader 类中最常用的方法 readLine(),该方法一次读取一行数据,直到读完文件内所有的数据为止,如果读到文件结束,则 readLine()返回 null。第 17 行将所读取的每一行内容输出到显示器上。

10.3.4　使用 BufferedWriter 类写入文件

缓冲字符输出流类 BufferedWriter 继承自 Writer 类,BufferedWriter 类是用来将数据写入到缓冲区中。使用 BufferedWriter 类将数据写入缓冲区的过程与使用 BufferedReader 类从缓冲区中读出数据的过程相似。首先必须先创建 FileWriter 类对象,再以该对象为参数来创建 BufferedWriter 类的对象,然后就可以利用此对象来将数据写入缓冲区中。所不同的是,缓冲区内的数据最后必须要用 flush()方法将缓冲区清空,也就是将缓冲区中的数据全部写到文件内。

缓冲字符输出流类 BufferedWriter 有两个构造方法,如表 10.17 所示。BufferedWriter 类的常用方法如表 10.18 所示。

表 10.17　BufferedWriter 类的构造方法

构　造　方　法	功　能　说　明
public BufferedWriter(Writer out)	创建缓冲区字符输出流
public BufferedWriter(Writer out,int size)	创建缓冲区字符输出流,并设置缓冲区大小

表 10.18 BufferedWriter 类的常用方法

常 用 方 法	功 能 说 明
public void write(int c)	将单一字符写入缓冲区中
public void write(char[] cbuf,int off,int len)	将字符数组 cbuf 按指定的格式写入到输出缓冲区中(off 表示数组下标,len 表示写入的字符数)
public void write(String str,int off,int len)	写入字符串(off 表示下标,len 表示写入的字符数)
public void newLine()	写入回车换行字符
public void flush()	将缓冲区中的数据写到文件中
public void close()	关闭流

【例 10.8】 利用缓冲区输入输出流进行文件复制。

```
1   //filename: App10_8.java        缓冲区输入输出流应用
2   import java.io.*;
3   public class App10_8
4   {
5     public static void main(String[] args) throws IOException
6     {
7       String str = new String();
8       try(
9         BufferedReader in = new BufferedReader(new FileReader("d:/java/test.txt"));
10        BufferedWriter out = new BufferedWriter(new FileWriter("d:/java/test1.txt"));
11      )
12      {
13        while ((str = in.readLine())!= null)
14        {
15          System.out.println(str);       //在显示器上输出
16          out.write(str);                //将读取到的一行数据写入到输出流中
17          out.newLine();                 //写入回车换行符
18        }
19        out.flush();                     //将缓冲区中的数据全部写入到文件中
20      }
21      catch (IOException ioe)
22      {
23        System.out.println("错误! " + ioe);
24      }
25    }
26  }
```

该程序第 9、10 行分别创建了缓冲区输入流对象 in 和缓冲区输出流对象 out。然后利用它们进行文件的读取与写入,但在第 16 行调用 out 对象的 write()方法写入数据时,它不写入回车换行符,所以第 17 行在向文件每写入一行数据后都向其写入一个回车换行符,以保持目标文件与源文件相同。

10.4 文件的处理与随机访问

计算机程序运行时,数据都保存在系统的内存中,由于关机时内存中的数据全部丢失,所以必须把那些需要长期保存的数据存放在磁盘文件里,需要时再从文件里读出。因此,文件输入输出操作是程序必备的功能。

10.4.1 Java 语言对文件与文件夹的管理

文件夹是管理文件的特殊机制,同类文件保存在同一个文件夹下不仅可以简化文件管理,而且还可以提高工作效率。Java 语言不仅支持文件管理,还支持文件夹管理。在 java.io 包中定义了一个 File 类专门用来管理磁盘文件和文件夹,而不负责数据的输入输出。

每个 File 类对象表示一个磁盘文件或文件夹,其对象属性中包含了文件或文件夹的相关信息,如文件名、长度、所含文件个数等,调用它的方法可以完成对文件或文件夹的管理操作,如创建、删除等。

1. 创建 File 类的对象

因为每个 File 类对象对应系统的一个磁盘文件或文件夹,所以创建 File 类对象需要给出它所对应的文件名或文件夹名。File 类有三个构造方法,分别以不同的参数形式接收文件和文件夹名信息,如表 10.19 所示。

表 10.19 File 类的构造方法

构造方法	功能说明
public File(String path)	用 path 参数创建 File 对象所对应的磁盘文件名或文件夹名及其路径
public File(String path, String name)	以 path 为路径,以 name 为文件或文件夹名创建 File 对象
public File(File dir, String name)	用一个已经存在代表某磁盘文件夹的 File 对象 dir 作为文件夹,以 name 作为文件或文件夹名来创建 File 对象

使用 File 类的构造方法时,要注意以下几点。

(1) path 参数可以是绝对路径,如 "d:\java\myfile\sample.java",也可相对路径,如 "myfile\sample.java",path 参数还可以是磁盘上的某个文件夹。

(2) 由于不同的操作系统使用的文件夹分隔符不同,如 Windows 操作系统使用反斜线 "\",UNIX 操作系统使用正斜线 "/"。为了使 Java 程序能在不同的平台上运行,可以利用 File 类的一个静态变量 File.separator。该属性中保存了当前系统规定的文件夹分隔符,使用它可以组合成在不同操作系统下都通用的路径。例如:

"d:" + File.separator + "java" + File.separator + "myfile"

2. 获取文件或文件夹属性

一个 File 对象一经创建,就可以通过调用它的方法来获得其所对应的文件或文件夹的属性,其中较常用的方法如表 10.20 所示。

表 10.20 File 类中获取文件或文件夹属性的常用方法

常用方法	功能说明
public boolean exists()	判断文件或文件夹是否存在
public boolean isFile()	判断对象是否代表有效文件
public boolean isDirectory()	判断对象是否代表有效文件夹
public String getName()	返回文件名或文件夹名

续表

常用方法	功能说明
public String getPath()	返回文件或文件夹的路径
public long length()	返回文件的字节数
public boolean canRead()	判断文件是否可读
public boolean canWrite()	判断文件是否可写
public String[] list()	将文件夹中所有文件名保存在字符串数组中返回
public boolean equals(File f)	比较两个文件或文件夹是否相同

3. 文件或文件夹操作

File 类中还定义了一些对文件或文件夹进行管理、操作的常用方法,见表 10.21。

表 10.21　File 类中对文件或文件夹操作的常用方法

常用方法	功能说明
public boolean renameTo(File newFile)	将文件重命名成 newFile 对应的文件名
public boolean delete()	将当前文件删除,若删除成功返回 true,否则返回 false
public boolean mkdir()	创建当前文件夹的子文件夹,若成功返回 true,否则返回 false

【例 10.9】 创建 File 类对象,输出指定文件夹下的内容。

```
1   //filename: App10_9.java
2   import java.io.*;
3   public class App10_9
4   {
5     public static void main(String[] args) throws IOException
6     {
7       String str = new String();
8       try(
9         InputStreamReader isr = new InputStreamReader(System.in);
10        BufferedReader inp = new BufferedReader(isr);
11      )
12      {
13        String sdir = "D:/Java";
14        String sfile;
15        File fdir1 = new File(sdir);
16        if (fdir1.exists() && fdir1.isDirectory())
17        {
18          System.out.println("文件夹: " + sdir + "已经存在");
19          for (int i = 0;i < fdir1.list().length;i++)
20            System.out.println((fdir1.list())[i]);
21          File fdir2 = new File("D:/Java/temp");
22          if (!fdir2.exists())
23            fdir2.mkdir();
24          System.out.println();
25          System.out.println("建立新文件夹后的文件列表");
26          for (int i = 0;i < fdir1.list().length;i++)
27            System.out.println((fdir1.list())[i]);
```

```
28        }
29        System.out.print("请输入该文件夹中的一个文件名：");
30        sfile = inp.readLine();
31        File ffile = new File(fdir1,sfile);
32        if (ffile.isFile())
33        {
34          System.out.print("文件名："+ffile.getName());
35          System.out.print("; 所在文件夹："+ffile.getPath());
36          System.out.println("; 文件大小："+ffile.length()+"字节");
37        }
38      }
39      catch (IOException e)
40      {
41        System.out.println(e.toString());
42      }
43    }
44  }
```

在 D 盘上 Java 文件夹存在的情况下，该程序的运行结果为：

文件夹：D:/Java 已经存在
aaa.dsp
aaa.opt

建立新文件夹后的文件列表
aaa.dsp
aaa.opt
temp   //此为新创建的文件夹
请输入该文件夹中的一个文件名：aaa.opt ✓
文件名：aaa.opt; 所在文件夹：D:\Java\aaa.opt; 文件大小：48640 字节

该程序在第 15 行先创建一个 File 类对象 fdir1 指向 D 盘的 Java 文件夹，当这个文件夹存在时，输出该文件夹下的所有文件和子文件夹，然后在这个文件夹下创建一个子文件夹 temp，并再次列出 D 盘 Java 文件夹下的所有内容。之后利用标准输入流对象 inp 在键盘上读入一行字符作为文件名，并输出这个文件的有关信息。

10.4.2 对文件的随机访问

前面介绍的流类实现的是对磁盘文件的顺序读写，而且读和写要分别创建不同的对象。Java 语言中还定义了一个功能更强大、使用更方便的随机访问文件类 RandomAccessFile，它可以实现对文件的随机读写。

随机访问文件类 RandomAccessFile 也是在 java.io 包中定义的。RandomAccessFile 是有关文件处理中功能齐全、文件访问方法众多的类。RandomAccessFile 类用于进行随意位置、任意类型的文件访问，并且在文件的读取方式中支持文件的任意读取而不只是顺序读取。RandomAccessFile 类有两个构造方法用于创建 RandomAccessFile 类对象，如表 10.22 所示。

表 10.22　RandomAccessFile 类的构造方法

构 造 方 法	功 能 说 明
public RandomAccessFile(String name, String mode)	以 name 来指定随机文件流对象所对应的文件名，以 mode 表示对文件的访问模式
public RandomAccessFile(File file, String mode)	以 file 来指定随机文件流对象所对应的文件名，以 mode 表示对文件的访问模式

说明：访问模式 mode 表示所创建的随机读写文件的操作状态。mode 的取值如下。

r：表示以只读方式打开文件。

rw：表示以读写方式打开文件。使用该模式只用一个对象就可以同时实现读和写两种操作。

RandomAccessFile 类中定义了许多用于文件读写操作的方法，表 10.23 和表 10.24 分别列出了常用的读取操作和写入操作方法。

表 10.23　RandomAccessFile 类中用于读取操作的常用方法

常 用 方 法	功 能 说 明
public void close()	关闭随机访问文件流并释放系统资源
public final FileDescriptorgetFD()	获取文件描述符
public long getFilePointer()	返回文件指针的当前位置
public long length()	返回文件长度
public int skipBytes(int n)	跳过输入流中 n 个字符，并返回跳过实际的字节数
public int read()	从文件输入流中读取一个字节的数据
public int read(byte[] b,int off,int len)	从文件输入流的当前指针位置开始读取长度为 len 字节的数据存放到字节数组 b 中，存放的偏移位置为 off。若遇文件结束符，则返回值为-1
public final void readFully(byte[] b)	从文件输入流的当前指针位置开始读取 b.length 字节的数据存放到字节数组 b 中。若遇文件结束符，则抛出 EOFException 类异常
public final void readFully(byte[] b,int off,int len)	从文件输入流的当前指针位置开始读取长度为 len 字节的数据存放到字节数组 b 中，存放的偏移位置为 off。若遇文件结束符，则抛出 EOFException 类异常
public final boolean readBoolean()	读取文件中的逻辑值
public final byte readByte()	从文件中读取带符号的字节值
public final char readChar()	从文件中读取一个 Unicode 字符
public final String readLine()	从文本文件中读取一行
public void seek(long pos)	设置文件指针位置

表 10.24　RandomAccessFile 类用于写入操作的常用方法

常 用 方 法	功 能 说 明
public void write(int b)	在文件指针的当前位置写入一个 int 型数据 b
public void writeBoolean(boolean v)	在文件指针的当前位置写入一个 boolean 型数据 v
public void writeByte(int v)	在文件指针的当前位置写入一个字节值，只写 v 的最低 1 字节，其他字节丢弃

续表

常用方法	功能说明
public void writeBytes(String s)	以字节形式写一个字符串到文件
public void writeChar(int v)	在文件指针的当前位置写入 v 的最低 2 字节,其他丢弃
public void writeChars(String s)	以字符形式写一个字符串到文件
public void writeDouble(double v)	在文件当前指针位置写入 8 字节数据 v
public void writeFloat(float v)	在文件当前指针位置写入 4 字节数据 v
public void writeInt(int v)	把整型数作为 4 字节写入文件
public void writeLong(long v)	把长整型数作为 8 字节写入文件
public void writeShort(int v)	在文件指针的当前位置写入 2 字节,只写 v 的最低 2 字节,其他字节丢弃
public void writeUTF(String str)	作为 UTF 格式向文件写入一个字符串

注意：RandomAccessFile 类的所有方法都有可能抛出 IOException 异常,所以利用它实现对文件对象操作时应把相关的语句放在 try 语句块中,并配上 catch 语句块来处理可能产生的异常。

使用随机文件读写时,在创建了一个随机文件对象之后,该文件即处于打开状态。此时,文件的指针处于文件开始位置,可以通过 seek(long pos)方法设置文件指针的当前位置,进行文件的快速定位。而后通过 RandomAccessFile 类中的相应 read()和 write()方法,完成对文件的读写操作。

在对文件的读写操作完成后,调用 RandomAccessFile 类的 close()方法关闭文件。下面举例说明。

【例 10.10】 利用 RandomAccessFile 类对文件进行随机访问。

```
1    //App10_10.java       RandomAccessFile 类的应用
2    import java.io.*;
3    public class App10_10
4    {
5      public static void main(String args[]) throws IOException
6      {
7        StringBuffer stfDir = new StringBuffer();
8        System.out.println("请输入文件所在的路径");
9        char ch;
10       while((ch = (char)System.in.read())!= '\r')
11         stfDir.append(ch);
12       File dir = new File(stfDir.toString());
13       System.out.println("请输入欲读取的文件名");
14       StringBuffer stfFileName = new StringBuffer();
15       char c;
16       while((c = (char)System.in.read())!= '\r')
17         stfFileName.append(c);
18       stfFileName.replace(0,1,"");    //去掉上次输入并回车后存留在缓冲区中的"\n"
19       File readFrom = new File(dir,stfFileName.toString());
20       if(readFrom.isFile() && readFrom.canWrite() && readFrom.canRead())
21       {
22         RandomAccessFile rafFile = new RandomAccessFile(readFrom,"rw");
```

```
23      while(rafFile.getFilePointer()< rafFile.length())
24        System.out.println(rafFile.readLine());
25      rafFile.close();                //关闭 rafFile 流
26    }
27    else
28      System.out.println("文件不可读!");
29   }
30 }
```

该程序运行结果如下：

请输入文件所在的路径
d:/java↙
请输入欲读取的文件名
test.txt↙
Hello   ⎫
I love you Java! ⎬ 这两行是 d:\Java\test.txt 中的内容

该程序的第 10、11 两行是接收用户从键盘输入的路径名，存入可修改型字符串变量 stfDir 中，第 12 行是利用所输入的字符串作为参数创建一个 File 类的对象 dir。同理，第 16、17 两行将用户从键盘上输入的字符串作为文件名存放到可修改型字符串变量 stfFileName 中。由于在输入路径结束时，按了 Enter 键，所以产生了回车换行符"\r\n"，因而第 18 行是去掉滞留在缓冲区中的换行符"\n"。第 19 行是以输入的路径和文件名为参数，创建一个文件型对象 readFrom。第 20 行是判断语句，如果该文件型对象是文件且可读写，则第 22 行以该带有路径的文件名为参数创建一个可随机访问的文件对象 rafFile。第 23、24 两行是判断若文件指针的位置是否超过文件的长度，若没有超过，则输出文件中的每一行，直到结束，然后关闭该可随机读写的文件 rafFile。

本章小结

1. Java 语言是以流的方式来处理输入输出的，其好处是：无论是什么形式的输入输出，只要针对流做处理就可以了。

2. Java 语言中的流是由字符或位组合而成的，可以通过它来读写数据，甚至可以通过它连接数据源，并可以将数据以字符或位组合的形式保存。

3. 以数据的读取或写入而言，流可分为输入流与输出流两种。

4. 可以通过 InputStream、OutputStream、Reader 与 Writer 类来处理流的输入输出。

5. InputStream 与 OutputStream 类及其子类既可用于处理二进制文件也可用于处理文本文件，但主要以处理二进制位流的字节文件为主。

6. Reader 与 Writer 类可以用来处理文本文件的读取和写入操作，通常是以它们的派生类来创建实体对象，再利用它们来处理文本文件读写操作。

7. BufferedWriter 类中的 newLine() 方法可写入回车换行字符，而且与操作系统无关，使用它可确保程序可跨平台运行。

8. 文件流类 File 的对象对应系统的磁盘文件或文件夹。

9. 随机访问文件类 RandomAccessFile，可以实现对文件的随机读写。

10. 在关闭流对象时,若流对象是在 try 语句块之前定义的,则流对象的关闭最好是放在 finally 语句块中;但若流对象是在 try 语句块中定义,那么关闭流对象的语句可放在 try 语句块的最后面。

第 10 章习题

10.1 什么是数据的输入与输出?

10.2 什么是流?Java 语言中分为哪两种流?这两种流有何差异?

10.3 InputStream、OutputStream、Reader 和 Writer 四个类在功能上有何异同?

10.4 利用基本输入输出流实现从键盘上读入一个字符,然后显示在屏幕上。

10.5 顺序流与管道流的区别是什么?

10.6 Java 语言中定义的三个标准输入输出流是什么?它们对应什么设备?

10.7 利用文件输出流创建一个文件 file1.txt,写入字符"文件已被成功创建!",然后用记事本打开该文件,看一下是否正确写入。

10.8 利用文件输入流打开 10.7 题中创建的文件 file1.txt,读出其内容并显示在屏幕上。

10.9 利用文件输入输出流打开 10.7 题创建的文件 file1.txt,然后在文件的末尾追加一行字符串"又添加了一行文字!"。

10.10 产生 15 个 20~9999 的随机整数,然后利用 BufferedWriter 类将其写入文件 file2.txt 中之后再读取该文件中的数据并将它们按升序排序。

10.11 Java 语言中使用什么类来对文件与文件夹进行管理?

第11章 多线程

本章主要内容：
- 程序、进程、多任务、线程的概念与区别；
- 线程的生命周期；
- 创建线程的两种方法；
- 多线程的同步控制；
- 线程之间的通信。

随着个人计算机所使用的微处理器技术的飞速发展,个人计算机上的操作系统纷纷改用多任务(multitasking)和分时(timesharing)的设计,将早期只有大型计算机才具有的系统特性,带给了个人计算机。一般可以在同一时间内执行多个程序的操作系统,都引入了进程的概念。

现代操作系统不但支持多进程,而且还支持多线程。Java在语言层次上对多线程直接提供支持。通常,一个Java程序中各个部分是按顺序依次执行的。由于某种原因,需要将这些按顺序执行的"程序段"转成并发执行,每一个"程序段"是一个逻辑上相对完整的程序代码段。多线程的主要目的就是将一个程序中的各个"程序段"并发化。在Java语言中用线程对象来表示这些代码段,各个线程之间的并发执行,就意味着一个Java程序的各个代码段的并发执行。并发执行与并行执行不同,并行执行通常表示同一时刻有多个代码在处理器上执行,这往往需要多个处理器,如CPU等硬件的支持。而并发执行通常表示,在单处理器上,同一时刻只能执行一个代码,但在一个时间段内,这些代码交替执行,即所谓"微观串行,宏观并行"。

11.1 线程的概念

以往开发的程序大多都是单线程的,即一个程序只有从头到尾的一条执行路径。然而现实世界中的很多过程都具有多条途径同时运作的特征。例如,我们可以一边喝咖啡,一边听音乐;再如,一个网络服务器可能要同时处理几个客户机的请求等。而多线程(multithread)是指在同一个进程中同时存在几个执行体,按几条不同的执行路径同时工作的情况。所以,多线程编程的含义就是可将一个程序任务分成几个可以同时并发执行的子任务。特别是在网络编程中,会发现许多功能都是可以并发执行的。

11.1.1 程序、进程、多任务与线程

程序、进程、多任务和线程等是非常容易混淆的概念。为了更好地理解多线程机制,有

必要搞清楚这些概念。

（1）程序（program）。程序是含有指令和数据的文件，被存储在磁盘或其他的数据存储设备中，也就是说程序是静态的代码。

（2）进程（process）。进程是程序的一次执行过程，是系统运行程序的基本单位，因此进程是动态的。进程是操作系统资源分配和处理器调度的基本单位，拥有独立的代码、内部数据和运行状态，因此，频繁的进程状态的切换必然消耗大量的系统资源。系统运行一个程序即是一个进程从创建、运行到消亡的过程。简单地说，一个进程就是一个执行中的程序，它在计算机中一个指令接着一个指令地执行着，同时，每个进程还占有某些系统资源，如 CPU 时间、内存空间、文件、输入输出设备的使用权等。换句话说，当程序在执行时，将会被操作系统载入内存中（占有内存空间），并且启动它的工作（执行的时候，就是占有 CPU 时间），然后就变成了所谓的进程。如每一个正在 Windows 操作系统上执行的程序，都可以视为一个进程。

每个进程之间是独立的，除非利用某些通信管道来进行通信，或是通过操作系统产生交互作用，否则基本上各进程不知道（不需要，也不应该知道）彼此的存在。这就像是在 Windows 系统里，执行了记事本程序后又执行画图程序，系统中就会出现两个进程。如果需要，可以通过 Windows 所提供的剪贴板功能在它们之间传递数据，但除此之外，一起执行它们和先后执行它们是没有什么差别的。

（3）多任务（multi task）。多任务是指在一个系统中可以同时运行多个进程，即有多个独立运行的任务，每一个任务对应一个进程。每个进程都有一段专用的内存区域，即使是多次启动同一段程序产生不同的进程也是如此。所谓同时运行的进程，其实是指由操作系统将系统资源分配给各个进程，每个进程在 CPU 上交替运行。每个进程占有不同的内存空间，内存消耗很大，这使系统在不同的程序之间切换时开销很大，进程之间的通信速度很慢。

（4）线程（thread）。对于完全不相关的程序而言，在同时执行时，彼此的进程也不会做数据交换的工作，而可以完全独立地运行。但是对于同一程序所产生的多个进程，通常是因为程序设计者希望能加快整体工作的效率，运用多个进程协同工作。但在进程的概念中，进程是操作系统资源分配和处理器调度的基本单位，每一个进程的内部数据和状态都是完全独立的，所以即使它们是同一个程序所产生，也必须重复许多的数据复制工作，而且在交换彼此数据的时候，也要再使用一些进程间通信的机制。为了减少不必要的系统负担，引入了线程的概念，将资源分配和处理器调度的基本单位分离。进程只是资源分配的单位，线程是处理器调度的基本单位。一个进程包含一个以上线程，一个进程中的线程只能使用该进程的资源和环境。

所谓的线程，其实与进程相似，也是一个执行中的程序，但线程是一个比进程更小的执行单位。对每个线程来说，它都有自身的产生、运行和消亡的过程，所以，线程也是一个动态的概念。一个进程在其执行过程中可以产生多个线程，形成多条执行路径。但是与进程不同的是，线程不能独立存在，必须存在于进程中。由于同类的多个线程是共享同一块内存空间和一组系统资源，所以系统在产生一个线程，或是在各个线程之间做切换的工作时，负担要比进程小得多。也正因为如此，线程也被称为负担轻的进程（light-weight process）。由于同一进程的各个线程之间可以共享相同的内存空间，并利用这些共享内存来完成数据交换、实时通信及必要的同步工作，所以各线程之间的通信速度很快，线程之间进行切换所占用的系统资源也较少。

在一般传统的程序设计中主要是使用单一进程来完成一项工作,也就是单一线程。然而若利用时间分享的概念来完成工作使其更有效率,也就是说让 CPU 在同一时间段内执行一个程序中的多个程序段来完成工作,这就是多线程的概念。同一个进程中的不同线程,各有各的"程序代码执行位置",但却分享进程中的各项资源,如程序区段、数据区段、已打开的文件等。所以,线程和进程最大的不同在于基本上各进程是独立的,而各线程则不一定,因为同一进程中的线程极有可能会互相影响。从另一角度说,进程属于操作系统的范畴,主要是在同一段时间内,可以同时执行一个以上的程序,而线程则是在同一程序内同时执行一个以上的程序段。

为了进一步说明线程的概念,现举一个生活中的例子来加以说明。母亲煮晚餐的整个过程可以看成是一个进程,在煮晚餐的时候,先从冰箱拿出菜来,之后便开始洗菜、切菜……一步一步地完成之后,便开始一道一道地烧菜,完毕之后再开始煮汤。整个过程以顺序的方式来完成晚餐,而整个过程就是一条线程。然而仔细想想这种一步一步地以顺序的方式完成所要做的工作,就会觉得这样做的效率太低了。因为等汤煮好之后,之前所烧的菜不是都凉了吗?所以说按顺序来完成工作的话,效率相当低。如果我们能在一定的时间内同时进行好几个工作,那效率就会大幅提高,这就是多线程的概念,它利用"时间分享"(time sharing)的概念来进行工作。也就是说,母亲可以一边洗菜、切菜,一边烧菜或煮汤。在同一段时间内同时进行多项工作,这就是多线程的概念。

综上可知,所谓多线程就是同时执行一个以上的线程,执行一个线程不必等待另一个线程执行完后才进行,所有线程都可以发生在同一时刻。但操作系统并没有将多个线程看作多个独立的应用去实现线程的调度和管理以及资源分配。

注意:多任务与多线程是两个不同的概念,多任务是针对操作系统而言的,表示操作系统可以同时运行多个应用程序,而多线程是针对一个进程而言的,表示在一个进程内部可以同时执行多个线程。

11.1.2 线程的状态与生命周期

每个 Java 程序都有一个默认的主线程,对于应用程序来说其主线程是 main()方法执行的线程;对小程序来说,其主线程指挥浏览器加载并执行 Java 小程序。要想实现多线程,必须在主线程中创建新的线程对象。Java 语言使用 Thread 类及其子类的对象来表示线程,新建线程在它的一个完整的生命周期内通常要经历五种状态。通过线程的控制与调度可使线程在这几种状态间转化,如图 11.1 所示。

(1) 新建状态(newborn)。当一个 Thread 类或其子类的对象被声明并创建,但还未被执行的这段时间里,处于一种特殊的新建状态中。此时,线程对象已经被分配了内存空间和其他资源,并已被初始化,但是该线程尚未被调度。此时的线程可以被调度,变成就绪状态。

(2) 就绪状态(runnable)。就绪状态也称为可运行状态。

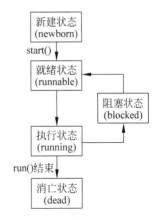

图 11.1 线程的生命周期与线程的状态

处于新建状态的线程被启动后，将进入线程队列排队等待 CPU 资源，此时它已具备了运行的条件，也就是处于就绪状态。一旦轮到它来享用 CPU 资源时，就可以脱离创建它的主线程独立开始自己的生命周期了。另外原来处于阻塞状态的线程被解除阻塞后也将进入就绪状态。

（3）执行状态(running)。当就绪状态的线程被调度并获得 CPU 资源时，便进入执行状态。该状态表示线程正在执行，该线程已经拥有了对 CPU 的控制权。每一个 Thread 类及其子类的对象都有一个重要的 run()方法，该方法定义了这一类线程的操作和功能。当线程对象被调度执行时，它将自动调用本对象的 run()方法，从该方法的第一条语句开始执行，一直到执行完毕，除非该线程主动让出 CPU 的控制权或者 CPU 的控制权被优先级更高的线程抢占。处于执行状态的线程在下列情况下将让出 CPU 的控制权。

- 线程执行完毕。
- 有比当前线程优先级更高的线程处于就绪状态。
- 线程主动睡眠一段时间。
- 线程在等待某一资源。

（4）阻塞状态(blocked)。一个正在执行的线程如果在某些特殊情况下，将让出 CPU 并暂时中止自己的执行，线程处于这种不可执行的状态被称为阻塞状态。阻塞状态是因为某种原因系统不能执行线程的状态，在这种状态下即使 CPU 空闲也不能执行线程。下面几种情况可使得一个线程进入阻塞状态：一是调用 sleep()或 yield()方法；二是为等待一个条件变量，线程调用 wait()方法；三是该线程与另一线程 join()在一起。一个线程被阻塞时它不能进入排队队列，只有当引起阻塞的原因被消除时，线程才可以转入就绪状态，重新进到线程队列中排队等待 CPU 资源，以便从原来的暂停处继续执行。处于阻塞状态的线程通常需要由某些事件才能唤醒，至于由什么事件唤醒该线程，则取决于其阻塞的原因。处于睡眠状态的线程必须被阻塞一段固定的时间，当睡眠时间结束时就变成就绪状态；因等待资源或信息而被阻塞的线程则需要由一个外来事件唤醒。

（5）消亡状态(dead)。处于消亡状态的线程不具有继续执行的能力。导致线程消亡的原因有两个：一是正常运行的线程完成了它的全部工作，即执行完了 run()方法的最后一条语句并退出；二是当进程因故停止运行时，该进程中的所有线程将被强行终止。当线程处于消亡状态、并且没有该线程对象的引用时，垃圾回收器会从内存中删除该线程对象。

11.1.3 线程的优先级与调度

1. 优先级

在多线程系统中，每个线程都被赋予一个执行优先级。优先级决定了线程被 CPU 执行的优先顺序。优先级高的线程可以在一段时间内获得比优先级低的线程更多的执行时间。这样好像制造了不平等，然而却带来了效率。如果线程的优先级完全相等，就按照"先来先用"的原则进行调度。

Java 语言中线程的优先级从低到高以整数 1~10 表示，共分为 10 级。Thread 类有三个关于线程优先级的静态常量：MIN_PRIORITY 表示最小优先级，通常为 1；MAX_PRIORITY 表示最高优先级，通常为 10；NORM_PRIORITY 表示普通优先级，默认值为 5。

对应一个新建的线程，系统会遵循如下的原则为其指定优先级。

（1）新建线程将继承创建它的父线程的优先级。父线程是指执行创建新线程对象语句所在的线程，它可能是程序的主线程，也可能是某一个用户自定义的线程。

（2）一般情况下，主线程具有普通优先级。

另外，如果想要改变线程的优先级，可以通过调用线程对象的 setPriority()方法来进行设置。

2．调度

调度就是指在各个线程之间分配 CPU 资源。多个线程的并发执行实际上是通过一个调度来进行的。线程调度有两种模型：分时模型和抢占模型。在分时模型中，CPU 资源是按照时间片来分配的，获得 CPU 资源的线程只能在指定的时间片内执行，一旦时间片使用完毕，就必须把 CPU 让给另一个处于就绪状态的线程。在分时模型中，线程本身不会让出 CPU；在抢占模型中，当前活动的线程一旦获得执行权，将一直执行下去，直到执行完或由于某种原因主动放弃执行权。如在一个低优先级线程的执行过程中，又有一个高优先级的线程准备就绪，那么低优先级的线程就把 CPU 资源让给高优先级的线程。为了使低优先级的线程有机会执行，高优先级的线程应该不时地主动进入"睡眠"状态，而暂时让出 CPU。Java 语言支持的就是抢占式调度模型。

11.2　Java 的 Thread 线程类与 Runnable 接口

Java 语言中实现多线程的方法有两种：一种是继承 java.lang 包中的 Thread 类；另一种是用户在定义自己的类中实现 Runnable 接口。但不管采用哪种方法，都要用到 Java 语言类库中的 Thread 类以及相关的方法。

由于 Java 语言支持多线程的功能，所以只要发现程序的工作可以同时执行，就应该产生一个新的线程分头去做。在一般情况下，如果程序中把工作分开同时进行，而且执行程序的机器只有一个 CPU 在工作，那么运算的时间并不会因为采取多线程的方式而减少，但是整体的感觉可能会比较好。

11.2.1　利用 Thread 类的子类来创建线程

Java 语言的基本类库中已定义了 Thread 这个基本类，内置了一组方法，使程序利用该类提供的方法去产生一个新的线程、执行一个线程、终止一个线程的工作，或是查看线程的执行状态。

继承 Thread 类是实现线程的一种方法。Thread 类的构造方法如表 11.1 所示，其常用方法如表 11.2 所示。

表 11.1　Thread 类的构造方法

构 造 方 法	功 能 说 明
public Thread()	创建一个线程对象，此线程对象的名称是"Thread-n"的形式，其中 n 是一个整数。使用这个构造方法，必须创建 Thread 类的一个子类并覆盖其 run()方法
public Thread(String name)	创建一个线程对象，参数 name 指定了线程的名称

构造方法	功能说明
public Thread(Runnable target)	创建一个线程对象,此线程对象的名称是"Thread-n"的形式,其中 n 是一个整数。参数 target 的 run()方法将被线程对象调用,作为其执行代码
public Thread(Runnable target, String name)	功能同上,参数 target 的 run()方法将被线程对象调用,作为其执行代码。参数 name 指定了新创建线程的名称

表 11.2 Thread 类的常用方法

常用方法	功能说明
public static ThreadcurrentThread()	返回当前正在执行的线程对象
public final String getName()	返回线程的名称
public void start()	使该线程由新建状态变为就绪状态。如果该线程已经是就绪状态,则产生 IllegalStateException 异常
public void run()	线程应执行的任务
public final boolean isAlive()	如果线程处于就绪、阻塞或运行状态,则返回 true;如果线程处于新建且没有启动的状态,或已经结束,则返回 false
public void interrupt()	当线程处于就绪状态或执行状态时,给该线程设置中断标志;一个正在执行的线程让睡眠线程调用该方法,则可导致睡眠线程发生 InterruptedException 异常而唤醒自己,从而进入就绪状态
public static boolean isInterrupted()	判断该线程是否被中断,若是返回 true,否则返回 false
public final void join()	暂停当前线程的执行,等待调用该方法的线程结束后再继续执行本线程
public final int getPriority()	返回线程的优先级
public final void setPriority (int newPriority)	设置线程优先级。如果当前线程不能修改这个线程,则产生 SecurityException 异常。如果参数不在所要求的优先级范围内,则产生 IllegalArgumentException 异常
public static void sleep(long millis)	为当前执行的线程指定睡眠时间。参数 millis 是线程睡眠的毫秒数。如果这个线程已经被别的线程中断,则产生 InterruptedException 异常
public static void yield()	暂停当前线程的执行,但该线程仍处于就绪状态,不转为阻塞状态。该方法只给同优先级线程以执行的机会

要在一个 Thread 的子类里激活线程,必须先做好下列两件事情。

(1) 此类必须是继承自 Thread 类;

(2) 线程所要执行的代码必须写在 run()方法内。

线程执行时,从它的 run()方法开始执行。run()方法是线程执行的起点,就像 main() 方法是应用程序的执行起点、init()方法是小程序的执行起点一样。所以必须通过定义 run() 方法来为线程提供代码。run()是定义在 Thread 类里的方法,因此把线程的程序代码编写在 run()方法内,实际上所做的就是覆盖的操作,因此要使一个类可激活线程,必须使用下列语法来编写。

```
class 类名 extends Thread        //从 Thread 类派生子类
{
   类里的成员变量;
   类里的成员方法;
   修饰符 run()                    //覆盖父类 Thread 里的 run()方法
   {
      线程的代码
   }
}
```

说明：run()方法规定了线程要执行的任务,但一般不是直接调用 run()方法,而是通过线程的 start()方法来启动线程。

【**例 11.1**】 利用 Thread 类的子类来创建线程。

说明：由于 Thread 类位于 java.lang 包中,因而程序的开头不用 import 导入任何包就可直接使用。

```
1    //filename: App11_1.java        创建 Thread 类的子类来创建线程
2    class MyThread extends Thread   //创建 Thread 类的子类 MyThread
3    {
4       private String who;
5       public MyThread(String str)  //构造方法,用于设置成员变量 who
6       {
7          who = str;
8       }
9       public void run()            //覆盖 Thread 类里的 run()方法
10      {
11         for(int i = 0;i < 5;i++)
12         {
13            try
14            {
15               sleep((int)(1000 * Math.random()));  // sleep()方法必须写在 try - catch 块内
16            }
17            catch(InterruptedException e) { }
18            System.out.println(who + "正在运行!!");
19         }
20      }
21   }
22   public class App11_1
23   {
24      public static void main(String[ ] args)
25      {
26         MyThread you = new MyThread("你");
27         MyThread she = new MyThread("她");
28         you.start();              //注意调用的是 start()方法而不是 run()方法
29         she.start();              //注意调用的是 start()方法而不是 run()方法
30         System.out.println("主方法 main()运行结束!");
31      }
32   }
```

程序运行结果如下：

主方法 main()运行结束!
你正在运行!!
她正在运行!!
你正在运行!!
你正在运行!!
她正在运行!!
她正在运行!!
你正在运行!!
她正在运行!!
她正在运行!!
你正在运行!!

从该程序的运行结果可以看出，其中的两个线程几乎是同时激活的，第 28 行激活 you 线程之后，第 29 行的 she 线程也随之激活。第 13～17 行是用来控制线程的睡眠时间。因为 sleep()会抛出 InterruptedException 类型的异常，所以必须将 sleep()写在 try-catch 块内，且 catch 接收了 InterruptedException 类型的异常。另外，sleep()方法里的参数 Math.random()将产生 0～1 的浮点型随机数，乘以 1000 后变成 0～1000 的浮点型随机数，最后再把它强制转换成整型数(因 sleep()方法的参数必须是整型)。因此利用该语句可控制线程睡眠时间为 0～1s 的随机数，所以该程序的运行结果每次都不相同，至于谁先运行全看谁睡得时间短而定。但需注意的是第 30 行的输出语句，我们预期它会最后运行，但运行结果却在第一行就输出了。事实上，由于 main()方法本身也是一个线程，因此执行完第 28、29 行之后，接着会往下执行第 30 行语句，因而会输出"主方法 main()运行结束!"字符串。至于会先执行第 30 行语句，还是先跳到 you 或 she 线程里去执行，全看谁先抢到 CPU 资源而定。通常是第 30 行的语句会先执行，因为它不用经过线程激活的过程。

11.2.2 用 Runnable 接口来创建线程

11.2.1 节介绍了如何用 Thread 类的子类来创建线程，但是如果类本身已经继承了某个父类，由于 Java 语言不允许类的多重继承，所以就无法再继承 Thread 类，特别是小程序，这种情况下可以使用 Runnable 接口。Runnable 接口是 Java 语言中实现线程的接口，定义在 java.lang 包中，其中只提供了一个抽象方法 run()的声明。从本质上说，任何实现线程的类都必须实现该接口。其实 Thread 类就是直接继承了 Object 类，并实现了 Runnable 接口，所以其子类才具有线程的功能。因此，用户可以声明一个类并实现 Runnable 接口，并定义 run()方法，将线程代码写入其中，就完成了这一部分的任务。但是 Runnable 接口并没有任何对线程的支持，还必须创建 Thread 类的实例，这一点通过 Thread(Runnable target)类的构造方法来实现。所以除了利用 Thread 类的子类创建线程外，另一种就是直接利用 Runnable 接口和线程的构造方法 Thread(Runnable target)来创建线程。具体方法就是自己定义一个类，并实现 Runnable 接口，然后将这个类所创建的对象作为参数传递给线程的构造方法，传递给线程类构造方法的这个对象称为所创建线程的可运行对象(runnable object)，当线程调用 start()方法激活线程后，轮到它来享用 CPU 资源时，可运行对象就会自动调用接口中的 run()方法，这一过程是自动实现的，用户程序只需让线程调用 start()方法即可。

使用Runnable接口的好处不仅在于它间接地解决了多重继承问题,与Thread类相比,Runnable接口更适合于多个线程处理同一资源。事实上,几乎所有的多线程应用都可以用实现Runnable接口的方式来实现。

【例11.2】 利用Runnable接口来创建线程。

```
1   //filename: App11_2.java          利用Runnable接口来创建线程
2   class MyThread implements Runnable    //由Runnable接口实现MyThread类
3   {
4     private String who;
5     public MyThread(String str)        //构造方法,用于设置成员变量who
6     {
7       who = str;
8     }
9     public void run()                  //实现run()方法
10    {
11      for(int i = 0;i < 5;i++)
12      {
13        try
14        {
15          Thread.sleep((int)(1000 * Math.random()));
16        }
17        catch(InterruptedException e)
18        {
19          System.out.println(e.toString());
20        }
21        System.out.println(who + "正在运行!!");
22      }
23    }
24  }
25  public class App11_2
26  {
27    public static void main(String[] args)
28    {
29      MyThread you = new MyThread("你");      //创建可运行对象you
30      MyThread she = new MyThread("她");      //创建可运行对象she
31      Thread t1 = new Thread(you);             //利用可运行对象you创建线程对象t1
32      Thread t2 = new Thread(she);             //利用可运行对象she创建线程对象t2
33      t1.start();                              //注意用t1激活线程
34      t2.start();                              //注意用t2激活线程
35    }
36  }
```

该程序的功能与例11.1的功能基本相同。需要说明的是由于本例的MyThread类是由Runnable接口来实现的,所以第15行的sleep()方法前要加前缀Thread。

在前面的例子中,可以看出程序中被同时激活的多个线程将同时执行,但有时需要有序地执行,这时可以使用Thread类中的join()方法。当某一线程调用join()方法时,则其他线程会等到该线程结束后才开始执行。也就是说语句t.join()将使t线程"加塞"到当前线程之前获得CPU,当前线程则进入阻塞状态,直到线程t结束为止,当前线程恢复为就绪状态,等待线程调度。下面将例 11.1 稍做修改,使得 you 线程先执行完后,再执行 she 线程,待 she 线程结束后,再输出字符串"主方法 main()运行结束!"。

【例 11.3】 在多线程程序中 join()方法的使用。

```
1   //filename: App11_3.java          多线程中 join()方法的使用
2   //将 App11_1 的 MyThread 类放在此处
3   public class App11_3
4   {
5     public static void main(String[] args)
6     {
7       MyThread you = new MyThread("你");
8       MyThread she = new MyThread("她");
9       you.start();                    //激活 you 线程
10      try{
11        you.join();                   //限制 you 线程结束后才能往下执行
12      }
13      catch(InterruptedException e) {}
14      she.start();
15      try{
16        she.join();                   //限制 she 线程结束后才能往下执行
17      }
18      catch(InterruptedException e) {}
19      System.out.println("主方法 main()运行结束!");
20    }
21  }
```

该程序的运行结果如下:

你正在运行!!
你正在运行!!
你正在运行!!
你正在运行!!
你正在运行!!
她正在运行!!
她正在运行!!
她正在运行!!
她正在运行!!
她正在运行!!
主方法 main()运行结束!

该程序的第 9 行激活线程 you 后继续往下执行,但因第 11 行是 you.join()语句,所以它会使程序的流程先停在此处,直到 you 线程结束之后,才会执行到第 14 行的 she 线程。同理,由于 she 线程也调用了 join()方法,所以要等到 she 线程结束后,才会执行第 19 行的输出语句,输出"主方法 main()运行结束!"字符串。

注意: 由于 join()方法也会抛出 InterruptedException 类型的异常,所以必须将 join()方法放在 try-catch 块内。

通过上面的介绍,我们知道有两种创建线程对象的方式,这两种方式各有特点。

直接继承 Thread 类的优点是编写简单,可以直接操纵线程;缺点是若继承 Thread 类,就不能再继承其他类。

使用 Runnable 接口的特点是：可以将 Thread 类与所要处理的任务的类分开，形成清晰的模型；还可以从其他类继承，从而实现多重继承的功能。

在程序运行过程中，经常需要通过线程的引用或名字来操作线程，那么如何才能获得当前正在运行的线程呢？分两种情况来说明：第一种情况是若直接使用继承 Thread 类的子类，在类中 this 即指当前线程；第二种情况是使用实现 Runnable 接口的类，要在此类中获得当前线程的引用，必须使用 Thread.currentThread()方法。具体地说，①当可运行对象包含线程对象时，即线程对象是可运行对象的成员时，则在 run()方法中可以通过调用 Thread.currentThread()方法来获得正在运行的线程的引用。②当可运行对象不包含线程对象时，在可运行对象 run()方法中需要使用语句 Thread.currentThread().getName()来返回当前正在运行线程的名字。

11.2.3 线程间的数据共享

同一进程的多个线程间可以共享相同的内存单元，并可利用这些共享单元来实现数据交换、实时通信和必要的同步操作。对于利用构造方法 Thread(Runnable target)这种方式创建的线程，当轮到它来享用 CPU 资源时，可运行对象 target 就会自动调用接口中的 run()方法，因此，对于同一可运行对象的多个线程，可运行对象的成员变量自然就是这些线程共享的数据单元。另外，创建可运行对象的类在需要时还可以是某个特定类的子类，因此，使用 Runnable 接口比使用 Thread 的子类更具有灵活性。

通过前面的介绍，我们知道建立 Thread 子类和实现 Runnable 接口都可以创建多线程，但它们的主要区别就在于对数据的共享上。使用 Runnable 接口可以轻松实现多个线程共享相同数据，只要用同一可运行对象作为参数创建多个线程就可以了。

下面通过例子来比较这两种实现多线程方式的不同。

【例 11.4】 用 Thread 子类程序来模拟航班售票系统，实现 3 个售票窗口发售某次航班的 10 张机票，一个售票窗口用一个线程来表示。

```
1    //filename: App11_4.java
2    class ThreadSale extends Thread          //创建一个 Thread 子类，模拟航班售票窗口
3    {
4      private int tickets = 10;              //私有变量 tickets 代表机票数，是共享数据
5      public void run()
6      {
7        while(true)
8        {
9          if(tickets > 0)                    //如果有票可售
10           System.out.println(this.getName()+"  售机票第"+tickets--+"号");//this 可省略
11         else
12           System.exit(0);
13       }
14     }
15   }
16
17   public class App11_4                     //再创建另一个类，在它的 main()方法中创建并启动 3 个线程对象
18   {
19     public static void main(String[] args)
```

```
20    {
21        ThreadSale t1 = new ThreadSale();    //创建 3 个 Thread 类的子类的对象
22        ThreadSale t2 = new ThreadSale();
23        ThreadSale t3 = new ThreadSale();
24        t1.start();              //分别用这 3 个对象调用自己的线程
25        t2.start();
26        t3.start();
27    }
28 }
```

运行结果如下：

```
Thread-0   售机票第 10 号
Thread-0   售机票第 9 号
Thread-2   售机票第 10 号
Thread-2   售机票第 9 号
Thread-2   售机票第 8 号
Thread-2   售机票第 7 号
Thread-2   售机票第 6 号
Thread-2   售机票第 5 号
Thread-0   售机票第 8 号
Thread-1   售机票第 10 号
Thread-2   售机票第 4 号
Thread-0   售机票第 7 号
Thread-0   售机票第 6 号
Thread-0   售机票第 5 号
Thread-2   售机票第 3 号
Thread-1   售机票第 9 号
Thread-0   售机票第 4 号
Thread-0   售机票第 3 号
Thread-0   售机票第 2 号
Thread-0   售机票第 1 号
Thread-2   售机票第 2 号
Thread-1   售机票第 8 号
Thread-1   售机票第 7 号
Thread-1   售机票第 6 号
Thread-2   售机票第 1 号
Thread-1   售机票第 5 号
Thread-1   售机票第 4 号
Thread-1   售机票第 3 号
Thread-1   售机票第 2 号
Thread-1   售机票第 1 号
```

从程序的运行结果可看到，虽然每次运行的结果可能不同，但每张机票均被卖了 3 次，即 3 个线程各自卖了 10 张机票，而不是去卖共同的 10 张机票。为什么会这样呢？由于需要的是多个线程去处理同一资源——机票 tickets，一个资源只能对应一个对象，在上面程序中的第 21~23 行分别创建了 3 个 ThreadSale 线程对象，而每个线程都拥有各自的方法和变量，且每个线程对象均可以独立地从 CPU 那里得到可执行的时间片，其结果是虽然方法是相同的,但变量 tickets 却不是共享的而是各有 10 张机票,每个线程都在独立地处理各自的资源,因而结果会是各卖出 10 张机票,与原意相悖。下面的例子就改正了这个错误。

【例 11.5】 用 Runnable 接口程序来模拟航班售票系统,利用同一可运行对象实现 3 个售票窗口发售某次航班的 10 张机票,一个售票窗口用一个线程来表示。

```
1   //filename: App11_5.java
2   class ThreadSale implements Runnable      //创建 Runnable 接口类,模拟航班售票窗口
3   {
4     private int tickets = 10;               //私有变量 tickets 代表机票数,是共享数据
5     public void run()
6     {
7       while(true)
8       {
9         if(tickets > 0)
10          System.out.println(Thread.currentThread().getName() +
11                     "售机票第" + tickets--+"号");
12        else
13          System.exit(0);
14      }
15    }
16  }
17  public class App11_5    //再构造另一个类,在它的 main()方法中创建并启动 3 个线程对象
18  {
19    public static void main(String[] args)
20    {
21      ThreadSale t = new ThreadSale();           //创建可运行对象 t
22      Thread t1 = new Thread(t,"第 1 售票窗口"); //用同一可运行对象 t 作为参数创建 3 个
23      Thread t2 = new Thread(t,"第 2 售票窗口"); //线程,第二个参数为线程名
24      Thread t3 = new Thread(t,"第 3 售票窗口");
25      t1.start();
26      t2.start();
27      t3.start();
28    }
29  }
```

该程序的某次运行结果如下:

第 1 售票窗口售机票第 10 号
第 3 售票窗口售机票第 9 号
第 2 售票窗口售机票第 8 号
第 1 售票窗口售机票第 7 号
第 3 售票窗口售机票第 6 号
第 3 售票窗口售机票第 3 号
第 3 售票窗口售机票第 2 号
第 2 售票窗口售机票第 5 号
第 1 售票窗口售机票第 4 号
第 3 售票窗口售机票第 1 号

该程序的第 22~24 行创建了 3 个线程,虽然这 3 个线程都可以独立地从 CPU 那里获得可执行的时间片,但它们各自的执行部分却是同一个可运行对象 t 中的内容,即每个线程

调用的是同一个 ThreadSale 对象中的 run()方法，访问的是同一个对象中的变量 tickets，这种情况下变量 tickets 才是共享的资源。尽管每次运行的结果可能不同，但每张票只售出一张，即 3 个窗口共同售这 10 张票，因此，这个程序满足要求。

通过上面两个例子的比较可知，Runnable 接口适合处理多线程访问同一资源的情况，并且可以避免由于 Java 语言的单继承性带来的局限。

11.3 多线程的同步控制

在前面所介绍的线程中，线程功能简单，每个线程都包含了运行时所需要的数据或方法。这样的线程在运行时，因不需要外部的数据或方法，就不必关心其他线程的状态或行为，称这样的线程为独立的、不同步的或是异步执行的。当应用问题的功能增强、关系复杂，存在多个线程之间共享数据时，若线程仍以异步方式访问共享数据，有时是不安全或不符合逻辑的。此时，当一个线程对共享的数据进行操作时，应使之成为一个"原子操作"，即在没有完成相关操作之前，不允许其他线程打断它，否则就会破坏数据的完整性，必然会得到错误的处理结果，这就是线程的同步。同步与共享数据是有区别的，共享是指线程之间对内存数据的共享，因为线程共同拥有对内存空间中数据的处理权力，这样会导致因为多个线程同时处理数据而使数据出现不一致，所以提出同步解决此问题，即同步是在共享的基础之上，是针对多个线程共享会导致数据不一致而提出来的。那么是否可以像例 11.5 那样利用 Runnable 接口解决同步问题？也不可以。因为线程可能处于阻塞，一旦出现阻塞状态，CPU 就会交给其他线程，其他线程就会对内存数据进行修改。所以说被多个线程共享的数据在同一时刻只允许一个线程处于操作之中，这就是同步控制中的"线程间互斥"问题。

这与前面介绍的并发多线程并不矛盾，这里同步指的是处理数据的线程不能处理其他线程当前还没有处理结束的数据，但是可以处理其他的数据。由此可知，如果对共享数据处理不当就可能会造成程序运行的不确定性和其他错误。下面是模拟两个用户从银行取款的操作而造成数据混乱的一个例子。

【例 11.6】 设计一个模拟用户从银行取款的应用程序。设某银行账户存款额的初值是 2000 元，用线程模拟两个用户分别从银行取款的情况。两个用户分 4 次分别从银行的同一账户取款，每次取 100 元。

```
1    //filename: App11_6.java
2    class Mbank                                    //模拟银行账户类
3    {
4      private static int sum = 2000;               //初始存款额为 2000
5      public static void take(int k)
6      {
7        int temp = sum;
8        temp -= k;                                  //变量 temp 中保存的是每个线程处理的值
9        try{Thread.sleep((int)(1000 * Math.random()));}
10       catch(InterruptedException e){ }
11       sum = temp;
12       System.out.println("sum = " + sum);
13     }
14   }
```

```
15    class Customer extends Thread              //模拟用户取款的线程类
16    {
17      public void run()
18      {
19        for(int i = 1;i < = 4;i++)
20          Mbank.take(100);
21      }
22    }
23    public class App11_6                       //调用线程的主类
24    {
25      public static void main(String[ ] args)
26      {
27        Customer c1 = new Customer();
28        Customer c2 = new Customer();
29        c1.start();
30        c2.start();
31      }
32    }
```

程序的运行结果如下：

sum = 1900
sum = 1800
sum = 1900
sum = 1700
sum = 1800
sum = 1600
sum = 1700
sum = 1600

该程序的本意是通过两个线程分多次从一个共享变量中减去一定数值，以模拟两个用户从银行取款的操作。第 2～14 行定义的类 Mbank 用来模拟银行账户，其中第 4 行定义的静态变量 sum 表示账户现有存款额，表示要从中取款，第 5 行定义的静态方法 take()中的参数 k 表示每次的取款数。为了模拟银行取款过程中的网路阻塞，第 9 行让系统睡眠一个随机时间段，再来显示最新存款额。第 15～22 行定义的类 Customer 是模拟用户取款的线程类，在 run()方法中，通过循环 4 次调用 Mbank 类的静态方法 take()，从而实现分 4 次从存款额中取出 400 元的功能。第 23～32 行定义的 App11_6 类创建且启动两个 Customer 类的线程对象，模拟两个用户从同一账户中取款。

账户现有存款额 sum 的初值是 2000 元，如果每个用户各取出 400 元，存款额的最后余额应该是 1200 元。但程序的运行结果却并非如此，并且运行结果是随机的，每次可能互不相同。

之所以会出现这种结果，是由于线程 c1 和 c2 的并发运行引起的。例如，当 c1 从存款额 sum 中取出 100 元，c1 中的临时变量 temp 的初始值是 2000，则将 temp 的值改变为 1900，在将 temp 的新值写回 sum 之前，c1 休眠了一段时间。正在 c1 休眠的这段时间内，c2 来读取 sum 的值，其值仍然是 2000，然后将 temp 的值改变为 1900，在将 temp 的新值写回 sum 之前，c2 休眠了一段时间。这时，c1 休眠结束，将 sum 更改为其 temp 的值 1900，并输出 1900。接着进行下一轮循环，将 sum 的值改为 1800，并输出后再继续循环，在将 temp 的值改变为 1700 之后，还未来得及将 temp 的新值写回 sum 之前，c1 进入休眠状态。这时，c2 休眠结束，将它的 temp 的值 1900 写入 sum 中，并输出 sum 的现在值 1900。如此继续，直到每个线程结束，出现了和原来设想不相符的结果。

该程序出现错误结果的原因是两个并发线程共享同一内存变量所引起的。后一线程对变量的更改结果覆盖了前一线程对变量的更改结果，造成数据混乱。通过分析上面的例子发现，上述错误是因为在线程执行过程中，在执行有关的若干个动作时，没有能够保证独占相关的资源，而是在对该资源进行处理时又被其他线程的操作打断或干扰而引起的。因此，要防止这样的情况发生，就必须保证线程在一个完整的操作所有动作的执行过程中，都占有相关资源而不被打断，这就是线程同步的概念。

在并发程序设计中，对多线程共享的资源或数据称为临界资源或同步资源，而把每个线程中访问临界资源的那一段代码称为临界代码或临界区。简单地说，在一个时刻只能被一个线程访问的资源就是临界资源，而访问临界资源的那段代码就是临界区。临界区必须互斥地使用，即一个线程执行临界区中的代码时，其他线程不准进入临界区，直至该线程退出为止。为了使临界代码对临界资源的访问成为一个不可被中断的原子操作，Java 技术利用对象"互斥锁"机制来实现线程间的互斥操作。在 Java 语言中每个对象都有一个"互斥锁"与之相连。当线程 A 获得了一个对象的互斥锁后，线程 B 若也想获得该对象的互斥锁，就必须等待线程 A 完成规定的操作并释放出互斥锁后，才能获得该对象的互斥锁，并执行线程 B 中的操作。一个对象的互斥锁只有一个，所以利用对一个对象互斥锁的争夺，可以实现不同线程的互斥效果。当一个线程获得互斥锁后，则需要该互斥锁的其他线程只能处于等待状态。在编写多线程的程序时，利用这种互斥锁机制，就可以实现不同线程间的互斥操作。

为了保证互斥，Java 语言使用 synchronized 关键字来标识同步的资源，这里的资源可以是一种类型的数据，也就是对象，也可以是一个方法，还可以是一段代码。Synchronized 直译为同步，但实际指的是互斥。synchronized 的用法如下。

格式一：同步语句。

```
Synchronized(对象)
{
    临界代码段
}
```

其中，"对象"是多个线程共同操作的公共变量，即需要锁定的临界资源，它将被互斥地使用。

格式二：同步方法。

```
public synchronized 返回类型 方法名()
{
    方法体
}
```

同步方法的等效方式如下：

```
public 返回类型 方法名()
{
    synchronized(this)
```

```
   {
     方法体
   }
}
```

synchronized 的功能是：首先判断对象或方法的互斥锁是否在，若在就获得互斥锁，然后就可以执行紧随其后的临界代码段或方法体；如果对象或方法的互斥锁不在（已被其他线程拿走），就进入等待状态，直到获得互斥锁。

注意：当被 synchronized 限定的代码段执行完，就自动释放互斥锁。

【例 11.7】 修改例 11.6，用线程同步的方法设计用户从银行取款的应用程序。

```
1    //filename: App11_7.java
2    class Mbank                                    //模拟银行账户类
3    {
4      private static int sum = 2000;
5      public synchronized static void take(int k)  //限定take()为同步方法
6      {
7        int temp = sum;
8        temp -= k;                                 //变量temp中保存的是每个线程处理的值
9        try{Thread.sleep((int)(1000 * Math.random()));}
10       catch(InterruptedException e){ }
11       sum = temp;
12       System.out.println("sum = " + sum);
13     }
14   }
15   class Customer extends Thread                  //模拟用户取款的线程类
16   {
17     public void run()
18     {
19       for(int i = 1; i <= 4; i++)
20         Mbank.take(100);
21     }
22   }
23   public class App11_7                           //调用线程的主类
24   {
25     public static void main(String[] args)
26     {
27       Customer c1 = new Customer();
28       Customer c2 = new Customer();
29       c1.start();
30       c2.start();
31     }
32   }
```

该程序的运行结果如下：

```
sum = 1900
sum = 1800
sum = 1700
sum = 1600
```

```
sum = 1500
sum = 1400
sum = 1300
sum = 1200
```

从该程序的运行结果可以看出，其结果是正确的。该程序只是将例 11.6 中的第 5 行改成：

```
public synchronized static void take(int k)
```

即将 take()方法用 synchronized 关键字修饰成线程同步方法。由于对 take()方法增加了同步限制，所以在线程 c1 结束 take()方法运行之前，线程 c2 无法进入 take()方法。同理，在线程 c2 结束 take()方法运行之前，线程 c1 无法进入 take()方法，从而避免了一个线程对 sum 变量的修改结果覆盖另一线程对 sum 变量的修改结果。

下面对 synchronized 做进一步说明。

（1）synchronized 锁定的通常是临界代码。由于所有锁定同一个临界代码的线程之间在 synchronized 代码块上是互斥的，也就是说，这些线程的 synchronized 代码块之间是串行执行的，不再是互相交替穿插并发执行，因而保证了 synchronized 代码块操作的原子性。

（2）synchronized 代码块中的代码数量越少越好，包含的范围越小越好，否则就会失去多线程并发执行的很多优势。

（3）若两个或多个线程锁定的不是同一个对象，则它们的 synchronized 代码块可以互相交替穿插并发执行。

（4）所有的非 synchronized 代码块或方法，都可自由调用。如线程 A 获得了对象的互斥锁，调用对象的 synchronized 代码块，其他线程仍然可以自由调用该对象的所有非 synchronized 方法和代码。

（5）任何时刻，一个对象的互斥锁只能被一个线程所拥有。

（6）只有当一个线程执行完它所调用对象的所有 synchronized 代码块或方法时，该线程才会释放这个对象的互斥锁。

（7）临界代码中的共享变量应定义为 private 型。否则，其他类的方法可能直接访问和操作该共享变量，这样 synchronized 的保护就失去了意义。

（8）由于(7)的原因，只能用临界代码中的方法访问共享变量。故锁定的对象通常是 this，即通常格式都是：

```
synchronized(this){ … }
```

（9）一定要保证，所有对临界代码中共享变量的访问与操作均在 synchronized 代码块中进行。

（10）对于一个 static 型的方法，即类方法，要么整个方法是 synchronized，要么整个方法不是 synchronized。

（11）如果 synchronized 用在类声明中，则表示该类中的所有方法都是 synchronized 的。

11.4 线程之间的通信

多线程的执行往往需要相互之间的配合。为了更有效地协调不同线程的工作,需要在线程间建立沟通渠道,通过线程间的"对话"来解决线程间的同步问题,而不仅仅是依靠互斥机制。例如,当一个人在排队买面包时,若她给售卖员的不是零钱,而售卖员又没有零钱找给她,那她就必须等待,并允许她后面的人先买,以便售卖员获得零钱找给她。如果她后面的这个人仍没零钱,那么她俩都必须等待,并允许后面的人先买。

java.lang.Object 类的 wait()、notify() 和 notifyAll() 等方法为线程间的通信提供了有效手段。表 11.3 列出了 Object 类中用于线程间通信的常用方法。

表 11.3 Object 类中用于线程间通信的常用方法

常 用 方 法	功 能 说 明
public final void wait()	如果一个正在执行同步代码(synchronized)的线程 A 执行了 wait() 调用(在对象 x 上),该线程暂停执行而进入对象 x 的等待队列,并释放已获得的对象 x 的互斥锁。线程 A 要一直等到其他线程在对象 x 上调用 notify() 或 notifyAll() 方法,才能够在重新获得对象 x 的互斥锁后继续执行(从 wait() 语句后继续执行)
public void notify()	唤醒正在等待该对象互斥锁的第一个线程
public void notifyAll()	唤醒正在等待该对象互斥锁的所有线程,具有最高优先级的线程首先被唤醒并执行

注意:对于一个线程,若基于对象 x 调用 wait()、notify() 或 notifyAll() 方法,该线程必须已经获得对象 x 的互斥锁。换句话说,wait()、notify() 和 notifyAll() 只能在同步代码块里调用。

需要说明的是,sleep() 方法和 wait() 方法一样,都能使得线程阻塞,但这两个方法是有区别的,wait() 方法在放弃 CPU 资源的同时交出了资源的控制权,而 sleep() 方法则无法做到这一点。

当一个线程使用的同步方法中用到某个变量,而该变量又需要其他线程修改后才能符合本线程的需要时,可以在同步方法中使用 wait() 方法。wait() 方法将中断线程的执行,暂时让出 CPU 的使用权,使本线程转入阻塞状态,并允许其他线程使用这个同步方法。当调用 wait() 方法的线程所需的条件满足后,应确保其他线程会调用 notify() 或 notifyAll() 方法通知一个或所有由于使用这个同步方法而处于阻塞状态的线程结束等待,进入就绪状态,曾中断的线程就会从刚才的中断处继续执行这个同步方法。

下面通过一个例子说明 wait() 和 notify() 方法的应用。

【例 11.8】 用两个线程模拟存票、售票过程,但要求每存入一张票,就售出一张票,售出后,再存入,直至售完为止。

```
1    //filename: App11_8.java
2    public class App11_8
3    {
```

```java
4    public static void main(String[] args)
5    {
6      Tickets t = new Tickets(10);            //新建一个票类对象t,总票数作为参数
7      new Producer(t).start();                //以票类对象t为参数创建存票线程对象,并启动
8      new Consumer(t).start();                //以同一票类对象t为参数创建售票线程对象,并启动
9    }
10 }
11 class Tickets                               //票类
12 {
13   protected int size;                       //总票数
14   int number = 0;                           //票号
15   boolean available = false;                //表示当前是否有票可售
16   public Tickets(int size)                  //构造方法,传入总票数参数
17   {
18     this.size = size;
19   }
20   public synchronized void put()            //同步方法,实现存票功能
21   {
22     if(available)                           //如果还有存票待售,则存票线程等待
23       try{wait(); }
24       catch(Exception e){ }
25     System.out.println("存入第【" + (++number) + "】号票");
26     available = true;
27     notify();                               //存票后唤醒售票线程开始售票
28   }
29   public synchronized void sell()           //同步方法,实现售票功能
30   {
31     if(!available)                          //如果没有存票,则售票线程等待
32       try{wait(); }
33       catch(Exception e){ }
34     System.out.println("售出第【" + (number) + "】号票");
35     available = false;
36     notify();                               //售票后唤醒存票线程开始存票
37     if(number == size) number = size + 1;   //在售完最后一张票后,设置一个结束标志
38     //number > size 表示售票结束
39   }
40 }
41 class Producer extends Thread               //存票线程类
42 {
43   Tickets t = null;
44   public Producer(Tickets t)                //构造方法,使两线程共享票类对象
45   {
46     this.t = t;
47   }
48   public void run()
49   {
50     while(t.number < t.size)
51       t.put();
52   }
53 }
54 class Consumer extends Thread               //售票线程类
```

```
55    {
56       Tickets t = null;
57       public Consumer(Tickets t)
58       {
59          this.t = t;
60       }
61       public void run()
62       {
63          while(t.number <= t.size)
64             t.sell();
65       }
66    }
```

程序运行结果如下：

存入第【1】号票
售出第【1】号票
存入第【2】号票
售出第【2】号票
存入第【3】号票
售出第【3】号票
存入第【4】号票
售出第【4】号票
存入第【5】号票
售出第【5】号票
存入第【6】号票
售出第【6】号票
存入第【7】号票
售出第【7】号票
存入第【8】号票
售出第【8】号票
存入第【9】号票
售出第【9】号票
存入第【10】号票
售出第【10】号票

该程序的第 14 行定义的变量 number 表示当前是第几号票；第 15 行定义的 boolean 型变量 available 用于表示当前是否有票可售。当 Consumer 线程售出票后，available 值变为 false，当 Producer 线程放入票后，available 值变为 true。只有 available 为 true 时，Consumer 线程才能售票，否则就必须等待 Producer 线程放入新的票后的通知；反之，只有 available 为 false 时，Producer 线程才能放票，否则必须等待 Consumer 线程售出票后的通知。

本章小结

1. 线程（thread）是指程序的运行流程。多线程机制可以同时运行多个程序块，使程序运行的效率变得更高，也可以克服传统程序语言所无法设计的问题。

2. 多任务与多线程是两个不同的概念。多任务是针对操作系统而言的，表示操作系统可以同时运行多个应用程序；而多线程是针对一个程序而言的，表示在一个程序内部可以同时执行多个线程。

3. 创建线程有两种方法：一种是继承 java.lang 包中的 Thread 类；另一种是用户在定义自己的类中实现 Runnable 接口。

4. run()方法给出了线程要执行的任务。若是派生自 Thread 类，必须把线程的程序代码编写在 run()方法内，实现覆盖操作；若是实现 Runnable 接口，必须在实现 Runnable 接口的类中定义 run()方法。

5. 如果在类中要激活线程，必须先做好下列两件事情：①此类必须是派生自 Thread 类或实现 Runnable 接口，使自己成为它的子类；②线程的任务必须写在 run()方法内。

6. 每一个线程，在其创建和消亡之前，均会处于下列五种状态之一：新建状态、就绪状态、运行状态、阻塞状态和消亡状态。

7. 阻塞状态的线程一般情况下可由下列情况所产生：(1)该线程调用对象的 wait()方法；(2)该线程本身调用了 sleep()方法；(3)该线程和另一个线程 join()在一起；(4)有优先级更高的线程处于就绪状态。

8. 解除阻塞的原因有：(1)如果线程是由调用对象的 wait()方法所阻塞的，则该对象的 notify()方法被调用时可解除阻塞；(2)线程进入睡眠(sleep)状态，但指定的睡眠时间到了。

9. Thread 类中的 sleep()方法可以用来控制线程睡眠时间，睡眠时间的长短全由 sleep()方法中的参数而定，单位为 1/1000s。

10. 线程在运行时，因不需要外部的数据或方法，就不必关心其他线程的状态或行为，这样的线程称为独立、不同步的或是异步执行的。

11. 被多个线程共享的数据在同一时刻只允许一个线程处于操作之中，这就是同步控制。

12. 当一个线程对共享的数据进行操作时，在没有完成相关操作之前，应使之成为一个"原子操作"，即不允许其他线程打断它，否则可能会破坏数据的完整性，而得到错误的处理结果。

13. synchronized 锁定的是一个具体对象，通常是临界区对象。所有锁定同一个对象的线程之间，在 synchronized 代码块上是互斥的，也就是说，这些线程的 synchronized 代码块之间是串行执行的，不再是互相交替穿插并发执行，因而保证了 synchronized 代码块操作的原子性。

14. 由于所有锁定同一个对象的线程之间，在 synchronized 代码块上是互斥的，这些线程的 synchronized 代码块之间是串行执行的，故 synchronized 代码块中的代码数量越少越好，包含的范围越小越好，否则多线程就会失去很多并发执行的优势。

15. 任何时刻，一个对象的互斥锁只能被一个线程所拥有。

16. 只有当一个线程执行完它所调用对象的所有 synchronized 代码块或方法时，该线程才会自动释放这个对象的互斥锁。

17. 一定要保证，所有对临界区共享变量的访问与操作均在 synchronized 代码块中进行。

第 11 章习题

11.1　简述线程的基本概念。程序、进程、线程的关系是什么？

11.2　什么是多线程？为什么程序的多线程功能是必要的？

11.3　多线程与多任务的差异是什么？

11.4　线程有哪些基本状态？这些状态是如何定义的？

11.5　Java 程序实现多线程有哪两个途径？

11.6　在什么情况下，必须以类实现 Runnable 接口来创建线程？

11.7　什么是线程的同步？程序中为什么要实现线程的同步？是如何实现同步的？

11.8　假设某家银行可接受顾客的存款，每进行一次存款，便可计算出存款的总额。现有两名顾客，每人分三次，每次存入 100 元钱。试编程来模拟顾客的存款操作。

第 12 章 泛型与容器类

本章主要内容：
- 类型参数；
- 泛型类、泛型方法和泛型接口；
- 泛型限制和泛型通配符；
- 容器的遍历（也称迭代）；
- 列表接口 List 及两个实现类：线性表类 LinkedList 和数组列表类 ArrayList；
- 集合接口 Set 及两个实现类：哈希集合类 HashSet 和树集合类 TreeSet；
- 映射接口 Map 及两个实现类：哈希映射类 HashMap 和树映射类 TreeMap。

泛型是 JDK 5 开始引入的新特性。泛型技术可以通过一种类型或方法操纵各种不同类型的对象，同时又提供了编译时的类型安全保证。容器（即集合）则是以类库形式提供的多种数据结构，用户在编程时可直接使用。泛型通常（但不限于）与容器一起使用。

12.1 泛型

泛型其实质就是将数据的类型参数化。通过为类、接口及方法设置类型参数来定义泛型。泛型使一个类或一个方法可在多种不同类型的对象上进行操作。运用泛型意味着编写的代码可以被很多类型不同的对象所重用，从而减少数据类型转换的潜在错误。引入泛型后，为了兼容已有代码，JDK 5 之后的编译器并不认为不使用泛型的代码存在语法错误，只不过在编译时会给出一些警告信息，提醒用户"使用了 raw(原始的)类型"，但代码还是可运行的。

12.1.1 泛型的概念

在第 8 章中我们介绍过 java.lang.Object 类是最上层的类，它是所有类的父类。所以很多程序员为了让程序通用，编写代码时通常使传入的值与返回的值都以 Object 类型为主，当需要使用相应实例时，必须正确地将该实例转换为原来的类型，否则在程序运行时将会发生类型强制转换异常：ClassCastException，因此该方式存在安全隐患。有了泛型技术后，这种问题得到了很好的解决。使用泛型的主要优点是能够在编译时而不是在运行时检测出错误。泛型实际上是在定义类、接口或方法时通过为其增加"类型参数"来实现的。即泛型所操作的数据类型被指定为一个参数，这个参数被称为类型参数（type parameters），所以说，泛型的实质是将数据的类型参数化。当这种类型参数用在类、接口以及方法的声明中时,则分别称为泛型类、泛型接口和泛型方法。其定义的格式是在一般类、一般接口和一般方法定义的基础上加一个或多个用尖括号括起来的"类型参数"实现的,类型参数其实就是一种"类型形式参数"。按通常的惯例,用 T 或 E 这样的单个大写字母来表示类型参数。泛型类的定义是在类名后面加上<T>,泛型接口的定义是在接口名后面加上<T>,而泛型方法的定义是在方法的返回值类型前面加上<T>,其头部定义分别如下。

泛型类的定义:[修饰符] class 类名<T>

泛型接口的定义:[public] interface 接口名<T>

泛型方法的定义:[public][static]<T>返回值类型方法名(T 参数)

定义泛型之后,就可以在代码中使用类型参数 T 来表示某一种数据的类型而非数据的值,即 T 可以看作是泛型类的一种"类型形式参数"。在定义类型参数后,就可以在类体或接口体中定义的各个部分直接使用这些类型参数。而在应用这些具有泛型特性的类或接口时,需要指明实际的具体类型,即用"类型实际参数"来替换"类型形式参数",也就是说用泛型类创建的对象就是在类体内的每个类型参数 T 处分别用这个具体的实际类型替代。泛型的实际参数必须是类类型,利用泛型类创建的对象称为泛型对象,这个过程也称为泛型实例化。所以说泛型的概念实际上是基于"类型也可以像变量一样实现参数化"这一简单的设计理念实现的,因此泛型也称为参数多态。

12.1.2 泛型类及应用

在使用泛型定义的类创建对象时,即在泛型实例化时,可以根据不同的需求给出类型参数 T 的具体类型。而在调用泛型类的方法传递或返回数据类型时可以不用进行类型转换,而是直接用 T 作为类型来代替参数类型或返值的类型。

说明: 在实例化泛型类的过程中,实际类型必须是引用类型,即必须是类类型,不能用如 int、double 或 char 等这样的基本类型来替换类型参数 T。

【例 12.1】 泛型类的定义及应用。

```
1    //filename: App12_1.java        泛型类的应用
2    public class App12_1<T>         //定义泛型类,T 是类型参数
3    {
4      private T obj;                //定义泛型类的成员变量
5      public T getObj()             //定义泛型类的方法 getObj()
6      {
7        return obj;
8      }
9      public void setObj(T obj)     //定义泛型类的方法 setObj()
10     {
11       this.obj = obj;
12     }
13     public static void main(String[] args)
14     {
15       App12_1<String> name = new App12_1<String>();    //创建 App12_1<String>型对象
16       App12_1<Integer> age = new App12_1<Integer>();   //创建 App12_1<Integer>型对象
17       name.setObj("陈  磊");
18       String newName = name.getObj();
```

```
19        System.out.println("姓名: " + newName);
20        age.setObj(25);              //Java 自动将 25 包装为 new Integer(25)
21        int newAge = age.getObj();   //Java 将 Integer 类型自动解包成 int 类型
22        System.out.println("年龄: " + newAge);
23    }
24 }
```

程序运行结果如下：

姓名：陈　磊
年龄：25

该程序第 2 行定义的类 App12_1＜T＞是泛型类，其中尖括号里的 T 就是类型参数，它相当于是类的"类型形式参数"，因类型参数所表示的数据类型不是固定的，所以 T 可代表任意一种数据类型，并可用该类型来声明类成员变量、成员方法的参数或返回值等。第 4 行定义的成员变量 obj 的类型被指定为类型参数 T。第 5 行定义的方法的返回值和第 9 行定义的方法的参数等也均被指定为类型参数 T。在第 15 行使用泛型类 App12_1＜String＞创建泛型对象 name 时，则是使用 String 来代替类型参数 T，String 相当于类型实参，即类型参数由实际对象的类型决定，因此凡是在类体中出现 T 的地方均被替换成 String。同理，第 16 行创建泛型对象 age 时使用实际类型 Integer 来替代泛型类中的类型参数 T，所以若将第 20 行语句改为 age.setObj(25.0)时，则在编译时就会因为类型不对而报错，因 25.0 不是整数。

注意：在 JDK 5 中新增了自动包装和自动解包功能。当编译器发现程序在应该使用包装类对象的地方却使用基本数据类型的数据时，编译器将自动把该数据包装为该基本类型对应的包装类的对象，这个过程称为自动包装。如类型参数 T 所接收的是 int、double 或 char 等基本类型时，T 所代表的类型自动包装成 Integer、Double 或 Character 等类型，如例 12.1 中的第 20 行语句；相反，当编译器发现在应该使用基本类型数据的地方却使用了包装类的对象，则会把该包装类对象解包，从中取出所包含的基本类型数据，这个过程称为自动解包。如一个对象是包装类型 Integer、Double 或 Character 等类型时，那么可直接将这个元素赋给一个基本类型的变量，如例 12.1 中的第 21 行语句。

通过该例可以看出，泛型的定义并不复杂，可以将 T 看作是一种特殊的变量，该变量的"值"在创建泛型对象时指定，它可以是除了基本类型之外的任意类型，包括类、接口，甚至可以是一个类型变量。

说明：当一个泛型有多个类型参数时，每个类型参数在该泛型中都应该是唯一的。如不能定义形如 Map＜K,K＞形式的泛型，但可以定义 Map＜K,V＞形式的泛型。

12.1.3　泛型方法

前面讲述了如何声明泛型类，还可以使用类型参数声明泛型方法。一个方法是否是泛型方法与其所在的类是否是泛型类没有关系。要定义泛型方法，只需将泛型的类型参数 T 置于方法返回值类型前即可。在 Java 中任何方法（包括静态方法和构造方法）都可声明为泛型方法。泛型方法除了定义不同，调用时与普通方法一样。

【**例 12.2**】　泛型方法的应用。

```
1   //filename: App12_2.java
2   public class App12_2                    //定义一般类,即非泛型类
3   {
4     public static void main(String[] args)
5     {
6       Integer[] num = {1,2,3,4,5};   //定义数组
7       String[] str = {"红","橙","黄","绿","青","蓝","紫"};
8       App12_2.display(num);          //用类名调用静态泛型方法
9       App12_2.display(str);
10    }
11    public static <E> void display(E[] list)    //定义泛型方法,E为类型参数
12    {
13      for(int i = 0;i < list.length;i++)
14        System.out.print(list[i] + "  ");
15      System.out.println();
16    }
17  }
```

该程序运行结果如下:

1 2 3 4 5
红 橙 黄 绿 青 蓝 紫

该程序定义的类 App12_2 不是泛型类,但该类内的第 11~16 行却定义了一个泛型方法 display(),所以在返回值类型前给出一个类型参数 E。同样,该方法的参数接收的是 E 类型的数组,而方法体则是输出参数 list 接收的数组的每个元素。

说明:在调用泛型方法时,为了强调是泛型方法,也可将实际类型放在尖括号内作为方法名的前缀。如例 12.2 中的第 8、9 两行可分别改为 App12_2.<Integer>display(num)和 App12_2.<String>display(str)。

一般来说编写 Java 泛型方法时,返回值类型和至少一个参数类型应该是泛型,而且类型应该是一致的,如果只有返回值类型或参数类型之一使用了泛型,这个泛型方法的使用就大大地受限制,基本限制到跟不用泛型一样的程度。所以推荐使用返回值类型和参数类型一致的泛型方法。Java 泛型方法广泛使用在方法返回值和参数均是容器类对象时。

注意:若泛型方法的多个形式参数使用了相同的类型参数,并且对应的多个类型实参具有不同的类型,则编译器会将该类型参数指定为这多个类型实参所具有的"最近"共同父类直至 Object。

说明:一个 static 方法,无法访问泛型类的类型参数,所以如果 static 方法需要使用泛型能力,必须使其成为泛型方法。

当使用泛型类时,必须在创建泛型对象的时候指定类型参数的实际值,而调用泛型方法时,通常不必指明参数的类型,因为编译器有个功能为类型参数推断,此时编译器会找出具体的类型。类型推断只对赋值操作有效,其他时候并不起作用。

【例 12.3】 在泛型类中定义泛型方法,然后分别输出泛型类的类型参数和泛型方法的类型参数所属的类。这也说明类的类型参数与泛型方法的类型参数是不同的。

```
1   //filename: App12_3.java        在泛型类中定义泛型方法
2   class GenMet<T>                 //定义泛型类
```

```
3   {
4      private T t;                         //定义泛型变量
5      public T getObj()                    //定义泛型类的方法 getObj()
6      {
7        return t;
8      }
9      public void setObj(T t)              //定义泛型类的方法 setObj()
10     {
11        this.t = t;
12     }
13     public <U> void display(U u)         //定义泛型方法
14     {
15        System.out.println("泛型类的类型参数 T: " + t.getClass().getName());
16        System.out.println("泛型方法的类型参数 U: " + u.getClass().getName());
17     }
18   }
19   public class App12_3
20   {
21      public static void main(String[] args)
22      {
23        GenMet < Integer > gen = new GenMet < Integer >();   //创建泛型对象
24        gen.setObj(5);
25        System.out.println("第一次输出：");
26        gen.display("我是文本");                            //用字符串调用泛型方法
27        System.out.println("第二次输出：");
28        gen.display(8.0);                                    //用实数调用泛型方法
29     }
30   }
```

该程序的运行结果如下：

第一次输出：
泛型类的类型参数 T: java.lang.Integer
泛型方法的类型参数 U: java.lang.String
第二次输出：
泛型类的类型参数 T: java.lang.Integer
泛型方法的类型参数 U: java.lang.Double

该程序的第 2～18 行定义了具有类型参数 T 的泛型类,其中第 13～17 行定义了具有类型参数 U 的泛型方法 display()。该方法分别输出类的类型参数 T 和泛型方法的类型参数 U 的类型。第 26 行调用泛型方法 display(),参数接收的是字符串型的量,而第 28 行调用泛型方法 display()时,参数接收的 Double 型的数据。

从泛型方法的调用可以看出,在调用泛型方法 display()时,并没有显式地传入实参的类型,而是像普通方法调用一样用实参的值去调用该方法。这就是 Java 编译器的类型参数推断,它会根据调用方法时实参的类型,推断得出被调用方法类型参数的具体类型,并据此检查方法调用中类型的正确性。

设计泛型方法的目的主要是针对具有容器类型参数的方法的。如果编写的代码并不接受和处理容器类型,就根本不需要使用泛型方法(容器类型见 12.2 节)。

泛型方法与泛型类之间的一个重要区别是：对于泛型方法，不需要把实际的类型传递给泛型方法；但泛型类却恰恰相反，即必须把实际的类型参数传递给泛型类。

12.1.4 限制泛型的可用类型

在定义泛型类时，默认可以使用任何类型来实例化一个泛型类对象，但 Java 语言也可以在用泛型类创建对象时对数据类型做出限制。其语法如下：

```
class ClassName< T extends anyClass >
```

其中，anyClass 是指某个类或接口。

该语句表示 T 是 ClassName 类的类型参数，且 T 有一个限制，即 T 必须是 anyClass 类或是继承了 anyClass 类的子类或是实现了 anyClass 接口的类。这意味着当用该类创建对象时，类型实际参数必须是 anyClass 类或其子类或是实现了 anyClass 接口的类，且无论 anyClass 是类或接口，在进行泛型限制时都必须使用 extends 关键字。

注意：对于实现了某接口的有限制泛型，也是用 extends 关键字，而不是用 implements 关键字。

【例 12.4】 有限制的泛型类。

```
1    //filename: App12_4.java
2    class GeneralType< T extends Number >        //类型参数 T 必须是 Number 类或是其子类
3    {
4      T obj;
5      public GeneralType(T obj)                  //定义泛型类的构造方法
6      {
7        this.obj = obj;
8      }
9      public T getObj()                          //定义泛型类的方法
10     {
11       return obj;
12     }
13   }
14   public class App12_4                         //定义主类 App12_4
15   {
16     public static void main(String[ ] args)
17     {
18       GeneralType< Integer > num = new GeneralType< Integer >(5);   //创建泛型对象 num
19       System.out.println("给出的参数是：" + num.getObj());
20       //下面的两行语句是非法的，因实际参数 String 不是 Number 或 Number 的子类
21       //GeneralType< String > s = new GeneralType< String >("Hello");
22       //System.out.println("给出的参数是：" + s.getObj());
23     }
24   }
```

该程序的运行结果如下：

给出的参数是：5

该例中在定义泛型类 GeneralType 时限制了类型参数 T 只能是 Number 或 Number 的

子类,所以第 21 行创建 GeneralType＜String＞s 是非法的,第 22 行也是无法执行的。但如果将第 2 行的＜T extends Number＞改为＜T extends String＞,则第 21、22 行则是正确的,但第 18、19 两行就成为非法的了。

在使用＜T extends anyClass＞定义泛型类时,若 anyClass 是接口,那么在创建泛型对象时,若给出的类型实参不是实现接口 anyClass 的类,则编译不能通过。例如我们定义了泛型类 class ListGeneral＜T extends List＞,因 List 是接口,所以在用该类创建泛型对象时的实际参数必须是实现 List 接口的类。已知 java.util.LinkedList 与 java.util.ArrayList 均是实现了接口 java.util.List 的类,所以下列语句是正确的。

```
ListGeneral<LinkedList> x = new ListGeneral<LinkedList>();
ListGeneral<ArrayList> y = new ListGeneral<ArrayList>();
```

但由于 HashMap 没有实现 List 接口。所以下列语句是错误的。

```
ListGeneral<HashMap> z = new ListGeneral<HashMap>();
```

说明:在定义泛型类时若没有使用 extends 关键字限制泛型的类型参数时,默认是 Object 类下的所有子类,即＜T＞和＜T extends Object＞是等价的。

在 8.1.3 节中介绍过,Java 中父类的对象可以指向子类的对象,因为子类被认为是与父类兼容的类型。但在使用泛型时,要注意它们之间的关系。例如,虽然 Integer 是 Number 的子类,但 GeneralType＜Integer＞与 GeneralType＜Number＞没有父子关系,即 GeneralType＜Integer＞不是 GeneralType＜Number＞的子类,这种限定称为泛型不是协变的。也就是说利用泛型进行实例化时,若泛型的实际参数的类之间有父子关系时,参数化后得到的泛型类之间并不会具有同样的父子类关系,即子类泛型"并不是一种"父类泛型。

12.1.5 泛型的类型通配符和泛型数组的应用

在泛型机制中除了 12.1.4 节讲的有限制的泛型类之外,还引入了通配符"?"的概念,其主要作用有两个方面:一是用于创建可重新赋值但不可修改其内容的泛型对象;二是用在方法的参数中,限制传入不想要的类型实参。

当需要在一个程序中使用同一个泛型对象名去引用不同的泛型对象时,就需要使用通配符"?"创建泛型类对象,但条件是被创建的这些不同泛型对象的类型实参必须是某个类或是继承该类的子类又或是实现某个接口的类。也就是说,只知道通配符"?"表示是某个类又或是继承该类的子类又或是实现某个接口的类,但具体是什么类型不知道。如下列语句是用泛型类创建泛型类对象。

```
泛型类名<? extends T> o = null;        //声明泛型类对象 o
```

其中,"? extends T"表示是 T 或 T 的未知子类型或是实现接口 T 的类。所以在创建泛型对象 o 时,若给出的类型实参不是类 T 或 T 的子类或是实现接口 T 的类,则编译时报告出错。如已知 java.util.LinkedList 与 java.util.ArrayList 均是实现了接口 java.util.List 的类,则对于例 12.1 中所定义的泛型类 App12_1＜T＞而言,下列语句是正确的。

```
App12_1<? extends List> x = null;
x = new App12_1<LinkedList>();        //LinkedList 类实现了 List 接口
```

当对泛型对象 x 重新赋值时，只要类型实参实现了 List 接口即可，所以下列语句是正确的。

```
x = new App12_1<ArrayList>();         // ArrayList 类实现了 List 接口
```

但由于 HashMap 没有实现 List 接口，所以下列语句是错误的。

```
App12_1<? extends List> x = new App12_1<HashMap>();
```

通配符"?"除了在创建泛型类对象时限制泛型类的类型之外，还可以将由通配符限制的泛型类对象用在方法的参数中以防止传入不允许接收的类型实参。

【**例 12.5**】 类型通配符"?"的使用方法。

```
1    //filename: App12_5.java
2    class GeneralType<T>           //定义泛型类,T 是类型参数
3    {
4      T obj;                       //定义泛型类的成员变量
5      public void setObj(T obj)    //定义泛型类的方法
6      {
7        this.obj = obj;
8      }
9      public T getObj()            //定义泛型类的方法
10     {
11       return obj;
12     }
13     //下面的方法接收的泛型类对象参数中的类型参数只能是 String 或 String 的子类
14     public static void showObj(GeneralType<? extends String> o)
15     {
16       System.out.println("给出的值是："+ o.getObj());
17     }
18   }
19   public class App12_5           //定义主类 App12_5
20   {
21     public static void main(String[] args)
22     {
23       GeneralType<String> n = new GeneralType<String>();
24       n.setObj("陈  磊");
25       GeneralType.showObj(n);    //用类名调用 showObj()方法输出
26       GeneralType<Double> num = new GeneralType<Double>();
27       num.setObj(25.0);
28       System.out.println("数值型值："+ num.getObj());  //不可调用方法 showObj(num)
29     }
30   }
```

该程序的运行结果如下：

```
给出的值是：陈  磊
数值型值：25.0
```

该程序第 14~17 行定义的方法 showObj()只接收 GeneralType<? extends String>类

型的对象,其中"<? extends String >"表示实际类型只要是 String 或是其子类就行,但具体是什么类型未知。第 25 行调用 showObj()方法的实参对象 n 就声明是 GeneralType< String >类型。第 26 行创建了 GeneralType< Double >类型的对象 num,但若将 28 行改为"GeneralType.showObj(num);"输出时,则编译不能通过,因为 Double 既不是 String 类也不是其子类,或者说 Double 不是 GeneralType <? extends String >的实例,因为 showObj() 不接收 Double 类型。

在创建泛型类对象时,如果只使用了"?"通配符,则默认是"? extends Object",所以"?"也被称为非受限通配。

对于一个泛型类 GeneralType< T >来说,在创建相应的泛型类对象时,类型参数 T 除了用某个实际类型替换外,还可用通配符"?",但这两者的用法是不一样的,例如:

```
GeneralType< String > gen1 = new GeneralType< String >();
GeneralType <?> gen = null;
gen = gen1;                    //可以这样赋值
gen1 = gen;                    //不可以这样赋值
```

除此之外,用通配符"?"创建的对象只能获取或删除其中的信息,但不能对其加入新的信息。例如:

```
gen.setObj("陈  磊");                    //为 gen 对象设置信息
System.out.println(gen.getObj());         //获取 gen 对象内的信息
gen.setObj(null);                         //删除 gen 对象内的信息
gen.setObj("张三丰");                     //错误,不可为 gen 对象设置新的信息
```

由此可知,直接用通配符<?>创建泛型对象,有两个特点。

(1) 具有通用性,即该泛型类的其他对象可以赋值给用通配符"?"创建的泛型对象,因为"?"等价于"? extends Object",反之不可。

(2) 用通配符"?"创建的泛型对象,只能获取或删除其中的信息,但不可为其添加新的信息。

在泛型通配符"? extends T"中,由于 T 被认为是类型参数"?"的上限,所以"? extends T"也被称为上限通配;当然也可以对类型参数进行下限限制,此时只需将 extends 改为 super 即可,"? super T"表示是 T 或 T 的一个未知父类型,T 表示类型参数"?"的下限,所以被称为下限通配。例如,像"GeneralType<? super List > x = null;"这样定义后,泛型对象 x 只接收 List 接口或上层父类类型,如"x = new GeneralType< Object >();"。

引入通配符的主要目的是支持泛型中的子类,从而实现多态。如果泛型方法的目的只是为了能够适用于多种不同类型或支持多态,则应选用通配符。泛型方法中类型参数的优势是可以表达多个参数之间或参数与返回值之间的类型依赖关系,如果方法中并不存在类型之间的依赖关系,则可以不使用泛型方法,而选用通配符。一般地,由于通配符更清晰、简明,因此在程序开发过程中建议尽量采用通配符。

定义泛型类时也可以声明数组。

【例 12.6】 定义一个泛型类,并在该类里利用类型参数声明数组。

```
1   //filename: App12_6.java
2   public class App12_6< T >        //定义泛型类
```

```
3    {
4       private T[] array;              //用类型参数声明数组,即定义泛型数组
5       public void setT(T[] array)     //方法的参数接收的数组是类型参数 T 的类型
6       {
7          this.array = array;
8       }
9       public T[] getT()               //方法返回值是类型参数 T 类型的数组
10      {
11         return array;
12      }
13      public static void main(String[] args)
14      {
15         App12_6 < String > a = new App12_6 < String >();   //创建泛型对象
16         String[] array = {"红色","橙色","黄色","绿色","青色","蓝色","紫色"};
17         a.setT(array);                                      //用数组调用 setT()方法
18         for(int i = 0;i < a.getT().length;i++)
19            System.out.print(a.getT()[i] + "  ");            //调用 getT()方法输出数组中的值
20      }
21   }
```

该程序的运行结果如下:

红色 橙色 黄色 绿色 青色 蓝色 紫色

该程序的第 2 行定义的是泛型类,第 4 行利用类型参数 T 声明了一个数组 array,第 5 行定义的方法 setT()的参数接收的是类型参数 T 类型的数组,同样第 9 行定义的 getT()方法的返回值也是类型参数 T 类型的数组。在主方法中的第 17 行则是用字符串数组调用 setT()方法,第 18~19 两行是利用 getT()方法输出数组中的每个元素。

由于 JVM 只是在编译时对泛型进行安全检查,所以特别强调以下几点。

(1) 不能使用泛型的类型参数 T 创建对象。如,T obj=new T()是错误的。

(2) 在泛型中可以用类型参数 T 声明一个数组,但不能使用类型参数 T 创建数组对象。例如,T[] a=new T[个数]是错误的。

(3) 不能在静态环境中使用泛型类的类型参数 T。例如:

```
public class Test < T >
{
  public static T obj;              //非法,使用了泛型类的类型参数 T
  public static void m(T obj1)      //非法,使用了泛型类的类型参数 T
  { }
  static                            //定义静态初始化器
  { T obj2;}                        //非法,使用了泛型类的类型参数 T
}
```

(4) 异常类不能是泛型的,即泛型类不能继承 java.lang.Throwable 类。如,public class MyException < T > extends Exception{}是错误的。

12.1.6 继承泛型类与实现泛型接口

被定义为泛型的类或接口可被继承与实现。例如:

```
public class ExtendClass<T1>
{ }
class SubClass<T1,T2,T3> extends ExtendClass<T1>
{ }
```

如果在 SubClass 类继承 ExtendClass 类时保留父类的类型参数,需要在继承时指明,如果没有指明,直接使用 extends ExtendClass 语句进行继承声明,则 SubClass 类中的 T1、T2 和 T3 都会自动变为 Object,所以在一般情况下都将父类的类型参数保留。

在定义泛型接口时,泛型接口也可被实现。如下面的语句。

```
interface Face<T1>
{ }
class SubClass<T1,T2> implements Face<T1>
{ }
```

12.2 容器类

容器类是 Java 以类库的形式供用户开发程序时可直接使用的各种数据结构。所谓数据结构就是以某种方式将数据组织在一起,并存储在计算机中。数据结构不仅可以存储数据,还支持访问和处理数据的操作。在面向对象思想里,一种数据结构被认为是一个容器。数组是一种简单的数据结构,除数组外 Java 还以类库的形式提供了许多其他数据结构。这些数据结构通常称为容器类或称集合类。

12.2.1 Java 容器框架

Java 容器框架中有两个名称分别为 Collection 和 Set 的接口,为防止名称的冲突,本书将 Collection 译为容器,而将 Set 译为集合。Java 容器框架提供了一些现成的数据结构可供使用,这些数据结构是可以存储对象的集合,在这里对象也称为元素。从 JDK 5 开始,容器框架全部采用泛型实现,且都存放在 java.util 包中。容器框架中的接口及实现这些接口的类的继承关系如图 12.1 所示。Java 容器框架结构由两棵接口树构成,第一棵树根节点为 Collection 接口,它定义了所有容器的基本操作,如添加、删除、遍历等。它的子接口 Set、List 等则提供了更加特殊的功能,其中 Set 的对象用于存储一组不重复的元素集合,而 List 的对象用于存储一个由元素构成的线性表。第二棵树根节点为 Map 接口,它保持了"键"到"值"的映射,可以通过键来实现对值的快速访问。

12.2.2 容器接口 Collection

容器接口 Collection 通常不能直接使用,但该接口提供了添加元素、删除元素、管理数据的方法。由于 Set 接口和 List 接口都继承了 Collection 接口,因此这些方法对集合 Set 与列表 List 是通用的。表 12.1 给出了 Collection<E>接口的常用方法,其中的方法默认为 public abstract。由于容器框架全部采用泛型实现,所以我们以泛型的形式给出相应的方法,即带类型参数。

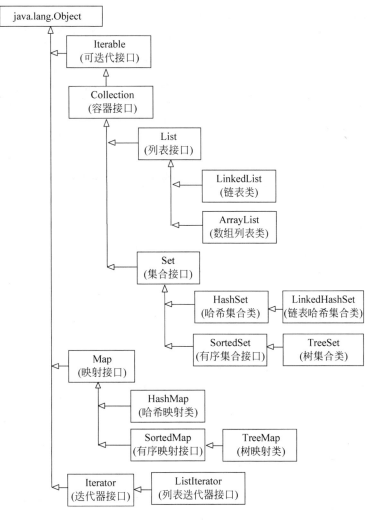

图 12.1　容器框架中的接口和实现接口的类的继承关系

表 12.1　Collection＜E＞接口的常用方法

常 用 方 法	功 能 说 明
int size()	返回容器中元素的个数
boolean isEmpty()	判断容器是否为空
boolean contains(Object obj)	判断容器是否包含元素 obj
boolean add(E element)	向容器中添加元素 element，添加成功返回 true；若容器中已包含 element，且不允许有重复元素，则返回 false
int hashCode()	返回容器的哈希码值
Object[] toArray()	将容器转换为数组，返回的数组包含容器的所有元素
boolean remove(Object obj)	从容器中删除元素 obj，删除成功返回 true；若容器不包含 obj，则返回 false
void clear()	删除容器中的所有元素
Iterator＜E＞ iterator()	返回容器的迭代器

续表

常用方法	功能说明
boolean equals(Object o)	比较此 collection 与指定对象 o 是否相等
void shuffle(List<?> list)	以随机方式重排 list 中的元素,即洗牌
boolean containsAll(Collection<?> c)	判断当前容器是否包含容器 c 中的所有元素
boolean addAll(Collection<? extends E> c)	将容器 c 中的所有元素添加到当前容器中,集合并运算
boolean removeAll(Collection<?> c)	在当前容器中删除包含在容器 c 中的所有元素,集合差运算
boolean retainAll(Collection<?> c)	仅保留当前容器中也被容器 c 包含的元素,即删除当前容器中未被包含在容器 c 中的所有元素,集合交运算

12.2.3 列表接口 List

列表接口 List 是 Collection 子接口,它是一种包含有序元素的线性表,其中的元素必须按顺序存放,且可重复,也可以是空值 null。元素之间的顺序关系可以由添加到列表的先后来决定,也可由元素值的大小来决定。List 接口使用下标来访问元素。下标范围为 0~size()-1。List 接口新增了许多方法,使之能够在列表中根据具体位置添加和删除元素。List<E>接口的主要方法如表 12.2 所示。方法默认为 public abstract。

表 12.2 List<E>接口的常用方法

常用方法	功能说明
E get(int index)	返回列表中指定位置的元素
E set(int index, E element)	用元素 element 取代 index 位置的元素,返回被取代的元素
int indexOf(Object o)	返回元素 o 首次出现的序号,若 o 不存在返回-1
int lastIndexOf(Object o)	返回元素 o 最后出现的序号
void add(int index, E element)	在 index 位置插入元素 element
boolean add(E element)	在列表的最后添加元素 element
E remove(int index)	在列表中删除 index 位置的元素
boolean addAll(Collection<? extends E> c)	在列表的最后添加容器 c 中的所有元素
boolean addAll(int index, Collection<? extends E> c)	在 index 位置按照容器 c 中元素的原有次序插入 c 中所有元素
ListIterator<E> listIterator()	返回列表中元素的列表迭代器
ListIterator<E> listIterator(int index)	返回从 index 位置开始的列表迭代器

实现 List 接口的类主要有两个:链表类 LinkedList 和数组列表类 ArrayList。它们都是线性表。

LinkedList 链表类采用链表结构保存对象,使用循环双链表实现 List。这种结构向链表中任意位置插入、删除元素时不需要移动其他元素,链表的大小是可以动态增大或减小的,但不具有随机存取特性。

ArrayList 数组列表类使用一维数组实现 List,该类实现的是可变数组,允许所有元素,包括 null。具有随机存取特性,插入、删除元素时需要移动其他元素,当元素很多时插入、删除操作的速度较慢。在向 ArrayList 中添加元素时,其容量会自动增大,但不能自动缩小,但可以使用 trimToSize() 方法将数组的容量减小到数组列表的大小。

如何选用这两种线性表,通常的原则是:若要通过下标随机访问元素,但除了在末尾处之外,不在其他位置插入或删除元素,则应该选择 ArrayList 类;但若需要在线性表的任意位置上进行插入或删除操作,则应选择 LinkedList 类。

表 12.3 和表 12.4 分别给出了 LinkedList＜E＞类和 ArrayList＜E＞类的构造方法。

表 12.3　LinkedList＜E＞类的构造方法

构 造 方 法	功 能 说 明
public LinkedList()	创建空的链表
public LinkedList(Collection＜? extends E＞ c)	创建包含容器 c 中所有元素的链表

表 12.4　ArrayList＜E＞类的构造方法

构 造 方 法	功 能 说 明
public ArrayList()	创建初始容量为 10 的空数组列表
public ArrayList(int initialCapacity)	创建初始容量为 initialCapacity 的空数组列表
public ArrayList(Collection＜? extends E＞ c)	创建包含容器 c 所有元素的数组列表,元素次序与 c 相同

使用线性表时通常声明为 List＜E＞类型,然后通过不同的实现类来实例化列表。如:

```
List＜String＞ list1 = new LinkedList＜String＞();
List＜String＞ list2 = new ArrayList＜String＞();
```

LinkedList＜E＞类与 ArrayList＜E＞类大部分方法是继承其父类或祖先类,除此之外还各自定义了自己的方法,表 12.5 和表 12.6 分别给出了 LinkedList＜E＞类与 ArrayList＜E＞类的常用方法。

表 12.5　LinkedList＜E＞类的常用方法

常 用 方 法	功 能 说 明
public void addFirst(E e)	将元素 e 插入到列表的开头
public void addLast(E e)	将元素 e 添加到列表的末尾
public E getFirst()	返回列表中的第一个元素
public E getLast()	返回列表中的最后一个元素
public E removeFirst()	删除并返回列表中的第一个元素
public E removeLast()	删除并返回列表中的最后一个元素

表 12.6　ArrayList＜E＞类的常用方法

常 用 方 法	功 能 说 明
public void trimToSize()	将 ArrayList 对象的容量缩小到该列表的当前大小
public void forEach(Consumer＜? super E＞ action)	对 action 对象执行遍历操作

【例 12.7】 利用 LinkedList<E>类构造一个先进后出的堆栈。

```java
1   //filename: App12_7.java
2   import java.util.*;
3   class StringStack
4   {
5     private LinkedList<String> ld = new LinkedList<String>();  //创建 LinkedList 对象 ld
6     public void push(String name)                              //入栈操作
7     {
8       ld.addFirst(name);                                       //将 name 添加到链表的头
9     }
10    public String pop()                                        //出栈操作
11    {
12      return ld.removeFirst();                                 //获取并移出堆栈中的第一个元素
13    }
14    public boolean isEmpty()                                   //判断堆栈是否为空
15    {
16      return ld.isEmpty();
17    }
18  }
19  public class App12_7
20  {
21    public static void main(String[] args)
22    {
23      Scanner sc = new Scanner(System.in);
24      StringStack stack = new StringStack();
25      System.out.println("请输入数据(quit 结束)");
26      while(true)
27      {
28        String input = sc.next();                              //从键盘输入数据
29        if(input.equals("quit"))
30          break;
31        stack.push(input);                                     //入栈
32      }
33      System.out.println("先进后出的顺序：");
34      while(!stack.isEmpty())
35        System.out.print(stack.pop() + "  ");                  //出栈
36    }
37  }
```

程序运行结果如下：

请输入数据(quit 结束)
你好 我好 他好 她好 大家好 quit ↙
先进后出的顺序：大家好 她好 他好 我好 你好

该程序的第 3～18 行定义了 StringStack 类。其中的第 5 行创建了一个链表对象 ld，第 6～9 行定义的 push()方法是将输入的数据入栈，第 10～13 行定义的出栈方法 pop()则是获取并删除栈顶数据，第 14～17 行重写了 isEmpty()方法用于判断线性表 ld 是否为空。在主类中的第 26～32 行是将从键盘输入的数据入栈，直到输入 quit 结束入栈操作。第 34～

35 两行是利用循环将栈中的数据以先进后出的顺序输出。

对于容器中元素进行访问时,经常需要按照某种次序对容器中的每个元素访问且仅访问一次,这就是遍历,也称为迭代。遍历是指从容器中获得当前元素的后续元素。对容器的遍历可有多种方式。

第 1 种方式就是利用 5.3 节介绍的 foreach 循环语句,绝大多数的容器都支持该种方式的遍历。

第 2 种方式是利用 Collection 接口中定义的 toArray()方法将容器对象转换为数组,然后再利用循环语句对数组中的每个元素进行访问,如下面的语句段:

```
Object[ ] e = c.toArray();        //c 是重写了 toArray()方法的容器所实现的类的对象
for(int i = 0;i < e.length;i++)
{
  Object o = e[i];                //取得数组中的每个元素
                                  //对数组中的元素进行操作
  ⋮
}
```

第 3 种方式是利用 size()和 get()方法进行遍历。即先获取容器内元素的总个数,然后依次取出每个位置上的元素并访问,如下面的代码段:

```
for(int i = 0;i < c.size();i++)   //c 是重写了 size()方法的容器所实现的类的对象
{                                 //并支持按位置获取元素的 get()方法
  Object o = c.get(i);
                                  //对元素 o 进行操作
  ⋮
}
```

第 4 种方式就是利用 Java 提供的迭代功能。迭代功能由可迭代接口 Iterable 和迭代器接口 Iterator、ListIterator 实现的,迭代器是一种允许对容器中元素进行遍历并有选择地删除元素的对象。由于 Collection 接口声明继承 Iterable 接口,因此每个实现 Collection 接口的容器对象都可调用 iterator()方法返回一个迭代器。表 12.7 给出了 Iterator＜E＞接口的常用方法。

表 12.7 Iterator＜E＞接口的常用方法

常 用 方 法	功 能 说 明
public abstract boolean hasNext()	判断是否还有后续元素,若有则返回 true
public abstract E next()	返回后续元素
public abstract void remove()	删除迭代器当前指向的(即最后被迭代的)元素,即删除由最近一次 next()或 previous()方法调用返回的元素

使用迭代器遍历容器的代码段如下:

```
Iterator it = c.iterator();       //c 是重写了 iterator()方法的容器所实现的类的对象
while(it.hasNext())               //判断是否仍有元素未被迭代
{
  Object o = it.next();           //取得下一个未被迭代的元素
                                  //对元素 o 进行操作
  ⋮
}
```

说明：尽管 Collection 作为容器框架的根接口定义了 toArray()、iterator() 和 size() 方法，但并非所有的容器实现类都重写了这些方法。另外，某些容器实现类不支持第 3 种方式的 get() 方法，所以上述的遍历方式都有一定的局限性。

对于容器中元素的遍历次序，接口 Iterator 支持对 List 对象从前向后的遍历，但其子接口 ListIterator 支持对 List 对象的双向遍历。表 12.8 给出了 ListIterator<E>接口的常用方法。

表 12.8 ListIterator<E>接口的常用方法

常 用 方 法	功 能 说 明
public abstract boolean hasPrevious()	判断是否有前驱元素
public abstract E previous()	返回前驱元素
public abstract void add(E e)	将指定的元素插入列表中。若 next() 方法的返回值非空，该元素被插入到 next() 方法返回的元素之前；若 previous() 方法的返回值非空，该元素被插入到 previous() 方法返回的元素之后；若线性表没有元素，则直接将该元素加入其中
public abstract void set(E e)	用元素 e 替换列表的当前元素
public abstract int nextIndex()	返回基于 next() 调用的元素序号
public abstract int previousIndex()	返回基于 previous() 调用的元素序号

【例 12.8】 创建一个数组列表对象并向其添加元素，然后对列表的元素进行修改并遍历。

```
1    //filename: App12_8.java
2    import java.util.*;
3    public class App12_8
4    {
5      public static void main(String[] args)
6      {
7        List<Integer> al = new ArrayList<Integer>();   //创建数组列表对象 al
8        for(int i = 1; i < 5; i++)
9          al.add(i);                                   //向数组列表 al 中添加元素
10       System.out.println("数组列表的原始数据" + al);
11       ListIterator<Integer> listIter = al.listIterator();//创建数组列表 al 的迭代器 listIter
12       listIter.add(0);                 //在序号为 0 的元素前添加一个元素 0
13       System.out.println("添加数据后数组列表" + al);
14       if(listIter.hasNext())           //如果有后续元素
15       {
16         int i = listIter.nextIndex();  //执行该语句时 i 的值是 1
17         listIter.next();               //返回序号为 1 的元素
18         listIter.set(9);               //修改数组列表 al 中序号为 1 的元素
19         System.out.println("修改数据后数组列表" + al);
20       }
21       listIter = al.listIterator(al.size());  //重新创建从 al 最后位置开始的迭代器 listIter
22       System.out.print("反向遍历数组列表：");
23       while(listIter.hasPrevious())
```

```
24            System.out.print(listIter.previous()+" ");    //反向遍历数组列表
25        }
26    }
```

该程序的运行结果如下：

数组列表的原始数据[1, 2, 3, 4]
添加数据后数组列表[0, 1, 2, 3, 4]
修改数据后数组列表[0, 9, 2, 3, 4]
反向遍历数组列表：4 3 2 9 0

该程序第 7 行创建了一个元素类型为整型的数组列表对象 al，第 8、9 两行是向其中添加 4 个元素。第 11 行创建了一个数组列表对象 al 的迭代器 listIter。第 12 行是在数组列表的最前面添加一个元素。第 14～20 行是判断如果数组列表中还有未迭代的数据，则对当前序号的元素进行修改，然后输出修改后的数组列表中的数据。第 21 行重新创建从数组列表 al 最后位置开始的迭代器 listIter。第 23、24 两行则是反向遍历数组列表并输出其每个元素。

12.2.4 集合接口 Set

Set 是一个不含重复元素的集合接口，它继承自 Collection 接口，并没有声明其他方法，它的方法都是从 Collection 接口继承来的。Set 集合中的对象不按特定的方式排序，只是简单地把对象加入集合中即可，但加入的对象一定不能重复。集合中元素的顺序与元素加入集合的顺序无关。实现 Set 接口的两个主要类是哈希集合类 HashSet 及树集合类 TreeSet。

1. 哈希集合类 HashSet

哈希集合对所包含元素的访问并不是像线性表一样使用下标，而是根据哈希码来存取集合中的元素。为此先介绍一下哈希码的概念。哈希集合是在元素的存储位置和元素的值 k 之间建立一个特定的对应关系 f，使每个元素与一个唯一的存储位置相对应。因而在查找时，只要根据元素的值 k，计算 f(k) 的值即可，如果此元素在集合中，则必定在存储位置 f(k) 上，因此不需要与集合中的其他元素进行比较便可直接取得所查的元素。称这个对应关系 f 为哈希函数，按这种关系建立的表称为哈希表，也称散列表。

HashSet 集合类是基于哈希表的 Set 接口实现的。HashSet 根据哈希码来确定元素在集合中的存储位置（即内存地址），因此可以根据哈希码来快速地找到集合中的元素。HashSet 集合类不保证迭代顺序，但允许元素值为 null。在比较两个加入哈希集合 HashSet 中的元素是否相同时，会先比较哈希码方法 hashCode() 的返回值是否相同，若相同则再使用 equals() 方法比较其存储位置（即内存地址），若两者都相同则视为相同的元素。之所以在比较了哈希码之后，还要通过 equals() 方法进行比较，是因为对不同元素计算出的哈希码可能相同。因此，对于哈希集合来说，若重写了元素对应类的 equals() 方法或 hashCode() 方法中的某一个，则必须重写另一个，以保证其判断的一致性。

表 12.9 和表 12.10 分别给出了 HashSet<E>集合类的构造方法和常用方法。

表 12.9　HashSet＜E＞集合类的构造方法

构 造 方 法	功 能 说 明
public HashSet()	创建默认初始容量是 16，默认上座率为 0.75 的空哈希集合
public HashSet(int initialCapacity)	创建初始容量是 initialCapacity，默认上座率为 0.75 的空哈希集合
public HashSet(int initialCapacity, float loadFactor)	创建初始容量是 initialCapacity，默认上座率为 loadFactor 的空哈希集合
public HashSet(Collection＜? extends E＞ c)	创建包含容器 c 中所有元素，默认上座率为 0.75 的哈希集合

说明：构造方法中的上座率也称装填因子，上座率的值为 0.0～1.0 表示集合的饱和度。当集合中的元素个数超过了容量与上座率的乘积，容量就会自动翻倍。

表 12.10　HashSet＜E＞集合类的常用方法

常 用 方 法	功 能 说 明
public boolean add(E e)	如果集合中尚未包含指定元素，则添加元素 e 并返回 true；如果集合中已包含该元素，则该调用不更改集合并返回 false
public void clear()	删除集合中的所有元素，集合为空
public boolean contains(Object o)	如果集合中包含元素 o，则返回 true
public int size()	返回集合中所包含元素的个数，即返回集合的容量

【例 12.9】　程序运行时，将在命令行方式下输入的每个字符串添加到哈希集合中，集合中已有的元素不能添加，并将重复的元素输出。最后再对集合进行遍历，输出其所有元素。

```
1    //filename: App12_9.java
2    import java.util.*;
3    public class App12_9
4    {
5      public static void main(String[] args)
6      {
7        HashSet<String> hs = new HashSet<String>();   //创建哈希集合对象 hs,初始容量为 16
8        for(String a:args)
9          if(!hs.add(a))                              //向哈希集合 hs 添加元素,但重复的元素不添加
10           System.out.println("元素"+a+"重复");       //输出重复的元素
11       System.out.println("集合的容量为："+hs.size()+",各元素为：");
12       Iterator it = hs.iterator();                  //创建哈希集合 hs 的迭代器 it
13       while(it.hasNext())                           //判断集合中是否还有后续元素
14         System.out.print(it.next()+"  ");           //输出哈希集合中的元素
15     }
16   }
```

程序运行时如果输入命令：java App12_6 I come I see I go ↙
则程序运行结果为：

元素 I 重复
元素 I 重复

集合的容量为:4,各元素为:
come see I go

该程序的第 7 行创建了一个元素类型为字符串型的哈希集合对象 hs。第 8~10 行是将命令行输入的每个字符串添加到哈希集合 hs 中,但集合中已存在的元素不能添加。第 11 行是调用 size()方法输出集合的容量。第 13、14 两行是利用遍历器 it 输出哈希集合中的每个元素。

说明:输出哈希集合元素时并不一定是按元素的存储顺序输出,因为哈希集合中的元素是没有特定顺序的,若一定要让元素有序输出,则需要使用 LinkedHashSet 类。

2. 树集合类 TreeSet

树集合类 TreeSet 不仅实现了 Set 接口,还实现了 java.util.SortedSet 接口。TreeSet 的工作原理与 HashSet 相似,但 TreeSet 增加了一个额外步骤,以保证集合中的元素总是处于有序状态。因此,当排序很重要时,就选择 TreeSet,否则应选用 HashSet。TreeSet<E>类的大多数方法继承自其父类或祖先类。表 12.11 给出了其构造方法,表 12.12 给出了其新增的方法。

表 12.11 TreeSet<E>类的构造方法

构造方法	功能说明
public TreeSet()	创建新的空树集合,其元素按自然顺序进行排序
public TreeSet(Collection<? extends E> c)	创建包含容器 c 元素的新 TreeSet,按其元素的自然顺序进行排序

表 12.12 TreeSet<E>类新增的方法

新增的方法	功能说明
public E first()	返回集合中的第一个(最低)元素
public E last()	返回集合中的最后一个(最高)元素
public SortedSet<E> headSet(E toElement)	返回一个新集合,新集合元素是 toElement(不包含 toElement)之前的所有元素
public SortedSet<E> tailSet(E fromElement)	返回一个新集合,新集合元素包含 fromElement 及 fromElement 之后的所有元素
public SortedSet<E> subSet(E fromElement, E toElement)	返回一个新集合,新集合包含从 fromElement 到 toElement(不包含 toElement)之间的所有元素
public E lower(E e)	返回严格小于给定元素 e 的最大元素,如果不存在这样的元素,则返回 null
public E higher(E e)	返回严格大于给定元素 e 的最小元素,如果不存在这样的元素,则返回 null
public E floor(E e)	返回小于或等于给定元素 e 的最大元素,如果不存在这样的元素,则返回 null
public E ceiling(E e)	返回大于或等于给定元素 e 的最小元素,如果不存在这样的元素,则返回 null

【例 12.10】 先创建一个哈希集合对象 hs,并向其添加元素,然后再用 hs 创建树集合对象 ts,之后利用树集合的相应方法输出某些元素。

```
1   //filename: App12_10.java
2   import java.util.*;
3   public class App12_10
4   {
5       public static void main(String[] args)
6       {
7           Set<String> hs = new HashSet<String>();        //创建哈希集合对象 hs
8           hs.add("唐  僧");                              //向哈希集合对象 hs 添加元素
9           hs.add("孙悟空");
10          hs.add("猪八戒");
11          hs.add("沙和尚");
12          hs.add("白龙马");
13          TreeSet<String> ts = new TreeSet<String>(hs);   //利用 hs 创建树集合对象 ts
14          System.out.println("树集合: " + ts);             //输出树集合
15          System.out.println("树集合的第一个元素: " + ts.first());
16          System.out.println("树集合最后一个元素: " + ts.last());
17          System.out.println("haedSet(孙悟空)的元素: " + ts.headSet("孙悟空"));
18          System.out.println("tailSet(孙悟空)的元素: " + ts.tailSet("孙悟空"));
19          System.out.println("ceiling(沙)的元素: " + ts.ceiling("沙"));
20      }
21  }
```

该程序的运行结果如下：

树集合：[唐 僧，孙悟空，沙和尚，猪八戒，白龙马]
树集合的第一个元素：唐 僧
树集合最后一个元素：白龙马
haedSet(孙悟空)的元素：[唐 僧]
tailSet(孙悟空)的元素：[孙悟空,沙和尚,猪八戒,白龙马]
ceiling(沙)的元素：沙和尚

该程序的第 13 行是利用哈希集合对象 hs 创建一个树集合对象 ts。第 15～19 行说明了相应方法的功能。

12.2.5 映射接口 Map

Map 是另一种存储数据结构的对象，Map 接口与 List 接口和 Set 接口有明显的区别。Map 中的元素都是成对出现的，它提供了键（key）到值（value）的映射。值是指要存入 Map 中的元素（对象），在将元素存入 Map 对象时，需要同时给定一个键，这个键决定了元素在 Map 中的存储位置。一个键和它对应的值构成一个条目，真正在 Map 中存储的是这个条目。键很像下标，但在 List 中下标是整数，而在 Map 中键可以是任意类型的对象。如果要在 Map 中检索一个元素，必须提供相应的键，这样就可以通过键访问到其对应元素的值。Map 中的每个键都是唯一的，且每个键最多只能映射到一个值。由于 Map 中存储元素的形式较为特殊，所以 Map 没有继承 Collection 接口。表 12.13 给出 Map<K,V>接口的常用方法，其中 K 表示键的类型，V 表示值的类型。因为 Map 是接口，所以其方法默认为 public abstract。

表 12.13　Map<K,V>接口的常用方法

常 用 方 法	功 能 说 明
V put(K key, V value)	以 key 为键，向集合中添加值为 value 的元素，其中 key 必须唯一，否则新添加的值会取代已有的值
void putAll(Map<? extends K,? extends V> m)	将映射 m 中的所有映射关系复制到调用此方法的映射中
boolean containsKey(Object key)	判断是否包含指定的键 key
boolean containsValue(Object value)	判断是否包含指定的值 value
V get(Object key)	返回键 key 所映射的值，若 key 不存在则返回 null
Set<K> keySet()	返回该映射中所有键对象形成的 Set 集合
Collection<V> values()	返回该映射中所有值对象形成 Collection 集合
V remove(Object key)	将键为 key 的条目，从 Map 对象中删除
Set<Map.Entry<K,V>> entrySet()	返回映射中的键-值对的集合

映射接口 Map 常用的实现类有哈希映射 HashMap 和树映射 TreeMap。HashMap 映射是基于哈希表的 Map 接口的实现类，所以 HashMap 通过哈希码对其内部的映射关系进行快速查找，因此对于添加和删除映射关系效率较高，并且允许使用 null 值和 null 键，但必须保证键的唯一性；而映射 TreeMap 中的映射关系存在一定的顺序，如果希望 Map 映射中的元素也存在一定的顺序，应该使用 TreeMap 类实现的 Map 映射，由于 TreeMap 类实现的 Map 映射中的映射关系是根据键对象按照一定的顺序排列的，因此不允许键对象是 null。

HashMap 映射的方法大多是继承自 Map 接口，HashMap<K,V>映射常用的构造方法在表 12.14 中给出。

表 12.14　HashMap<K,V>映射常用的构造方法

构 造 方 法	功 能 说 明
public HashMap()	构造一个具有默认初始容量（16）和默认上座率（0.75）的空 HashMap 对象
public HashMap(int initialCapacity)	创建初始容量为 initialCapacity 和默认上座率（0.75）的空 HashMap 对象
public HashMap(Map<? extends K,? extends V> m)	创建一个映射关系与指定 Map 相同的新 HashMap 对象。具有默认上座率（0.75）和足以容纳指定 Map 中映射关系的初始容量

表 12.15 和表 12.16 分别给出了 TreeMap<K,V>映射的构造方法和常用方法。

表 12.15　TreeMap<K,V>映射的构造方法

构 造 方 法	功 能 说 明
public TreeMap()	使用键的自然顺序创建一个新的空树映射
public TreeMap(Map<? extends K,? extends V> m)	创建一个与给定映射具有相同映射关系的新树映射，该映射根据其键的自然顺序进行排序

表 12.16　TreeMap<K,V>映射的常用方法

常 用 方 法	功 能 说 明
public K firstKey()	返回映射中的第一个(最低)键
public K lastKey()	返回映射中的最后一个(最高)键
public SortedMap<K,V> headMap(K toKey)	返回键值小于 toKey 的那部分映射
public SortedMap<K,V> tailMap(K fromKey)	返回键值大于或等于 fromKey 的那部分映射
public K lowerKey(K key)	返回严格小于给定键 key 的最大键,如果不存在这样的键,则返回 null
public K floorKey(K key)	返回小于或等于给定键 key 的最大键,如果不存在这样的键,则返回 null
public K higherKey(K key)	返回严格大于给定键 key 的最小键,如果不存在这样的键,则返回 null
public K ceilingKey(K key)	返回大于或等于给定键 key 的最小键,如果不存在这样的键,则返回 null

【例 12.11】　创建一个哈希映射类 HashMap 对象,并向其添加若个元素后,删除其中的某元素,之后再创建一个树映射类 TreeMap 的对象,并将 HashMap 对象中的元素添加其中,然后分别遍历由 HashMap 与 TreeMap 类实现的 Map 映射。

```
1    //filename: App12_11.java
2    import java.util.*;
3    public class App12_11
4    {
5      public static void main(String[] args)
6      {
7        Map<String,String> hm = new HashMap<String,String>();  //创建 HashMap 对象 hm
8        hm.put("006","唐  僧");                    //将元素添加到映射 hm 中
9        hm.put("008","孙悟空");
10       hm.put("009","猪八戒");
11       hm.put("007","沙和尚");
12       hm.put("010","白龙马");
13       System.out.println("哈希映射中的内容如下:\n" + hm);  //输出 hm 中的元素
14       String str = (String)hm.remove("010");     //在 hm 中删除键值为"010"的元素
15       Set keys = hm.keySet();                    //获取哈希映射 hm 的键对象集合
16       Iterator it = keys.iterator();             //获取键对象集合 keys 的迭代器
17       System.out.println("HashMap 类实现的 Map 映射,无序:");
18       while(it.hasNext())                        //判断是否还有后续元素
19       {
20         String xh = (String)it.next();           //返回键
21         String name = (String)hm.get(xh);        //返回键所对应的值
22         System.out.println(xh + "    " + name);
23       }
24       TreeMap<String,String> tm = new TreeMap<String,String>();  //创建 TreeMap 对象 tm
25       tm.putAll(hm);                             //将 hm 的元素添加到树映射对象 tm 中
26       Iterator iter = tm.keySet().iterator();    //获取迭代器
```

```
27        System.out.println("TreeMap类实现的Map映射,键值升序:");
28        while(iter.hasNext())                    //判断是否还有后续元素
29        {
30          String xh = (String)iter.next();        //返回键
31          String name = (String)hm.get(xh);       //返回键所对应的值
32          System.out.println(xh + "   " + name);
33        }
34      }
35    }
```

该程序的运行结果如下:

哈希映射中的内容如下:
{010 = 白龙马,008 = 孙悟空, 009 = 猪八戒, 006 = 唐　僧, 007 = 沙和尚}
HashMap类实现的Map映射,无序:
008　孙悟空
009　猪八戒
006　唐　僧
007　沙和尚
TreeMap类实现的Map映射,键值升序:
006　唐　僧
007　沙和尚
008　孙悟空
009　猪八戒

该程序的第 7 行创建了一个 HashMap 对象 hm,第 8~12 行分别向哈希映射对象 hm 添加了 5 个元素,元素是以"键-值"对的形式存在的。第 14 行是在映射对象 hm 中删除键为"010"的元素,即删除了"白龙马"。第 15 行是取得映射对象 hm 的键对象构成的集合。第 18~23 行则是利用循环并使用迭代器输出 hm 中的内容,其中第 20 行是利用 next()方法返回当前元素的键值,第 21 行则是利用 get()方法返回该键值所对应的元素的值,从该循环的输出结果可看出元素是无序的。第 24 行创建了一个空的树映射对象 tm,第 25 行则将哈希映射对象 hm 中的元素添加到 tm 中。第 28~33 行则对 tm 进行遍历,并输出其中的元素,从该输出结果可知,元素是有序输出的。

本章小结

1. 在定义类、接口或方法时若指定了"类型参数",则分别称为泛型类、泛型接口或泛方法。

2. 用泛型类创建的泛型对象就是在泛型类体内的每个类型参数 T 处分别用某个具体的实际类型替代,这个过程称为泛型实例化,利用泛型类创建的对象称为泛型对象。

3. 在创建泛型类对象的过程中,实际类型必须是引用类型,而不能用基本类型。

4. 泛型方法与其所在的类是否是泛型类没有关系。

5. 在调用泛型方法时,可以将实际类型放在尖括号内作为方法名的前缀。

6. 泛型方法的返回值类型和至少一个参数类型应该是泛型,而且类型应该是一致的。泛型方法广泛应用在方法返回值和参数均是容器类对象的情况。

7. 泛型方法与泛型类之间的一个重要区别是:对于泛型方法,不需要把实际的类型传递给泛型方法；但泛型类却恰恰相反，即必须把实际的类型参数传递给泛型类。

8. 虽然泛型的类型参数代表一种数据类型，但不能使用泛型的类型参数创建对象。

9. 在泛型中可以用类型参数声明一个数组，但不能使用类型参数创建数组对象。

10. 不能在静态环境中使用泛型类的类型参数。

11. 异常类不能是泛型的，即在异常类中不能使用泛型的类型参数。

12. 在定义泛型类或使用泛型类创建对象时，对泛型的类型做出限制称为泛型限制。

13. 泛型类的通配符有三种形式：第 1 种是"?"，它等价于"? extends Object"，称为非受限通配；第 2 种是"? extends T"，表示 T 或 T 的一个未知子类型，称为上限通配；第 3 种是"? super T"，表示 T 或 T 的一个未知父类型，称为下限通配。

14. 当方法中的多个参数之间或参数与返回值之间存在类型依赖关系时，则应选用泛型方法。如果方法中不存在类型之间的依赖关系，则应选用通配符。

15. 容器是存储对象的数据结构的集合。容器框架中定义的所有接口和类都存储在 java.util 包中。

16. 从容器的当前元素获取其后续元素进行访问的过程称为迭代，迭代也称为遍历。

17. List 的对象用于存储一个由元素构成的线性表；Set 的对象是存储一组不重复的元素集合；Map 的对象保持了键到值的映射。

18. List 是一种包含有序元素的线性表，其中的元素必须按顺序存放，且可重复，也可以是空值 null。实现 List 接口的类主要有链表类 LinkedList 和数组列表类 ArrayList。

19. LinkedList 是实现 List 接口的链表类，采用双向链表结构保存元素，访问元素的时间取决于元素在表中所处的位置，但对链表的增长或缩小则没有任何额外的开销。

20. ArrayList 是实现 List 接口的数组列表类，它使用一维数组实现 List，支持元素的快速访问，但在数组的扩展或缩小时则需要额外的系统开销。

21. Set 是一个不含重复元素的集合接口。实现 Set 接口的两个主要类是哈希集合类 HashSet 及树集合类 TreeSet。

22. HashSet 的工作原理是在哈希集合中元素的"值"与该元素的存储位置之间建立起一种映射关系，这种映射关系称为哈希函数或散列函数，由哈希函数计算出来的数值称为哈希码或散列索引。虽然 HashSet 中的元素是无序的，但由于 HashSet 特性还是可以快速地添加或访问其中的元素。

23. 因为对不同元素计算出的哈希码可能相同，所以判断哈希集合中的元素是否相同时需要同时使用 hashCode()方法和 equals()方法。

24. TreeSet 类对象中的元素总是有序的，所以当插入元素时需要一定的开销。

25. Map 中的元素都是成对出现的，它提供了键(key)到值(value)的映射。

26. 映射接口 Map 常用的实现类有 HashMap 和 TreeMap。HashMap 类与 TreeMap 类的关系如同 HashSet 与 TreeSet 的关系一样。

27. HashMap 类是基于哈希表的 Map 接口的实现，允许使用 null 值和 null 键，但必须保证键的唯一性，HashMap 是无序的。

28. TreeMap 类中的映射关系存在一定的顺序，不允许键对象是 null。TreeMap 是有序的。

第 12 章习题

12.1 什么是泛型的类型参数？泛型的主要优点是什么？在什么情况下使用泛型方法？泛型类与泛型方法传递类型实参的主要区别是什么？

12.2 已知 Integer 是 Number 的子类，GeneralType＜Integer＞是 GeneralType＜Number＞的子类吗？GeneralType＜Object＞是 GeneralType＜T＞的父类吗？

12.3 在泛型中，类型通配符的主要作用是什么？

12.4 分别简述 LinkedList 与 ArrayList、HashSet 与 TreeSet、HashMap 与 TreeMap 有何异同。

12.5 将 1~10 的整数存放到一个线性表 LinkedList 的对象中，然后将其下标为 4 的元素从列表中删除。

12.6 利用 ArrayList 类创建一个对象，并向其添加若干个字符串型元素，然后随机选一个元素输出。

12.7 已知集合 A＝{1,2,3,4}和 B＝{1,3,5,7,9,11}，编程求 A 与 B 的交集、并集和差集。

12.8 利用随机函数生成 10 个随机数，并将它们存入到一个 HashSet 对象中，然后利用迭代器输出。

12.9 利用随机函数生成 10 个随机数，并将它们有序地存入到一个 TreeSet 对象中，然后利用迭代器有序地输出。

12.10 利用 HashMap 类对象存储公司电话号码簿，其中包含公司的电话号码和公司名称，然后进行删除一个公司和查询一个公司的操作。

第 13 章 注解、反射、内部类、匿名内部类与 Lambda 表达式

本章主要内容：
- 注解、反射；
- 内部类与匿名内部类；
- 函数式接口；
- Lambda 表达式。

为了能更好地开发应用程序，Java 语言提供了注解、反射和 Lambda 表达式等许多特性供程序员使用。注解是代码里的特殊标记，用来告知编译器要做什么事情；反射允许程序在运行状态时，可以对任意一个字节码（.class 文件）获取它的所有信息；内部类是定义在类中的嵌套类；而匿名内部类则是在定义类的同时就创建该类的一个对象；Lambda 表达式可以被看作是使用精简语法的匿名内部类，编译器对待一个 Lambda 表达式如同它是从一个匿名内部类创建的对象。

13.1 注解

Annotation 可以翻译为"注解"或"注释"，作者推荐翻译为"注解"，因为"注释"一词已经用于说明 //、/* … */ 和 / * … * / 等符号，这里的"注释"是英文 Comment。

注解 Annotation 与类、接口、枚举在同一个层次。注解也叫元数据，所谓元数据就是用来描述数据的数据。它其实就是程序代码里的特殊标记，这些标记可以在编译、类加载、运行时被读取并执行相应的处理。注解主要用于告知编译器要做什么事情，在程序中可对任何程序元素进行注解。注解可以声明在包、类、成员变量、成员方法、局部变量、方法参数等的前面，用来对这些程序元素进行说明、注释。通过使用注解，可以在不改变程序逻辑的情况下，在源文件中嵌入一些补充信息，然后通过反射机制编程可以实现对这些注解进行访问。注解并不影响程序代码的执行，无论增加还是删除注解，代码都始终如一地执行。

java.lang.annotation.Annotation 是注解接口，只要是注解都默认实现了该接口。注解不会直接影响语句的语义，只是作为一种标记存在。另外，可以在编译时选择注解是否只存在于源代码中，或者是保留在字节码（.class）文件中或者是出现在运行过程中。

在代码中使用注解的方式是"@注解名"。根据注解的作用可以将注解分为基本注解、元注解（或称元数据注解）与自定义注解 3 种。

1. 基本注解

在 JDK 8 的 java.lang 包中，Java 提供了 5 种基本注解，可以直接在程序代码中将其当

作修饰符来使用,用于它所支持的程序元素。

(1) @Deprecated:该注解用于表示某个程序元素(如类、方法等)已过时,不建议使用。如果在其他地方使用了此元素,则在编译时出现警告信息。

(2) @Override:该注解只用于方法,用来限定必须覆盖父类中的方法,主要作用是保证方法覆盖的正确性。

(3) @SuppressWarnings:该注解用于抑制警告信息的出现,即不允许出现警告信息。该注解可以用于类型、构造方法、成员方法、成员变量、参数以及局部变量等。其语法格式为@SuppressWarnings("警告参数")或@SuppressWarnings(value="警告参数")。警告参数如表13.1所示。

表 13.1 @SuppressWarnings 中的警告参数

警告参数	功能说明
deprecation	忽略使用了不建议使用的程序元素时所产生的警告
unchecked	忽略未经检查的类型转换所产生的警告
boxing	忽略装箱/拆箱操作所产生的警告
fallthrough	忽略 switch 语句中没有使用 break 时所产生的警告
path	忽略在源文件路径、类路径中有不存在的路径时所产生的警告
serial	忽略实现 Serializable 接口但没有定义 serialVersionUID 常量时所产生的警告
unused	忽略程序元素已被定义但从未使用所产生的警告
rawtypes	忽略因使用泛型但未限制类型时所产生的警告
finally	忽略 finally 子句不能正常完成时所产生的警告
all	忽略所有警告

(4) @SafeVarargs:用于抑制堆污染警告。所谓堆污染是指将一个不带泛型的对象赋值给带泛型的对象,将导致泛型对象污染。例如下面的代码。

```
List list = new ArrayList();        //定义没有使用泛型的列表对象
list.add(10);                       //未经检查的类型转换,unchecked 警告
List<String> ls = list;             //将不带泛型的对象 list 赋给带泛型对象 ls 时发生堆污染
System.out,println(ls.get(0));      //产生 ClassCastException 异常
```

如果不希望出现堆污染警告,可以使用下面三种方式来抑制堆污染警告:
- 使用@SafeVarargs 注解修饰引发该警告的方法,该方式是专门抑制堆污染警告而提供的,也是推荐使用的方式;
- 使用@SuppressWarnings("unchecked")注解修饰;
- 编译时使用 Xlint:varargs 选项。

(5) @FunctionalInterfase:用于指定某个接口必须是函数式接口,如果一个接口中只有一个抽象方法,则该接口称为函数式接口。@FunctionalInterfase 注解只能用于修饰函数式接口,不能用于修饰程序的其他元素。函数式接口是为 Lambda 表达式准备的,所以允许使用 Lambda 表达式来创建函数式接口的实例。

【例 13.1】 注解在程序中的使用。

```
1    //filename: App13_1.java
2    public class App13_1
```

```
3   {
4     public String name;
5     public int age;
6     @Deprecated           //说明下面的show()方法已过时,不建议使用
7     public void show(String name)
8     {
9       System.out.println(name);
10    }
11    @Override //限制必须覆盖父类 Object 的 toString()方法,否则编译时报错
12    public String toString()
13    {
14      return "姓名:" + name + "  年龄:" + age;
15    }
16    public static void main(String[] args)
17    {
18      App13_1 p = new App13_1();
19      p.show("张三");         //因 show()方法有@Deprecated 注解,不赞成使用该方法
20    }
21  }
```

该程序的第 6 行使用了@Deprecated 注解,说明 show()方法已过时,所以在第 19 行调用该方法时会出现警告提示。第 11 行使用了@Override 注解,所以覆盖的方法 toString()必须是其父类的方法,否则会出现编译错误。

2. 元注解

元注解也称元数据注解,是对注解进行标注的注解。Java 中定义了 6 种元注解类型:@Target、@Retention、@Document、@Inherited、@Repeatable 和类型注解(type annotation)。

(1) @Target 用来限制注解的使用范围,即指定该注解可用于哪些程序元素。@Target 的使用格式为@Target(value=作用范围),其作用范围的取值是枚举 java.lang.annotation.ElementType 中的枚举值,其取值如表 13.2 所示。

表 13.2 枚举 java.lang.annotation.ElementType 中表示范围的主要枚举值

作 用 范 围	功 能 说 明
CONSTRUCTOR	只能用在构造方法的声明中
FIELD	只能用在成员变量声明上
LOCAL_VARIABLE	只能用在局部变量声明上
METHOD	只能用在方法声明上
PACKAGE	只能用在包的声明上
PARAMETER	只能用在参数的声明上
TYPE	只能用在类、接口或枚举类型的声明上
ANNOTATION_TYPE	只能用在注解声明上

(2) @Retention 用于说明注解的保存范围,保存范围使用枚举类型 java.lang.annotation.RetentionPolicy 来指定其保留策略值。注解@Retention 的使用格式为@Retention(value=保存策略值),其保存策略取值如表 13.3 所示。

表 13.3　枚举 java.lang.annotation.RetentionPolicy 中的注解保留策略值

保存策略值	功 能 说 明
SOURCE	注解只存在于源代码文件(.java)中,在编译后不会保存在类文件(.class)中
CLASS	在编译时将注解保存在字节码文件中,即编译器把注解记录在.class 文件中。当运行 Java 程序时,JVM 不会加载此注解信息。若没指定范围,则此为默认值
RUNTIME	编译器把注解记录在.class 文件中。当运行 Java 程序时,JVM 会加载注解信息,并可以通过反射获取注解信息

（3）@Document 用于指定被修饰的注解可被 javadoc.exe 工具提取成文档。定义类时使用@Document 注解进行修饰,则所有使用该注解修饰的程序元素的 API 文档中将包含该注解说明。

（4）@Inherited 用于描述一个父类的注解可以被子类所继承。如果一个注解需要被其子类所继承,则在声明时直接使用@Inherited 注解就行。

（5）@Repeatable 注解用于开发重复注解。从 Java 8 开始,允许使用多个相同类型的注解来修饰同一程序元素,只要在定义注解时使用@Repeatable 元注解来进行修饰。

（6）类型注解。Java 8 为 ElementType 枚举增加了 TYPE_PAEAMETER 和 TYPE_USE 两个枚举值,允许在定义枚举时使用@Target(ElementType.TYPE_USE)来修饰,此种注解被称为类型注解(type annotation)。类型注解可以用在任何用到类型的地方。除了在定义类、接口、方法和成员变量等常见的程序元素时可以使用类型注解外,还可以在创建对象、方法参数、类型转换、使用 throws 声明抛出异常、使用 implements 实现接口等位置使用类型注解。

3. 自定义注解

前面介绍的注解都是通过固定格式调用即可,但用户根据程序的需要,可以自定义一个注解,其格式如下：

[public] @interface 注解名
{
　　数据类型 成员变量名()[default 初始值];
}

在程序中只要使用@interface 声明了注解,那么此注解实际上就相当于继承了 java.lang.annotation.Annotation 接口。注解的成员由未实现的方法组成,其中的成员变量以无参数方法的形式来声明,即变量名后面必须有圆括号"()",名称和返回值数据类型定义了该成员变量的名字和类型。注解中的成员将在使用时进行实现,也可以在声明时使用 default 关键字来指定变量的初始值。如自定义一个注解类型 Info。

```
@interface info                        //自定义注解 info
{
    String author() default "张三丰";   //自定义注解成员变量 author,初值为"张三丰"
}
```

13.2 反射机制

Java 中有许多对象在运行时都会出现两种类型：编译时类型和运行时类型。例如第 8 章中曾经使用语句"Person p=new Student();"创建对象 p，对象 p 在编译时的类型为 Person，而运行时的类型为 Student，体现了类的多态。另外，在某些情况下程序会在运行时接收到外部传入的一个对象，该对象的编译时类型与运行时类型不同，但程序又需要调用该对象运行时类的方法。为了解决类似的问题，程序需要在运行时查看对象和类的真实信息。为此 Java 为用户提供的反射机制可以很好地解决获取程序运行中的动态信息的问题。

Java 的反射(reflection)机制是指在程序的运行状态中，可以构造任意一个类的对象，可以了解任意一个对象所属的类，可以了解任意一个类的成员变量和方法，可以调用任意一个对象的属性和方法。这种动态获取程序信息以及动态调用对象的功能就是 Java 语言的反射机制，所以反射被视为动态语言的关键。

13.2.1 Class 类

对于一个字节码文件.class，虽然表面上我们对该字节码文件一无所知，但该文件本身却记录了许多信息。Java 在将.class 字节码文件载入时，JVM 将产生一个 java.lang.Class 对象代表该.class 字节码文件，从该 Class 对象中可以获得类的许多基本信息，这就是反射机制。所以要想完成反射操作，就必须首先认识 Class 类(该类在第 8 章曾简单介绍过)。

反射机制所需的类主要有 java.lang 包中的 Class 类和 java.lang.reflet 包中的 Constructor 类、Field 类、Method 类和 Parameter 类。Class 类是一个比较特殊的类，它是反射机制的基础，Class 类的对象表示正在运行的 Java 程序中的类或接口，也就是任何一个类被加载时，即将类的.class 文件(字节码文件)读入内存的同时，都自动为之创建一个 java.lang.Class 对象。Class 类没有公共构造方法，其对象是 JVM 在加载类时通过调用类加载器中的 defineClass() 方法创建的，因此不能显式地创建一个 Class 对象。通过这个 Class 对象，才可以获得该对象的其他信息。表 13.4 列出了 Class 类的一些常用方法。

表 13.4 Class 类的常用方法

常 用 方 法	功 能 说 明
public Package getPackage()	返回 Class 对象所对应类的存放路径
public static Class<?> forName (String className)	返回名称为 className 的类或接口的 Class 对象
public String getName()	返回 Class 对象所对应类的"包.类名"形式的全名
public Class<? super T> getSuperclass()	返回 Class 对象所对应类的父类的 Class 对象
public Class<?>[] getInterfaces()	返回 Class 对象所对应类所实现的所有接口
public Annotation[] getAnnotations()	以数组的形式返回该程序元素上的所有注解
public Constructor<T> getConstructor (Class<?>... parameterTypes)	返回 Class 对象所对应类的指定参数列表的 public 构造方法
public Constructor<?>[] getConstructors()	返回 Class 对象所对应类的所有 public 构造方法
public Constructor<T> getDeclaredConstructor (Class<?>... parameterTypes)	返回 Class 对象所对应类的指定参数列表的构造方法，与访问权限无关

续表

常 用 方 法	功 能 说 明
public Constructor<?>[] getDeclaredConstructors()	返回 Class 对象所对应类的所有构造方法,与访问权限无关
public Field getField(String name)	返回 Class 对象所对应类的名为 name 的 public 成员变量
public Field[] getFields()	返回 Class 对象所对应类的所有 public 成员变量
public Field[] getDeclaredFields()	返回 Class 对象所对应类的所有成员变量,与访问权限无关
public Method getMethod(String name, Class<?>... parameterTypes)	返回 Class 对象所对应的指定参数列表的 public 方法
public Method[] getMethods()	返回 Class 对象所对应类的所有 public 成员方法
public Method[] getDeclaredMethods()	返回 Class 对象所对应类的所有成员方法,与访问权限无关

说明:通过 getFields()和 getMethods()方法获得权限为 public 成员变量和成员方法时,还包括从父类继承得到的成员变量和成员方法;而通过 getDeclaredFields()和 getDeclaredMethods()方法只是获得在本类中定义的所有成员变量和成员方法。

每个类被加载之后,系统都会为该类生成一个对应的 Class 对象,通过 Class 对象就可以访问到 JVM 中该类的信息,一旦类被加载到 JVM 中,同一个类将不会被再次载入。被载入 JVM 的类都有一个唯一标识就是该类的全名,即包括包名和类名。在 Java 中程序获得 Class 对象有如下 3 种方式。

(1) 使用 Class 类的静态方法 forName(String className),其中参数 className 表示所需类的全名。如"Class cObj=Class.forName("java.lang.String");"。另外,forName()方法声明抛出 ClassNotFoundException 异常,因此调用该方法时必须捕获或抛出该异常。

(2) 用类名调用该类的 class 属性来获得该类对应的 Class 对象,即"类名.class"。如,语句"Class<Cylinder> cObj=Cylinder.class;"将返回 Cylinder 类所对应的 Class 对象赋给 cObj 变量。

(3) 用对象调用 getClass()方法来获得该类对应的 Class 对象,即"对象.getClass()"。该方法是 Object 类中的一个方法,因此所有对象调用该方法都可以返回所属类对应的 Class 对象。如例 8.8 中的语句"Person per=new Person("张三");"可以通过以下语句返回该类的 Class 对象:

```
Class cObj = per.getClass();
```

通过类的 class 属性获得该类所对应的 Class 对象,会使代码更安全,程序性能更好,因此大部分情况下建议使用第二种方式。但如果只获得一个字符串,例如获得 String 类对应的 Class 对象,则不能使用 String.class 方式,而是使用 Class.forName("java.lang.String")。

注意:如果要想获得基本数据类型的 Class 对象,可以使用对应的打包类加上.TYPE,例如,Integer.TYPE 可获得 int 的 Class 对象,但要获得 Intrger.class 的 Class 对象,则必须使用 Integer.class。

在获得 Class 对象后，就可以使用表 13.4 中的方法来取得 Class 对象的基本信息。

13.2.2 反射包 reflet 中的常用类

反射机制中除了上面介绍的 java.lang 包中的 Class 类之外，还需要 java.lang.reflet 包中的 Constructor 类、Method 类、Field 类和 Parameter 类。

Java 8 以后在 java.lang.reflect 包中新增了一个 Executable 抽象类，该类对象代表可执行的类成员。Executable 抽象类派生了 Constructor 和 Method 两个子类。java.lang.reflect.Executable 类提供了大量方法用来获取参数、修饰符或注解等信息，其常用方法如表 13.5 所示。

表 13.5　java.lang.reflect.Executable 类的常用方法

常用方法	功能说明
public Parameter[] getParameters()	返回所有形参，存入数组 Parameter[]中
public int getParameterCount()	返回参数的个数
public abstract Class<?>[] getParameterTypes()	按声明顺序以 Class 数组的形式返回各参数的类型
public abstract int getModifiers()	返回整数表示的修饰符 public、protected、private、final、static、abstract 等关键字所对应的常量
public boolean isVarArgs()	判断是否包含数量可变的参数

getModifiers()方法返回的是以整数表示的修饰符。此时引入 Modifier 类，通过调用 Modifier.toString(int mod)方法返回修饰符常量所应的字符串。

java.lang.reflect.Constructor<T>类是 java.lang.reflect.Executable 类的直接子类，用于表示类的构造方法。通过 Class 对象的 getConstructors()方法可以获得当前运行时类的构造方法。java.lang.reflect.Constructor<T>类的常用方法如表 13.6 所示。

表 13.6　java.lang.reflect.Constructor<T>类的常用方法

常用方法	功能说明
public String getName()	返回构造方法的名字
public T newInstance(Object... initargs)	通过该构造方法利用指定参数列表创建一个该类的对象，如果未设置参数则表示采用默认无参的构造方法
public void setAccessible(boolean flag)	如果该构造方法的权限为 private，默认不允许通过反射利用 newInstance()方法创建对象。如果先执行该方法，并将入口参数设置为 true，则允许创建

java.lang.reflect.Method 类是 java.lang.reflect.Executable 类的直接子类，用于封装成员方法的信息，调用 Class 对象的 getMethod()方法或 getMethods()方法可以获得当前运行时类的指定方法或所有方法。表 13.7 是 java.lang.reflect.Method 类的常用方法。

表 13.7　java.lang.reflect.Method 类的常用方法

常 用 方 法	功 能 说 明
public String getName()	返回方法的名称
public Class<?> getReturnType()	以 Class 对象的形式返回当前方法的返回值类型
public Object invoke(Object obj,Object... args)	利用给定参数列表执行指定对象 obj 中的该方法

　　java.lang.reflect.Field 类用于封装成员变量信息,调用 Class 对象的 getField()方法或 getFields()可以获得当前运行时类的指定成员变量或所有成员变量。java.lang.reflect.Field 类的常用方法如表 13.8 所示。

表 13.8　java.lang.reflect.Field 类的常用方法

常 用 方 法	功 能 说 明
public String getName()	返回成员变量的名称
Xxx getXxx()	返回成员变量的值,其中 Xxx 代表基本类型,如果成员变量是引用类型,则直接使用 get(Object obj)方法
void setXxx(Object obj,Xxx val)	设置成员变量的值,其中 Xxx 代表基本类型,如果成员变量是引用类型,则直接使用 set(Object obj,Object val)方法
public Class<?> getType()	返回当前成员变量的类型

　　java.lang.reflect.Parameter 类是参数类,每个 Parameter 对象代表方法的一个参数。java.lang.reflect.Parameter 类中提供了许多方法来获取参数信息,表 13.9 给出了 java.lang.reflect.Parameter 类的常用方法。

表 13.9　java.lang.reflect.Parameter 类的常用方法

常 用 方 法	功 能 说 明
public int getModifiers()	返回参数的修饰符
public String getName()	返回参数的形参名
public Type getParameterizedType()	返回带泛型的形参类型
public Class<?> getType()	返回形参类型
public boolean isVarArgs()	判断该参数是否为可变参数
public boolean isNamePresent()	判断.class 文件中是否包含方法的形参名信息

　　说明:使用 javac 命令编译 Java 源文件时,默认生成.class 字节码文件中不包含方法的形参名信息,因此调用 getName()方法不能得到参数的形参名,调用 isNamePresent()方法将返回 false。如果希望 javac 命令编译 Java 源文件时保留形参信息,则需要为编译命令指定 parameters 选项。

13.2.3　反射的应用

　　下面通过一个例子来说明反射的应用。

【例 13.2】 定义一个 Person 类,其中定义了两个成员变量,一个带有两个参数的构造方法和两个方法,然后在主类 App13_2 中通过反射来获取 Person 类的构造方法、成员变量和成员方法等信息。

```java
1   //filename: App13_2.java
2   import java.lang.reflect.Constructor;
3   import java.lang.reflect.Field;
4   import java.lang.reflect.Method;
5   import java.lang.reflect.Modifier;
6   import java.lang.reflect.Parameter;
7   class Person
8   {
9       private String name;
10      private int age;
11      public Person(String name, int age)         //具有两个参数的构造方法
12      {
13          this.name = name;
14          this.age = age;
15      }
16      public void info(String prof, int score)    //定义两个参数的方法
17      {
18          System.out.println("我的专业: " + prof + "; 入学成绩: " + score);
19      }
20      @Override
21      public String toString()                    //覆盖父类中的 toString()方法
22      {
23          return "姓名: " + this.name + ", 年龄: " + this.age;
24      }
25  }
26  public class App13_2
27  {
28      public static void main(String[] args)      //主方法
29      {
30          Class<Person> pc = Person.class;        //获取 Person 类对应的 Class 对象
31          try
32          {   //返回参数类型为 String 和 int 的构造方法
33              Constructor con = pc.getConstructor(String.class, int.class);
34              System.out.print("构造方法名: " + con.getName());   //输出构造方法的名称
35              Class[] pt = con.getParameterTypes();   //获取构造方法参数的类型
36              for(int i = 0; i < pt.length; i++)
37                  System.out.print(", 参数: " + pt[i].getName());  //输出构造方法参数类型
38          }
39          catch(NoSuchMethodException e)
40          { e.printStackTrace(); }
41          Field[] fls = pc.getDeclaredFields();       //获取所有成员变量
42          for(Field f:fls)
43          {
44              int mod = f.getModifiers();             //获取修饰符
```

```
45        System.out.print("\n成员变量修饰符: " + Modifier.toString(mod));    //输出修饰符
46        Class type = f.getType();                    //获取成员变量的类型
47        System.out.print("; 名称: " + f.getName());     //获取成员变量的名称并输出
48        System.out.print("; 类型: " + type.getName());  //输出成员变量的类型
49      }
50      System.out.println(" ");
51      Method[] mds = pc.getMethods();                  //获取所有成员方法
52      for(Method m:mds)
53      {
54        System.out.print("方法: " + m.getName());       //输出方法名
55        System.out.println(" 参数个数: " + m.getParameterCount());  //输出参数个数
56        Parameter[] pars = m.getParameters();          //获取方法的参数
57        int index = 1;
58        for(Parameter p:pars)
59        {
60          if(p.isNamePresent())
61          {
62            System.out.println("---- 第" + (index++) + "个参数的信息 ---- ");
63            System.out.println("参数名: " + p.getName());      //输出方法参数的名称
64            System.out.println("参数类型: " + p.getType());    //输出方法参数的类型
65            System.out.println("泛型类型: " + p.getParameterizedType());//输出泛型类型
66            System.out.println("-------------------------------------- ");
67          }
68        }
69      }
70    }
71  }
```

要想输出参数信息，前提是isNamePresent()方法的返回值为true，即只有当.class文件中包含参数时，程序才会执行if语句内输出参数信息的第63～65三行代码，因此需要使用带参数parameters的javac命令进行编译：

```
javac -parameters App13_2.java
```

程序运行结果：

```
构造方法名: Person,参数: java.lang.String,参数: int
成员变量修饰符: private; 名称: name; 类型: java.lang.String
成员变量修饰符: private; 名称: age; 类型: int
方法: toString   参数个数: 0
方法: info   参数个数: 2
---- 第1个参数的信息 ----
参数名: prof
参数类型: class java.lang.String
泛型类型: class java.lang.String
--------------------------------------
---- 第2个参数的信息 ----
参数名: score
参数类型: int
```

```
泛型类型: int
----------------------------------------
方法: wait      参数个数: 1
方法: wait      参数个数: 2
方法: wait      参数个数: 0
方法: equals    参数个数: 1
方法: hashCode  参数个数: 0
方法: getClass  参数个数: 0
方法: notify    参数个数: 0
方法: notifyAll 参数个数: 0
```

该程序的第 7～25 行定义了 Person 类。第 30 行通过"Class ＜ Person ＞ pc ＝ Person. class;"语句返回了 Person 类的 Class 对象赋给引用变量 pc；第 33 行获取了参数类型分别为 String 和 int 的构造方法对象赋给 con，因为该语句可能抛出 NoSuchMethodException 异常，所以要进行异常处理；第 34～37 行输出了构造方法的名称和参数的类型；第 41～49 行获取并输出了 Person 类成员变量的信息，包括修饰符、变量名和类型；第 51～69 行获取并输出了 Person 类成员方法的信息，包括方法的名称、参数个数及每个参数的名称和类型等。

说明：输出结果中的 wait()、equals()、hashCode()等方法是从其默认父类 Object 继承过来的，因为 Object 类的.class 字节码文件默认是不包含参数信息的，所以没有输出这几个方法的参数信息。

13.3 内部类与匿名内部类

内部类(inner class)是定义在类中的类，其主要作用是将逻辑上相关的类放到一起；而匿名内部类(anonymous inner class)是一种特殊的内部类，它没有类名，在定义类或实现接口的同时，就生成该类的一个对象，由于不会在其他地方用到该类，所以不用取名字，因而被称为匿名内部类。

13.3.1 内部类

内部类是包含在类中的类，所以内部类也称为嵌套类，包含内部类的类称为外部类。其实内部类可以看作是外部类的一个成员，所以内部类也称为成员类。与一般类相同，内部类可以拥有自己的成员变量与成员方法，通过建立内部类对象，可以访问其成员变量或调用成员方法。

定义内部类时只需将类的定义置于一个用于封装它的类的内部即可。但需注意的是，内部类不能与外部类同名，否则编译器将无法区分内部类与外部类。如果内部类还有内部类，则内部类的内部类不能与它的任何一层外部类同名。

在封装它的类的内部使用内部类，与普通类的使用方式相同，但在外部引用内部类时，则必须在内部类名前冠以其所属外部类的名字才能使用。在用 new 运算符创建内部类时，也要在 new 前面冠以对象变量。

【例 13.3】 内部类与外部类的访问规则。

第13章　注解、反射、内部类、匿名内部类与Lambda表达式

```
1    //filename: Out.java          内部类与外部类的访问规则
2    public class Out
3    {
4      private int age;                //声明外部类的私有成员变量
5      public class Student            //声明内部类
6      {
7        String name;                  //声明内部类的成员变量
8        public Student(String n, int a)   //定义内部类的构造方法
9        {
10         name = n;                   //访问内部类的成员变量 name
11         age = a;                    //访问外部类的成员变量 age
12       }
13       public void output()          //内部类的成员方法
14       {
15         System.out.println("姓名: " + this.name + "; 年龄: " + age);
16       }
17     }
18     public void output()            //定义外部类的成员方法
19     {
20       Student stu = new Student("刘　洋",24);   //创建内部类对象 stu
21       stu.output();                 //通过 stu 调用内部类的成员方法
22     }
23     public static void main(String[] args)
24     {
25       Out g = new Out();
26       g.output();                   //用 g 调用外部类的方法
27     }
28   }
```

（外部类：第2-27行；内部类：第5-17行）

程序运行结果如下：

姓名：刘　洋；年龄：24

　　该例中 Out 是外部类,Student 是内部类,所以 Student 类是 Out 类的一个成员。在内部类中定义了一个成员变量 name、一个构造方法和一个成员方法 output();在外部类中定义了一个与内部类同名的成员方法 output(),在主方法内创建了一个外部类 Out 的对象 g,并用 g 调用了外部类的方法 output()。在外部类的 output()方法内创建了一个内部类 Student 的对象 stu,并用 stu 调用内部类的 output()方法,输出相应的信息。

　　说明：在文件管理方面,内部类在编译完成之后,所产生的文件名称为"外部类名$内部类名.class"。所以例 13.3 在编译后会产生两个文件：Out.class 和 Out$Student.class。

　　其实,在内部类对象中保存了一个对外部类对象的引用,当在内部类的成员方法中访问某一变量时,如果在该方法和内部类中都没有定义过这个变量,调用就会被传递给内部类中保存的那个对外部类对象的引用,通过那个外部类对象的引用去调用这个变量,在内部类调用外部类的方法也是一样的道理。例 13.3 的程序代码在内存中的布局示意如图 13.1 所示。

　　Java 将内部类作为一个成员,就如同成员变量或成员方法。内部类可以被声明为 private 或 protected。因此,外部类与内部类的访问原则是：在外部类中,通过一个内部类

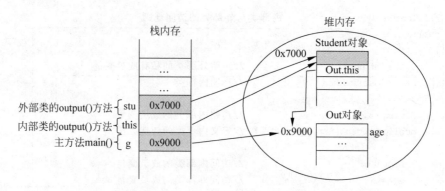

图 13.1 在"this.变量"不存在的情况下，传递给"Out.this.变量"

的对象引用内部类中的成员；反之，在内部类中可以直接引用它的外部类的成员，包括静态成员、实例成员及私有成员。内部类也可以通过创建对象从外部类之外被调用，但必须将内部类声明为 public 的。

内部类具有如下特性。

- 内部类可以声明为 private 或 protected。
- 内部类的前面用 final 修饰，则表明该内部类不能被继承。
- 内部类可以定义为 abstract，但需要被其他的内部类继承或实现。
- 内部类名不能与包含它的外部类名相同。
- 内部类也可以是一个接口，该接口必须由另一个内部类来实现。
- 内部类不但可以在类中定义，也可以在程序块之内定义。例如，在方法中或循环体内部都可以定义内部类。但是方法中定义的内部类只能访问方法中的 final 类型的局部变量。
- 内部类既可以访问外部类的成员变量，包括静态和实例成员变量，也可以访问内部类所在方法的局部变量。
- 内部类如果被声明为 static，则静态内部类将自动转化为"顶层类"(top level class)，即它没有父类，而且不能引用外部类的成员或其他内部类中的成员。非静态内部类不能声明静态成员，只有静态内部类才能声明静态成员。

13.3.2 匿名内部类

定义类的目的是利用该类创建对象，但如果某个类的对象只使用一次，则可以将类的定义与对象的创建在一步内完成，即在定义类的同时就创建该类的一个对象，以这种方式定义的类不用取名字，所以称为匿名内部类(anonymous inner class)。定义匿名内部类时直接用其父类的名字或者它所实现的接口的名字。其语法格式如下：

```
new TypeName()      // TypeName 是父类名或接口名，且括号"()"内不允许有参数
{
    匿名类的类体
}
```

匿名内部类可以继承一个类或实现一个接口，其中 TypeName 是匿名内部类所继承的类或实现的接口。如果是实现一个接口，则该类是 Object 类的直接子类。匿名内部类继承

一个类或实现一个接口不需要使用 extends 或 implements 关键字。匿名内部类不能同时继承一个类又实现一个接口,也不能实现多个接口。

在创建匿名内部类时,其实是调用其父类的无参构造方法来实现的。若匿名内部类实现的是接口,则调用的构造方法是 Object()。除了使用父类的构造方法外,还需要定义类体,所以匿名内部类既是一个内部类也是一个子类。由于没名字,所以不可能用匿名内部类声明对象,但却可以直接用 new 运算符同时在父类名或接口名的后面带上圆括号"()"表示创建类的对象。

说明:匿名内部类名前不能有修饰符,也不能定义构造方法,因为它没有名字,也正是这个原因,在创建对象时也不能带参数,因为默认构造方法没有参数;由于匿名内部类的定义与创建该类的一个对象同时进行,所以类定义的前面是 new 运算符,而不是使用关键字 class。

从匿名内部类定义的语法中可以知道,匿名内部类返回的是一个对象的引用,所以可以直接使用或将其赋给一个引用变量。如:

```
TypeName obj = new TypeName() {
    匿名内部类的类体
}
```

同样,也可以将创建的匿名内部类对象作为方法调用的参数。如:

```
someMethod(new TypeName(){
    匿名内部类的类体
   }
);
```

创建匿名内部类可有效地简化程序代码,也可用来弥补内部类里没有定义到的方法。如下面的例子。

【例 13.4】 匿名内部类的使用方法。创建匿名内部类对象并执行在其内定义的方法。

```
1   //filename: App13_4.java        匿名内部类的应用
2   public class App13_4
3   {
4     public static void main(String[] args)
5     {
6       (
7         new Inner()      //用父类的构造方法创建匿名内部类对象
8         {
9           void setName(String n)
10          {
11            name = n;
12            System.out.println("姓名: " + name);
13          }
14        }
15      ).setName("张  华");        //执行匿名内部类里所定义的方法
16    }
17    static class Inner            //定义内部类
18    {
19      String name;
```

注释:
- 第 6-14 行:利用父类 Inner 创建匿名内部类的对象
- 第 9-13 行:弥补内部类 Inner 里没有定义到的方法

```
20    }
21 }
```

程序运行结果为：

姓名：张　华

该程序的第 17～20 行声明的内部类 Inner 只定义了成员变量 name，但没有定义 setName()方法。虽然类 Inner 是类 App13_4 的内部类，但在创建 Inner 的匿名内部类时，它却是匿名内部类的父类，所以第 7～14 行利用 new 运算符并调用父类 Inner 的构造方法创建了匿名内部类对象，并在第 9～13 行补充定义了 setName()方法。创建好对象之后，第 15 行调用了 setName()方法，并传入了参数"张　华"。

第 7～14 行就是用 Inner 类的子类(匿名类)创建的匿名内部类对象，但却没有给这个对象赋予名称，也就是"匿名"之意。

在文件管理方面，匿名内部类在编译完成之后，所产生的文件名称为"外部类名＄编号.class"，其中编号为 1,2,…,n，每个编号为 i 的文件对应于第 i 个匿名内部类。所以上例编译完之后会产生 App13_4.class、App13_4＄Inner.class 和 App13_4＄1.class 三个文件。

由于匿名内部类是一种特殊的内部类，所以匿名内部类有如下特点。

(1) 匿名内部类必须是继承一个父类或实现一个接口，但不能使用 extends 或 implements 关键字。

(2) 匿名内部类总是使用它父类的无参构造方法来创建一个实例。如果匿名内部类实现一个接口，构造方法是 Object()。

(3) 匿名内部类可以定义自己的方法，也可以继承父类的方法或覆盖父类的方法。

(4) 匿名内部类必须实现父类或接口中的所有抽象方法。

(5) 使用匿名内部类时，必然是在某个类中直接使用匿名内部类创建对象，所以匿名内部类一定是内部类，匿名内部类可以访问外部类的成员变量和方法。

(6) 匿名内部类中不能声明 static 成员变量和 static 成员方法。

【例 13.5】 利用接口创建匿名内部类对象并实现接口中抽象方法。

```
1    //filename: App13_5.java   利用接口创建匿名内部类对象
2    interface IShape                //定义接口 IShape
3    {
4      void shape();
5    }
6    class MyType                    //定义类 MyType
7    {
8      public void outShape(IShape s)  //方法参数是接口类型的变量
9      {
10       s.shape();
11     }
12   }
13   public class App13_5            //定义主类 App13_5
14   {
15     public static void main(String[] args)
16     {
17       MyType a = new MyType();   //创建 MyType 类的对象 a
```

```
18      a.outShape(new IShape()        //用接口名 IShape 创建匿名内部类对象
19      {
20        @Override                    //必须覆盖接口中的 shape()方法
21        public void shape()           //实现接口 IShape 中的 shape()方法
22        {
23          System.out.println("我可以是任何形状");
24        }
25      }
26      );    //分号";"不要漏掉
27    }
28  }
```

程序运行结果为：

我可以是任何形狀

该程序的第 2～5 行定义了接口 IShape，其中只声明了一个抽象方法 shape()。第 6～12 行声明的 MyType 类中定义的方法 outShape(IShape s)的参数 s 是接口类型，在该方法体中用参数 s 调用了接口的方法 s.shape()。在主类的第 18～26 行用接口名 IShape 创建匿名类对象，并在第 21～24 行中实现了接口中的 shape()方法。

在 Java 的窗口程序设计中，经常利用匿名内部类的技术来编写事件（event）的程序代码。

13.4 函数式接口和 Lambda 表达式

函数式接口和 Lambda 表达式均是 JDK 8 新引入的概念。Lambda 表达式开启了 Java 语言支持函数式编程（functional programming）新时代，是实现支持函数式编程技术的基础。Lambda 表达式指的是应用在只含有一个抽象方法的接口环境下的一种简化定义形式，可用于解决匿名内部类的定义复杂问题。

13.4.1 函数式接口

函数式接口（Functional Interface，FI）是指只包含一个抽象方法的接口，因此也称为单抽象方法接口。每一个 Lambda 表达式都对应一个函数式接口，可以将 Lambda 表达式看作是实现函数式接口的匿名内部类的一个对象。为了让编译器能确保一个接口满足函数式接口的要求，Java 8 提供了@FunctionalInterface 注解。例如，Runnable 接口就是一个函数式接口，下面是它的注解方式：

```
@FunctionalInterface                    //强调下面的接口是一个函数式接口
public interface Runnable{void run();}
```

如果接口使用了@FunctionalInterface 来注解，而本身并非函数式接口，则在编译时出错。函数式接口只能有一个抽象方法需要被实现，但有如下特殊情况的除外。

（1）函数式接口中可以有 Object 类中覆盖的方法，也就是 equals()、toString()、hashcode()等方法。例如，Comparator 接口就是一个函数式接口，它的源代码如下：

```
public interface Comparator<T>          //该接口为泛型接口，<T>为类型参数
```

```
{
    int comparator(T o1,T o2);
    boolean equals(object obj);              //父类 Object 中的方法
}
```

该接口中声明了两个方法,但 equals()方法是 Object 类中的方法。

(2) 函数式接口中只能声明一个抽象方法,但是静态方法和默认方法(即用 default 修饰的方法)不属于抽象方法,因此可以在函数式接口中定义静态方法和默认方法。

13.4.2　Lambda 表达式

Lambda 表达式(λ 表达式)是基于数学中的 λ 演算而得名。Lambda 表达式是可以传递给方法的一段代码。可以是一条语句,也可以是一个代码块,因不需要方法名,所以说 Lambda 表达式是一种匿名方法,即没有方法名的方法。使用它可以简化函数式接口的编写,使代码更简洁。Java 中任何 Lambda 表达式必定有对应的函数式接口,正是因为 Lambda 表达式已经明确要求是在函数式接口上进行的一种操作,但为了分辨出是 Lambda 表达式使用的接口,所以建议最好在接口上使用"@FunctionalInterface"注解声明,这样就表示此接口为函数式接口。函数式接之只所以重要是因为可以使用 Lambda 表达式创建一个与匿名内部类等价的对象,正因为如此,所以 Lambda 表达式可以被看作是使用精简语法的匿名内部类。例如,将例 13.5 中第 18~26 行的代码利用 Lambda 表达式可简化为如下形式:

```
a.outShape(
    ()->{System.out.println("我可以是任何形状"); }
);
```

相对于匿名内部类来说,Lambda 表达式的语法省略了接口类型与方法名,->左边是参数列表,而右边是方法体。Lambda 表达式通常由参数列表、箭头和方法体三部分组成,其语法格式如下:

(类型 1 参数 1,类型 2 参数 2,…)->{方法体}

其中:

- 参数列表中的参数都是匿名方法的形参,即输入参数。参数列表允许省略形参的类型,即一个参数的数据类型既可以显式声明,也可以由编译器的类型推断功能来推断出参数的类型;当参数是推断类型时,参数的数据类型将由 JVM 根据上下文自动推断出来。
- "->"是 Lambda 运算符,由英文连字符"-"和大于号">"两个字符组成。在用语言描述时,可把"->"表达成"成了"或"进入"。
- 方法体可以是单一的表达式或由多条语句组成的语句组。如果只有一条语句,则允许省略方法体的花括号"{ }";如果只有一条 return 语句,则 return 关键字也可以省略。
- 如果 Lambda 表达式需要返回值,且方法体中只有一条省略了 return 关键字的语句,则 Lambda 表达式会自动返回该条语句的结果值。

- 如果 Lambda 表达式没有参数，可以只给出圆括号，如上面的代码所示。
- 如果 Lambda 表达式只有一个参数，并且没有给出显式的数据类型，则圆括号可以省略。

编译器对待一个 Lambda 表达式如同它是从一个匿名内部类创建的对象。下面再看一个用 Lambda 表达式简化匿名内部类的例子。

【例 13.6】 用实现接口的方式创建匿名内部类对象并实现接口中的方法。

```
1   //filename: App13_6.java    用匿名内部类对象并实现接口中的方法
2   interface IntFun                    //定义接口 IntFun
3   {
4      double dis(int n);               //只声明一个抽象方法
5   }
6   public class App13_6                //定义主类 App13_6
7   {
8      public static void main(String[] args)
9      {
10        IntFun fun = (new IntFun()    //斜体部分可以简化为(i) ->
11        {
12           public double dis(int i)   //实现接口中的 dis()方法
13           {return 2 * i;}
14        }
15        );
16        double m = fun.dis(3);        //调用匿名内部类中实现的接口中的 dis()方法
17        System.out.println(m);
18     }
19  }
```

分析该例的代码会发现，在第 10～15 行创建匿名内部类的过程中有一些冗余信息，首先在第 10 行等号左边声明变量 fun 时，在其前面给出了接口名 IntFun，但在等号右边又重复写了一遍。其次由于 IntFun 是函数式接口，其内只声明一个抽象方法，在实现该方法时，其方法名一定是 dis，所以也没必要写出。最后就是 dis()方法的参数，根据编译器具有的类型推断能力，可以推断出其参数的类型为 int 型，所以参数的类型也是多余信息。而使用 Lambda 表达式则可以去掉这些重复的信息。所以用 Lambda 表达式简化匿名内部类的方法就是去掉接口名和方法名等冗余信息，只保留方法的参数和方法体。下面的代码就是用 Lambda 表达式简化例 13.6 中的匿名内部类语句。

【例 13.7】 用 Lambda 表达式重写例 13.6 中的匿名内部类。

```
1   //filename: App13_7.java    用 Lambda 表达式简化创建匿名内部类对象
2   @FunctionalInterface                //该注解说明下面声明的接口 IntFun 是函数式接口
3   interface IntFun                    //定义接口 IntFun
4   {
5      double dis(int n);
6   }
7   public class App13_7                //定义主类 App13_7
8   {
9      public static void main(String[] args)
10     {
```

```
11      IntFun fun = (i) ->{return 2 * i;};     //省略了接口类型与方法名
12      double m = fun.dis(3);                  //调用实现了接口中的dis()方法
13      System.out.println(m);
14    }
15  }
```

该程序中的第11行使用了Lambda表达式,编译器可以从IntFun fun的声明中得知语法上被省略的信息。因为IntFun接口中定义的方法dis()中参数n的类型为int型,所以编译器能自动识别第11行中的i是一个int型的参数,并且(i)->右边花括号中的内容就是方法体。

由Lambda表达式的语法格式可以看出,Lambda表达式只适用于包含一个抽象方法的接口,对于包含有多个抽象方法的接口,编译器则无法编译Lambda表达式。所以如果要编译器理解Lambda表达式,接口就必须是只包含一个抽象方法的函数式接口。

由于编译器具有类型推断能力,所以Lambda表达式在使用上更加灵活简洁。实际上,如果是单参数又无须写出参数类型时,圆括号()也可省略。若方法有返回值,且方法体只有一条return语句,则Lambda表达式中的return关键字也可省略。如例13.7中的第11行可写为:

```
IntFun fun = i -> 2 * i;
```

对于这种赋值形式的语句,可以分为两部分:等号右边是Lambda表达式;等号左边为Lambda表达式的目标类型(target type)。在只有Lambda表达式的情况下,参数的类型必须显式给出,如果有目标类型的话,在编译器能推断出参数类型的情况下,可以不写出Lambda表达式的参数类型。Lambda表达式本身是中性的,不代表任何类型的对象,因为只要方法头相同,同样的一个Lambda表达式可以用来给不同目标类型的对象赋值。目标类型并不是Java新定义的数据类型,而是用已定义的函数式接口来作为Lambda表达式的目标类型。

总之,Lambda表达式是一个匿名方法,Java中的方法必须声明在类或接口中,而Lambda表达式所实现的匿名方法则是在函数式接口中声明的。Lambda表达式可以作为表达式、方法参数和方法返回值。

下面通过一个例子来进一步理解Lambda表达式。在下面的程序代码中,利用Iterable接口中定义的forEach(Consumer<? super T> action)方法采用两种不同的方式输出列表中的内容。forEach()方法是对参数中的每个元素按照顺序执行遍历操作。forEach()方法中的参数action的类型是声明在java.util.function包中的函数式接口Consumer<T>,其定义如下:

```
public Interface Consumer<T>
{void aeecpt(T t)}
```

accept()方法没有返回值且接收一个输入参数,是在给定的参数上执行相应的操作。

【例13.8】 分别用匿名内部类和Lambda表达式两种方式输出列表List中的内容,以加深对Lambda表达式的理解。

```
1   //filename: App13_8.java
```

```
2    import java.util.List;                        //导入列表类 List
3    import java.util.Arrays;                      //导入数组类 Arrays
4    import java.util.function.Consumer;           //导入函数式接口 Consumer
5    public class App13_8
6    {
7      public static void main(String[] args)
8      {
9        String[] names = {"唐僧","孙悟空","猪八戒","沙和尚"};
10       List<String> al = Arrays.asList(names);//调用静态方法 asList()创建列表对象 al
11       System.out.print("用匿名内部类方式遍历输出：");
12       al.forEach(new Consumer<String>()     //创建匿名内部类对象
13         {
14           @Override                         //必须覆盖下面的 accept()方法
15           public void accept(String s)      //实现函数式接口 Consumer 中的 accept()方法
16           {
17             System.out.print(s);
18           }
19         }
20       );
21       System.out.print("\n 使用 Lambda 表达式遍历输出：");
22       al.forEach((s) -> System.out.print(s));    //使用 Lambda 表达式遍历输出 al 的元素
23       //al.forEach(System.out::print);           //使用方法引用的方式遍历输出 al 的元素
24     }
25   }
```

程序运行结果如下：

用匿名内部类方式遍历输出：唐僧 孙悟空 猪八戒 沙和尚
使用 Lambda 表达式遍历输出：唐僧 孙悟空 猪八戒 沙和尚

该程序的第 2～4 行分别导入了列表类 List、数组类 Arrays 和函数式接口 Consumer，第 10 行调用 Arrays 类的静态方法 asList()创建了泛型列表对象 al。第 12～20 行是用匿名内部类的方式实现了函数式接口 Consumer 中的 accept()方法，其中第 12 行的 forEach()方法是 List 接口从其父接口 Iterable 继承来的方法，forEach()方法的功能就是遍历参数中的所有元素；第 22 行是用 Lambda 表达式调用 forEach()方法遍历输出 al 中的元素。

用 Lambda 表达式来实现匿名内部类，并不是匿名内部类不好，而是其应用场合有所不同。在许多时候，特别是接口中只有一个抽象方法要实现时，我们就会只关心方法的参数和操作本身（即方法体）而忽略接口名与方法名，而 Lambda 表达式正是只关心方法的参数与方法体的定义而忽略方法名，所以在这种情况下用 Lambda 表达式来实现匿名内部类就非常简单。另外，在使用 Lambda 表达式时不建议用其处理较复杂的语句组，而应尽量使用简单的表达式。

13.4.3 Lambda 表达式作为方法的参数

Lambda 表达式可以作为参数传递给方法，将可执行代码作为参数传递给方法，这也是 Lambda 表达式的一种强大用途。它极大地增强了 Java 语言的表达力，也是 Lambda 表达式支持 Java 语言函数式编程技术的基础。

为了将 Lambda 表达式作为参数传递，接受 Lambda 表达式的参数必须是与该 Lambda 表达式兼容的函数式接口类型。

【例 13.9】 将 Lambda 表达式作为参数传递给方法，完成将字符串中的字符转换成大写字符、去掉中间的空格、反序等功能。

```
1    //filename: App13_9.java           //Lambda 表达式作为参数传递给方法
2    @FunctionalInterface
3    interface StringFunc              //定义函数式接口
4    {
5        public String func(String s); //抽象方法
6    }
7    public class App13_9
8    {
9        static String sop(StringFunc sf,String s)
10       {
11           return sf.func(s);
12       }
13       public static void main(String[ ] args)
14       {
15           String outStr,inStr = "Lambda 表达式 good";
16           System.out.println("原字符串: " + inStr);
17           outStr = sop((str) -> str.toUpperCase(),inStr);   //将字符串 inStr 转换成大写
18           System.out.println("转换为大写字符后: " + outStr);
19           outStr = sop((str) ->{                 //Lambda 表达式作为参数传递给方法
20               String result = "";
21               for(int i = 0;i < str.length();i++)
22                   if(str.charAt(i)!= ' ')
23                       result += str.charAt(i);
24               return result;
25           },inStr);
26           System.out.println("去掉空格的字符串: " + outStr);
27           StringFunc reverse = (str) ->{
28               String result = "";
29               for(int i = str.length() - 1;i >= 0;i--)
30                   result += str.charAt(i);
31               return result;
32           };
33           System.out.print("反序后的字符串: " + sop(reverse,inStr));
34       }
35   }
```

程序运行结果如下：

原字符串: Lambda 表达式 good
转换为大写字符后: LAMBDA 表达式 GOOD
去掉空格的字符串: Lambda表达式good
反序后的字符串: doog 式达表 adbmaL

该程序中第 9～12 行定义的 sop()方法有两个参数，第一个参数 sf 是函数式接口类型 StringFunc，因此该参数可以接受对任何 StringFunc 实例的引用，包括由 Lambda 表达式创

建的实例；第二个参数 s 是 String 类型，也就是要操作的字符串。第 17 行传递了一个简单的 Lambda 表达式作为参数，创建一个函数式接口 StringFunc 的一个实例，并把对该实例的引用传递给 sop() 方法的第一个参数，这就把嵌入在一个类实例中的 Lambda 代码传递给了方法。第 19～25 行是向 sop() 方法传递了 Lambda 代码块作为第一个参数，该 Lambda 表达式的功能是删除第二个参数 inStr 字符串中的空格。由于这个 Lambda 代码块较长，不适合嵌入到方法调用中，所以在第 27～32 行将 Lambda 表达式赋值给函数式接口变量 reverse，然后在第 33 行将该变量作为第一个参数传递给 sop() 方法，将要操作的字符串 inStr 作为第二个参数递给 sop() 方法。

在 java.util.function 包中定义了大量函数式接口，如功能型接口 Function＜T,R＞和 BiFunction＜T,U,R＞、断言型接口 Predicate＜T＞、供给型接口 Supplier＜T＞和消费型接口 Consumer＜T＞等，它们使编写 Lambda 表达式更加容易。

13.5 方法引用

Java 8 之后的版本中增加了双冒号"：："运算符用于方法引用。强调一点，方法引用不是调用方法。方法引用虽然没有直接使用 Lambda 表达式，但也与 Lambda 表达式和函数式接口有关，因为在 Java 中有许多方法都只带有一个函数式接口对象作为其参数。Lambda 表达式可能仅仅调用一个已经存在的方法，如例 13.8 中的第 22 行的"System.out.println(str);"，而不做任何其他事，对于这种情况，允许通过方法名来引用这个已经存在的方法。所以，如果传递的表达式有实现的方法，则可以使用方法引用来代替 Lambda 表达式。可以将方法引用理解为是 Lambda 表达式的另外一种表现形式，方法引用就是用双冒号运算符"：："来简化 Lambda 表达式的。

对于方法引用，Java 定义了如下 4 种引用方式：

（1）对象名::实例方法名　　//用对象名引用实例方法
（2）类名::静态方法名　　　//用类名引用静态方法
（3）类名::实例方法名　　　//用类名引用实例方法
（4）类名::new　　　　　　//用类名引用构造方法

注意：被引用方法的参数列表和返回值类型，必须与函数式接口中抽象方法的参数列表和方法返回值类型一致。

说明：（1）对前 3 种方法引用，其引用运算符：：右边是相应的方法名，但方法名后不能有圆括号"()"。第 4 种引用构造方法时，引用操作符：：右边只能是关键字 new。

（2）前两种引用方式用于只有一个参数的情况，方法引用等同于提供了方法参数的 Lambda 表达式，如 System.out::print 等同于 System.out.print(s)；第三种引用方式用于两个以上的参数中，第一个参数是调用方法的对象。

（3）当有重载方法时，JVM 会根据参数的个数与类型来判断并调用相应的方法。同 Lambda 表达式类似，方法引用也不会单独存在，总是会转换为函数式接口的实例。

Lambda 表达式可以替代方法引用，或者说方法引用是 Lambda 表达式的一种特例，方法引用不可以控制传递参数。方法引用的唯一用途就是支持 Lambda 表达式的简写，使用方法名称来表示 Lambda 表达式。不能通过方法引用来获得诸如方法头的相关信息。

为了更好地理解匿名内部类、Lambda 表达式和方法引用之间的关系，下面用三种方式来实现函数式接口 Consumer＜T＞,该接口中只包含一个抽象方法 void accept(T t)。

第一种：匿名内部类方式。

```
Consumer＜String＞ con = new Consumer＜String＞
{
  @Override
  public void accept(String str)
  {
    System.out.println(str)
  }
};
con.accept("我是一个消费型接口");
```

第二种：Lambda 表达式。

```
Consumer＜String＞ con = str -> System.out.println(str)
con.accept("我是一个消费型接口");
```

第三种：方法引用。

```
Consumer＜String＞ con = System.out::println
con.accept("我是一个消费型接口");
```

由此可以更清晰地看出这三者之间的关系。从它们的关系可以看出,方法引用其实就是 Lambda 表达式的另一种表现形式。

第一种引用方式,在例 13.8 的第 23 行中的 System.out::print 就是用对象名 System.out 引用了 print()方法,它与 Lambda 表达式(n)-> System.out.print(n)等价,所以只需将 print()传递给 forEach()方法即可遍历输出列表 al 中的所有元素。去掉第 23 行的注释,则其输出的结果与第 22 行的输出结果相同。

第二种引用方式是用类名引用静态方法,只需将给定的参数传递给静态方法即可。下面通 String 类中定义的静态方法 public static String valueOf(int x)来举例说明。

【例 13.10】 用类名引用静态方法。

```
1    //filename: App13_10.java
2    @FunctionalInterface              //强调下面的接口必须是函数式接口
3    interface IShow＜P,R＞            //声明函数式接口
4    { public R info(P p); }           //info 为方法引用后的名字
5    public class App13_10
6    {
7      public static void main(String[] args)
8      {
9        //将 String.valueOf()方法变成了 IShow 接口中的 info()方法
10       IShow＜Integer,String＞ ip = String::valueOf;//用类名 String 引用静态方法 valueOf()
11       String s = ip.info(888);           //调用引用方法 info()相当调用 valueOf()方法
12       System.out.println(s);
13     }
14   }
```

程序运行结果如下：

888

该程序的第3、4两行定义了带泛型的函数式接口 IShow＜P,R＞,其中声明的抽象方法 info()的方法头与引用方法 valueOf()的方法头有相同的定义形式,所以方法 info()的名字就是方法引用的名字。第10行创建接口型变量 ip 时用类名 String 引用的静态方法 valueOf(),其实就是将 String 类的 valueOf()方法引用为 IShow 接口中的 info()方法,也就是说将 String.valueOf()方法变为了 IShow 接口中的 info()方法,所以第11行用 ip 调用 info()方法就可以实现 valueOf()方法的执行结果,即相当于调用了 valueOf()方法。由此可看出方法引用就相当于为方法定义了一个别名。

第三种引用方式是用类名引用实例方法,例如在 String 类中有一个用于比较字符串的方法 public int compareTo(String anotherString)。该方法的调用格式为"字符串1.compareTo(字符串2)",即需要两个参数,所以在用类名引用实例方法时,第一个参数作为方法的调用者,其他参数传递给方法,如 str1∷compareTo 等价于(str1,str2)-> str1.compareTo(str2)。

第四种方式用类名引用构造方法。构造方法的引用不同于其他方法引用,构造方法引用需使用 new 运算符。可以把构造方法的引用赋值给与构造方法具有相同方法头的任何函数式接口对象。如果一个类有多个重载构造方法,系统会根据参数的类型与个数来判断和调用相应的构造方法。

【例13.11】 引用构造方法。

```
1   //filename: App13_11.java
2   @FunctionalInterface
3   interface IShow<T>
4   {
5       public T create(String s,int a);   //create 为方法引用后的名称
6   }
7   class Person
8   {
9       String name;
10      int age;
11      Person()                          //定义 Person 类的无参构造方法
12      {
13          name = "刘洋";
14          age = 30;
15      }
16      Person(String name,int age)       //定义 Person 类的有参构造方法
17      {
18          this.name = name;
19          this.age = age;
20      }
21      @Override
22      public String toString()          //覆盖父类的方法
23      {
24          return "姓名: " + this.name + ",年龄: " + this.age;
```

```
25     }
26   }
27   public class App13_11
28   {
29     public static void main(String[] args)
30     {
31       IShow<Person> na = Person::new;   //创建了对 Person 类构造方法的引用
32       //下面调用的虽是 create()方法,但这个方法引用的是 Person 类的构造方法
33       Person p = na.create("陈磊",32);
34       System.out.println(p.toString());
35     }
36   }
```

该程序的运行结果如下:

姓名:陈磊,年龄:32

该程序第 3~6 行定义的接口主要是为进行 Person 类构造方法的引用,由于构造方法执行后会返回 Person 类的对象,所以在定义 IShow 接口时需要使用泛型定义要产生的对象类型。第 31 行创建了对 Person 类构造方法的引用。在本例中定义了两个构造方法:一个是无参构造方法;另一个是有两个参数的构造方法。那么第 31 行引用的是哪个构造方法呢? 因为 IShow<T>接口中的 create(String s,int a)方法接收一个 String 型参数和一个 int 型参数,所以被引用的构造方法是 Person(String name,int age),因为它们有完全相同的参数和返回值类型。还要注意,对这个构造方法的引用被赋给了名为 na 的 IShow <Person>对象。第 33 行使用 na 调用 create()方法创建了一个 Person 的实例 p,实际上 na 成了调用 Person(String name,int age)的另一种形式。所以第 33 行虽然调用的是 create()方法,但实际上这个方法引用的却是 Person 类的构造方法。

总之,方法引用就相当于为方法定义了别名。无论是方法引用还是 Lambda 表达式,其最终原理和所要实现的就是当某一个类或者接口中的某一个方法,其入口参数为一个函数式接口类型时,使用方法引用或 Lambda 表达式可以快速而简捷地实现这个接口,而不必烦琐地通过创建一个这个接口的对象实现。

本章小结

1. 注解(annotation)也叫元数据,所谓元数据就是用来描述数据的数据。

2. 注解的语法格式是"@注解名"。根据注解的作用可以将注解分为基本注解、元数据注解(或称元注解)与自定义注解三种。

3. 反射机制允许 Java 程序在运行时动态获得所需类的内部信息及动态调用对象方法的功能。

4. 在 Java 程序中获得 Class 对象有三种方式:一是使用 Class 类的静态方法 forName(); 二是用类名调用该类的 class 属性来获得该类对应的 Class 对象,即"类名.class";三是用对象调用 getClass()方法来获得该类对应的 Class 对象,即"对象.getClass()"。

5. 内部类是定义在类中的类;而匿名内部类是一种特殊的内部类,它没有类名,在定义类的同时,就生成该类的一个对象,由于不会在其他地方用到该类,所以不用命名。

6. 匿名内部类不能同时继承一个类又实现一个接口，也不能实现多个接口。

7. 匿名内部类的好处是可利用内部类创建不具名称的对象，并利用它访问到类里的成员。

8. 函数式接口是指只包含一个抽象方法的接口。

9. Lambda 表达式可以被看作是使用精简语法的匿名内部类。

10. Lambda 表达式适用于只包含一个抽象方法的函数式接口。

11. 用 Lambda 表达式简化匿名内部类的方法就是去掉接口名和方法名等冗余信息，只保留方法的参数和方法体。

12. 方法引用其实就是 Lambda 表达式的另外一种表现形式。

13. 方法引用就相当于为方法定义了别名。

14. 如果传递的表达式有实现的方法，则可以使用方法引用来代替 Lambda 表达式。

第 13 章习题

13.1 什么是注解？根据注解的作用，注解分几种？

13.2 编写一个 Java 程序，使用 JDK 的基本注解，对覆盖方法使用 @Override，再对另一方法使用 @Deprecated。

13.3 反射的作用是什么？

13.4 编写具有反射功能的 Java 程序时，可使用哪三种方式获取指定类的 Class 对象？

13.5 内部类的类型有几种？分别在什么情况下使用？它们所起的作用有哪些？

13.6 内部类与外部类的使用有何不同？

13.7 怎样创建匿名内部类对象？

13.8 什么是 Lambda 表达式？Lambda 表达式的语法是什么样？

13.9 什么是函数式接口？为什么 Lambda 表达式只适用于函数式接口？

13.10 Lambda 表达式与匿名内部有什么样的关系？函数式接口为什么重要？

13.11 Java 定义了哪四种方法引用方式？对方法引用有什么要求？

第 14 章 图形界面设计

本章主要内容：
- 舞台、场景、场景图；
- JavaFX 窗口的结构；
- 布局面板、节点；
- 使用面板、控件和形状等节点创建用户界面；
- 属性绑定与绑定属性类型。

图形用户界面是应用程序与用户交互的窗口，利用它可以接受用户的输入并向用户输出程序运行的结果。

14.1 图形用户界面概述

图形用户界面(Graphics User Interface，GUI)，是指用图形的方式，借助菜单、按钮等标准界面元素和鼠标操作，帮助用户方便地向计算机系统发出指令、启动操作，并将系统运行的结果以图形方式显示给用户的技术。因图形用户界面是用户与计算机之间交互的图形化操作界面，因此 GUI 又称为图形用户接口。

Java 语言的早期版本提供了两个处理图形用户界面的包：java.awt 和 javax.swing。由于 Java 技术的不断发展，在 JDK 8 版本，Oracle 公司推出了一个全新的 GUI 平台 JavaFX 替代了 AWT 和 Swing。JavaFX 融入了现代 GUI 技术以方便开发富因特网应用 (Rich Internet Applications，RIA)。富因特网应用是一种 Web 应用，可以表现一般桌面应用具有的特点和功能。另外，JavaFX 为支持触摸设备提供了多点触控支持，并且还内建了对 2D、3D、动画的支持，以及视频和音频的回放功能，因此 JavaFX 程序可以无缝地在桌面或 Web 浏览器中运行。由于 JavaFX 的种种优点，在 Java 桌面开发方面 JavaFX 会慢慢取代原来的 Java Swing，所以本教材介绍 Java GUI 程序的最新框架 JavaFX 2.2。

14.2 图形用户界面工具包 JavaFX

JavaFX 是一个强大的图形和多媒体处理工具包集合，它不仅可以用于开发 RIA，而且还可以用来开发桌面程序以及移动设备上的程序。JavaFX 是 Java 包的一部分，它为大规模的 GUI 开发提供了丰富的基础结构。JavaFX 主要的类及节点类、面板类和控件类的继承关系如图 14.1 所示。

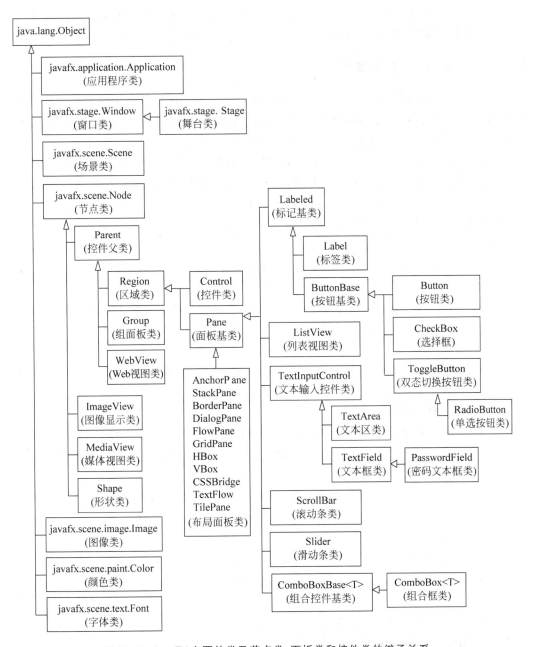

图 14.1 JavaFX 主要的类及节点类、面板类和控件类的继承关系

14.2.1 JavaFX 组件分类

Java 语言中构成图形用户界面的各种元素称为节点(node)。构建图形用户界面的类主要分成三类：面板类(pane class)、控件类(control class)和辅助类(helper class)。面板是一种容器，是用来包含各种控件和形状的类；控件类又称为控件或组件。与面板类不同，控件类对象里面不能再包含其他控件。控件的作用是完成与用户的交互，包括接收用户的命令、接收用户输入的文本或用户的选择、向用户显示文本或图形等。辅助类是用来描述控件

属性的,例如,颜色类 Color、字体类 Font、图像类 Image 和图像显示类 ImageView 等。面板类和控件类等都是 Node 的子类,但辅助类并不都是 Node 类的子类。

14.2.2 JavaFX 的基本概念

JavaFX 是借用剧院的术语来命名应用程序界面的,JavaFX 程序用户界面的顶层称为舞台 Stage,代表窗口。舞台 Stage 中摆放的是场景 Scene,场景 Scene 中可以包含各种布局面板和控件共同组成用户界面。为了能更好地理解窗口的结构,下面来介绍几个概念。

舞台 Stage:是用于显示场景的窗口,它是 JavaFX 程序用户界面的顶层容器。

场景 Scene:是摆放在舞台中的对象,也是一个容器,其中可放置面板和节点等对象。

节点 Node:是可视化的组件,可以是面板、控件、图像视图、形状等。

面板 Pane:面板中可以摆放各种节点。JavaFX 提供了多种面板供用户在窗口中组织节点。

控件 Control:包括标签、按钮、复选框、单选按钮、文本框、文本区等。

形状 Shape:是指文本、直线、圆、椭圆、矩形、弧、多边形、折线等。

舞台和场景构建了 JavaFX 程序的图形界面,它是构建应用程序的起点。场景中除了可以包含各种面板、控件、图像、媒体、图表和形状外,还可以包含嵌入式 Web 浏览器等。场景中的每个节点都可以使用 javafx.scene.transform 包中的类进行移动、缩放和旋转等变换。JavaFX 的媒体功能可以通过 javafx.scene.media 包的 API 实现,JavaFX 支持 MP3、AIFF、WAV 音频文件以及 FLV 视频文件等两种视听媒体。

1. JavaFX 窗口结构

任何 JavaFX 程序至少要有一个舞台和一个场景。舞台是一个支持场景的平台,一个程序中只能有一个主舞台,主舞台是应用程序自动访问的一个 Stage 对象,它是在应用程序启动时由系统创建的,通过 start()方法的参数获得,用户不能自己创建。除主舞台之外,用户还可以根据需要在应用程序中创建其他舞台。创建舞台后可以在舞台中放置场景,一个场景是 Scene 类的对象。可以在 Scene 中添加用户的布局面板,然后在场景或面板中放置节点,节点 Node 如同场景中演出的演员。它们之间的关系如图 14.2 所示。

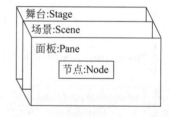

图 14.2 JavaFX 窗口结构示意图

注意:场景 Scene 中可以包含面板 Pane 或控件 Control,但不能包含形状 Shape 和图像显示类 ImageView;面板 Pane 可以包含 Node 的任何子节点。

说明:构建窗口时,可以直接将节点置于场景中,但更好的办法是先将节点放入面板中,然后再将面板放入场景中。

在 JavaFX 应用程序中,场景中的内容是通过层次结构表示的。场景中的元素称为节点,每个节点都表示一个用户界面的可视元素。节点可以有子节点,有子节点的节点称为父节点或分支节点,没有子节点的节点称为叶节点,由此可知,节点也可以是由一组其他节点组成的。场景中所有节点的集合构成场景图,场景图构成一个树形结构。在场景图中有一个称为根节点的特殊节点,根节点是顶级节点,它是唯一没有父节点的节点。除根节点外,其他节点都有父节点。根节点通常是一个面板,它管理场景图中节点的摆放方式,如流式面板 FlowPane 提供了对节点的流式布局管理,网格面板 GridPane 提供了支持按行列方式的布局管理,它们都是 Node 的子类。从图 14.1 可以看出 Node 是所有节点的根类。

2. 应用程序的父类 Application、舞台 Stage 和场景 Scene

在 Java 应用程序中,所有的 JavaFX 主程序都需要继承抽象类 javafx.application. Application,该类是编写应用程序的基本框架。Application 继承自 java.lang.Object 类,继承了 Application 类的子类必须重写 start()方法。start()方法一般用于将控件放入场景中,并在舞台中显示场景。当 JavaFX 程序启动的时候,会自动调用 start()方法。表 14.1 给出了 javafx.application.Application 类的常用方法。

表 14.1　javafx.application.Application 类的常用方法

常　用　方　法	功　能　说　明
public static void launch(String… args)	启动一个独立的 JavaFX 程序。利用可变参数 args 接收命令行参数,该方法通常是从 main()方法调用的。它不能被多次调用,否则将抛出异常
public void init()	程序初始化方法。加载 Application 类之后该方法立即被调用。在此方法中不能创建舞台和场景,但可以创建其他 JavaFX 对象来进行初始化操作,若没有初始化部分,不用覆盖此方法
public abstract void start(Stage primaryStage)	JavaFX 程序的入口点。参数 primaryStage 是程序的主舞台。可以设置程序场景。如果程序作为 applet 启动,主舞台将被嵌入到浏览器中。如果需要,程序可以创建其他舞台,但它们不是主要舞台,也不会嵌入到浏览器中。该方法在 init()之后被调用
public void stop()	该方法在程序停止时调用,为程序退出和销毁资源提供了方便

JavaFX 程序中必须要有一个窗口,窗口是一个 javafx.stage.Stage 类的对象,表 14.2 和表 14.3 分别给出了 javafx.stage.Stage 类的构造方法和常用方法。在舞台上要创建场景,一个场景是 javafx.scene.Scene 类的对象,表 14.4 和表 14.5 分别给出了 javafx.stage. Scene 类的构造方法和常用方法。

表 14.2　javafx.stage.Stage 类的构造方法

构　造　方　法	功　能　说　明
public Stage()	创建一个新舞台
public Stage(StageStyle style)	以 style 为舞台风格创建一个新舞台,style 的取值是枚举 StageStyle 中的常量

表 14.3　javafx.stage.Stage 类的常用方法

常　用　方　法	功　能　说　明
public final void show()	显示窗口
public final void setTitle(String value)	设置窗口的标题

续表

常用方法	功能说明
public final void setScene(Scene value)	将场景 value 置于窗口中
public final void setMaximized(boolean value)	设置窗口是否可以最大化
public final void setAlwaysOnTop(boolean value)	设置窗口是否在顶层
public final void setResizable(boolean value)	设置是否可以改变窗口大小
public void close()	关闭舞台。这个调用等同于 hide() 方法隐藏窗口

表 14.4　javafx.scene.Scene 类的构造方法

构造方法	功能说明
public Scene(Parent root)	以 root 为根节点创建一个场景，通常使用某种面板对象作为根节点，场景的大小会根据其中节点的大小自动计算
public Scene(Parent root,double width,ouble height)	创建宽为 width、高为 height 像素的场景，并将节点 root 放入场景中
public Scene(Parent root,Paint fill)	创建以 root 为根节点的场景，fill 作为场景的背景填充色
public Scene(Parent root, double width, double height,Paint fill)	创建指定大小和填充色的场景，并将根节点 root 放入场景中

表 14.5　javafx.scene.Scene 类的常用方法

常用方法	功能说明
public final < T extends Event > void addEventHandler(EventType< T > eventType,EventHandler<? super T > eventHandler)	向场景注册事件监听者
public final void setFill(Paint value)	设置场景的背景填充色为 value
public final void setRoot(Parent value)	设置场景的根节点
public final void setOnContextMenuRequested(EventHandler<? super ContextMenuEvent > value)	为场景中注册快捷菜单动作事件监听者

　　由于 JavaFX 程序通过舞台和场景定义用户界面，下面用例子说明如何通过创建舞台 Stage 和场景 Scene 来构建窗口。

　　为了更好地配合下面的讲解，在此先介绍一个最基本的控件——命令按钮，其他节点以后陆续介绍。命令按钮是窗口程序设计中最常用的控件之一，用户可以用鼠标单击它来控制程序运行的流程。javafx.scene.control 包提供了 Button 类，用来处理按钮控件的相关操作。按钮创建之后通过面板的 add() 方法将其放入到面板中。表 14.6 给出按钮 javafx.scene.control.Button 类的构造方法，表 14.7 给出 javafx.scene.control.Button 类的常用方法，这些常用方法不一定在 javafx.scene.control.Button 类中，可能在 javafx.scene.control.Button 类的父类中，由于继承的复杂性，将其常用的方法列在一个表中。

表 14.6　javafx.scene.control.Button 类的构造方法

构 造 方 法	功 能 说 明
public Button()	创建一个没有文字的按钮
public Button(String text)	创建一个以 text 为文字的按钮
public Button(String text,Node graphic)	创建一个文字为 text、图标为 graphic 的按钮

表 14.7　javafx.scene.control.Button 类及其父类的常用方法

常 用 方 法	功 能 说 明
public final void setText(String value)	用 value 设置按钮上的文字
public final void setGraphic(Node value)	用 value 设置按钮上的图标
public void setPrefSize(double prefWidth,double prefHeight)	用指定的宽、高像素值设置按钮尺寸,取代系统自动计算出的默认尺寸
public final void setOnAction(EventHandler<ActionEvent> value)	为按钮注册单击事件监听者

【例 14.1】　创建主舞台即窗口,并创建一个场景和一个按钮,然后将按钮放入场景中,再把场景放入舞台上,最后将窗口显示出来。

```
1   //filename: App14_1.java
2   import javafx.application.Application;    //导入 javafx.application.Application 类
3   import javafx.stage.Stage;                //导入舞台类
4   import javafx.scene.Scene;                //加载场景类
5   import javafx.scene.control.Button;       //加载命令按钮类
6   public class App14_1 extends Application  //定义 App14_1 类继承 Application
7   {
8       @Override   //强调必须覆盖下面这个父类中的方法
9       public void start(Stage primaryStage)  //定义主舞台为 primaryStage 的 start()方法
10      {
11          Button bt = new Button("我是按钮");   //创建命令按钮
12          Scene scene = new Scene(bt,210,80);  //创建 210 * 80 的场景并将 bt 放入其中
13          primaryStage.setTitle("我的 JavaFX 窗口");  //设置窗口的标题
14          primaryStage.setScene(scene);        //将场景 scnce 放入主舞台中
15          primaryStage.show();                 //显示主舞台
16      }
17      public static void main(String[] args)
18      {
19          Application.launch(args);            //启动独立的 JavaFX 程序
20      }
21  }
```

该程序的运行结果如图 14.3 所示。窗口可以移动、最大化、最小化,单击窗口中的"关闭"按钮时,结束程序。程序的第 2 行加载的 javafx.application.Application 类作为第 6 行 App14_1 类的父类。第 3、4 行分别加载了舞台类 Stage 和场景类 Scene。第 5 行加载了控件类库中的按钮

图 14.3　App14_1 运行结果

类Button。因为所有JavaFX主程序都需要继承Application类,所以第6行以Application类为父类创建了App14_1类。第9~16行覆盖了父类Application中的start()方法,当一个JavaFX程序启动时,JVM将调用Application类的无参构造方法来创建类的一个实例,同时自动创建一个主舞台对象作为参数传递给start()方法,同时调用该方法。start()方法一般用于将组件放入场景中,并在舞台中显示该场景。第11行创建了一个按钮对象bt,并在第12行将其放入场景scene中,同时设置了场景的宽为210像素、高为80像素。第14行将场景设定在主舞台中,第15行显示主舞台。主方法main()中第19行的launch()方法是一个定义在Application类中的静态方法,用于启动一个独立的JavaFX程序,该方法必须在mian()方法中调用才会启动JavaFX程序。

说明:(1)舞台默认是不显示的,舞台对象必须调用自己的show()方法才能将窗口显示出来。

(2)如果用户是从命令行运行JavaFX程序,则主方法main()不是必需的;当从一个不完全支持JavaFX的IDE中启动JavaFX程序的时候,可能会需要主方法main()。

(3)当运行一个有主方法main()的JavaFX程序时必须在主方法内调用launch()方法,该方法会启动JavaFX程序;当运行一个没有主方法main()的JavaFX程序时,JVM将自动调用launch()方法以运行应用程序。

(4)由于在JavaFX程序中主方法main()不是必需的,且本教材中的例子都是在命令行方式下运行的,所以本教材中的程序都将主方法main()省略。若需要用户可以将main()方法加入到主类中。

有时由于应用程序的需要,还可设置第二个舞台,即创建第二个窗口。下面通过例子来说明如何创建第二个舞台。

【例14.2】 创建两个舞台,在主舞台和第二舞台中各摆放一个命令按钮。

```
1   //filename: App14_2.java
2   import javafx.application.Application;
3   import javafx.stage.Stage;
4   import javafx.scene.Scene;
5   import javafx.scene.control.Button;
6   public class App14_2 extends Application
7   {
8       @Override    //强调必须覆盖下面这个父类中的方法
9       public void start(Stage primaryStage)           //定义主舞台为primaryStage的start()方法
10      {
11          Button bt = new Button("我是按钮");
12          Scene scene = new Scene(bt,210,80);
13          primaryStage.setTitle("我是主舞台");
14          primaryStage.setScene(scene);
15          primaryStage.show();
16          Stage stage = new Stage();                  //创建一个新舞台stage
17          stage.setAlwaysOnTop(true);                 //设置stage为顶层窗口
18          stage.setTitle("第二舞台");                  //设置新舞台的窗口标题
19          Button bt1 = new Button("我也是按钮");
20          stage.setScene(new Scene(bt1,180,100));     //设置新窗口的场景并将按钮放入其中
21          stage.show();                               //显示新的舞台
```

```
22    }
23 }
```

该程序中去掉了main()方法。第12～15行设置了主舞台。第16行创建了一个新舞台stage，并且在第17行将该舞台设置为顶层窗口，使之不被其他窗口遮挡住。第18行设置了新舞台窗口的标题，第19行创建了一个命令按钮对象bt1，第20行创建一个场景并将按钮bt1放入新舞台中，第21行显示出新舞台。这两个窗口都可独立存在。该程序运行时的两个窗口如图14.4所示。

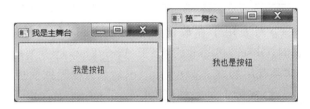

图 14.4 在一个程序中创建两个窗口

14.3 JavaFX 的布局面板

在上面的两个例子中，是将两个按钮bt和bt1分别放入了两个场景中，我们发现无论如何改变窗口的大小，按钮始终占据了整个窗口界面，虽然可以通过设置控件的位置和大小属性来解决这个问题，但前面曾讲过，构建窗口时，虽然可以直接将节点置于场景中，但更好的办法是先将节点放入面板中，然后再将面板放入场景中。

14.3.1 面板类 Pane 和 JavaFX CSS

面板是一种没有标题栏、没有边框的容器，用来组织节点，面板可以包含Node的任何子类型。JavaFX提供了多种布局面板，可自动地将节点摆放在希望的位置并自动调整大小。从图14.1类的继承关系中可以看到，面板类javafx.scene.layout.Pane是所有其他面板的父类，Pane类的对象通常用作显示形状的画布，而其子类面板则主要用于容纳和组织节点。面板类主要有如下几种：栈面板类StackPane、边界面板类BorderPane、流式面板类FlowPane、网格面板类GridPane、单行面板类HBox和单列面板类VBox等几种，这些面板都可以作为根面板使用，也可以作为其他面板的子节点使用，这样处理的好处是将窗口内容结构化，有利于管理、更换、调试。面板的继承关系如图14.5所示。

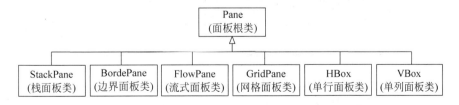

图 14.5 面板类的继承关系

1. 面板 Pane 类

Pane是所有其他面板的根类。面板主要用于需要对控件绝对定位的情况，当面板大小改变时,添加在其上的控件和形状绝对位置不变。javafx.scene.layout.Pane 类对象通常用作显示形状的画布,而其子类面板则主要用作摆放节点。表 14.8 列出了 javafx.scene.layout.Pane 类的构造方法。

表 14.8　javafx.scene.layout.Pane 类的构造方法

常 用 方 法	功 能 说 明
public Pane()	创建一个空面板,以后可向其添加其他控件和形状
public Pane(Node… children)	创建面板,并将参数指定的多个节点添加到面板中

每个面板都包含一个列表用于存放面板中的节点,这个列表是 javafx.collections.ObservableList 类的实例,ObservableList 类似于 ArrayList,是一个用于存储元素的集合。Pane 类中定义了一个非常有用的方法 getChildren(),该方法返回面板的用于存放节点的列表,在向面板中添加节点时,实际上是添加到 ObservableList 上。由于 Pane 类是其他面板的根类,所以在其子类面板中经常用到该方法。表 14.9 中提供了 javafx.scene.layout.Pane 类的通用方法,即包含 javafx.scene.layout.Pane 类从其父类继承来的常用方法。

表 14.9　javafx.scene.layout.Pane 类及父类中的常用方法

常 用 方 法	功 能 说 明
public ObservableList< Node > getChildren()	返回面板用于存放节点的列表
public final void setPadding(Insets value)	利用 Insets 对象 value 设置面板四周边缘内侧空白空间的距离,单位是像素
public void setPrefSize(double prefWidth, double prefHeight)	以给定的宽、高值作为偏好尺寸,来代替系统自动对该节点计算出的默认尺寸。即以给定的宽、高值优先设置面板的大小
public boolean isResizable()	判断面板是否可调整尺寸
public final void setStyle(String value)	设置面板或节点的样式
public final void setRotate(double value)	以度为单位,设置节点围绕它的中心旋转 value 角度,若 value 为正,顺时针旋转,否则逆时针旋转
public final void setTranslateX(double value)	将节点在 x 轴方向上平移 value 像素
public final void setTranslateY(double value)	将节点在 y 轴方向上平移 value 像素
public final void setTranslateZ(double value)	将节点在 z 轴方向上平移 value 像素
public final double getLayoutX()	返回节点左上角的 x 坐标
public final double getLayoutY()	返回节点左上角的 y 坐标
public final void setCache(boolean value)	是否为节点设置缓冲,以提高性能
public final void setOnContextMenuRequested(EventHandler <? super ContextMenuEvent > value)	为节点注册快捷菜单(下文菜单)的动作事件

Pane 类的 getChildren() 方法返回值是一个 ObservableList 对象,调用它的 add(node) 方法可以将一个节点添加到面板中,调用 addAll(node1,node2,…,noden) 方法可以将多个节点同时添加到面板中。

说明:虽然面板是一种容器,用于摆放节点,但如果将一个节点多次加入到一个面板中,或将一个节点加入到不同面板中,将引起运行时错误,所以一个节点只能添加到一个面板中。

2. JavaFX CSS

节点有许多通用的属性，表 14.9 中给出的 setStyle()方法是 Pane 从其父类 Node 继承来的方法。Node 类包含了许多有用的方法，可以应用于所有节点。setStyle()方法主要是利用样式属性来设置节点的外观样式，JavaFX 中的每个节点都有自己的样式属性。JavaFX 的样式属性类似于 Web 页面中指定 HTML 元素样式的叠层样式表(Cascading Style Sheet，CSS)，因此，JavaFX 的样式属性称为 JavaFX CSS。样式属性使用前缀"-fx-"进行定义，设置样式属性的语法是"stylename：value"。如果一个节点有多个样式属性则可以一起设置，只需用分号";"隔开，若样式名 stylename 由多个单词组成，各单词间需用连字符"-"隔开。如设置面板 pane 边框为红色，背景色为浅灰色的语句：

pane.setStyle(-fx-border-color：red,-fx-background-color：lightgray)；

说明：如果使用了不正确的 JavaFX CSS 样式属性，程序仍可编译和运行，但样式将被忽略。关于样式属性可访问网站 https：//docs.oracle.com/javafx/2/api/javafx/scene/doc-files/cssref.html。

14.3.2 栈面板类 StackPane

栈面板是由类 javafx.scene.layout.StackPane 实现的，其布局方式是将所有节点都摆放在面板中央，后加入的节点添加到前一个节点之上，多个节点以叠加的形式放入栈面板中。这种布局很方便用于在形状和图像上显示文字，或将一些简单形状叠加起来制作一个复杂形状。表 14.10 和表 14.11 分别给出了 javafx.scene.layout.StackPane 类的构造方法和常用方法。

表 14.10 javafx.scene.layout.StackPane 类的构造方法

构 造 方 法	功 能 说 明
public StackPane()	创建栈面板，面板中的节点默认中心对齐
public StackPane(Node... children)	创建栈面板，并将参数指定的多个节点添加到面板，并中心对齐

表 14.11 javafx.scene.layout.StackPane 类的常用方法

常 用 方 法	功 能 说 明
public static void clearConstraints(Node child)	删除面板的 child 节点
public static void setMargin(Node child, Insets value)	为面板中节点设置外侧边缘周围的空白空间的距离
public static void setAlignment(Node child, Pos value)	设置节点 child 在面板中的对齐方式，value 是取自枚举 Pos 中的枚举常量，见表 14.12
public final void setAlignment(Pos value)	设置节点的整体对齐方式

在 JavaFX 中表示节点摆放位置的量均取自枚举 javafx.geometry.Pos 中的枚举值，表 14.12 给出了 javafx.geometry.Pos 中代表对齐方式常用的静态常量。

表 14.12　javafx.geometry.Pos 类中代表对齐方式常用的静态常量

静态常量名	对齐方式	静态常量名	对齐方式
TOP_CENTER	顶部居中对齐	CENTER_RIGHT	中部右对齐
TOP_LEFT	顶部左对齐	BOTTOM_CENTER	底部居中对齐
TOP_RIGHT	顶部右对齐	BOTTOM_LEFT	底部左对齐
CENTER	中部居中对齐	BOTTOM_RIGHT	底部右对齐
CENTER_LEFT	中部左对齐		

【例 14.3】 创建栈面板，将在其上放置两个按钮，并用样式属性设置按钮和栈面板的外观样式。

```
1   //filename: App14_3.java                    栈面板的应用
2   import javafx.application.Application;
3   import javafx.stage.Stage;
4   import javafx.scene.Scene;
5   import javafx.scene.control.Button;
6   import javafx.scene.layout.StackPane;       //加载栈面板类
7   public class App14_3 extends Application
8   {
9     Button bt = new Button("确定");
10    @Override
11    public void start(Stage primaryStage)
12    {
13      StackPane sPane = new StackPane();      //创建栈面板对象
14      bt.setStyle("-fx-border-color:blue");   //设置按钮的边框颜色为蓝色
15      Button bt1 = new Button("我也是按钮");
16      bt1.setPrefSize(80,50);                 //设置按钮的优先大小，即自定义按钮的大小
17      bt1.setStyle("-fx-border-color:green"); //设置bt1按钮的边框颜色为绿色
18      bt1.setRotate(-45);                     //将bt1按钮逆时针旋转45°
19      sPane.getChildren().addAll(bt1,bt);     //将按钮加入到栈面板中
20      sPane.setRotate(45);                    //设置将栈面板顺时针旋转45°
21      sPane.setStyle("-fx-border-color:red;-fx-background-color:lightgray");
22      Scene scene = new Scene(sPane,180,100);
23      primaryStage.setTitle("栈面板");
24      primaryStage.setScene(scene);
25      primaryStage.show();
26    }
27  }
```

该程序的第 13 行创建一个栈面板对象 sPane。第 14 行利用样式属性调用 setStyle()方法为按钮 bt 设置了边框的颜色为蓝色。第 16 行设置了按钮的优先大小，即用户自定义尺寸优先于系统计算出的默认尺寸。第 17 行设置了按钮 bt1 的边框颜色为绿色。第 18 行将按钮 bt1 逆时针旋转 45°。第 19 行将两个按钮加入到栈面板中，由于 bt1 先于 bt 按钮加入，所以 bt 按钮放在了 bt1 的上面。第 21 行设置栈面板 sPane 的外观样式：边框颜色为红色、背景颜色为浅灰色。第 22 行创建一个宽 180 像素、高 100 像素的场景并将栈面板 sPane

放入其中。第 24 行将场景放入主舞台中。第 25 行显示出主舞台。程序运行结果如图 14.6 所示。

说明：默认情况下，一个控件系统会基于其中的内容计算出默认的尺寸，并将它作为偏好尺寸。例如，对于一个 Button 对象，系统计算出来的尺寸是由按钮上文本的长度、使用的字体以及可能加入的图像的尺寸共同决定的。通常情况下，系统计算出来的尺寸应该刚好能让控件完全显示出来。用户可以使用控件默认的尺寸，也可以调用 setPrefSize()方法自行设置控件的尺寸优先于默认尺寸，达到想要的效果。

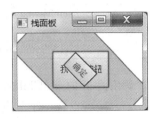

图 14.6　栈面板的应用

14.3.3　流式面板类 FlowPane

流式面板是由类 javafx.scene.layout.FlowPane 实现的，其布局方式是将节点按水平方式一行一行地摆放，或者是按垂直方式一列一列地摆放。FlowPane 的布局策略是：
- 节点按照加入流式面板的先后顺序从左向右排列摆放，或者是从上向下排列摆放；
- 一行或一列排满节点之后就自动地转到下一行或下一列继续从左向右或从上向下排列；
- 每一行或每一列中的组件默认设置为居中排列。

当容器中的组件不多时，使用这种布局策略非常方便，但是当容器内的组件增加时，就显得高低参差不齐。

表 14.13 给出 javafx.scene.layout.FlowPane 类的主要构造方法，表 14.14 给出的是 javafx.scene.layout.FlowPane 类的常用方法，这些方法不一定都在 javafx.scene.layout.FlowPane 中，可能是从其父类继承而来的。

表 14.13　流面板 javafx.scene.layout.FlowPane 类的主要构造方法

构造方法	功能说明
public FlowPane()	创建流式水平布局面板，容器中的节点居中对齐，节点间水平和垂直间距均默认为 0 像素
public FlowPane(double hgap,double vgap)	功能同上，但节点间水平间距为 hgap 像素，垂直间距为 vgap 像素
public FlowPane(Orientation orientation)	创建方向为 orientation、节点间水平和垂直间距均默认为 0 像素的流式面板。orientation 取值为 Orientation.HORIZONTAL，表示水平布局；Orientation.VERTICAL，表示垂直布局
public FlowPane(double hgap,double vgap, Node...children)	创建流式面板，并将参数指定的多个节点添加到面板中，节点间水平间距为 hgap 像素，垂直间距为 vgap 像素
public FlowPane(Orientation orientation, Node...children)	创建方向为 orientation，并将参数指定的多个节点添加到面板中，节点水平和垂直间距均默认为 0 像素

表 14.14　javafx.scene.layout.FlowPane 类及父类中的常用方法

常用方法	功能说明
public final void setHgap(double value)	设置布局面板中各节点之间水平间距的像素数
public final void setVgap(double value)	设置布局面板中各节点之间垂直间距的像素数

续表

常 用 方 法	功 能 说 明
public final void setOrientation (Orientation value)	设置流式布局中节点的摆放方向，orientation 取值见上表
public final void setAlignment(Pos value)	设置布局面板中整体对齐方式，value 是枚举 Pos 中的值

调用面板的 getChildren()方法返回面板存放节点的列表对象后，再调用它的 add (node)方法可以将一个节点添加到面板中，调用 addAll(node1,node2,…,noden)方法可以将多个节点同时添加到面板中。也可以调用 remove(node)方法从面板中删除一个节点或调用 removeAll()方法删除面板中的所有节点。

【例 14.4】 创建流式面板，将按钮放入其中，然后再将流式面板加入场景中。

```
1   //filename: App14_4.java              流式面板的应用
2   import javafx.application.Application;
3   import javafx.stage.Stage;
4   import javafx.scene.Scene;
5   import javafx.scene.control.Button;
6   import javafx.scene.layout.FlowPane;
7   import javafx.geometry.Orientation;
8   import javafx.geometry.Insets;
9   public class App14_4 extends Application
10  {
11    Button[] bt = new Button[6];          //创建按钮数组
12    @Override
13    public void start(Stage primaryStage)
14    {
15      FlowPane rootNode = new FlowPane();       //创建流式面板对象
16      rootNode.setOrientation(Orientation.HORIZONTAL);   //设置节点水平摆放
17      rootNode.setPadding(new Insets(12,13,14,15));   //设置面板边缘内侧四周空白的距离
18      rootNode.setHgap(8);                //设置面板上节点之间的水平间距为 8 像素
19      rootNode.setVgap(5);                //设置面板上节点之间的垂直间距为 5 像素
20      for(int i = 0;i < bt.length;i++)
21      {
22        bt[i] = new Button("按钮" + (i + 1));
23        rootNode.getChildren().add(bt[i]);       //将命令按钮 bt[i]放入流式面板中
24      }
25      Scene scene = new Scene(rootNode,200,80);
26      primaryStage.setTitle("流式面板");
27      primaryStage.setScene(scene);
28      primaryStage.show();
29    }
30  }
```

该程序运行结果如图 14.7 所示。程序的第 15 行创建一个流面板对象 rootNode，第 16 行设置节点在流面板中水平摆放。第 17 行是用 Insets 对象设置面板四周边缘的内侧上、右、下、左空白空间的距离，单位是像素，见图 14.8。本例中其顶部为 12 像素、右部为 13 像素、下部为 14 像素、左部为 15 像素。第 18、19 两行分别设置面板中节点间水平间距为 8 像

素、垂直间距为 5 像素。第 23 行利用流式面板的 getChildren()方法调用 add(bt[i])方法将按钮 bt[i]放入到流式面板中。

图 14.7 流式面板，左图窗口拉大后节点自动重新排列

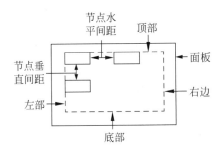

图 14.8 Insets 对象参数示意图

14.3.4 边界面板类 BoderPane

边界面板是由类 javafx.scene.layout.BorderPane 实现的，边界面板将显示区域分为上(top)、下(bottom)、左(left)、右(right)、中(center)五个区域，每个区域可以放置一个控件或其他面板，每个区域的大小是任意的，如果程序不需要某个区域，可以不定义，也不用留出空间。利用边界面板时，如果区域空间大于控件所需空间，多余的空间分配给中央控件；如果区域空间小于控件所需空间，区域可能会重叠。

边界面板适合于设计成"顶部有一工具条，底部有状态栏，左部有导航菜单，右部显示其他信息，中部是工作区域"这种应用界面。

表 14.15 和表 14.16 分别给出了 javafx.scene.layout.BorderPane 类的构造方法和常用方法。

表 14.15 javafx.scene.layout.BorderPane 类的构造方法

构 造 方 法	功 能 说 明
public BorderPane()	创建边界式面板对象
public BorderPane(Node center)	用指定节点 center 为中央区域控件创建边界式面板对象
public BorderPane(Node center, Node top, Node right, Node bottom, Node left)	创建边界式面板对象，并指定每个区域的节点

表 14.16 javafx.scene.layout.BorderPane 类的常用方法

常 用 方 法	功 能 说 明
public final void setTop(Node value)	将节点 value 放置在边界式面板的顶部区域
public final void setBottom(Node value)	将节点 value 放置在边界式面板的底部区域

续表

常用方法	功能说明
public final void setLeft(Node value)	将节点 value 放置在边界式面板的左部区域
public final void setRight(Node value)	将节点 value 放置在边界式面板的右部区域
public final void setCenter(Node value)	将节点 value 放置在边界式面板的中央区域
public static void setAlignment(Node child,Pos value)	设置节点的对齐方式

【例 14.5】 创建边界式面板，并在每个区域中放置一个按钮。

```
1    //filename: App14_5.java          边界式面板的应用
2    import javafx.application.Application;
3    import javafx.stage.Stage;
4    import javafx.scene.Scene;
5    import javafx.scene.control.Button;
6    import javafx.scene.layout.BorderPane;
7    import javafx.geometry.Insets;
8    public class App14_5 extends Application
9    {
10       @Override
11       public void start(Stage primaryStage)
12       {
13          BorderPane rootPane = new BorderPane();      //创建边界式面板对象
14          rootPane.setPadding(new Insets(10));         //设置边界面板边缘内侧空白距离均为10像素
15          Button bt = new Button("顶部工具条");
16          bt.setPrefSize(280,20);                      //设置按钮的优先大小,即自定义按钮的大小
17          rootPane.setTop(bt);                         //将按钮放置在边界面板的顶部区域
18          rootPane.setBottom(new Button("底部状态栏"));  //将按钮放置在边界面板的底部区域
19          rootPane.setLeft(new Button("左部导航菜单"));   //将按钮放置在边界面板的左部区域
20          rootPane.setRight(new Button("显示信息"));     //将按钮放置在边界面板的右部区域
21          rootPane.setCenter(new Button("中间工作区"));   //将按钮放置在边界面板的中央区域
22          Scene scene = new Scene(rootPane,280,130);
23          primaryStage.setTitle("边界式面板");
24          primaryStage.setScene(scene);
25          primaryStage.show();
26       }
27    }
```

该程序的第 13 行创建了一个边界面板对象 rootPane。第 14 行设置面板四周边缘内侧空白空间的距离均为 10 像素。第 15 行创建了一个按钮 bt,其上显示的文字为"顶部工具条"。第 16 行设置按钮的优先大小,即自定义按钮的大小。第 17 行将 bt 按钮添加边界面板的顶部区域。其他四个按钮使用默认尺寸,并是在设置区域的方法中创建的匿名对象。五个按钮摆放在边界面板的五个区域内,其运行结果如图 14.9 所示。

如果要将某个区域的节点移除,如将顶部区域的节点删除,可以调用 rootPane.setTop(null)方法来完

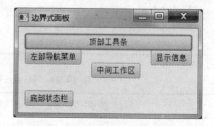

图 14.9 边界面板的五个区域

成。如果一个区域没有被占用,那么不会分配空间给这个区域。

14.3.5 网格面板类 GridPane

网格面板是由类 javafx.scene.layout.GridPane 实现的,网格面板类似表格,由行和列组成的单元格用来放置节点。一个节点可以被放于任何单元格内,也可以根据需要占用多行或者多列摆放。网格面板适用于创建表单和需要按行和列组织节点的布局。javafx.scene.layout.GridPane 类只有一个构造方法,如表 14.17 所示。关于网格面板的应用,会在后面结合控件一起讲解。

表 14.17　javafx.scene.layout.GridPane 类的构造方法

构 造 方 法	功 能 说 明
public GridPane()	创建网格面板

在网格面板中,网格的行数和列数不能在构造方法中指定,网格的实际行数和列数由添加到网格面板中的控件动态地决定,其左上角单元格的行号和列号均为 0。表 14.18 列出了 javafx.scene.layout.GridPane 类及父类中的常用方法。

表 14.18　javafx.scene.layout.GridPane 类及父类中的常用方法

常 用 方 法	功 能 说 明
public final void setHgap(double value)	设置面板中节点间的水平间距为 value 像素
public final void setVgap(double value)	设置面板中节点间的垂直间距为 value 像素
public void add(Node child, int columnIndex, int rowIndex)	将节点 child 添加到网格面板的第 columnIndex 列和第 rowIndex 行单元格中
public void add(Node child, int columnIndex, int rowIndex, int colspan, int rowspan)	将节点添加到指定单元格中,并占用 colspan 列和 rowspan 行
public static void setConstraints(Node child, int columnIndex, int rowIndex)	将节点添加到指定的单元格中
public static void setConstraints(Node child, int columnIndex, int rowIndex, int columnspan, int rowspan)	将将节点添加到指定的单元格中,并占用 columnspan 和 rowspan
public void addColumn(int columnIndex, Node… children)	将参数指定的多个节点添加到指定的列
public void addRow(int rowIndex, Node… children)	将参数指定的多个节点添加到指定的行
public static Integer getColumnIndex(Node child)	返回给定节点 child 的列序号
public static Integer getRowIndex(Node child)	返回给定节点 child 的行序号
public static void setColumnIndex(Node child, nteger value)	将节点设置到新的列,该方法重新定位节点
public static void setRowIndex(Node child, Integer value)	将节点设置到新的行,该方法重新定位节点

续表

常 用 方 法	功 能 说 明
public final void setGridLinesVisible(boolean value)	设置是否显示网格线,默认值为 false
public final void setAlignment(Pos value)	设置节点的对齐方式

14.3.6 单行面板类 HBox 和单列面板类 VBox

单行面板由类 javafx.scene.layout.HBox 实现,单行面板也称水平面板,是在一行沿水平方向排列节点的方式。表 14.19 给出了 javafx.scene.layout.HBox 类的构造方法,表 14.20 给出了 javafx.scene.layout.HBox 类及父类中的常用方法。

表 14.19 javafx.scene.layout.HBox 类的构造方法

构 造 方 法	功 能 说 明
public HBox()	创建一个空的单行面板
public HBox(double spacing)	创建单行面板,其上节点的间距为 spacing 像素
public HBox(Node...children)	创建单行面板,并将参数指定的多个节点添加到面板中,节点的间距为 0 像素
public HBox(double spacing,Node...children)	创建单行面板,并将参数指定的多个节点添加到面板中,节点间距为 spacing 像素

表 14.20 javafx.scene.layout.HBox 类及父类中的常用方法

常 用 方 法	功 能 说 明
public final void setSpacing(double value)	设置面板中节点之间的间距
public static void setMargin(Node child, Insets value)	为面板中的节点设置外边距
public final void setAlignment(Pos value)	设置面板中节点整体对齐方式,value 是枚举 Pos 中的值

【例 14.6】 创建单行面板,在单行面板中放入两个自定义大小的按钮,并设置每个按钮四周边缘外侧空白部分的距离。

```
1   //filename: App14_6.java              单行面板的应用
2   import javafx.application.Application;
3   import javafx.stage.Stage;
4   import javafx.scene.Scene;
5   import javafx.scene.control.Button;
6   import javafx.scene.layout.HBox;
7   import javafx.geometry.Insets;
8   public class App14_6 extends Application
9   {
10      Button bt1 = new Button("上一步");
11      Button bt2 = new Button("下一步");
12      @Override
```

```
13    public void start(Stage primaryStage)
14    {
15        HBox hB = new HBox();                         //创建单行面板对象 hB
16        bt1.setPrefSize(160,20);                      //自定义按钮大小,即设置按钮的优先大小
17        hB.setMargin(bt1,new Insets(5,5,5,5));        //设置 bt1 四周边缘外侧空白距离
18        bt2.setPrefSize(80,20);                       //自定义按钮大小
19        hB.setMargin(bt2,new Insets(10));             //设置 bt2 四周边缘外侧空白距离均为 10 像素
20        hB.getChildren().addAll(bt1,bt2);             //将按钮 bt1 和 bt2 放入单行面板中
21        Scene scene = new Scene(hB,300,50);
22        primaryStage.setTitle("单行面板");
23        primaryStage.setScene(scene);
24        primaryStage.show();
25    }
26 }
```

该程序的第 15 行创建了一个单行面板对象 hB。第 16、18 两行分别自定义了两个按钮的大小。第 17 行设置面板对象 hB 中按钮 bt1 四周边缘外侧空白距离均为 5 像素,而 19 行则设置按钮 bt2 四周边缘外侧空白距离均为 10 像素。第 20 行调用 addAll()方法一次将多个节点同时放入面板中。该程序的运行结果如图 14.10 所示。

图 14.10 单行面板及节点外边缘

单列面板 javafx.scene.layout.VBox 也称垂直面板,它与单行面板 HBox 相似,只是在将多个节点放入单列面板时,这些节点是在一列上垂直摆放的。VBox 类与 HBox 类的构造方法、常用方法也相似,所以不再介绍。

JavaFX 中还有一个特殊的面板 javafx.scene.Group,Group 是 Parent 的子类,但不是 Pane 的子类。Group 面板是一个组,它包含一个可观察列表类 ObservableList 的对象,用于存放组的节点,添加到 Group 中的控件通常需要绝对定位。Group 可以把许多图形组成一个图形,事件处理可以只处理组合后的图形。Group 是一个可以通过坐标设置控件位置的容器,而且控件和控件之间可以重叠,例如把两个控件的 layoutX 以及 layoutY 坐标都设置为 0,那么这两个控件都会在 Group 的左上角出现,同时会重叠,所以在编程的时候,针对某一个控件做调整非常方便。在 Group 里的控件,有以下四个属性需要了解,分别是 layoutX、layoutY、width、height,它们分别是控件左上角的 x 坐标、y 坐标、宽度和高度。它们都是 Property 属性,可以将其绑定到任意一个其他 Property 属性中去,操作很方便。关于绑定属性将在后面介绍。

14.4 JavaFX 的辅助类

辅助类(helper class)是用来描述节点属性的,例如,颜色类 Color、字体类 Font、图像类 Image 和图像显示类 ImageView 等。辅助类不都是 Node 类的子类。

14.4.1 颜色类 Color

颜色类 javafx.scene.paint.Color 是抽象类 Paint 的子类,Paint 是用于绘制节点的类。Color 类的对象可以由其构造方法或其静态方法创建。

在 JavaFX 中每一种颜色都看成是由红、绿、蓝三原色和透明度组成,表 14.21 给出 javafx.scene.paint.Color 类的构造方法。

表 14.21 javafx.scene.paint.Color 类的构造方法

构 造 方 法	功 能 说 明
public Color(double red, double green, double blue, double opacity)	用指定的 red(红)、green(绿)、blue(蓝)三元色值和透明度 opacity 创建 Color 对象

其中,参数 red、green 和 blue 分别代表红、绿、蓝三种颜色分量,其取值都为 0.0~1.0 之间,参数值越大就表明这种颜色的成分越浅,所以 0.0 表示该分量的颜色最深,1.0 表示该分量的颜色最浅。参数 Opacity 值表示颜色的透明度,透明度值越小其透明度越大,越能够透出背景图像,透明度值越大其透明度越小,越不能够透出背景图像。透明度的取值范围为 0.0~1.0,0.0 表示完全透明,1.0 代表完全不透明的。若参数值超过 0.0~1.0 这个范围,则抛出 IllegalArgumentException 异常。创建颜色对象也可用 Color 类中提供的静态方法来实现。表 14.22 给出了 javafx.scene.paint.Color 类中的常用方法,用于管理颜色。

表 14.22 javafx.scene.paint.Color 类中的常用方法

常 用 方 法	功 能 说 明
public static Color color(double red, double green, double blue)	用指定的 red、green、blue 值创建一个不透明的 Color 对象。参数取值范围均为 0.0~1.0,与构造方法意义相同
public static Color color(double red, double green, double blue, double opacity)	用指定的 red、green、blue 值及透明度创建一个 Color 对象。参数取值范围均为 0.0~1.0,与构造方法意义相同
public static Color rgb(int red, int green, int blue)	用指定的 red、green、blue 值创建一个不透明的 Color 对象。参数取值范围均为 0~255,与构造方法意义相似
public static Color rgb(int red, int green, int blue, double opacity)	用指定的 red、green、blue 值及透明度创建一个 Color 对象。参数取值范围均为 0~255,与构造方法意义相似
public Color brighter()	返回一个具有更大 red、green、blue 值的 Color 对象
public Color darker()	创建一个比 Color 对象更暗的 Color 对象

另外,javafx.scene.paint.Color 类中还定义了 130 多种标准的颜色对象存储在静态常量中,使得对这些标准颜色的引用更为方便。表 14.23 给出了 javafx.scene.paint.Color 类中常用的代表颜色的静态常量。

表 14.23 javafx.scene.paint.Color 类中常用的代表颜色的静态常量

静态常量名	代 表 颜 色	静态常量名	代 表 颜 色	静态常量名	代 表 颜 色
BEIGE	浅褐色	BLACK	黑色	BLUE	蓝色
BROWN	棕色	CYAN	蓝青色	DARKGRAY	深灰色
GOLD	金色	GRAY	灰色	GREEN	绿色

续表

静态常量名	代表颜色	静态常量名	代表颜色	静态常量名	代表颜色
LIGHTGRAY	浅灰色	MAGENTA	红紫色	NAVY	深蓝色
ORANGE	桔黄色	PINK	粉红色	RED	红色
SILVER	银色	WHITE	白色	YELLOW	黄色

14.4.2 字体类 Font

字体类 javafx.scene.text.Font 是用来描述字体名、字体粗细和字体大小的类。应用程序在渲染文字的时候经常用 Font 对象来设置字体信息。设置节点所用字体的样式、大小与字形等属性的许多方法都需要将 Font 类所创建的对象作为它的参数,用以设置节点的字体。表14.24给出了 javafx.scene.text.Font 类的构造方法。

表14.24 javafx.scene.text.Font 类的构造方法

构 造 方 法	功 能 说 明
public Font(double size)	创建字体大小为 size 的字体对象,使用默认的 System 字体。size 的单位是磅值,1磅值为1/72英寸
public Font(String name,double size)	用给定的字体名称 name 和大小为 size 的值创建字体对象

要创建字体类对象,除了用 Font 类构造方法外也可以使用字体类的静态方法来创建,表14.25列出了 javafx.scene.text.Font 类的常用方法。

表14.25 javafx.scene.text.Font 类的常用方法

常 用 方 法	功 能 说 明
public static Font font(String family,double size)	创建字体名为 family,大小为 size 的 Font 对象
public static Font font(String family, FontWeight weight,double size)	创建指定名称、字体粗细和大小的字体对象。字体粗细 weight 的取值在枚举 FontWeight 中定义,常用有 BOLD (粗体)、LIGHT(轻体)、NORMAL(正常体)
public static Font font(String family, FontWeight weight,FontPosture posture, double size)	创建指定名称、字体粗细、字体形态和大小的字体对象。字体形态 posture 的取值在枚举 FontPosture 中定义,为 ITALIC(斜体)和默认的 REGULAR(正常体)
public final String getFamily()	返回系统默认的字体
public static List<String> getFamilies()	返回字体集名称的列表
public static List<String> getFontNames()	返回所有字体完整名称的列表,包括字体集和粗细

如"Font fon = Font.font("Times New Roman",FontWeight.BOLD,FontPosture.ITALIC,20);"该语句定义了字体名为 Times New Roman、加粗、斜体和20磅值大小的字体对象 fon。

14.4.3 图像类 Image 和图像显示类 ImageView

JavaFX 使用 javafx.scene.image.Image 类表示图像。JavaFX 支持的图像格式有.jpg、.gif、.png 和.bmp 等。表14.26给出了 javafx.scene.image.Image 类的常用构造方法。

提示：若使用 JavaFX 不支持的图像格式，可以使用图像处理工具将它们转换为 JavaFX 支持的图像格式，以便在程序中使用。

表 14.26　javafx.scene.image.Image 类的构造方法

构 造 方 法	功 能 说 明
public Image(String url)	用图像的 url 地址创建图像
public Image(String url,boolean backgroundLoading)	用图像的 url 地址创建图像，并设置是否在后台加载（异步加载）图像
public Image(String url, double requestedWidth, double requestedHeight, boolean preserveRatio, boolean smooth)	创建图像，并指定图像边界框的宽和高（像素），preserveRatio 用于设置是否保持图像的高宽比，smooth 用于设置是否使用平滑图像算法显示图像
public Image(String url, double requestedWidth, double requestedHeight, boolean preserveRatio, boolean smooth,boolean backgroundLoading)	参数意义同上，并设置是否在后台加载图像

当用 Image 类创建的图像被成功加载后，需要使用图像视图类 javafx.scene.image.ImageView 的对象显示图像，即 ImageView 对象是一个可以显示图像的对象。ImageView 是一个包装器对象，用来引用 Image 对象。表 14.27 和表 14.28 分别列出 ImageView 类的构造方法和常用方法。

表 14.27　javafx.scene.image.ImageView 类的构造方法

构 造 方 法	功 能 说 明
public ImageView()	创建一个不包含图像的 ImageView 对象
public ImageView(String url)	用指定图像对象的 url 创建 ImageView 对象
public ImageView(Image image)	用指定图像对象 image 创建 ImageView 对象

表 14.28　javafx.scene.image.ImageView 类的常用方法

常 用 方 法	功 能 说 明
public final void setImage(Image value)	设置显示的图像
public final void setFitWidth(double value)	设置图像视图的宽度为 value 像素
public final void setFitHeight(double value)	设置图像视图的高度为 value 像素
public final void setPreserveRatio(boolean value)	设置图像是否保持缩放比例
public final void setSmooth(boolean value)	设置是否使用平滑图像算法显示图像
public final void setViewport(Rectangle2D value)	设置图像显示窗口，Rectangle2D 对象 value 中需给出 x 坐标、y 坐标、宽度和高度的像素值

在 ImageView 类定义了 x 和 y 属性，用于表示 ImageView 图像视图的原点坐标。image 属性表示图像。fitWidth 和 fitHeight 两个属性表示图像改变大小后将边界框调整到适合图像的宽度和高度。

【例 14.7】 利用 Image 类创建表示图像的对象，然后用图像视图类 ImageView 显示图像。图像既可显示在面板上，也可以显示在组件上。

```
1    //filename: App14_7.java              图像和显示图像
2    import javafx.application.Application;
```

```java
3      import javafx.stage.Stage;
4      import javafx.scene.Scene;
5      import javafx.scene.control.Button;
6      import javafx.scene.image.Image;              //加载图像类
7      import javafx.scene.image.ImageView;          //加载图像视图类
8      import javafx.scene.layout.HBox;
9      import javafx.scene.layout.BorderPane;
10     import javafx.geometry.Pos;                   //加载 Pos 枚举类
11     public class App14_7 extends Application
12     {
13        @Override
14        public void start(Stage primaryStage)
15        {
16           Image imb = new Image("image/中国灯笼.jpg");    //用"中国灯笼.jpg"创建图像对象 imb
17           ImageView iv1 = new ImageView(imb);      //创建显示图像对象 iv1
18           Button bt1 = new Button("您好",iv1);      //创建具有文字和图像的按钮
19           Button bt2 = new Button("中国",new ImageView("image/中国心.jpg"));
20           HBox box = new HBox(20);                 //创建水平面板,其上组件间距为 20 像素
21           box.getChildren().addAll(bt1,bt2);       //将两个按钮添加到水平面板中
22           box.setAlignment(Pos.CENTER);            //设置水平面板的节点居中对齐
23           Image im = new Image("image/国旗.jpg");   //用"国旗.jpg"创建图像对象 im
24           ImageView iv2 = new ImageView();         //创建显示图像对象 iv2
25           iv2.setImage(im);                        //将图像对象 im 设置到显示图像对象 iv2 上
26           iv2.setFitWidth(80);                     //设置图像视图的宽度为 80 像素
27           iv2.setPreserveRatio(true);              //设置保持缩放比例
28           iv2.setSmooth(true);                     //设置平滑显示图像
29           iv2.setCache(true);                      //设置缓冲以提高性能
30           ImageView iv3 = new ImageView();
31           iv3.setImage(im);                        //将图像对象 im 设置到显示图像对象 iv3 上
32           iv3.setRotate(90);                       //设置将图像顺时针旋转 90°
33           iv3.setFitWidth(100);                    //设置图像视图的宽度为 100 像素
34           iv3.setPreserveRatio(true);              //设置保持缩放比例
35           BorderPane rootPane = new BorderPane();  //创建根面板对象
36           rootPane.setBottom(box);                 //将水平面板添加到边界面板的底部区域
37           rootPane.setCenter(iv2);                 //将"国旗"添加到边界面板中央区域
38           rootPane.setRight(iv3);                  //将旋转后"国旗"添加到边界面板右部区域
39           Scene scene = new Scene(rootPane,200,150);
40           primaryStage.setTitle("图像与显示");
41           primaryStage.setScene(scene);
42           primaryStage.show();
43        }
44     }
```

该程序的第 16 行用图片"中国灯笼.jpg"创建了一个图像对象 imb,17 行则创建了一个显示图像 imb 的图像视图对象 iv1,第 18 行将图像视图对象 iv1 设置在按钮 bt1 上。第 19 行是直接利用图像视图将图像"中国心.jpg"设置在按钮 bt2 上。然后第 21、22 两行将两个按钮添加到水平面板中,并设置按钮在面板中居中摆放。第 23 行用"国旗.jpg"创建了图像对象 im,并在第 25、31 两行分别将其设置为图像视图对象 iv2 和 iv3 显示的图像。第 26 行设置图像的显示宽度。第 27 行设置保持缩放比例。第 28 行设置平滑显示图像。第 29 行

设置了缓冲功能。第 32 行设置将图像视图 iv3 顺时针旋转 90°。第 36 行是将水平面板添加到边界面板的底部区域。第 37、38 两行分别将两幅国旗添加边界面板的中央和右边区域。程序的运行结果如图 14.11 所示。

说明：(1) 若类文件与图片文件放在不同的文件夹下，要指出图片所在的路径，本例中是将图片文件放在类文件所在的下一级文件夹 image 中；若与类文件放在同一文件夹下，则直接给出文件名即可；若要使用 URL 来定位图片，则必须使用以 http：//开头的 URL 协议形式。

图 14.11　图像的应用

(2) 一个 Image 对象可以被多个 ImageView 对象所共享，本例中图像对象 im 被两个 ImageView 对象 iv2 和 iv3 所共享。但 ImageView 对象是不可以共享的，即不能将一个 ImageView 对象多次放入一个面板或一个场景中。

(3) 由于 ImageView 类也是 Node 类的子类，因此也可以对它进行变换、缩放和模糊等特效操作。在应用这些特效时，并不是在原来图像的像素上操作，而是复制一份到 ImageView 对象，因此可能有多个 ImageView 对象都指向同一个 Image 对象。

14.5　JavaFX 属性绑定

属性绑定是 JavaFX 引入的新概念。可以将一个目标对象与一个源对象绑定，如果源对象中的值改变了，目标对象的值也将自动改变。目标对象称为绑定对象或绑定属性，源对象称为可绑定对象或可观察对象。目标对象与源对象的绑定是通过 javafx.beans.property.Property 接口中定义的 void bind(ObservableValue<? extends T> observable) 方法实现的。其调用格式如下：

```
target.bind(source)    //源对象 source 相当于自变量,目标对象 target 相当于因变量
```

其中，目标对象 target 是 javafx.beans.property.Property 接口的一个对象。源对象 source 是 javafx.beans.value.ObservableValue 接口的一个对象。ObservableValue 是一个包装了值的实体，它有用来获取和设置所包装的值的方法，以及管理监听者的方法，这样在值发生改变时能被监听到。JavaFX 许多类中的属性，既可以作为目标对象，也可以作为源对象。

引入属性绑定概念后，在 JavaFX 类中声明绑定属性的类型时，就不能与一般类中声明属性所用类型相同，而必须用绑定属性类型来声明绑定属性。JavaFX 类中声明绑定属性的类型是形如 XxxProperty 样式，其中的 Xxx 是某种已知类型，如声明 String 类型的绑定属性 str 的类型为 StringProperty，即 StringProperty str。其中 str 是绑定属性，而 StringProperty 就是字符串的绑定属性的类型。所以可以将绑定属性类型看作是定义变量的又一种数据类型。JavaFX 为基本类型、字符串类型和集合类型定义了绑定属性类型。如基本类型 double 的绑定属性类型是 DoubleProperty，该类型是抽象类，所以不能用它创建对象，而必须用其子类 SimpleDoubleProperty 来创建具体的对象，从而可知绑定属性类型是用于包装与其对应的数据类型。表 14.29 给出了基本类型、字符串类型和集合类型与其绑定属性类型及用于创建绑定属性对象所对应的子类。

表 14.29　JavaFX 基本类型、字符串类型和集合类型与其绑定属性类型及
用于创建属性绑定对象所对应的子类

类　　型	绑定属性类型（抽象类）	用于创建绑定属性对象的子类
int	IntegerProperty	SimpleIntegerProperty
long	LongProperty	SimpleLongProperty
float	FloatProperty	SimpleFloatProperty
double	DoubleProperty	SimpleDoubleProperty
boolean	BooleanProperty	SimpleBooleanProperty
String	StringProperty	SimpleStringProperty
List	ListProperty	SimpleListProperty
Set	SetProperty	SimpleSetProperty
Map	MapProperty	SimpleMapProperty

表 14.29 只是给出了基本数据类、字符串和集合类型所对应的绑定属性类型，对于与其他类型对应的绑定属性类型，可以到 javafx.beans.property.Property 接口中去查找。虽然绑定属性要用相应的绑定属性类型来声明，但创建该绑定属性时却要用其相应的子类（表 14.29 中的最后一列）来创建。

由于 ObservableValue 是一个包装了值的实体，所以绑定属性类型都是 ObservableValue 的子类型，因此它们也都可以作为源对象来进行属性绑定。

为了进一步理解属性绑定的概念，先以 JavaFX 圆形类 Circle 的对象及中心坐标属性 centerX 和 centerY 为例来说明。一般而言，JavaFX 类（如 Circle）中的每个绑定属性（如 centerX），都有一个形如 getXxx() 的方法（称为值获取方法，如 getCenterX()）用于返回属性值、一个形如 setXxx() 的称为值设置方法（如 setCenterX(double)）用于修改属性值，同时还有一个返回属性本身的形如 XxxProperty() 的方法，该方法称为属性获取方法。属性获取方法的命名习惯是在属性名后面加上单词 Property（如 centerXProperty()）。由此可知 centerX 的属性获取方法是 centerXProperty()，它返回的是一个 DoubleProperty 类型的对象 centerX；而 getCenterX() 是值获取方法，因为该方法返回的是一个 double 型的值；setCenterX(double) 用于设置属性值，所以它是值设置方法。

【例 14.8】　利用 Circle 类在面板上画一个圆，没有属性绑定时，圆的圆心位置不会随窗口的缩放而变化，而当圆心坐标与面板中心点绑定后，无论如何缩放窗口，圆心永远在窗口正中央。

```
1    //filename: App14_8.java          属性绑定的应用
2    import javafx.application.Application;
3    import javafx.stage.Stage;
4    import javafx.scene.Scene;
5    import javafx.scene.layout.Pane;          //加载面板类
6    import javafx.scene.paint.Color;          //加载颜色类
7    import javafx.scene.shape.Circle;         //加载圆类
8    public class App14_8 extends Application
9    {
10       @Override
11       public void start(Stage primaryStage)
```

```
12    {
13        Pane pane = new Pane();              //创建面板对象
14        Circle c = new Circle();
15        c.setCenterX(100);                   //设置圆中心的 x 坐标为 100 像素
16        c.setCenterY(100);                   //设置圆中心的 y 坐标为 100 像素
17        //将圆 c 的 centerX 和 centerY 属性绑定在面板 pane 宽度和高度的一半上
18        c.centerXProperty().bind(pane.widthProperty().divide(2));
19        c.centerYProperty().bind(pane.heightProperty().divide(2));
20        c.setRadius(50);                     //设置圆半径为 50 像素
21        c.setFill(Color.WHITE);              //设置填充圆的颜色为白色
22        pane.getChildren().add(c);           //将圆 c 加入到面板中
23        Scene scene = new Scene(pane,200,200);
24        primaryStage.setTitle("圆的绑定属性");
25        primaryStage.setScene(scene);
26        primaryStage.show();
27    }
28 }
```

在程序运行时,当缩放窗口大小时,圆心的坐标始终位于窗口的中心。这是因为在第 18、19 两行对圆心坐标进行了绑定。若将第 18、19 两行注释掉,则圆心是绝对坐标,所以当窗口缩放时,圆心坐标不随窗口的变化而变化。程序运行结果如图 14.12 所示。

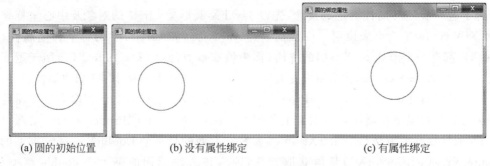

  (a) 圆的初始位置　　　　　　(b) 没有属性绑定　　　　　　(c) 有属性绑定

图 14.12　程序运行结果

  第 18、19 两行是将圆 c 的中心坐标 centerX 和 centerY 属性绑定在面板 pane 宽度和高度的一半上,c.centerXProperty()返回圆 c 的 centerX 属性,pane.widthProperty()返回面板 pane 的 width 属性。centerX 和 width 都是 DoubleProperty 类型的绑定属性。对于数值类型的绑定属性(如 DoubleProperty)都具有 add()、substract()、multiply()、divide()方法,用于对一个绑定属性中的值进行加、减、乘、除运算,并返回一个新的源属性。因此,pane.widthProperty().divide(2)返回一个代表面板 pane 的一半宽度的新源属性,所以目标属性圆 c 的 centerX 坐标会随着面板 pane 宽度的改变而改变。

  JavaFX 为基本类型等定义了绑定属性类型,下面举例说明利用 SimpleDoubleProperty 类创建 DoubleProperty 型对象,因为 DoubleProperty 是抽象类,所以在创建对象时要用其子类 SimpleDoubleProperty。

【例 14.9】 用基本类型 double 的绑定属性类型 DoubleProperty 声明对象,并用其子类 SimpleDoubleProperty 创建该对象,然后进行属性绑定,并观察它们之间的变化。

```
1    //filename: App14_9.java              属性绑定类型的应用
2    import javafx.beans.property.DoubleProperty;
3    import javafx.beans.property.SimpleDoubleProperty;
4    public class App14_9
5    {
6      public static void main(String[] args)
7      {
8        DoubleProperty t1 = new SimpleDoubleProperty(6);   //声明并创建绑定属性 t1
9        DoubleProperty t2 = new SimpleDoubleProperty(9);   //声明并创建绑定属性 t2
10       t1.bind(t2);                      //将 t1 绑定到 t2 上
11       System.out.println("t1 值 = " + t1.getValue() + "; t2 值 = " + t2.getValue());
12       t2.setValue(10);     //源对象 t2 变化,目标对象 t1 的值也会做相应的变化
13       System.out.println("t1 值 = " + t1.getValue() + "; t2 值 = " + t2.getValue());
14     }
15   }
```

程序运行结果:

t1 值 = 9.0; t2 值 = 9.0
t1 值 = 10.0; t2 值 = 10.0

该程序中的第 8、9 两行创建了绑定属性类型的变量 t1 和 t2,其类型均为 DoubleProperty,同时设置其初值分别为 6 和 9。第 10 行将 t1 绑定到 t2 上,这样目标对象 t1 就会自动监听源对象 t2 的变化,一旦源发生变化,目标将自动更新。这从输出结果中可以看出。

JavaFX 属性的主要功能是属性绑定和事件处理。通过属性的 addListener() 方法可以为其注册监听者,通过属性的 bind() 方法可以实现属性绑定。利用 bind() 方法进行属性绑定时,只是目标对象随着源对象的变化而变化,这种绑定称为单向绑定。有时候需要同步两个属性,即目标和源双方都既是绑定对象也是可观察对象,这时可使用 bindBidirectional() 方法进行属性的双向绑定。属性双向绑定后,两者中不管哪一个发生变化,另一方也会被相应地更新。

14.6 JavaFX 常用控件

JavaFX 控件有许多种,主要包括标签、按钮、复选框、单选按钮、文本框、文本区、组合框、列表视图等,控件是节点 Node 的子类。与面板不同,控件类对象不能再包含其他控件,控件的作用是完成与用户的交互,包括接收用户的命令、接收用户的输入或用户的选择或向用户显示信息等。JavaFX 的控件类定义在 javafx.scene.control 包中,表 14.30 列出了 JavaFX 的常用控件。

表 14.30 JavaFX 的常用控件

控件名称	类名	控件名称	类名
标签	Label	菜单条	MenuBar
命令按钮	Button	菜单	Menu
单选按钮	RadioButton	菜单项	MenuItem
文本框	TextField	单选菜单按钮	RadioMenuItem
密码文本框	PasswordField	复选菜单项	CheckMenuItem
文本区	TextArea	弹出菜单	ContextMenu
复选框	CheckBox	滚动条	ScrollBar
组合框	ComboBox	进度条	ProgressBar
选择框	ChoiceBox	滑动条	Slider
列表视图	ListView	工具栏	ToolBar
表格视图	TableView	工具提示	ToolTip
树视图	TreeView	颜色选择器	ColorPicker
选项卡面板	TabPane	日期选择器	DatePicker
选项卡	Tab	对话框	Dialog
微调选择器	Spinner	超链接	Hyperlink

14.6.1 标签类 Label

标签类 javafx.scene.control.Label 是用来显示文字、图片的控件,标签上的内容只能显示不可编辑,所以标签常用来给文本控件或其他控件作为标签用。表 14.31 列出了 javafx.scene.control.Label 类的构造方法。

表 14.31 javafx.scene.control.Label 类的构造方法

构造方法	功能说明
public Label()	创建一个没有文字与图像的标签
public Label(String text)	创建标签,并以 text 为标签上的文字
public Label(String text, Node graphic)	以 text 为文字、以 graphic 为图形创建标签

由于标签类 Label 继承了 javafx.scene.control.Labeled 类,且按钮类 Button 也是 Labeled 的子类,所以 Labeled 类中定义的方法可为标签和按钮所共用。表 14.32 列出了 javafx.scene.control.Labeled 类中标签和按钮的常用方法。

表 14.32 javafx.scene.control.Labeled 类中标签和按钮的常用方法

常用方法	功能说明
public final void setText(String value)	设置控件上的文本
public final void setFont(Font value)	设置控件上的字体
public final void setGraphic(Node value)	设置控件上的图形为 value
public final void setAlignment(Pos value)	设置控件上文本和节点的对齐方式为 value,value 的取值是枚举 Pos 中的枚举常量
public final void setTextFill(Paint value)	设置文本的颜色
public final void setWrapText(boolean value)	设置如果文本超出宽度,是否自动换行

续表

常 用 方 法	功 能 说 明
public final void setUnderline(boolean value)	设置文本是否加下画线
public final void setContentDisplay (ContentDisplay value)	使用枚举 ContentDisplay 的常量值 TOP、BOTTOM、LEFT 和 RIGHT 等设置节点相对于文本的位置

【例 14.10】 在单行面板上添加两个标签,并调用相应的方法设置标签上的元素和相应属性。

```
1   //filename: App14_10.java          标签的应用
2   import javafx.application.Application;
3   import javafx.stage.Stage;
4   import javafx.scene.Scene;
5   import javafx.scene.control.Label;     //加载标签类
6   import javafx.scene.paint.Color;
7   import javafx.scene.text.Font;
8   import javafx.scene.image.Image;       //加载图像类
9   import javafx.scene.image.ImageView;   //加载图像视图类
10  import javafx.geometry.Insets;
11  import javafx.scene.control.Tooltip;   //加载信息提示工具类
12  import javafx.scene.layout.HBox;
13  public class App14_10 extends Application
14  {
15      Label lab1 = new Label("JavaFX");          //创建标签
16      Label lab2 = new Label("祖国中心");
17      Font fon = new Font("Cambria",30);         //创建字体对象
18      @Override
19      public void start(Stage primaryStage)
20      {
21          HBox hbp = new HBox();                 //创建单行面板对象
22          hbp.setSpacing(5);                     //设置面板中节点之间的间距
23          hbp.setPadding(new Insets(10,10,10,10));  //设置面板四周边缘外侧空白距离
24          Image imb = new Image("天安门.jpg");    //用"天安门.jpg"创建图像对象 imb
25          ImageView iv1 = new ImageView(imb);    //创建显示图像对象 iv1
26          iv1.setFitWidth(120);                  //设置图像视图的宽度为 120 像素
27          iv1.setPreserveRatio(true);            //设置保持缩放比例
28          lab1.setGraphic(iv1);                  //将图像"天安门"设置在标签上
29          lab1.setTextFill(Color.RED);           //设置标签上文字的颜色为红色
30          lab1.setFont(fon);                     //设置标签上文字的字体
31          lab2.setFont(new Font("黑体",20));     //设置标签上文字的字体和大小
32          lab2.setRotate(270);                   //设置将标签顺时针旋转 270°
33          lab2.setTranslateY(50);                //垂直方向向下平移 50 像素
34          lab2.setStyle("-fx-border-color:blue");   //设置标签 lab2 的边框颜色为蓝色
35          Tooltip t = new Tooltip("我是标签2");   //创建提示信息对象
36          t.setStyle("-fx-background-color:green;-fx-opacity:0.8;");
37          Tooltip.install(lab2,t);               //设置当鼠标悬停在标签 lab2 上的提示信息
38          hbp.getChildren().addAll(lab1,lab2);   //将标签添加到面板 hbp 中
39          hbp.setStyle("-fx-border-color:red;-fx-background-color:lightgray");
40          Scene scene = new Scene(hbp,400,150);
```

```
41        primaryStage.setTitle("标签的应用");
42        primaryStage.setScene(scene);
43        primaryStage.show();
44      }
45    }
```

程序的运行结果如图 14.13 所示。程序的第 15、16 两行创建了两个标签对象。本例中用到了信息提示工具，所以在第 11 行加载了信息提示工具类，并在第 35～37 行设置了当鼠标悬停在标签 lab2 上的提示信息，其中第 36 行设置了提示信息框的背景色为绿色、透明度为 0.8。第 24～27 行创建了图像视图并设置了在图像宽度固定情况下保持其缩放比例。第 28 行将图像加在了标签 lab1 上。第 29 行设置标签上文字的颜色为红色。第 30、31 两行设置了标签上的字体和大小。第 33 行将顺时针旋转 270°的标签 lab2 垂直下移 50 像素。为了清楚起见，第 34、39 两行分别设置了标签 lab2 和面板 hbp 的外观样式，这样就可分清窗口中面板和面板中的两个标签。

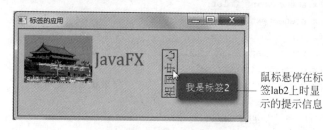

图 14.13　标签的应用示例

14.6.2　文本编辑控件 TextField、PasswordField、TextArea 与滚动面板 ScrollPane

文本编辑控件是可以接收用户的文本输入并具有一定编辑功能的界面元素。这些编辑功能包括修改、删除、复制、粘贴等。文本编辑控件分为三种：第一种是单行文本编辑控件，简称文本框，也称文本行，是通过 TextField 类实现的；第二种是密码文本框控件，是通过 PasswordField 类实现的；第三种是多行文本编辑控件，简称文本区，是通过 TextArea 类实现的。单行文本框控件中只有一行文本，即使文本内容超出了文本框的宽度也不会换行；密码文本框控件具有文本框的所有功能，但与文本框不同的是，当在其中输入字符时，所输入的字符被显示成●号，这样可以避免将输入的实际内容显示在屏幕上；而文本区可以实现多行文本的输入，且可以设置是否自动换行。

TextField 类和 TextArea 类是 javafx.scene.control.TextInputControl 类的子类，而 PasswordField 类是 TextField 的子类。类 TextField、PasswordField 和 TextArea 所使用的方法大多继承自其父类，表 14.33 列出了其父类 javafx.scene.control.TextInputControl 的常用方法。

表 14.33　javafx.scene.control.TextInputControl 类的常用方法

常 用 方 法	功 能 说 明
public void appendText(String text)	将文本 text 追加到输入框中
public void clear()	清除文本控件中的所有文本

续表

常 用 方 法	功 能 说 明
public void deleteText(int start,int end)	在文本控件中删除 start 与 end 之间的文本
public final String getSelectedText()	返回选中的文本
public final String getText()	返回文本控件中的所有文本
public String getText(int start,int end)	返回 start 与 end 之间的文本
public final void setEditable(boolean value)	设置文本组件是否可编辑
public final boolean isEditable()	判断文本组件是否可编辑
public void paste()	将剪贴板中的内容粘贴到文本中,用于替换当前选择的文本。如果没有选择的文本,则插入到当前光标所在的位置
public void selectAll()	选中文本控件中的所有文本
public final void setFont(Font value)	设置文本控件中文本的字体
public final void setText(String value)	将字符串 value 设置为文本控件中的文本
public final void setPromptText(String value)	设置文本框的提示文本

1. 文本框控件 TextField

文本框控件是一个能够接收用户键盘输入的文本编辑控件。JavaFX 用 TextField 类来创建文本框,表 14.34 和表 14.35 分别给出了 javafx.scene.control.TextField 类的构造方法和常用方法。

表 14.34　javafx.scene.control.TextField 类的构造方法

构 造 方 法	功 能 说 明
public TextField()	创建一个不包含文本的空文本框
public TextField(String text)	创建初始文本为 text 的文本框

表 14.35　javafx.scene.control.TextField 类的常用方法

常 用 方 法	功 能 说 明
public final void setAlignment(Pos value)	设置文本框中文本的对齐方式,value 是枚举 Pos 中的值
public final void setPrefColumnCount(int value)	设置文本框的显示宽度为 value 列
public final void setOnAction(EventHandler<ActionEvent> value)	设置文本框动作事件的事件监听者

2. 密码文本框控件 PasswordField

密码文本框控件 javafx.scene.control.PasswordField 只有一个无参的构造方法 public PasswordField()。密码文本框控件多用其父类的方法。

3. 文本区控件 TextArea 与滚动面板 ScrollPane

文本区实际上是多行文本输入框,因为文本框只能输入一行文字,所以在需要输入和显示较多的文字时,就可使用文本区。文本区是由 javafx.scene.control.TextArea 类来实现的。表 14.36 和表 14.37 分别给出了 javafx.scene.control.TextArea 类的构造方法和常用方法。

表 14.36　javafx.scene.control.TextArea 类的构造方法

构 造 方 法	功 能 说 明
public TextArea()	创建一个不包含文本的空文本区
public TextArea(String text)	创建一个默认文本为 text 的文本区

表 14.37　javafx.scene.control.TextArea 类的常用方法

常 用 方 法	功 能 说 明
public final void setPrefColumnCount(int value)	设置文本区的显示列数为 value
public final void setPrefRowCount(int value)	设置文本区的显示行数为 value
public final void setWrapText(boolean value)	设置当文本区行的长度大于文本区的宽度时是否自动换行，value 的默认值为 false，不换行

文本区中显示的文本行数和列数都有可能超出文本区的范围，这时就需要使用滚动条来进行滚动操作。但在 JavaFX 中文本区没有集成滚动条，如果需要滚动条，必须将文本区放入滚动面板中。JavaFX 中专门提供了一个用来处理滚动功能的滚动面板类 javafx.scene.control.ScrollPane。应用滚动面板非常简单，只要创建一个 ScrollPane 对象，并为其指定一个要显示的控件即可。

【例 14.11】　在窗口中利用面板组织文本编辑控件，并利用滚动面板实现文本区的滚动功能。

```
1   //filename: App14_11.java      网格面板、文本编辑控件与滚动面板的应用
2   import javafx.application.Application;
3   import javafx.stage.Stage;
4   import javafx.scene.Scene;
5   import javafx.scene.control.Label;
6   import javafx.scene.control.Button;
7   import javafx.scene.control.TextField;
8   import javafx.scene.control.PasswordField;
9   import javafx.scene.control.TextArea;
10  import javafx.scene.layout.GridPane;
11  import javafx.scene.control.ScrollPane;
12  import javafx.geometry.Insets;
13  public class App14_11 extends Application
14  {
15      final Label lab1 = new Label("用户名：");
16      final Label lab2 = new Label("密　码：");
17      final PasswordField pf = new PasswordField();          //创建密码文本框 pf
18      final TextField tf = new TextField();                  //创建文本框对象 tf
19      final TextArea ta = new TextArea("你好,我是文本区");   //创建文本区对象 ta
20      @Override
21      public void start(Stage primaryStage)
22      {
23          GridPane rootGP = new GridPane();                  //创建网格面板对象 rootGP
24          rootGP.setPadding(new Insets(10,8,10,8));
25          rootGP.setHgap(5);                                 //设置面板上节点之间的水平间距
26          rootGP.setVgap(5);                                 //设置面板上节点之间的垂直间距
```

```
27      tf.setPromptText("输入用户名");        //设置用户名文本框中的提示文本
28      rootGP.add(lab1,0,0);                 //将 lab1 添加到网格面板的第 0 列第 0 行单元格
29      rootGP.add(tf,1,0);                   //将 tf 添加到网格面板的第 1 列第 0 行单元格
30      pf.setPromptText("输入密码");          //设置密码文本框中的提示文本
31      rootGP.add(lab2,0,1);                 //将 lab2 添加到网格面板的第 0 列第 1 行单元格
32      rootGP.add(pf,1,1);                   //将 pf 添加到网格面板的第 1 列第 1 行单元格
33      Button bt1 = new Button("确认密码");
34      Button bt2 = new Button("编辑文本");
35      rootGP.add(bt1,0,2);                  //将 bt1 添加到网格面板的第 0 列第 2 行单元格
36      rootGP.add(bt2,1,2);                  //将 bt2 添加到网格面板的第 1 列第 2 行单元格
37      final ScrollPane scro = new ScrollPane(ta);  //创建滚动面板,将其显示内容设置为 ta
38      ta.setPrefColumnCount(12);            //设置文本区的显示宽度为 12 列
39      ta.setEditable(false);                //设置文本区不可编辑
40      rootGP.add(scro,2,0,4,3);   //将滚动面板添加到网格的第 2 列第 0 行,且占 4 列 3 行
41      Scene scene = new Scene(rootGP,400,120);
42      primaryStage.setTitle("网格与文本控件");
43      primaryStage.setScene(scene);
44      primaryStage.show();
45    }
46  }
```

该程序第 15～19 行创建了标签和文本编辑控件。第 23 行创建了一个网络面板,网格面板左上角单元格位置是第 0 列第 0 行。第 27 行设置显示在文本框中的提示文本为"输入用户名",所谓提示文本是当光标不在文本框且文本框中没有输入任何字符时,显示在文本框中的文字,而当文本框获取焦点或文本框已有输入信息时,提示文本则被隐藏。第 30 行为密码文本框设置提示文本"输入密码"。第 28 行将标签 lab1 添加到网格面板的第 0 列第 0 行单格,第 29 行将文本框 tf 添加到网格面板的第 1 列第 0 行单元格。同理第 31～40 行将相应的组件添加到网格面板的相应单元格中。第 19 行创建了一个默认文本为"你好,我是文本区"的文本区对象 ta,第 37 行创建了滚动面板 scro 并将文本区对象 ta 放入到滚动面板中作为其显示内容。第 38、39 两行分别设置了文本区的显示宽度为 12 个字符且不可编辑。第 40 行将滚动面板 scro 添加到网格面板的第 2 列第 0 行,且占用 4 列 3 行单元格。程序运行结果如图 14.14 所示。

图 14.14 网格面板与文本控件的应用

说明:JavaFX 的任何节点都可放置在滚动面板 ScrollPane 中。如果控件太大以致不能在显示区内完整显示时,滚动面板 ScrollPane 提供了垂直和水平方向的滚动支持。

14.6.3 复选框 CheckBox 和单选按钮 RadioButton

复选框和单选按钮都是让用户选取项目的一种组件,用户利用该组件来获得相应的输入。它具有状态属性,用户可以通过鼠标单击操作来设置其状态为"选中"(true)或"非选中"(false)。JavaFX 使用 javafx.scene.control.CheckBox 类来创建复选框,用 javafx.scene.control.RadioButton 类创建单选按钮。其中复选框可以单独使用,而单选按钮必须配合 javafx.scene.control.ToggleGroup 类将其组成单选按钮组来使用,所有隶属于同一 ToggleGroup 组的 RadioButton 组件具有互斥属性,即当选中其中一个单选按钮时,同一组中的其他单选按钮变成非选中状态,若没有将单选按钮分组,则单选按钮将是独立的。复选框类 CheckBox 和单选按钮类 RadioButton 所使用的方法大部分从其父类继承而来。表 14.38 和表 14.39 分别给出 javafx.scene.control.CheckBox 类的构造方法和常用方法。

表 14.38 javafx.scene.control.CheckBox 类的构造方法

构 造 方 法	功 能 说 明
public CheckBox()	创建一个没有文字、初始状态未被选中的复选框
public CheckBox(String text)	创建一个以 text 为文字、初始状态未被选中的复选框

表 14.39 javafx.scene.control.CheckBox 类的常用方法

常 用 方 法	功 能 说 明
public final void setSelected(boolean value)	设置复选框是否被选中
public final boolean isSelected()	判断复选框是否被选中,若选中则返回 true,否则返回 false
public final void setText(String value)	设置复选框上文字为 value

单选按钮类的构造方法 RadioButton() 的参数与 CheckBox 类构造方法的参数相同,在此略去。RadioButton 类的常用方法主要继承自父类的方法。

【例 14.12】 在窗口中组织复选框和单选按钮。

```
1    //filename: App14_12.java        复选框和单选按钮的应用
2    import javafx.application.Application;
3    import javafx.stage.Stage;
4    import javafx.scene.Scene;
5    import javafx.scene.control.Button;
6    import javafx.scene.control.TextArea;
7    import javafx.scene.control.CheckBox;
8    import javafx.scene.control.RadioButton;
9    import javafx.scene.control.ToggleGroup;
10   import javafx.scene.layout.BorderPane;
11   import javafx.scene.layout.HBox;
12   import javafx.scene.layout.VBox;
13   import javafx.geometry.Pos;
14   public class App14_12 extends Application
15   {
16       final CheckBox chk1 = new CheckBox("粗体");        //创建复选框 chk1
17       final CheckBox chk2 = new CheckBox("斜体");
```

```
18      final CheckBox chk3 = new CheckBox("楷体");
19      final RadioButton rb1 = new RadioButton("红色");    //创建单选按钮 rb1
20      final RadioButton rb2 = new RadioButton("绿色");
21      final RadioButton rb3 = new RadioButton("蓝色");
22      final Button bt1 = new Button("确认");
23      final Button bt2 = new Button("取消");
24      final TextArea ta = new TextArea("我是文本区");    //创建文本区对象 ta
25      @Override
26      public void start(Stage primaryStage)
27      {
28          chk2.setSelected(true);              //设置"斜体"复选框为选中状态
29          VBox vbL = new VBox(3);              //创建单列面板 vbL,组件间距为 3 像素
30          vbL.getChildren().addAll(chk1,chk2,chk3);  //将复选框添加到 vbL 面板中
31          rb1.setSelected(true);               //设置"红色"单选按钮为选中状态
32          final ToggleGroup gro = new ToggleGroup();  //创建单选按钮组 gro
33          rb1.setToggleGroup(gro);             //将单选按钮 rb1 加入单选按钮组中
34          rb2.setToggleGroup(gro);
35          rb3.setToggleGroup(gro);
36          VBox vbR = new VBox(3);              //创建单列面板 vbR
37          vbR.getChildren().addAll(rb1,rb2,rb3);  //将 3 个单选按钮添加到 vbR 面板中
38          HBox hB = new HBox(20);              //创建单行面板 hB,组件间距为 20 像素
39          hB.getChildren().addAll(bt1,bt2);    //将命令按钮添加到单行面板中
40          hB.setAlignment(Pos.CENTER);         //设置水平面板中的节点居中对齐
41          BorderPane rootBP = new BorderPane();  //创建边界面板 rootBP 作为根面板
42          ta.setPrefColumnCount(10);           //设置文本区的显示宽度为 10 列
43          ta.setPrefRowCount(3);               //设置文本区的显示高度为 3 行
44          ta.setWrapText(true);                //设置文本区自动换行
45          rootBP.setLeft(vbL);                 //将复选框的面板 vbL 放置在边界面板的左部区域
46          rootBP.setRight(vbR);                //将单选按钮的面板 vbR 放置在边界面板的右部区域
47          rootBP.setCenter(ta);                //将文本区 ta 放置在边界面板的中央区域
48          rootBP.setBottom(hB);                //将按钮的面板 hB 放置在边界面板的底部区域
49          Scene scene = new Scene(rootBP);
50          primaryStage.setTitle("复选框与单选按钮");
51          primaryStage.setScene(scene);
52          primaryStage.show();
53      }
54  }
```

该程序的第 2~13 行导入了相应的类,第 16~24 行创建了复选框、单选按钮、命令按钮和文本区组件。其中,第 28 行设置"斜体"复选框 chkz 初始状态为选中状态。第 30 行将三个复选框添中到单列面板 vbL 中。第 31 行将"红色"单选按钮 rb1 初始状态设置为选中状态。第 32 行创建一个单选按钮组 gro。第 33~35 三行将单选按钮添加到单选按钮组 gro 中,将这三个对象设置为单选按钮组中的成员。第 37 行将三个单选按钮添加到单列面板 vbR 中。第 39 行将两个命令按钮添加到单行面板 hB 中。然后将添加有字体复选框的面板 vbL 添加到以边界面板作为根面板的左侧区域,将添加有颜色单选按钮的面板 vbR 添加到根面板的右侧区域,将文本区 ta 添加根面板的中央区域,最后将带有命令按钮的水平面板添加到根面板的底部区域。程序运行结果如图 14.15 所示。

说明：（1）设置文本区自动换行后，当在文本区中输入文本的行数超过设置的行数后，则文本区自动出现垂直滚动条。

（2）因为ToggleGroup不是节点类Node的子类，所以ToggleGroup对象不能添加到面板中。

图14.15　复选框和单选按钮

14.6.4　选项卡面板TabPane和选项卡Tab

在JavaFX中选项卡是由javafx.scene.control.Tab类实现，选项卡必须放入选项卡面板中，选项卡面板是由javafx.scene.control.TabPane类实现的。TabPane中允许包含有多个选项卡，可以把多个组件放在多个不同选项卡中，从而使页面不致拥挤，其选项卡的形式也能为程序增色不少。用户只需单击每个选项卡的标题，就可以切换到不同的选项卡。选项卡面板中的每个选项卡都可以直接放入节点，也可以添加一个面板来组织其他节点。表14.40和表14.41分别给出了javafx.scene.control.TabPane类的构造方法和常用方法。表14.42和表14.43分别给出了javafx.scene.control.TabPane类的构造方法和常用方法。

表14.40　javafx.scene.control.TabPane类的构造方法

构造方法	功能说明
public TabPane()	创建一个不含选项卡的选项卡面板对象
public TabPane(Tab... tabs)	创建选项卡面板，并将参数指定的多个选项卡添加到选项卡面板中

表14.41　javafx.scene.control.TabPane类的常用方法

常用方法	功能说明
public final void setTabMaxHeight(double value)	设置选项卡面板的最大高度值为value
public final void setTabMaxWidth(double value)	设置选项卡面板的最大宽度值为value
public final void setTabMinHeight(double value)	设置选项卡面板的最小高度值为value
public final void setTabMinWidth(double value)	设置选项卡面板的最小宽度值为value
public final ObservableList<Tab> getTabs()	返回选项卡面板中的节点列表

表14.42　javafx.scene.control.Tab类的构造方法

构造方法	功能说明
public Tab()	创建一个不含标题的选项卡对象
public Tab(String text)	创建一个标题为text的选项卡对象
public Tab(String text, Node content)	创建一个标题为text且包含节点content的选项卡对象

表 14.43　javafx.scene.control.Tab 类的常用方法

常 用 方 法	功 能 说 明
public final void setContent(Node value)	设置选项卡上包含的节点为 value
public final void setTooltip(Tooltip value)	当鼠标悬停在选项卡上时提示信息为 value
public final void setText(String value)	设置选项卡的标题为 value
public final void setStyle(String value)	设置选项卡的样式
public final void setClosable(boolean value)	设置选项卡是否可以被关闭

【例 14.13】　在窗口中放置一个选项卡面板，并在选项卡面板中添加两个选项卡，每个选项卡中放置一个节点控件。

```
1   //filename: App14_13.java      选项卡面板和选项卡的应用
2   import javafx.application.Application;
3   import javafx.stage.Stage;
4   import javafx.scene.Scene;
5   import javafx.scene.control.TabPane;
6   import javafx.scene.control.Tab;
7   import javafx.scene.paint.Color;
8   import javafx.scene.shape.Circle;
9   import javafx.scene.control.Label;
10  import javafx.scene.image.Image;
11  import javafx.scene.image.ImageView;
12  public class App14_13 extends Application
13  {
14      @Override
15      public void start(Stage stage)
16      {
17          TabPane tabPane = new TabPane();       //创建选项卡面板对象 tabPane
18          Tab tab1 = new Tab();                  //创建不带标题的选项卡对象 tab1
19          tab1.setText("第一个选项卡");           //设置选项卡标题
20          tab1.setClosable(false);               //设置选项卡 tab1 不可被关闭
21          tab1.setContent(new Circle(200,200,30,Color.PINK));  //将圆添加到选项卡 tab1 上
22          Tab tab2 = new Tab("第二个选项卡");    //创建带有标题的选项卡对象 tab2
23          Image imb = new Image("祖国.jpg");     //用"祖国.jpg"创建图像对象 imb
24          ImageView iv = new ImageView(imb);     //创建显示图像对象 iv
25          iv.setFitHeight(100);                  //设置图像视图的高度为 100 像素
26          iv.setPreserveRatio(true);             //设置保持缩放比例
27          tab2.setContent(new Label("",iv));     //将含有图像的标签添加到选项卡 tab2 上
28          tabPane.getTabs().addAll(tab1,tab2);   //将选项卡添加到选项卡面板上
29          Scene scene = new Scene(tabPane,230,100);
30          stage.setTitle("选项卡面板与选项卡");
31          stage.setScene(scene);
32          stage.show();
33      }
34  }
```

该程序第 17 行创建一个选项卡面板对象 tabPane，第 18 行创建第一个选项卡对象 tab1，第 19 行设置了标题，第 20 行将选项卡 tab1 设置为不可关闭，第 21 行将圆添加到选项

卡 tab1 上。同理,第 22～27 行创建选项卡对象 tab2,并将添加图像的标签放到选项卡 tab2 上,第 28 行则将两个选项卡添加到选项卡面板 tabPane 上。程序运行结果如图 14.16 所示。

图 14.16 选项卡面板和选项卡

本章小结

1. JavaFX 的主类必须继承 javafx.application.Application 类并实现 start()方法。JVM 自动创建一个主舞台对象并将该对象的引用传递给 start()方法。

2. 任何 JavaFX 程序至少要有一个舞台和一个场景,舞台和场景共同构建了 JavaFX 程序的图形界面,它是构建应用程序的起点。

3. 场景 Scene 中可以包含面板 Pane 或控件 Control,但不能包含形状 Shape 和图像显示类 ImageView。

4. 虽然可以直接将节点置于场景中,但更好的办法是先将节点放入面板中,然后再将面板放入场景中。Pane 类的对象通常用作显示形状的画布,但其子类面板主要用于包含和组织节点。

5. 场景图是场景中所有节点构成的树形结构图。

6. Node 类是所有节点的根类,该类中定义的属性和方法被其子类所共享。

7. Pane 类是所有面板的基类,该类的 getChildren()方法返回值是一个 ObservableList 对象,该对象是一个用于存储面板中节点的列表。

8. 使用 javafx.scene.image.Image 类装载图像,用 javafx.scene.image.ImageView 类显示图像。

9. 绑定属性可以绑定到一个可观察源对象。源对象中值的改变会自动反映到绑定属性上。每个绑定属性都具有值获取方法、值设置方法和属性获取方法。

10. 声明绑定属性时,必须用绑定属性类型来声明绑定属性。

11. 因为 ToggleGroup 不是节点类 Node 的子类,所以 ToggleGroup 类创建的单选按钮组对象不能加入到面板中。

12. JavaFX 的任何节点都可放置在滚动面板 ScrollPane 中。

第 14 章习题

14.1 JavaFX 窗口的结构包含哪些内容?

14.2 JavaFX 程序的主舞台是如何生成的? 主舞台与其他舞台有何区别? 如何显示一个舞台?

14.3 如何创建 Scene 对象？如何在舞台中设置场景？

14.4 什么是节点？什么是面板？什么是场景图？

14.5 可以直接将控件 Control 和面板 Pane 加入到场景 Scene 中吗？可以直接将形状 Shape 或者图像视图 ImageView 加入到场景中吗？

14.6 什么是属性绑定？单向绑定和双向绑定有何区别？是否所有属性都可进行双向绑定？

14.7 创建 Color 对象一定要用其构造方法吗？创建 Font 对象一定要用其构造方法吗？

14.8 编程实现输出系统中所有可用的字体？

14.9 可以将一个 Image 设置到多个 ImageView 上吗？可以将一个 ImageView 显示多次吗？

14.10 如何将一个节点加入到面板中？

14.11 创建一个 HBox 面板对象，并设置其上控件间距为 10 像素，然后将两个带有文字和图像的按钮添加到 HBox 面板中。

14.12 创建一个栈面板对象，并将一幅图像放置在栈面板中，然后将栈面板逆时针旋转 45°。

14.13 编写一个 JavaFX 程序，在网格面板中，第一行放置标签和文本框，第二行设置文本区和按钮。

14.14 编写一个 JavaFX 程序，顺时针旋转 90°显示三行文字，并对每行文字设置一个随机颜色和透明度，并设置不同的外观样式。

14.15 创建一个具有三个选项卡的选项卡面板，在每个选项卡中放置一个带有文字的标签。

第 15 章 事件处理

本章主要内容：
- 委托事件模型；
- 担任监听者的条件；
- JavaFX 的事件类；
- 用户动作、事件源、触发的事件类型和事件注册方法。

第 14 章介绍了图形界面设计，但设计一个图形界面，不仅仅需要创建窗口并添加控件，更重要的是为控件设计相应的程序，使控件能够响应并处理用户的操作，这就是事件处理。例如，当用户单击一个命令按钮时，就触发了一个"按钮被单击"的事件，然后由该命令按钮中的代码来做相应的操作。所以说，事件处理技术是用户界面程序设计中一个十分重要的技术。消息处理、事件驱动是面向对象编程技术的主要特点。因为 Java 程序一旦构建完 GUI 后，它就不再工作，而是等待用户通过鼠标、键盘给它通知（消息驱动），它再根据这个通知的内容进行相应的处理（事件驱动）。总之，要设计一个完整的应用程序通常包括如下几个步骤。
- 创建窗口：利用主舞台和场景创建窗口。
- 创建节点：创建组成图形界面元素的各种节点，如按钮、文本框等。
- 构建场景图：根据具体需要利用面板组织窗口上各节点的布局。
- 响应事件：定义图形用户界面的事件和界面各元素对不同事件的响应，从而实现图形用户界面与用户的交互功能。

15.1 Java 语言的事件处理机制——委托事件模型

用户在界面中输入命令是通过键盘或对特定界面元素（如按钮）单击鼠标来实现的。为了能够接收用户的命令，界面系统首先应该能够识别这些鼠标或键盘的操作并做出相应的响应。通常一个键盘或鼠标操作会引发一个系统预先定义好的事件，用户只需要编写程序代码，定义每个特定事件发生时程序应做出何种响应即可。这些代码将在它们对应的事件发生时由系统自动调用，这就是图形用户界面设计中事件和事件响应的基本原理。

1. 基本概念

下面介绍与事件处理的相关概念。

1) 事件

所谓事件（event）就是用户使用鼠标或键盘对窗口中的控件进行交互时所发生的事情。

事件可以由外部用户操作触发,如单击按钮、输入文字、单击鼠标等。事件也可以由操作系统触发,如时间轴动画等。事件用于描述发生了什么事情,对这些事件做出响应的程序,称为事件处理程序(event handler)。

2) 事件源

所谓事件源(event source)就是能够产生事件并触发它的控件,如一个按钮就是按钮单击动作事件的事件源。

3) 事件监听者

Java 程序把对事件进行处理的方法放在一个类对象中,这个类对象就是事件监听者(listener),简称监听者。事件源通过调用相应的方法将某个对象设置为自己的监听者,监听者有专门的方法来处理事件。事件监听者就是一个对事件源进行监视的对象,当事件源上发生事件时,事件监听者能够监听到,并调用相应的方法对发生的事件做出相应的处理。对于触发事件的每一种情况,都对应着事件监听者对象中的一个方法。

4) 事件处理程序

JavaFX 中的 javafx.event 包中包含了事件类和用来处理事件的接口。用于事件处理的方法就声明在这些接口中。这些包含有事件处理方法的接口称为监听者接口,监听者负责处理事件源发生的事件。为了处理事件源发生的事件,监听者会自动调用一个方法来处理事件。它调用哪个方法呢? 我们知道,对象可以调用创建它的那个类中的方法,那么它到底调用其中的哪个方法呢? Java 语言规定:为了让监听者能对事件源发生的事件进行处理,创建该监听者对象的类必须声明实现相应的监听者接口,即必须在类中具体定义该接口中的所有方法,以供监听者自动调用相应事件处理方法来完成对应事件处理的任务,这些处理事件的方法就是事件处理程序。

2. 委托事件模型

在 Java 语言中对事件的处理,采用的是委托事件模型机制(delegation event model)。委托事件模型将事件源(如命令按钮)和对事件做出的具体处理(利用监听者来对事件进行具体的处理)分离开来。一般情况下,控件(事件源)不处理自己的事件,而是将事件处理委托给外部的处理实体(监听者),这种事件处理模型就是事件的委托处理模型,即事件源将事件处理任务委托给了监听者。具体地讲,所谓委托事件模型是指当事件发生时,产生事件的对象即事件源,会把此"信息"转给事件监听者处理的一种方式,而这里的"信息"事实上就是 javafx.event 事件类库中某个类所创建的对象,我们把它称为事件对象(event object)。事件对象表示事件的内容,包含了与事件相关的任何属性,事件对象内部封装了一个对事件源的引用和其他信息,这个事件对象将作为参数自动传递给处理该事件的方法。

总的来说,委托事件模型就是由产生事件的对象(事件源)、事件对象以及事件监听者对象之间所组成的关联关系。而其中的事件监听者就是用来处理事件的对象,也就是说,监听者对象会等待事件的发生,并在事件发生时收到通知。事件源会在事件发生时,将关于该事件的信息封装在一个对象中,也就是事件对象,并将该事件对象作为参数传递给事件监听者,监听者就可以根据该事件对象内的信息决定适当的处理方式,即调用相应的事件处理程序。

例如,当按钮被鼠标单击时,会触发一个动作事件(action event),JavaFX 程序就会产生一个事件对象来表示这个事件,然后把这个事件对象传递给事件监听者,事件监听者再依据事件对象的种类把工作指派给事件处理者,即事件处理程序。在这里按钮就是一个事件源。为了让事件源(如按钮)知道要把事件信息传递给哪一个事件监听者,事先必须把事件监听者向事件源注册(register),这个操作也就是告知事件源在事件发生时要把事件信息传递给它。图 15.1 说明了委托事件模型的工作原理。

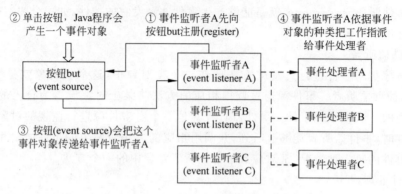

图 15.1 委托事件模型的工作原理

委托事件模型中可以有多个事件监听者,使得不同的控件可以重复执行同样的事件处理程序。当事件发生时,所有注册的监听者都可以调用与其相应的事件处理程序。如果一个控件需要响应多个事件,则可以注册多个事件监听者,如果多个控件需要响应同一个事件,则可以注册同一个事件监听者。所以说事件源和监听者之间是多对多的关系,一个监听者可以为很多事件源服务,一个事件源可以有多个相同或不同类型的监听者。委托事件模型的优点在于,事件对象只传递给已注册的控件,不会意外地被其他控件或容器获得,这样可以有效地在不同的类之间进行分工合作。明白了委托事件模型的工作原理之后,一个重要的问题就是充当监听者要具备什么条件。其实如果一个对象要成为事件源的事件监听者,只需满足两个条件即可。

(1) 事件监听者必须是一个对应的事件监听者接口的实例,从而保证该监听者具有正确的事件处理方法。JavaFX 定义了一个对于事件 T 的统一的监听者接口 EventHandler < T extends Event >,即定义了所有监听者的共同行为。该接口中声明了 handle(T e) 方法用于处理事件。例如,对于动作事件 ActionEvent 来说,监听者接口是 EventHandler < ActionEvent >。ActionEvent 的每个监听者接口都应实现 handle(ActionEvent e) 方法,从而处理一个动作事件 ActionEvent。

(2) 事件监听者对象必须通过事件源进行注册,注册方法依赖于事件类型。对于动作事件 ActionEvent 而言,事件源是使用 setOnAction() 方法进行注册;对于鼠标按下事件,事件源是使用 setOnMousePressed() 方法进行注册;对于一个按键事件,事件源是使用 setOnKeyPressed() 方法进行注册。

1) 定义内部类并让内部类对象来担任监听者

命令按钮所触发的事件是动作事件 ActionEvent。下面的例子是定义一个内部类来实现监听者接口 EventHandler < ActionEvent >,再让该类产生的对象来充当按钮的监听者。即把实现接口的类定义成内部类,这是因为内部类可以访问外部类的成员方法与成员变量,包括私有成员。

第15章 事件处理

【例 15.1】 在一个窗口中摆放两个控件：一个是命令按钮；另一个是文本区。当单击命令按钮后，将文本区中的字体颜色设置为红色。由于按钮触发动作事件，所以触发按钮便把 ActionEvent 的对象传递给向它注册的监听者，请它负责处理。

```java
1   //filename: App15_1.java         动作事件处理程序
2   import javafx.application.Application;
3   import javafx.stage.Stage;
4   import javafx.scene.Scene;
5   import javafx.event.ActionEvent;              //导入动作事件类
6   import javafx.event.EventHandler;             //导入事件监听者接口
7   import javafx.geometry.Pos;                   //导入位置枚举
8   import javafx.scene.control.TextArea;
9   import javafx.scene.control.Button;
10  import javafx.scene.layout.BorderPane;
11  public class App15_1 extends Application
12  {
13    Button bt = new Button("设置字体颜色");
14    TextArea ta = new TextArea("字体颜色");
15    @Override
16    public void start(Stage primaryStage)
17    {
18      BorderPane bPane = new BorderPane();
19      bPane.setCenter(ta);
20      bPane.setBottom(bt);
21      BorderPane.setAlignment(bt,Pos.CENTER);//用枚举名调用静态常量设置按钮居中对齐
22      Han eh = new Han();                    //创建监听者对象 eh
23      bt.setOnAction(eh);                    //监听者 eh 向事件源 bt 注册
24      Scene scene = new Scene(bPane,180,100);
25      primaryStage.setTitle("操作事件");
26      primaryStage.setScene(scene);
27      primaryStage.show();
28    }
29    class Han implements EventHandler<ActionEvent>  //创建 Han 类并实现动作事件接口
30    {
31      @Override
32      public void handle(ActionEvent e)             //单击按钮 bt 事件发生时的处理操作
33      {
34        ta.setStyle("-fx-text-fill:red");           //将文本区中文字设置为红色
35      }
36    }
37  }
```

本例的功能是处理单击按钮 bt 的动作事件 ActionEvent，所以按钮 bt 就是事件源。因为按钮触发的动作事件是由 EventHandler<ActionEvent>接口来监听，所以只要实现 EventHandler<ActionEvent>接口即可，因此第 29～36 行定义监听者类 Han 的同时也实现了该接口。

确定了事件源与监听者之后，接下来就是把监听者类 Han 的对象 eh 向事件源 bt 注

册。其方法是第 23 行语句。这样当单击按钮 bt 时,它就会创建一个代表此事件的事件对象,本例中是 ActionEvent 类型的对象,这个事件对象包含了此事件与它的触发者 bt 按钮等相关信息。由于在 Java 语言里,任何事件都是以对象来表示的,因而该事件对象也会被当成参数传递给处理事件的方法。

类在实现监听者接口时,必须在类中具体定义该接口中只声明而未定义的所有方法。因为监听者接口 EventHandler < ActionEvent >中只提供了一个 handle(ActionEvent e)方法,该方法正是要把事件处理程序编写在里面的方法。本例的事件处理只是把文本区控件中的文字颜色设置为红色,所以第 32～35 定义的方法就是事件处理的程序代码。

由于 handle()方法将会接收 ActionEvent 类型的对象 e,这个对象正是事件源 bt 按钮被单击后所传过来的事件对象。正是因为程序中要用到 ActionEvent 类和事件监听者接口 EventHandler,所以在第 5、6 两行分别将其导入。该程序运行时,当单击"设置字体颜色"按钮后,文本区内的文字将变成红色。程序运行结果如图 15.2 所示。

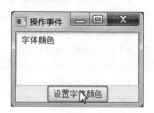

图 15.2　用事件处理设置
　　　　　字符的颜色

2) 使用匿名内部类来担任监听者

关于匿名内部类,前面已经介绍过。匿名内部类是没有名字的内部类,它是在一步中完成声明内部类并创建该类的一个对象。使用匿名内部类充当监听者这种方式,使程序看起来比较清楚明了。

【例 15.2】 改写例 15.1,在事件处理过程中利用匿名内部类充当监听者。

```
1    //filename: App15_2.java      动作事件处理程序
2    import javafx.application.Application;
3    import javafx.stage.Stage;
4    import javafx.scene.Scene;
5    import javafx.event.ActionEvent;              //导入动作事件类
6    import javafx.event.EventHandler;             //导入事件监听者接口
7    import javafx.geometry.Pos;
8    import javafx.scene.control.TextArea;
9    import javafx.scene.control.Button;
10   import javafx.scene.layout.BorderPane;
11   public class App15_2 extends Application
12   {
13     Button bt = new Button("设置字体颜色");
14     TextArea ta = new TextArea("字体颜色");
15     @Override
16     public void start(Stage primaryStage)
17     {
18       BorderPane bPane = new BorderPane();
19       bPane.setCenter(ta);
20       bPane.setBottom(bt);
21       BorderPane.setAlignment(bt,Pos.CENTER);
22       //下面的语句是创建匿名内部类对象充当监听者,并向事件源 bt 注册
23       bt.setOnAction(new EventHandler< ActionEvent >()
24       {
25         @Override
```

```
26            public void handle(ActionEvent e)       //单击按钮bt事件发生时的处理操作
27            {
28               ta.setStyle("-fx-text-fill:red");   //将文本区中文字设置为红色
29            }
30         }
31      );
32      Scene scene = new Scene(bPane,180,100);
33      primaryStage.setTitle("操作事件");
34      primaryStage.setScene(scene);
35      primaryStage.show();
36   }
37 }
```

该程序的第 23～31 行创建了匿名内部类对象充当监听者，同时向事件源按钮 bt 注册。其作用与例 15.1 中的利用内部类担任监听者的工作方式是一样的。该程序的运行结果与图 15.2 相同。

3）使用 Lambda 表达式来担任监听者

由于 Lambda 表达式可以被看作是使用精简语法的匿名内部类，所以使用 Lambda 表达式可以创建一个与匿名内部类等价的对象来充当监听者。

【例 15.3】 改写例 15.2，在事件处理过程中用 Lambda 表达式取代匿名内部类充当监听者。

```
1  //filename: App15_3.java     动作事件处理程序
2  import javafx.application.Application;
3  import javafx.stage.Stage;
4  import javafx.scene.Scene;
5  import javafx.geometry.Pos;
6  import javafx.scene.control.TextArea;
7  import javafx.scene.control.Button;
8  import javafx.scene.layout.BorderPane;
9  public class App15_3 extends Application
10 {
11    Button bt = new Button("设置字体颜色");
12    TextArea ta = new TextArea("字体颜色");
13    @Override
14    public void start(Stage primaryStage)
15    {
16       BorderPane bPane = new BorderPane();
17       bPane.setCenter(ta);
18       bPane.setBottom(bt);
19       BorderPane.setAlignment(bt,Pos.CENTER);
20       bt.setOnAction(e -> ta.setStyle("-fx-text-fill:red"));

21       Scene scene = new Scene(bPane,180,100);
22       primaryStage.setTitle("操作事件");
23       primaryStage.setScene(scene);
24       primaryStage.show();
25    }
26 }
```

该程序的第 20 行用 Lambda 表达式代替了匿名内部类,编译器对待一个 Lambda 表达式如同它是从一个匿名内部类创建的对象。本例中编译器将这个对象理解为 EventHandler < ActionEvent > 的实例。因为 EventHandler 接口定义了一个具有 ActionEvent 类型参数的方法 handle(),所以编译器自动识别 e 是一个 ActionEvent 类型的参数,并且 Lambda 表达式右边的语句就是 handle()方法的方法体。由该例可以看出,使用 Lambda 表达式可以极大地简化事件处理程序代码的编写。

15.2 Java 语言的事件类

在前面介绍的事件处理模型及事件处理机制中,其中涉及 ActionEvent 事件类,其实 JavaFX 中定义了许多事件类用于处理各种用户操作所产生的事件。在 Java 语言中,Java 事件类的根是 java.util.EventObject,JavaFX 事件类的根是 javafx.event.Event。图 15.3 给出了 JavaFX 主要事件类的继承关系。

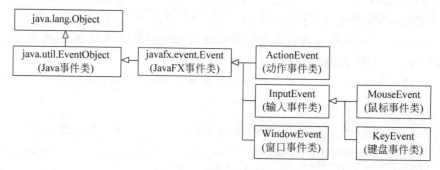

图 15.3 JavaFX 主要事件类的继承关系

在 EventObject 类中定义了一个非常有用的方法 getSource(),该方法的功能是从事件对象中获取触发事件的事件源,为编写事件处理的代码提供方便。该方法的格式如下:

public Object getSource()

不论事件源是何种具体类型,该方法返回的都是 Object 类型的对象,所以开发人员需要自己编写代码进行对象的强制类型转换。

EventObject 的子类处理特定类型的事件,如动作事件、鼠标事件、键盘事件及窗口事件等。表 15.1 列出了用户动作、事件源、触发的事件类型和事件注册方法。

表 15.1 用户动作、事件源、触发的事件类型和事件注册方法

用户动作	事件源	触发的事件类型	事件注册方法
单击按钮	Button	ActionEvent	setOnAction(EventHandler < ActionEvent > e)
在文本框中按 Enter 键	TextField		
选中或取消选中	RadioButton		
选中或取消选中	CheckBox		
选择一个新选项	ComboBox		

续表

用户动作	事件源	触发的事件类型	事件注册方法
按下鼠标	Node、Scene	MouseEvent	setOnMousePressed(EventHandler<MouseEvent> e)
释放鼠标			setOnMouseReleased(EventHandler<MouseEvent> e)
单击鼠标			setOnMouseClicked(EventHandler<MouseEvent> e)
鼠标进入			setOnMouseEntered(EventHandler<MouseEvent> e)
鼠标离开			setOnMouseExited(EventHandler<MouseEvent> e)
鼠标移动			setOnMouseMoved(EventHandler<MouseEvent> e)
鼠标拖动			setOnMouseDragged(EventHandler<MouseEvent> e)
按下键	Node、Scene	KeyEvent	setOnKeyPressed(EventHandler<KeyEvent> e)
释放键			setOnKeyReleased(EventHandler<KeyEvent> e)
单击键			setOnKeyTyped(EventHandler<KeyEvent> e)

说明：如果一个节点可以触发一个事件，那么这个节点的任何子节点都可以触发同样类型的事件。例如，每个JavaFX形状、面板和控件都可以触发MouseEvent和KeyEvent事件，因为Node类是形状、面板和控件的父类。

如果要删除一个事件源的事件监听者只需用null作为参数，传递给事件注册方法即可。表15.2给出了事件类型、用户动作和事件注册方法所在的类。许多事件注册方法定义在Node类中，其所有子类都可以调用。

表15.2 事件类型、用户动作和事件注册方法所在的类

事件类型	用户动作	事件注册方法所在的类
ActionEvent	单击按钮或选择菜单项	ButtonBase、ComboBoxBase、ContextMenu、MenuItem、TextField
KeyEvent	键盘操作	Node、Scene
MouseEvent	鼠标移动或按下按钮	
MouseDragEvent	按下鼠标、拖放操作	
InputMethodEvent	输入字符操作	
DragEvent	平台支持的拖放操作	
ScrollEvent	对象滚动	
ContextMenuEvent	快捷菜单被请求	
TextEvent	文本事件	
WindowEvent	窗口事件	
ListView.EditEvent	ListView条目被编辑	ListView
TreeView.EditEvent	TreeView条目被编辑	TreeView
TableColumn.CellEditEvent	表格列被编辑	TableColumn

15.2.1 动作事件 ActionEvent

动作事件javafx.event.ActionEvent也称为操作事件。当用户单击按钮Button、在文本框TextField中输入文字后按Enter键、在单选按钮RadioButton和复选框CheckBox中选中或取消选中、在组合框ComboBox选择选项及选择菜单项MenuItem等均会触发动作

事件，此时触发动作事件的控件便把 ActionEvent 类的对象传递给向它注册的监听者，请它负责处理。处理 ActionEvent 事件时，监听者向事件源注册使用"事件源对象.setOnAction(EventHandler < ActionEvent > value)"语句，参数 value 是监听者对象。

实现监听者接口的方式有如下几种：通过内部实现、通过匿名内部类或通过 Lambda 表达式实现。这几种实现方式在前面的例子中均用过。

15.2.2 鼠标事件 MouseEvent

鼠标事件 javafx.scene.input.MouseEvent 是一些常见的鼠标操作。如用鼠标单击事件源、鼠标指针进入或离开事件源，或移动、拖动鼠标等操作均会触发鼠标事件。鼠标事件类 javafx.scene.input.MouseEvent 的常用方法如表 15.3 所示。

表 15.3　鼠标事件类 javafx.scene.input.MouseEvent 的常用方法

常 用 方 法	功 能 说 明
public final MouseButton getButton()	返回被单击的鼠标按钮。返回的是枚举值，其含义如下。 MouseButton.PRIMARY：鼠标左按钮； MouseButton.MIDDLE：鼠标中按钮； MouseButton.SECONDARY：鼠标右按钮； MouseButton.NONE：没有鼠标按钮
public final double getX()	返回事件源节点中鼠标点的 x 坐标
public final double getY()	返回事件源节点中鼠标点的 y 坐标
public final double getSceneX()	返回场景中鼠标点的 x 坐标
public final double getSceneY()	返回场景中鼠标点的 y 坐标
public final double getScreenX()	返回屏幕中鼠标点的 x 坐标
public final double getScreenY()	返回屏幕中鼠标点的 y 坐标
public final boolean isAltDown()	如果该事件中 Alt 键被按下，则返回 true
public final boolean isControlDown()	如果该事件中 Ctrl 键被按下，则返回 true
public final boolean isShiftDown()	如果该事件中 Shift 键被按下，则返回 true

通过表 15.1 可知，为鼠标注册监听者，根据不同的鼠标操作可以有七种不同的注册方法。

由于后面例子的需要，先来介绍一个文本类 javafx.scene.text.Text，Text 是 Shape 类的子类，主要用于绘制一个文本，用于在起始点(x,y)处显示一个字符串，Text 对象通常放在一个面板 pane 中。面板左上角坐标为(0,0)，向左为 x 轴方向，向下为 y 轴方向，右下角坐标为(pane.getWidth(),pane.getHeight())。一个字符串可以通过转意符"\n"显示为多行。因 Text 类是 Shape 类的子类，所以它继承了 Shape 类的许多功能，如缩放、变换、旋转等。表 15.4 和表 14.5 分别列出了 javafx.scene.text.Text 类的构造方法和常用方法。

表 15.4　文本类 javafx.scene.text.Text 的构造方法

构 造 方 法	功 能 说 明
public Text()	创建一个空文本对象
public Text(String text)	以字符串 text 作为文字创建文本对象
public Text(double x,double y,String text)	以给定的坐标及字符串创建文本对象

表 15.5 文本类 javafx.scene.text.Text 的常用方法

常 用 方 法	功 能 说 明
public final String getText()	返回文本对象中的文字
public final void setText(String value)	设置文本对象中的文字
public final double getX()	返回文本对象的 x 坐标
public final double getY()	返回文本对象的 y 坐标
public final void setX(double value)	设置文本对象的 x 坐标
public final void setY(double value)	设置文本对象的 y 坐标
public final void setFont(Font value)	设置文本对象中文字的字体
public final void setUnderline(boolean value)	设置文本是否有下画线
public final double getWrappingWidth()	返回文本宽度的像素数
public final void setTextAlignment(TextAlignment value)	设置文本的对齐方式。value 的取值及含义如下。 TextAlignment.CENTER：居中对齐； TextAlignment.JUSTIFY：两端对齐； TextAlignment.LEFT：左对齐； TextAlignment.RIGHT 右对齐

【例 15.4】 在窗口中放置一个文本控件，然后用鼠标在窗口中拖动文本对象。

```
1   //filename: App15_4.java          鼠标拖动操作
2   import javafx.application.Application;
3   import javafx.stage.Stage;
4   import javafx.scene.Scene;
5   import javafx.scene.input.MouseEvent;
6   import javafx.scene.text.Text;
7   import javafx.scene.layout.Pane;
8   public class App15_4 extends Application
9   {
10      private double tOffX,tOffY;
11      Text t = new Text(20,20,"拖动我");
12      @Override
13      public void start(Stage stage)
14      {
15          Pane pane = new Pane();
16          pane.getChildren().add(t);
17          Scene scene = new Scene(pane,200,100);
18          t.setOnMousePressed(e -> handleMousePressed(e));    //Lambda 表达式为监听者
19          t.setOnMouseDragged(e -> handleMouseDragged(e));
20          stage.setTitle("拖动操作");
21          stage.setScene(scene);
22          stage.show();
23      }
24      protected void handleMousePressed(MouseEvent e)    //鼠标被按下时的事件处理方法
25      {
26          tOffX = e.getSceneX() - t.getX();
27          tOffY = e.getSceneY() - t.getY();
28      }
```

```
29      protected void handleMouseDragged(MouseEvent e)    //拖动鼠标的事件处理方法
30      {
31          t.setX(e.getSceneX() - tOffX);
32          t.setY(e.getSceneY() - tOffY);
33      }
34  }
```

程序的第 18、19 两行分别为文本组件 t 注册了鼠标按下和拖动操作的事件监听者，第 24～28 行定义了鼠标按下时的事件处理方法，第 26 行用于计算当鼠标按钮被按下时鼠标指针与文本 t 左边缘的距离 tOffX；同理第 27 行是计算 tOffY 的值。第 29～33 行定义了鼠标拖动时的处理操作，其作用是计算拖动后文本 t 的边缘与窗口边界的距离，并用其距离值设置文本 t 的位置，其原理如图 15.4(a) 所示。程序运行结果如图 15.4(b) 所示。

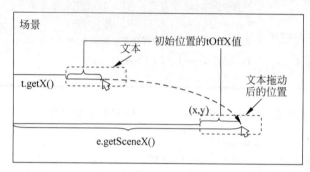

(a) 用鼠标拖动组件的原理　　　　　　　　　　(b) 程序运行结果

图 15.4　鼠标事件处理

15.2.3　键盘事件 KeyEvent

键盘事件 javafx.scene.input.KeyEvent 是指当用户在一个节点或一个场景上操作键盘时所触发的事件，如按下、释放、敲击键盘按键等，都会触发 KeyEvent 事件。处理键盘事件 KeyEvent 的监听者接口是 EventHandler<KeyEvent>，为键盘注册监听者，根据不同的键盘操作有三种不同的注册方法。表 15.6 列出了键盘事件类 javafx.scene.input.KeyEvent 的常用方法，表 15.7 列出了字符的键码值。

表 15.6　键盘事件类 javafx.scene.input.KeyEvent 的常用方法

常用方法	功能说明
public final String getCharacter()	返回按下的 Unicode 字符
public final KeyCode getCode()	返回按下字符的键码值，键码值由枚举 KeyCode 定义，见表 15.7
public final String getText()	返回键码值对应的字符串
public final boolean isAltDown()	若 Alt 键被按下则返回 true
public final boolean isControlDown()	若 Ctrl 键被按下则返回 true
public final boolean isShiftDown()	若 Shift 键被按下则返回 true

表 15.7 由枚举 javafx.scene.input.KeyCode 定义的常用键码值表

表示键码的枚举值	键 描 述	表示键码的枚举值	键 描 述
A~Z	字母键 A~Z	UP	上箭头键
0~9	数字键 0~9	DOWN	下箭头键
F1~F12	功能键 F1~F12	LEFT	左箭头键
HOME	Home 键	RIGHT	右箭头键
END	End 键	KP_UP	小键盘上的上箭头键
PAGE_UP	PageUp 键	KP_DOWN	小键盘上的下箭头键
PAGE_DOWN	PageDown 键	KP_LEFT	小键盘上的左箭头键
CONTROL	Ctrl 键	KP_RIGHT	小键盘上的右箭头键
SHIFT	Shift 键	COMMA	逗号键
ALT	Alt 键	SEMICOLON	分号键
TAB	Tab 键	COLON	冒号键
ESCAPE	Esc 键	PERIOD	. 键
ENTER	Enter 键	SLASH	/ 键
INSERT	Insert 键	BACK_SLASH	\ 键
DELETE	Del 键	QUOTE	左单引号 ' 键
CAPS	大写字母锁定键	BACK_QUOTE	右单引号 ' 键
NUM_LOCK	数字锁定键	OPEN_BRACKET	[键
PAUSE	暂停键	CLOSE_BRACKET	] 键
PRINTSCREEN	打印屏幕键	EQUALS	= 号键
BACK_SPACE	退格键	NUMPAD0~NUMPAD9	小键盘上 0~9 键
SPACE	空格键	CANCLE	取消键
UNDERSCORE	下画线	CLEAR	清除键
WINDOWS	Windows 键	UNDEFINED	是未知的键

说明：(1) 对于按下键 Pressed 和释放键 Released 事件，getCode()方法返回表 15.7 中的键码值，getText()方法返回键码对应的字符串，而 getCharacter()方法则返回一个空字符串。

(2) 对于单击键事件 KeyTyped，getCode()方法返回 UNDEFINED，getCharacter()方法返回相应的 Unicode 字符或与单击键事件相关的一个字符序列。

【例 15.5】 在窗口中放置一个文本 Text 对象，然后利用键盘上的方向键移动该文本。

```
1    //filename: App15_5.java     键盘移动操作
2    import javafx.application.Application;
3    import javafx.stage.Stage;
4    import javafx.scene.Scene;
5    import javafx.scene.text.Text;
6    import javafx.scene.layout.Pane;
7    public class App15_5 extends Application
8    {
9        @Override
```

```java
10   public void start(Stage stage)
11   {
12     Text t = new Text(20,20,"移动我");
13     Pane pane = new Pane();
14     pane.getChildren().add(t);
15     t.setOnKeyPressed(e ->
16       {
17         switch(e.getCode())        // getCode()方法返回键码值
18         {
19           case UP:                 //上箭头键
20           case KP_UP:              //数字小键盘上的上箭头键
21             t.setY(t.getY() - 5);
22             break;
23           case DOWN:               //下箭头键
24           case KP_DOWN:            //数字小键盘上的下箭头键
25             t.setY(t.getY() + 5);
26             break;
27           case LEFT:               //左箭头键
28           case KP_LEFT:            //数字小键盘上的左箭头键
29             t.setX(t.getX() - 5);
30             break;
31           case RIGHT:              //右箭头键
32           case KP_RIGHT:           //数字小键盘上的右箭头键
33             t.setX(t.getX() + 5);
34             break;
35           default:
36             t.setText(e.getText());//将按键的字符显示为文本
37         }
38       }
39     );
40     Scene scene = new Scene(pane,180,100);
41     stage.setTitle("移动操作");
42     stage.setScene(scene);
43     stage.show();
44     t.requestFocus();              //设置文本对象获得焦点,接收用户输入
45   }
46 }
```

该程序的第 12 行创建了一个文本对象 t,第 14 行将文本对象放置在面板 pane 中。第 15~39 行利用 setOnKeyPressed()方法将 Lambda 表达式设置为文本 t 的监听者,以响应按键事件。当一个按键被按下后事件处理程序被调用。然后,第 17 行的 switch 语句利用 e.getCode()方法获取键码值,根据所按方向键的不同,而设置文本相应的坐标值 x 和 y。如果所按的键不是上、下、左、右箭头键,则在第 36 行用 e.getText()方法来得到该键的字符,并调用 t.setText(e.getText())方法将所按键的字符显示在文本中。因为只有当一个节点获得焦点后才能接收 KeyEvent 事件,所以第 44 行在文本对象 t 上调用 requestFocus()方法使 t 获得焦点并接收键盘输入,但需注意的是该方法必须在舞台显示后调用。程序运行结果如图 15.5 所示。

(a) 用方向键移动文本　　　　　　(b) 按键为非箭头键

图 15.5　键盘事件处理

15.3　复选框和单选按钮及相应的事件处理

由表 15.1 可知,当单击一个复选框 CheckBox 将其选中或取消选中时,将会触发动作事件 ActionEvent。要判断一个复选框是否被选中,可以调用 isSelected()方法；同理,当单击单选按钮 RadioButton 改变它的选中或不选中状态时,也将触发操作事件 ActionEvent,也是调用 isSelected()方法来判断单选按钮是否被选中。

【例 15.6】 利用复选框和单选按钮设置文本对象上文字的字体和颜色。

```
1    //filename: App15_6.java        复选框和单选按钮的应用
2    import javafx.application.Application;
3    import javafx.stage.Stage;
4    import javafx.scene.Scene;
5    import javafx.scene.text.Text;
6    import javafx.scene.control.CheckBox;
7    import javafx.scene.control.RadioButton;
8    import javafx.scene.control.ToggleGroup;
9    import javafx.scene.layout.BorderPane;
10   import javafx.scene.paint.Color;
11   import javafx.scene.text.Font;
12   import javafx.scene.text.FontWeight;
13   import javafx.scene.text.FontPosture;
14   import javafx.scene.layout.VBox;
15   import javafx.event.ActionEvent;            //导入动作事件类
16   import javafx.event.EventHandler;           //导入事件监听者接口
17   public class App15_6 extends Application
18   {
19     Font fN = Font.font("Times New Roman",FontWeight.NORMAL,FontPosture.REGULAR,16);
20     Font fB = Font.font("Times New Roman",FontWeight.BOLD,FontPosture.REGULAR,16);
21     Font fI = Font.font("Times New Roman",FontWeight.NORMAL,FontPosture.ITALIC,16);
22     Font fBI = Font.font("Times New Roman",FontWeight.BOLD,FontPosture.ITALIC,16);
23     CheckBox chkB = new CheckBox("粗体");      //创建复选框 chkB
24     CheckBox chkI = new CheckBox("斜体");
25     RadioButton r = new RadioButton("红色");    //创建单选按钮 r
26     RadioButton g = new RadioButton("绿色");
27     RadioButton b = new RadioButton("蓝色");
28     Text t = new Text("我喜欢 JavaFX 编程");    //创建文本区对象 t
29     @Override
```

```java
30    public void start(Stage primaryStage)
31    {
32       VBox vbL = new VBox(20);                         //创建单列面板 vbL
33       vbL.setStyle("-fx-border-color:green");          //设置面板 vbL 的边框颜色为绿色
34       vbL.getChildren().addAll(chkB,chkI);             //将复选框添加到 vbL 面板中
35       ToggleGroup gro = new ToggleGroup();             //创建单选按钮组 gro
36       r.setToggleGroup(gro);                           //将单选按钮 r 加入单选按钮组中
37       g.setToggleGroup(gro);
38       b.setToggleGroup(gro);
39       VBox vbR = new VBox();                           //创建单列面板 vbR
40       vbR.setStyle("-fx-border-color:blue");           //设置面板 vbR 边框颜色为蓝色
41       vbR.getChildren().addAll(r,g,b);                 //将单选按钮添加到 vbR 面板中
42       BorderPane rootBP = new BorderPane();            //创建边界面板 rootBP 作为根面板
43       t.setFont(fN);
44       rootBP.setLeft(vbL);                             //将复选框所在面板 vbL 放在边界面板左部
45       rootBP.setRight(vbR);                            //将单选按钮所在面板 vbR 放在边界面板右部
46       rootBP.setCenter(t);                             //将文本对象 t 放在边界面板的中央区域
47       Han hand = new Han();                            //创建内部类 Han 对象 hand 作为监听者
48       r.setOnAction(hand);                             //监听者 hand 向事件源 r 注册
49       g.setOnAction(hand);
50       b.setOnAction(hand);
51       chkB.setOnAction(hand);
52       chkI.setOnAction(hand);
53       Scene scene = new Scene(rootBP,260,60);
54       primaryStage.setTitle("复选框与单选按钮");
55       primaryStage.setScene(scene);
56       primaryStage.show();
57    }
58    class Han implements EventHandler<ActionEvent>//创建 Han 类实现事件监听者接口
59    {
60       @Override
61       public void handle(ActionEvent e)         //实现处理动作事件的方法
62       {
63          if(r.isSelected()) t.setFill(Color.RED);   //若选中红色单选按钮
64          if(g.isSelected()) t.setFill(Color.GREEN);
65          if(b.isSelected()) t.setFill(Color.BLUE);
66          if(chkB.isSelected() && chkI.isSelected())   //若同时选中粗体和斜体
67             t.setFont(fBI);                           //将文本对象中文字设置成粗体和斜体
68          else if(chkB.isSelected())                   //若选中粗体
69             t.setFont(fB);                            //将文本对象中文字设置成粗体
70          else if(chkI.isSelected())                   //若选中斜体
71             t.setFont(fI);                            //将文本对象中文字设置成粗体
72          else
73             t.setFont(fN);                            //将文本对象中文字设置成正常体
74       }
75    }
76 }
```

该程序的第 19~28 行分别定义了字体对象、复选框对象、单选按钮对象和文本对象。第 32~46 行对组件进行布局设计。第 58~75 行定义了内部类 Han,实现了 EventHandler

<ActionEvent>接口,在 handle()方法中利用 isSelected()方法来判断单选按钮或复选框是否被选中,并根据判断结果设置文本的颜色和字体。第 47 行创建内部类 Han 对象 hand 作为监听者,并在第 48~52 行分别向事件源进行注册。程序运行结果如图 15.6 所示。本例中只要对单个单选按钮注册事件监听者,对

图 15.6 复选框和单选按钮的应用

整个单选按钮组进行事件监者的方法参见本书的配套教材《Java 程序设计基础(第 6 版)实验指导与习题解答》中实验 15.4。

15.4 文本编辑控件及相应的事件处理

控件类 TextField 是单行文本框,用于接收用户输入的文本。密码文本框 PresswordField 是 TextField 的子类,在密码文本框中输入的文本不回显,字符显示一个黑点。对于这两个文本框,当焦点位于其中时,按 Enter 键触发动作事件 ActionEvent。

【例 15.7】 在窗口中摆放一个"用户名"文本框、一个"密码"文本框和一个初始状态为不可编辑的文本区控件。当用户输入的用户名和密码正确后,文本区组件可进行编辑。

```
1   //filename: App15_7.java      文本编辑控件的 ActionEvent 事件
2   import javafx.application.Application;
3   import javafx.stage.Stage;
4   import javafx.scene.Scene;
5   import javafx.scene.control.Label;
6   import javafx.scene.control.TextField;
7   import javafx.scene.control.PasswordField;
8   import javafx.scene.control.TextArea;
9   import javafx.scene.layout.GridPane;
10  import javafx.scene.control.ScrollPane;
11  public class App15_7 extends Application
12  {
13      private TextField tf = new TextField();              //创建文本框对象 tf
14      private PasswordField pf = new PasswordField();      //创建"密码"文本框 pf
15      private TextArea ta = new TextArea("我现在不可编辑"); //创建文本区对象 ta
16      @Override
17      public void start(Stage Stage)
18      {
19          GridPane rootGP = new GridPane();                //创建网格面板
20          final Label lab1 = new Label("用户名:");
21          final Label lab2 = new Label("密  码:");
22          tf.setPromptText("输入用户名");    //设置"用户名"文本框的提示文本
23          pf.setPromptText("输入密码");      //设置"密码"文本框的提示文本
24          rootGP.add(lab1,0,0);              //将 lab1 添加到网格面板的 0 列 0 行单元格
25          rootGP.add(tf,1,0);                //将 tf 添加到网格面板的 1 列 0 行单元格
26          rootGP.add(lab2,0,1);              //将 lab2 加到网格面板的 0 列 1 行单元格
27          rootGP.add(pf,1,1);                //将 pf 加到网格面板的 1 列 1 行单元格
28          final ScrollPane scro = new ScrollPane(ta);  //创建滚动面板,将其显示内容设置为 ta
29          ta.setPrefColumnCount(15);         //设置文本区的显示宽度为 15 列
30          ta.setEditable(false);             //设置文本区不可编辑
```

```
31    pf.setOnAction(e ->                    //用 Lambda 表达式作为事件监听者
32    {
33        if(tf.getText().equals("abc") && pf.getText().equals("123"))
34        {
35            ta.setEditable(true);           //设置文本区可编辑
36            ta.setWrapText(true);           //设置文本区可自动换行
37            ta.setStyle("-fx-text-fill:red");   //设置文本区中字符为红色
38            ta.setText("恭喜你!!\n哈哈,可以编辑我了");
39        }
40    }
41    );
42    rootGP.add(scro,0,3,4,3);              //将滚动面板添加到网格的 0 列 3 行,且占 4 列 3 行
43    Scene scene = new Scene(rootGP,190,120);
44    Stage.setTitle("文本控件应用");
45    Stage.setScene(scene);
46    Stage.show();
47    }
48  }
```

该程序第 19 行创建了一个网格面板 rootGP,然后将标签、文本框和文本区分别放入网格面板的相应单元格中。程序中只给"密码"文本框 pf 设置了事件监听者,第 31~41 行由 Lambda 表达式实现事件监听者并向事件源 pf 注册。程序运行时只有输入正确的用户名和密码后才能对文本区进行编辑。程序运行结果如图 15.7 所示。

(a) 程序运行初始状态　　(b) 用户名和密码正确

图 15.7　文本组件的应用

15.5　组合框及相应的事件处理

组合框(combo box)也称为下拉列表框(drop-down list),是由 javafx.scene.control.ComboBox<T>类实现的,它是一个有许多选项的选择控件,但组合框中的所有选项都被折叠收藏起来,且只会将用户所选择的单个选项显示在显示栏上(显示栏是一个文本框,也称为显示文本框),要改变被选中的选项,可以单击组合框右边的向下箭头(也称为下拉按钮),然后从伸展开的选项框中选择一个选项即可,组合框只能进行单项选择。组合框有两种非常不一样的模式:一种是默认状态下的不可编辑模式,在这种模式下用户只能在下拉列表提供的内容中选择一项;另一种是可编辑模式,其特点是可以在显示栏中输入组合框列表中不包括的内容。JavaFX 是用带有类型参数的泛型类 ComboBox<T>来创建组合框控件,类型参数 T 为保存在组合框中的元素指定元素类型。表 15.8 列出了 javafx.scene.control.ComboBox<T>类的构造方法。

表 15.8　javafx.scene.control.ComboBox<T>类的构造方法

构 造 方 法	功 能 说 明
public ComboBox()	创建空的组合框对象
public ComboBox(ObservableList<T> items)	创建一个具有指定选项 items 的组合框

组合框构造方法的参数类型 javafx.collections.ObservableList<T>是一个集合,它定义了一个可观察对象的列表,它能够在添加、更新和删除对象时通知控件。ObservableLists<T>通常用于列表控件,如 ComboBox、ListView 和 TableView 等。ObservableList<T>是 java.util.List<T>的子接口,所以定义在 List<T>接口中的所有方法都可用于 ObservableList<T>类。如果要想使用 ObservableList<T>,最简单的方法就是使用 javafx.collections.FXCollections 类中提供的静态方法 observableArrayList(ArrayOfElements)从一个元素数组中创建一个 ObservableList 类对象。

ComboBox<T>继承自 javafx.scene.control.ComboBoxBase<T>类,所以 ComboBoxBase<T>类中的方法都可用于组合框类 ComboBox<T>。表 15.9 列出了 javafx.scene.control.ComboBox<T>类的常用方法。

表 15.9　javafx.scene.control.ComboBox<T>类的常用方法

常 用 方 法	功 能 说 明
public final void setValue(T value)	设置在组合框中选中的选项值为 value
public final T getValue()	返回在组合框中选中的选项值
public final void setItems(ObservableList<T> value)	用 value 设置组合框中的选项值
public final ObservableList<T> getItems()	返回组合框中存储元素的列表
public final void setEditable(boolean value)	设置组合框是否可编辑

组合框中包含一个用于存放选项的列表,该列表是 ObservableList<T>类的实例,在向组合框中添加选项时,实际上是将其添加到 ObservableList<T>对象上。可调用方法 getItems()方法返回组合框的 ObservableList<T>实例,然后调用它的 add()或 addAll()方法将选项添加到组合框中。组合框中选项的序号是从 0 开始的。当在组合框 ComboBox<T>中选中一个选项时,触发动作事件 ActionEvent。

【例 15.8】　在组合框中显示若干个颜色选项,当选中某个颜色时,将文本区中的文本设置为所选颜色。

```
1   //filename: App15_8.java    组合框的 ActionEvent 事件处理方法
2   import javafx.application.Application;
3   import javafx.stage.Stage;
4   import javafx.scene.Scene;
5   import javafx.event.ActionEvent;
6   import javafx.event.EventHandler;
7   import javafx.collections.FXCollections;
8   import javafx.scene.control.ComboBox;
9   import javafx.collections.ObservableList;
10  import javafx.scene.control.TextArea;
11  import javafx.scene.layout.BorderPane;
12  public class App15_8 extends Application
```

```
13    {
14        private ComboBox<String> cbo = new ComboBox<String>();    //创建组合框对象cbo
15        private String[] color = {"红色","绿色","蓝色"};
16        private TextArea ta = new TextArea("我喜欢用JavaFX编程");
17        @Override
18        public void start(Stage primaryStage)
19        {
20            ObservableList<String> items = FXCollections.observableArrayList(color);
21            cbo.getItems().addAll(items);           //也可用语句cbo.setItems(items)
22            cbo.setPrefWidth(180);                  //设置组合框的宽度为180像素
23            cbo.setValue("红色");                   //设置组合框显示栏中的显示内容
24            BorderPane bPane = new BorderPane();
25            ta.setPrefColumnCount(10);              //设置文本区的显示宽度为10列
26            bPane.setTop(cbo);                      //将组合框放置在边界面板的顶部区域
27            bPane.setCenter(ta);
28            cbo.setOnAction(new EventHandler<ActionEvent>()  //匿名内部类对象充当监听者
29            {
30                @Override
31                public void handle(ActionEvent e)   //组合框动作事件的处理方法
32                {
33                    if(cbo.getValue().equals("红色")) ta.setStyle("-fx-text-fill:red");
34                    if(cbo.getValue().equals("绿色")) ta.setStyle("-fx-text-fill:green");
35                    if(cbo.getValue().equals("蓝色")) ta.setStyle("-fx-text-fill:blue");
36                }
37            }
38            );
39        Scene scene = new Scene(bPane,185,100);
40        primaryStage.setTitle("组合框应用");
41        primaryStage.setScene(scene);
42        primaryStage.show();
43        }
44    }
```

程序的第14行创建了一个类型参数为String型的组合框对象cbo,第20行以数组color中的元素为选项创建了一个ObservableList对象items,并在第21行将items对象添加到组合框中。第28~38行创建匿名内部类对象充当监听者,同时向事件源cbo注册。程序运行结果如图15.8所示。

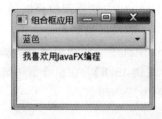

图15.8 组合框及相应事件处理

15.6 为绑定属性添加监听者

在此之前介绍的事件处理都是基于控件的,即为控件注册监听者的方式是"控件名.setOnXXX()",所以这种事件处理是属于控件级的。除此之外JavaFX还定义了属性级别的监听,即所有跟属性变化相关的事件,都可以用"XXX.xxxxProperty().addListener()"的形式来进行事件监听。这样通过为属性添加一个监听者就可以处理一个可观察对象中值的变化。对于大多数JavaFX节点来说,都可以通过为绑定属性注册监听者的方法来处理属性值变化的事件。JavaFX 节点的绑定属性都实现了 javafx.beans.Observable 接口,它们的实例称为可观察对象,它包含了表 15.10 列出的两个常用方法。

表 15.10　javafx.beans.Observable 接口的常用方法

常 用 方 法	功 能 说 明
void addListener(InvalidationListener listener)	为可观察对象注册监听者
void removeListener(InvalidationListener listener)	删除为可观察对象注册的监听者

作为参数的监听者 listener 必须实现 InvalidationListener 接口,以覆盖该接口中定义的 void invalidated(Observable observable) 方法,从而可以处理属性值的改变,一旦 Observable 对象的属性值发生变化,注册的监听者对象将得到通知并调用 invalidated() 方法进行事件处理。

15.7　列表视图控件及相应的事件处理

列表视图控件 javafx.scene.control.ListView<T>的功能与组合框相似,列表视图中显示出多个选项供用户选择,而且也可设置是否可以进行多项选择,还可设置列表视图是否可以编辑。但列表视图不能自动滚动,为了使列表视图具有滚动功能,可以将列表视图添加到一个滚动面板 ScrollPane 中,这样当列表视图中的内容超出可视区域时,滚动条就会自动出现。JavaFX 是用带有类型参数的泛型类 ListView<T>来创建列表视图控件,类型参数 T 为存储在列表视图中的元素指定了元素类型。表 15.11 给出 javafx.scene.control.ListView<T>类的构造方法。

表 15.11　javafx.scene.control.ListView<T>类的构造方法

构 造 方 法	功 能 说 明
public ListView()	创建一个空的列表视图
public ListView(ObservableList<T> items)	创建一个列表框,其中的选项由参数 items 指定

列表视图构造方法的参数类型 javafx.collections.ObservableList<T>与组合框构造方法的参数类型意义相同。列表视图中选项的序号是从 0 开始的。

列表视图 ListView<T>继承自 javafx.scene.control.Control 类,所以 Control 类中的方法都可用于列表视图类 ListView<T>。表 15.12 列出了 javafx.scene.control.ListView<T>类的常用方法。

表 15.12　javafx.scene.control.ListView<T>类的常用方法

常 用 方 法	功 能 说 明
public final void setSelectionModel(MultipleSelectionModel<T> value)	设置单选还是多选模式
public final MultipleSelectionModel<T> getSelectionModel()	返回选择模式
public final void setEditable(boolean value)	设置列表视图是否可编辑
public final void setItems(ObservableList<T> value)	用 value 设置列表视图中的选项
public final ObservableList<T> getItems()	返回列表视图中存储元素的列表

续表

常 用 方 法	功 能 说 明
public final void setEditable(boolean value)	设置列表视图是否可编辑
public final void setPrefWidth(double value)	设置列表视图的宽度
public final void setPrefHeight(double value)	设置列表视图的高度
public void setPrefSize(double prefWidth,double prefHeight)	设置列表视图的宽度和高度
public final void setOrientation(Orientation value)	设置列表视图的方向。value 取值如下。Orientation.HORIZONTAL：水平方向；Orientation.VERTICAL：垂直方向

使用 ListView<T>有两种基本方法：第一种方法是可以忽略列表产生的事件，而是在程序需要的时候获得列表中的选中项；第二种方法是通过注册选项变化监听者，监听列表中选项的变化，这样每次用户改变列表中的选项时就可以做出响应。使用这种方式必须首先通过 getSelectionModel()方法获得 ListView<T>使用的模式，该方法返回对模式的引用，其返回类型是 MultipleSelectionModel<T>类，该类定义了多项选择使用的模式，而且该类继承了 SelectionModel<T>类，但只有在打开多项选择模式后，ListView<T>才允许进行多项选择。表 15.13 给出了 javafx.scene.control.MultipleSelectionModel<T>类及其父类中的常用方法。

表 15.13　javafx.scene.control.MultipleSelectionModel<T>的常用方法

常 用 方 法	功 能 说 明
public abstract ObservableList<Integer> getSelectedIndices()	返回选中项下标的列表
public abstract ObservableList<T> getSelectedItems()	返回选中项的列表
public final void setSelectionMode(SelectionMode value)	设置选择模式为枚举 SelectionMode 中的枚举值。SelectionMode.MULTIPLE：多选；SelectionMode.SINGLE：单选。此为默认选项
public final SelectionMode getSelectionMode()	返回选择模式
public final int getSelectedIndex()	返回选中项的下标，如果有多个选项被选中，则返回最后选中项的下标
public final T getSelectedItem()	返回选中的选项，如果有多个选项被选中，则返回最后被选中项的选项
public final ReadOnlyObjectProperty<T> selectedItemProperty()	返回当前选中项的属性

使用 getSelectionModel()方法返回的模式，获得对选中项属性 selectedItemProperty 的引用，由于该属性是一个绑定属性，所以该属性定义了选中列表中的元素时将发生什么。这是通过调用表 15.13 中的最后一行的 selectedItemProperty()方法完成的，需要把变化监听者添加给这个属性。由于节点的绑定属性都实现了 javafx.beans.Observable 接口，所以可以在 selectedItemProperty 属性上加一个监听者 addListener(InvalidationListener listener)以处理属性的变化。

【例 15.9】　创建列表视图，其中选项为古代名医的姓名，当在列表视图中选择一位名医后,将其对应图像显示出来。通过为绑定属性注册监听者的方法来处理属性值变化的事件。

```java
1   //filename: App15_9.java      列表视图及绑定属性的事件处理
2   import javafx.application.Application;
3   import javafx.stage.Stage;
4   import javafx.scene.Scene;
5   import javafx.collections.FXCollections;
6   import javafx.scene.control.ListView;
7   import javafx.scene.control.ScrollPane;
8   import javafx.scene.control.SelectionMode;
9   import javafx.scene.image.ImageView;
10  import javafx.collections.ObservableList;
11  import javafx.beans.InvalidationListener;
12  import javafx.beans.Observable;
13  import javafx.scene.layout.BorderPane;
14  import javafx.scene.layout.FlowPane;
15  public class App15_9 extends Application
16  {
17    private String[] my = {"扁鹊","华佗","孙思邈","李时珍","张仲景","葛洪"};
18    private ImageView[] iv = {new ImageView("扁鹊.jpg"),new ImageView("华佗.jpg"),
19             new ImageView("孙思邈.jpg"),new ImageView("李时珍.jpg"),
20             new ImageView("张仲景.jpg"),new ImageView("葛洪.jpg")};
21    private ObservableList<String> items = FXCollections.observableArrayList(my);
22    private ListView<String> lv = new ListView<String>(items);
23    private FlowPane fp = new FlowPane(5,5);
24    @Override
25    public void start(Stage primaryStage)
26    {
27      lv.setPrefSize(80,100);                    //设置列表视图的宽、高
28      lv.getSelectionModel().setSelectionMode(SelectionMode.MULTIPLE);  //多选模式
29      BorderPane bp = new BorderPane();
30      bp.setLeft(new ScrollPane(lv));
31      bp.setCenter(fp);
32      lv.getSelectionModel().selectedItemProperty().addListener(new IListener());
33      Scene scene = new Scene(bp,360,130);
34      primaryStage.setTitle("列表视图的应用");
35      primaryStage.setScene(scene);
36      primaryStage.show();
37    }                                //创建内部类实现InvalidationListener接口
38    class IListener implements InvalidationListener
39    {
40      @Override
41      public void invalidated(Observable ov)  //当Observable属性值变化时调用该方法
42      {
43        fp.getChildren().clear();              //清除流面板中的内容
44        for(Integer i:lv.getSelectionModel().getSelectedIndices())
45          fp.getChildren().add(iv[i]);        //将选中名医的图像添加到流面板中
```

```
46     }
47   }
48 }
```

该程序的第 17～20 行分别定义了字符串数组和图像视图数组。第 21、22 行利用数组 my 创建列表视图对象 lv。第 28 行设置列表视图为多选模式。第 30 行以 lv 为显示内容创建滚动面板，并将其放入边界面板的左边区域，第 31 行将用于显示图像的流式面板放入边界面板的中央区域。第 38～47 行定义了内部类 IListener 并实现了属性监听者接口 InvalidationListener，第 32 行为绑定属性 selectedItemProperty 注册监听者。当属性值发生变化时监听者对象将得到通知并调用 invalidated()方法将在列表视图中选中的选项所对应的名医的图像添加到流式面板中。程序运行结果如图 15.9 所示。本例中的图像与类文件放在同一文件夹下，如果要放在不同的文件夹下，要给出路径。该例中的监听者也可使用 Lambda 表达式简化如下：

```
lv.getSelectionModel().selectedItemProperty().addListener(ov->
  {
    ip.getChildren().clear();
    for(Integer i:lv.getSelectionModel().getSelectedIndices())
      ip.getChildren().add(iv[i]);
  }
);
```

图 15.9　列表视图的应用

15.8　滑动条及相应的事件处理

滑动条是由类 javafx.scene.control.Slider 实现的，是非常简单而常用的控件，它是一个水平或垂直的滑动轨道，其上有一个滑块可以让用户拖曳，滑块所在位置表示一个值，滑动条允许用户在一个有界的区间范围内选取一个值。滑动条可以是水平的也可以是垂直的，可以设置是否带有刻度线和表明取值范围的标签。表 15.14 与表 15.15 分别给出了 javafx.scene.control.Slider 类的构造方法和常用方法。

表 15.14　javafx.scene.control.Slider 类的构造方法

构造方法	功能说明
public Slider()	创建一个默认的水平滑动条
public Slider(double min,double max,double value)	创建最小值 min，最大值 max 且初始值为 value 的滑动条

表 15.15　javafx.scene.control.Slider 类的常用方法

常 用 方 法	功 能 说 明
public final double getValue()	返回滑块所在位置的值
public final void setBlockIncrement(double value)	设置单击滑块轨道时的调节值(块增量),默认值是 10
public final void setMax(double value)	设置滑动条区间范围的最大值,默认值是 100
public final void setMin(double value)	设置滑动条区间范围的最小值,默认值是 0
public final void setValue(double value)	设置滑动条的当前值
public final void setMajorTickUnit(double value)	设置滑动条上主刻度线的间隔,单位是像素
public final void setMinorTickCount(int value)	设置两个主刻度线之间次刻度线的间隔,单位是像素
public final void setOrientation(Orientation value)	设置滑动条的方向。value 的取值如下。 Orientation.HORIZONTAL:水平方向,此为默认值; Orientation.VERTICAL:垂直方向
public final void setShowTickLabels(boolean value)	设置是否显示刻度值
public final void setShowTickMarks(boolean value)	设置是否显示刻度线
public final DoubleProperty valueProperty()	返回滑动条值的属性

由于滑动条的 valueProperty 是一个绑定属性,所以可以在 valueProperty 属性上加一个监听者 addListener(InvalidationListener listener),这样当用户要在滑动条中拖曳滑动块时,就能监听到其值的变化并能自动进行处理属性值的变化。

【例 15.10】 在边界面板的中央放一个文本,下边区域放一个滑动条,当拖动滑块时,文本中的字号随着变化。在左、上、右三个区域各放置一个滑动条,分别代表红、绿、蓝三原色,拖动滑动条上的滑块,将文本字体设置成对应的颜色。

```
1   //filename: App15_10.java        滑动条绑定属性的事件处理方法
2   import javafx.application.Application;
3   import javafx.stage.Stage;
4   import javafx.scene.Scene;
5   import javafx.scene.control.Slider;
6   import javafx.geometry.Orientation;
7   import javafx.beans.InvalidationListener;
8   import javafx.beans.Observable;
9   import javafx.scene.text.Text;
10  import javafx.scene.text.Font;
11  import javafx.scene.paint.Color;
12  import javafx.scene.layout.StackPane;
13  import javafx.scene.layout.BorderPane;
14  public class App15_10 extends Application
15  {
16      private Slider sl = new Slider();                        //创建默认的滑动条
17      private Slider rsl = new Slider(0.0,1.0,0.5);            //创建三个滑动区间均
18      private Slider gsl = new Slider(0.0,1.0,0.5);            //为 0.0～1.0,初值为 0.5
19      private Slider bsl = new Slider(0.0,1.0,0.5);            //的滑动条
20      private Text t = new Text("JavaFX 编程");
21      @Override
22      public void start(Stage primaryStage)
```

```
23    {
24        sl.setShowTickLabels(true);              //设置显示刻度值
25        sl.setShowTickMarks(true);               //设置显示刻度线
26        sl.setValue(t.getFont().getSize());
27        rsl.setOrientation(Orientation.VERTICAL);  //设置滑动条为垂直方向
28        bsl.setOrientation(Orientation.VERTICAL);
29        rsl.setShowTickLabels(true);             //设置显示刻度值
30        gsl.setShowTickLabels(true);
31        bsl.setShowTickLabels(true);
32        IListener Fc = new IListener();          //创建内部类对象作为监听者
33        rsl.valueProperty().addListener(Fc);     //监听者向事件源注册
34        gsl.valueProperty().addListener(Fc);
35        bsl.valueProperty().addListener(Fc);
36        StackPane sPane = new StackPane();
37        sPane.getChildren().add(t);
38        sl.valueProperty().addListener(ov ->     //用 Lambda 表达式作事件监听者
39          {
40             double size = sl.getValue();
41             Font font = new Font(size);
42             t.setFont(font);
43          }
44        );
45        BorderPane rootBP = new BorderPane();
46        rootBP.setLeft(rsl); rootBP.setTop(gsl); rootBP.setRight(bsl);
47        rootBP.setBottom(sl); rootBP.setCenter(sPane);
48        Scene scene = new Scene(rootBP,360,200);
49        primaryStage.setTitle("滑动条的应用");
50        primaryStage.setScene(scene);
51        primaryStage.show();
52     }
53     class IListener implements InvalidationListener //创建内部类并实现监听者接口
54     {
55        @Override
56        public void invalidated(Observable ov)
57        {
58           double r = rsl.getValue();            //返回滑块 rsl 当前所在位置的值
59           double g = gsl.getValue();
60           double b = bsl.getValue();
61           Color c = Color.color(r,g,b);         //用滑动条上返回的当前值创建颜色对象
62           t.setFill(c);                         //用颜色对象设置文本的颜色
63        }
64     }
65  }
```

程序的第 16 行创建一个默认滑动条，第 17~19 行创建了三个取值范围均为 0.0~1.0、滑块初始位置值为 0.5 的滑动条。第 37 行将文本对象 t 加入到栈面板 sPane 中。第 46、47 两行将四个滑动条分别放在边界面板 rootBP 的四周，将栈面板 sPane 放在中央区域。第 53~64 行创建了内部类 IListener 并实现了属性监听者接口 InvalidationListener。第 33~35 行分别为三个表示颜色的滑动条的绑定属性 valueProperty 注册监听者。第 38~44 行

用 Lambda 表达式作为监听者并实现对滑动条 sl 的注册,用于对文本字号大小的设置。程序运行结果如图 15.10 所示。

说明:垂直滑动条的值从上向下是减少的。

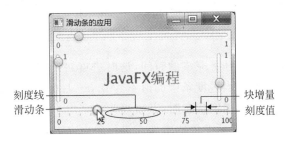

图 15.10 滑动条及相应的事件处理

JavaFX 还提供了一个与与滑动条 Slider 功能相似的滚动条控件 ScrollBar。滚动条由类 javafx.scene.control.ScrollBar 实现的,也是一个允许用户从一个范围内的值中进行选择的控件。用户可以拖动滑块、单击滚动条轨道或者单击滚动条左右两边的按钮来改变滚动条的值。由于滚动条的 valueProperty 是一个绑定属性,所以可以为 valueProperty 属性上加一个监听者 addListener(InvalidationListener listener),这样当用户拖曳滚动条中的滑块而改变其位置时,就能监听到并处理属性值的变化。

15.9 进度条及相应的事件处理

进度条是一个显示用户任务完成前还需等待多长时间的控件,用于跟踪可用数字表示的任务进度。进度条是由类 javafx.scene.control.ProgressBar 实现的。ProgressBar 是 javafx.scene.control.ProgressIndicator 的直接子类。ProgressIndicator 类则是将进度动态地显示在一个饼图里。这两个"父子"结合使用,为用户提供了直观的显示效果。表 15.16 和表 15.17 分别给出了 javafx.scene.control.ProgressIndicator 类的构造方法和常用方法,表 15.18 给出了 javafx.scene.control.ProgressBar 类的构造方法。

表 15.16 javafx.scene.control.ProgressIndicator 类的构造方法

构 造 方 法	功 能 说 明
public ProgressIndicator()	创建进度不确定进度饼图,饼图表现为一个旋转的圆点环
public ProgressIndicator(double progress)	用给定的进度值 progress 创建一个进度饼形图,进度值 progress 取值为 0.0～1.0,表示 0%～100%

表 15.17 javafx.scene.control.ProgressIndicator 类的常用方法

常 用 方 法	功 能 说 明
public final void setProgress(double value)	用值 value 设置进度值,进度值 value 取值为 0.0～1.0,表示 0%～100%
public final double getProgress()	返回当前进度值,返回值为 0.0～1.0,表示 0%～100%
public final boolean isIndeterminate()	判断进度是否是不确定状态
public final DoubleProperty progressProperty()	返回进度的绑定属性

表 15.18　javafx.scene.control.ProgressBar 类的构造方法

构造方法	功能说明
public ProgressBar()	创建进度不确定的进度条,滑块在进度条内左右移动
public ProgressBar(double progress)	用给定的 progress 值创建一个进度条,progress 的取值为 0.0～1.0,表示 0%～100%

有时程序并不能确定一个任务完成的时间,这时进度饼图和进度条就保持在不确定状态直到可以确定任务的长度。当进度条中的值不为 0.0～1.0 时进度饼图和进度条也会处于不确定状态。当饼图处于不确定状态时,其表现为一个由小圆点组成的转动圆环,进度条处于不确定状态时,则其表现为渐变色的滑块在进度条上左右来回滚动。

【例 15.11】 在窗口放置一个滑动条、一个进度条和一个进度饼图,拖动滑动条并用其当前值表示的进度未摸拟任务的完成情况。

```
1   //filename: App15_11.java            进度条应用程序设计
2   import javafx.application.Application;
3   import javafx.beans.value.ChangeListener;
4   import javafx.beans.value.ObservableValue;
5   import javafx.geometry.Pos;
6   import javafx.scene.Scene;
7   import javafx.scene.control.ProgressBar;
8   import javafx.scene.control.ProgressIndicator;
9   import javafx.scene.control.Slider;
10  import javafx.scene.layout.HBox;
11  import javafx.stage.Stage;
12  public class App15_11 extends Application
13  {
14    @Override
15    public void start(Stage stage)
16    {
17      final Slider slider = new Slider();           //创建滑动条
18      slider.setMin(0);                             //设置滑动条的最小值为 0
19      slider.setMax(50);                            //设置滑动条的最大值为 50
20      final ProgressBar pb = new ProgressBar();     //创建不确定进度条
21      final ProgressIndicator pi = new ProgressIndicator();   //创建不确定进度饼图
22      ChangeListener<Number> cListener = new ChangeListener<Number>()
23      {
24        public void changed(ObservableValue<? extends Number> ov,
25                    Number oldVal, Number newVal)
26        {
27          pb.setProgress(newVal.doubleValue()/50);
28          pi.setProgress(newVal.doubleValue()/50);
29        }
30      };
31      slider.valueProperty().addListener(cListener);
32      final HBox hb = new HBox();
33      hb.setSpacing(5);                             //设置面板中组件间距为 5 像素
34      hb.setAlignment(Pos.CENTER);                  //设置组件在面板上居中对齐
35      hb.getChildren().addAll(slider,pb,pi);
```

```
36        Scene scene = new Scene(root);
37        stage.setScene(scene);
38        stage.setTitle("进度条应用程序");
39        stage.show();
40    }
41 }
```

该程序的第 20 行创建一个不确定进度的进度条,第 21 行创建不确定进度的进度饼图。第 22~30 行创建一个监听者接口 ChangeListener 的对象 cListener,并实现了 changed()方法。changed()方法的第一个参数 ov 是 ObservableValue＜T＞的实例,ObservableValue＜T＞封装了一个可被监视变化的对象,oldVal 和 newVal 参数分别传递属性值更改前和更改后的值,本例中 newVal 保存了对刚刚变化的进行条的引用。所以本例中 changed()方法的功能是判断滑动条是否在动并计算进度值,并用该值设置进度条和进度饼图,所以进度值的范围必须控制为 0.0~1.0。第 31 行为滑动条的绑定属性注册监听者为 cListener。程序运行时通过拖动滑动轨道上的滑块来模拟任务的进度,并显示在进度条和进度饼图中。程序运行结果如图 15.11 所示。其中图 15.11(a)是程序运行的初始画面,进度处于不确定的状态;图 15.11(b)图是拖动滑动条后的运行结果,图 15.11(c)是任务完成,进度达 100％的状态。

(a) 程序运行的初始画面

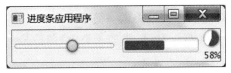

(b) 拖动滑动条后的运行结果

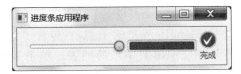

(c) 任务完成

图 15.11 进度条程序

15.10 菜单设计

每一个应用程序都会有菜单工具为用户的操作进行导航,用户利用菜单提供的菜单项来完成相应的功能,所以说菜单是非常重要的图形用户界面控件。菜单通常有两种:一种是窗口菜单或称下拉式菜单;另一种是上下文菜单,也称弹出菜单或快捷菜单。

窗口菜单是相对于窗口的,它一般放在窗口标题栏的下面,总是与窗口同时出现。JavaFX 的窗口菜单通常由三种菜单对象组成,一个是菜单栏,菜单栏上包含若干个菜单,菜单实际上是一种下拉式菜单,每个菜单中再包含若干个菜单项,每个菜单项实际上可看作是另一种形式的命令按钮,也是在用户单击时引发一个动作事件,所以整个菜单就是一组经层次化组织、管理的命令集合。

弹出菜单是相对于某个指定控件的,当鼠标指向某控件并右击时,则会出现弹出菜单,弹出菜单也是由若干个菜单项组成,弹出菜单的结构相对简单。JavaFX 的菜单类控件的继承关系如图 15.12 所示。

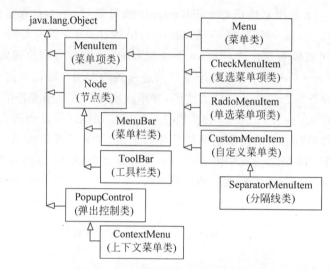

图 15.12　菜单类控件的继承关系图

在菜单程序设计中通常会用到五种菜单类：MenuBar、MenuItem、Menu、CheckMenuItem 和 RadioMenuItem。下面对这五种菜单类做一简单介绍。

- 菜单栏类 MenuBar：该类是 Node 类的子类,菜单栏是菜单的容器,它包含管理菜单所必需的方法。
- 菜单项类 MenuItem：该类是 Object 类的子类,它包含了管理菜单项所必需的方法。菜单项可以用来触发动作事件,也可以是一个子菜单。
- 菜单类 Menu：该类是 MenuItem 类的子类,它包含了管理菜单的方法。单击某个菜单时,菜单就会展开并显示出菜单项的列表。单击某个菜单项会产生一个动作事件。
- 复选菜单项类 CheckMenuItem：该类是 MenuItem 类的子类,它包含管理具有开关状态的菜单项所必需的方法。当某个 CheckMenuItem 对象被选中时,会在菜单项左边出现一个复选标记☑,再次选择该菜单项时取消选中,此时复选标记中的勾号会被清除。
- 单选菜单项类 RadioMenuItem：该类是 MenuItem 类的子类,它与复选菜单项类 CheckMenuItem 一样是一种具有开关功能的菜单项。当多个 RadioMenuItem 对象作为 ToggleGroup 组的一部分来维护时,这组单选菜单项在同一时刻只能有一个被选中。

注意：对于 JavaFX 菜单,由于 MenuItem 类没有继承 Node 类,因此 MenuItem 的实例只能放在菜单中,而不能以其他方式加入场景图中。但 MenuBar 类继承了 Node 类,所以可以把菜单栏添加到场景图中。

15.10.1 菜单基本知识

要创建一个菜单系统,首先要创建一个菜单栏对象 MenuBar,再在菜单栏上添加若干个菜单对象 Menu,在每个菜单对象上再添加若干个菜单项,菜单项是 MenuItem、CheckMenuItem 或 RadioMenuItem 的对象。菜单栏、菜单和菜单项这三者之间的关系如图 15.13 所示。

图 15.13 三种菜单元素的关系

1. 菜单栏 MenuBar

菜单栏 javafx.scene.control.MenuBar 是一个菜单的容器,它是为应用程序提供主菜单控制。一般来说,应用程序有且只有一个菜单栏。由于 MenuBar 类是 Node 类的子类,所以可以把菜单栏添加到场景中。表 15.19 和表 15.20 分别给出了 javafx.scene.control.MenuBar 类的构造方法与常用方法。

表 15.19 javafx.scene.control.MenuBar 类的构造方法

构 造 方 法	功 能 说 明
public MenuBar()	创建菜单栏对象

表 15.20 javafx.scene.control.MenuBar 类的常用方法

常 用 方 法	功 能 说 明
public final ObservableList < Menu > getMenus()	返回一个由菜单栏管理的菜单列表,菜单将被添加到该列表中

向菜单栏上添加菜单,实际上是将菜单添加到 ObservableList 上。可以通过调用 getMenus()方法返回由菜单栏管理的菜单列表 ObservableList 的对象,然后调用它的 add()或 addAll()方法,将 Menu 对象添加到该菜单栏列表中。所添加的菜单将按照添加顺序,从左到右排列在菜单栏中。也可使用 void add(int idx,Menu menu)方法将菜单添加到菜单栏中的指定位置。菜单的下标从 0 开始,从左到右编号。还可以通过 getMenus()方法返回的 ObservableList 对象调用 remove(menu)方法从菜单栏中删除不需要的菜单,若要获得菜单栏中所包含的菜单个数,可以用该列表对象调用 size()方法。

2. 菜单 Menu

菜单 javafx.scene.control.Menu 是添加到菜单栏上的对象。菜单 Menu 由菜单项 MenuItem 来填充。由于 Menu 类继承自 MenuItem 类,所以 Menu 的对象可以是另一个 Menu 对象中的选项,从而能够创建二级子菜单。表 15.21 和表 15.22 分别给出了 javafx.

scene.control.Menu 类的构造方法与常用方法。

表 15.21　javafx.scene.control.Menu 类的构造方法

构 造 方 法	功 能 说 明
public Menu()	创建 Menu 对象
public Menu(String text)	创建显示名称为 text 的 Menu 对象
public Menu(String text,Node graphic)	创建显示名字为 text、图标为 graphic 的菜单对象
public Menu(String text, Node graphic, MenuItem... items)	功能同上,并将参数指定的多个菜单项添加到菜单中

表 15.22　javafx.scene.control.Menu 类的常用方法

常 用 方 法	功 能 说 明
public final ObservableList< MenuItem > getItems()	返回当前与菜单关联的菜单项列表
public final void setText(String value)	将菜单的显示名字设置为 value
public final void setGraphic(Node value)	为菜单添加图标

由于每个菜单都维护一个由它包含的菜单项组成的列表 ObservableList 的对象,所以可以通过调用 getItems()方法返回 ObservableList 列表后,再调用 add()或 addAll()方法,将菜单项 MenuItem 实例添加到该菜单列表中,也可以通过调用 remove()方法从菜单中删除不需要的菜单项。

另外,在菜单项列表中可以添加菜单分隔线,该分隔线是 SeparatorMenuItem 类的对象。利用分隔线可以将相关的菜单项分组,从而有助于组织长菜单。

3. 菜单项 MenuItem

菜单项是由 javafx.scene.control.MenuItem 类实现的,用于封装菜单中的元素,也可用于显示子菜单。表 15.23 和表 15.24 分别给出了 javafx.scene.control.MenuItem 类的构造方法与常用方法。

表 15.23　javafx.scene.control.MenuItem 类的构造方法

构 造 方 法	功 能 说 明
public MenuItem()	创建一个空的菜单项对象
public MenuItem(String text)	创建一个名称为 text 的菜单项对象
public MenuItem(String text,Node graphic)	创建一个名称为 text、图标为 graphic 的菜单项对象

表 15.24　javafx.scene.control.MenuItem 类的常用方法

常 用 方 法	功 能 说 明
public final void setDisable(boolean value)	设置菜单项是否禁用
public final void setGraphic(Node value)	为菜单项设置图标
public final void setText(String value)	将菜单项的显示名字设置为 value
public void fire()	在菜单项上引发动作事件
public final void setAccelerator(KeyCombination value)	设置菜单项的快捷键(加速键)
public final void setMnemonicParsing(boolean value)	设置热健(助记符)是否有效,默认为 true

MenuItem 对象被选中时会产生动作事件，可以调用 setOnAction()方法为 MenuItem 对象注册监听者，就像处理按钮事件一样。

说明：菜单通常都支持键盘热键和快捷键。热键又称助记符，快捷键也称加速键。热键和快捷键的区别在于：热键是在菜单展开的情况下，同时按下"Alt＋热键"即可选择菜单；而快捷键是在不用展开菜单的情况下，同时按下"Ctrl＋快捷键"即可直接选择菜单中的菜单项。既可以为 Menu 或 MenuItem 设置快捷键也可以为其设置热键。

若要为 Menu 或 MenuItem 设置热键，只需在菜单或菜单项中为想要用作热键的字符前面添加一条下画线即可，因为默认情况下热键是有效的，否则只需调用 setMnemonicParsing(true)将其设置为真即可。例如，将字符 F 设置为菜单 fileMenu 的热键，使用如下语句：

```
Menu fileMenu = new Menu("_File");
```

这样就可通过按 Alt 键后再按 F 键来选择 File 菜单。

若要为菜单项设置快捷键，需要调用 MenuItem 的 setAccelerator(KeyCombination value)方法，该方法参数 value 的类型 KeyCombination 类包含在 javafx.scene.input 包中，用于封装组合键，如 Ctrl＋S。通常用 KeyCombination 类的静态方法 public static KeyCombination keyCombination(String name)进行设置，其中参数 name 是指定键组合的字符串，通常由修饰符（如 Ctrl、Alt、Shift）和字符（如 O）组成。例如，若要设置 Ctrl＋O 为打开菜单项 openMI 的快捷键，语句如下：

```
openMI.setAccelerator(KeyCombination.keyCombination("Ctrl+O"));
```

4. 复选菜单项 CheckMenuItem 和单选菜单项 RadioMenuItem

在菜单中除了上面介绍的菜单项外，还有复选菜单项和单选菜单项。复选菜单项是一种特殊的菜单项，它的前面有一个复选标记：☑表示选中，☐表示未选中。复选菜单项是由 javafx.scene.control.CheckMenuItem 类所实现，而单选菜单项用于在菜单中组织一组互不相容的选项，单选菜单项是由 javafx.scene.control.RadioMenuItem 类所实现。表 15.25 和表 15.26 分别给出了 javafx.scene.control.CheckMenuItem 类的构造方法和常用方法。

表 15.25　javafx.scene.control.CheckMenuItem 类的构造方法

构 造 方 法	功 能 说 明
public CheckMenuItem()	创建没有名称与图标、最初状态未选中的复选菜单项
public CheckMenuItem(String text)	创建名为 text、初始状态未选中的复选菜单项
public CheckMenuItem(String text,Node graphic)	创建名为 text、图标为 graphic、初始状态未选中的复选菜单项

表 15.26　javafx.scene.control.CheckMenuItem 类的常用方法

常 用 方 法	功 能 说 明
public final boolean isSelected()	判断复选菜单项是否被选中
public final void setSelected(boolean value)	设置复选菜单项的选中状态
public final BooleanProperty selectedProperty()	返回复选菜单项的状态属性

单选菜单项 RadioMenuItem 的构造方法与和常用方法与复选菜单项的基本相同。由于 CheckMenuItem 和 RadioMenuItem 都继承了 MenuItem 类,所以都具有 MenuItem 提供的所有功能。除了具有复框和单选按钮的功能以外,它们的用法与其他菜单项一样。

15.10.2 窗口菜单

要创建一个完整的窗口菜单,首先必须分别创建 MenuBar、Menu 和 MenuItem、CheckMenuItem、RadioMenuItem 对象,然后将 Menu 对象添加到 MenuBar 对象中,再把 MenuItem、CheckMenuItem 或 RadioMenuItem 对象添加到 Menu 对象中,然后必须把 MenuBar 对象添加到场景图中,最后还必须为每个菜单项添加动作事件处理程序,以响应选中菜单项时产生的动作事件。

需要注意的是,由于 MenuItem 是 Menu 的父类,所以可以创建子菜单。要创建子菜单,首先创建一个 Menu 对象,并将 MenuItem 对象添加其中,然后再把该 Menu 对象添加到另一个 Menu 对象中。也就是说 Menu 既可作为顶层菜单添加到菜单栏中,又可作为子菜单添加到其他菜单中。如果一个菜单加入到另一个菜单中,则构成二级子菜单。对于子菜单来说,其右边会出现一个右箭头标记,当选择该菜单时,右边会弹出子菜单。

菜单项实际上可以看作是另一种形式的命令按钮,所以选择菜单项后会产生动作事件 EventAction,因此需调用 setOnAction() 方法为 MenuItem 对象注册监听者。所选菜单项上的文本将成为本次选择的名称,所以,当使用动作事件处理程序来处理所有菜单选择时,确定选中了哪个菜单项的一种方法是检查选择的名称。当然,也可以使用单独的匿名内部类或 Lambda 表达式来处理每个菜单项的动作事件,此时所选菜单项已知,所以不需要通过检查名称来确定哪个菜单项被选中。

【例 15.12】 利用菜单中的菜单项来设置文本对象的前景颜色、字体和字形。

```
1   //filename: App15_12.java        菜单程序设计
2   import javafx.application.Application;
3   import javafx.application.Platform;    //应用平台的支持类
4   import javafx.stage.Stage;
5   import javafx.scene.Scene;
6   import javafx.scene.image.Image;
7   import javafx.scene.image.ImageView;
8   import javafx.scene.control.MenuBar;
9   import javafx.scene.control.Menu;
10  import javafx.scene.control.MenuItem;
11  import javafx.scene.control.CheckMenuItem;
12  import javafx.scene.control.RadioMenuItem;
13  import javafx.scene.control.SeparatorMenuItem;
14  import javafx.scene.control.ToggleGroup;
15  import javafx.event.EventHandler;
16  import javafx.event.ActionEvent;;
17  import javafx.scene.text.Text;
18  import javafx.scene.paint.Color;
19  import javafx.scene.input.KeyCombination;
```

```java
20   import javafx.scene.layout.BorderPane;
21   public class App15_12 extends Application
22   {
23     @Override
24     public void start(Stage primaryStage)
25     {
26       MenuBar menuB = new MenuBar();                             //创建菜单栏
27       Text t = new Text("我是一个程序员,\n 我喜欢用 JavaFX 编程");
28       BorderPane rootBP = new BorderPane();
29       rootBP.setTop(menuB);
30       rootBP.setCenter(t);
31       Menu fileM = new Menu("(_F)文件");                          //创建放入菜单栏中的菜单
32       fileM.setMnemonicParsing(true);                            //设置热键有效
33       Image inew = new Image("icon/new.png");
34       ImageView ivnew = new ImageView(inew);
35       MenuItem newMI = new MenuItem("新建",ivnew);                //创建带有名称和图标的菜单项
36       MenuItem openMI = new MenuItem("打开");
37       openMI.setAccelerator(KeyCombination.keyCombination("Ctrl + O"));   //快捷键
38       openMI.setGraphic(new ImageView(new Image("icon/open.png")));       //设置图标
39       MenuItem saveMI = new MenuItem("保存");
40       MenuItem exitMI = new MenuItem("退出");
41       exitMI.setAccelerator(KeyCombination.keyCombination("Ctrl + X"));   //设置快捷键
42       EventHandler<ActionEvent> MEHandler = new EventHandler<ActionEvent>()
43       {
44         public void handle(ActionEvent ae)
45         {
46           String name = ((MenuItem)ae.getTarget()).getText();
47           if(name.equals("退出")) Platform.exit();    //如果选中"退出"菜单项
48           t.setText(name + ": 被选中");
49         }
50       };
51       exitMI.setOnAction(MEHandler);                             //设置菜单项的监听者
52       newMI.setOnAction(MEHandler);
53       openMI.setOnAction(MEHandler);
54       saveMI.setOnAction(MEHandler);
55       fileM.getItems().addAll(newMI,openMI,saveMI,exitMI);       //将菜单项添加到菜单中
56       Menu styleM = new Menu("格式");                             //创建放入菜单栏中的菜单
57       Menu fontM = new Menu("字体");                              //创建"字体"二级子菜单
58       CheckMenuItem boldMI = new CheckMenuItem("粗体");           //创建复选菜单项
59       boldMI.setGraphic(new ImageView(new Image("icon/bold.png")));
60       boldMI.setSelected(true);                                  //设置复选菜单为选中状态
61       CheckMenuItem italicMI = new CheckMenuItem("斜体");
62       italicMI.setGraphic(new ImageView(new Image("icon/italic.png")));
63       fontM.getItems().addAll(boldMI,italicMI);                  //将复选菜单添加到子菜单 fontM 中
64       Menu rgbM = new Menu("颜色");                               //创建"颜色"二级子菜单
65       RadioMenuItem rMI = new RadioMenuItem("红色");              //创建单选菜单项
66       RadioMenuItem gMI = new RadioMenuItem("绿色");
67       RadioMenuItem bMI = new RadioMenuItem("蓝色");
```

```
68      rMI.setOnAction(e->t.setFill(Color.RED));        //用 Lambda 表达式作为事件监听者
69      gMI.setOnAction(e->t.setFill(Color.GREEN));
70      bMI.setOnAction(e->t.setFill(Color.BLUE));
71      bMI.setSelected(true);
72      ToggleGroup rgbG = new ToggleGroup();            //创建单选菜单组
73      rMI.setToggleGroup(rgbG);
74      gMI.setToggleGroup(rgbG);
75      bMI.setToggleGroup(rgbG);
76      rgbM.getItems().addAll(rMI,gMI,bMI);
77      styleM.getItems().addAll(fontM,new SeparatorMenuItem(),rgbM);
78      menuB.getMenus().addAll(fileM,styleM);
79      Scene scene = new Scene(rootBP,230,100);
80      primaryStage.setTitle("菜单应用程序");
81      primaryStage.setScene(scene);
82      primaryStage.show();
83    }
84  }
```

该程序的运行结果如图 15.14 所示,其中图 15.14(a)展开的是"文件"菜单,图 15.14(b)展开的是"格式"菜单。该程序的第 26 行创建了一个菜单栏,并在第 29 行将其放在边界面板的顶部(当然也可放在其他面板中,如 HBox)。第 31、32 行创建了"文件"菜单并设置字符 F 为热键。第 33~35 行创建一个带名称和图标的"新建"菜单项。第 36~38 行创建了带有快捷键和图标的"打开"菜单项。第 39、40 行创建了"保存"和"退出"菜单项,并在第 41 行为"退出"菜单项设置了快捷键 Ctrl+X,用户按 Ctrl+X 键即可结束程序运行。第 42~50 行创建了事件监听器。在 handle()方法中第 46 行通过调用 getTarget()方法获得事件的目标,该方法返回的引用被强制转换为 MenuItem 类型,其名称通过调用 getText()方法返回并赋值给 name。第 47 行判断如果 name 中内容是"退出",就调用 Platform.exit()方法结束应用程序,否则在文本区 t 中显示返回的名称。需要指出的是,JavaFX 应用程序结束运行必须调用 Platform.exit()方法,而不是调用 System.exit()方法。Platform 类由 JavaFX 定义,包含在 javafx.application 包中,其中的 exit()方法将导致生命周期方法 stop()被调用,而 System.exit()方法则没有这种功能。第 51~54 行将 MEHandler 对象分别设置为"文件"菜单所包含的四个菜单项的监听者。第 55 行将四个菜单项添加到"文件"菜单 fileM 中。第 63 行是将第 58 和 61 两行创建的菜单作为二级菜单添加到菜单 fontM 中。同理,第 76 行将相应颜色菜单项添加到"颜色"菜单 rgbM 中。第 77 行将将"字体"菜单项和"颜色"菜单项添加到"格式"菜单 stylyM 中,并在这两个菜单项之间添加了一条分隔线。第 68~70 行为三个颜色单选菜单项设置了事件处理的方法,为了简化代码,这里没有为"格式"菜单中的"字体"二级子菜单项设置事件处理方法。

15.10.3 弹出菜单

除了上面介绍的窗口菜单外,JavaFX 还提供了弹出菜单。当在某个控件上右击时,会弹出一个菜单供选择,所以弹出菜单又称上下文菜单或称快捷菜单。弹出菜单是一种独立的菜单,它附着在某一控件或容器上。程序运行时,一般情况下不显示,只有当用户在附着有弹出菜单的控件上右击时才会显示相应的弹出菜单。不同的控件可以弹出不同的菜单,

(a) 展开"文件"菜单　　　　　　(b) 展开"格式"菜单

图 15.14　菜单应用程序

或同一控件进行不同操作时,弹出不同的菜单。弹出菜单与窗口菜单一样,包含若干个菜单项,也可以将菜单项或二级菜单添加到弹出菜单中。JavaFX 用 javafx.scene.control.ContextMenu 类实现弹出菜单功能,与 Menu 的继承关系不同,ContextMenu 的直接父类是 javafx.scene.control.PopupControl,它的一个间接父类是 javafx.stage.PopupWindow,后者提供了它的许多功能。表 15.27 和表 15.28 分别给出了 javafx.scene.control.ContextMenu 类的构造方法和常用方法。

表 15.27　javafx.scene.control.ContextMenu 类的构造方法

构 造 方 法	功 能 说 明
public ContextMenu()	创建一个不含菜单项的弹出菜单对象
public ContextMenu(MenuItem...items)	用参数指定的多个菜单项创建一个弹出菜单对象

表 15.28　javafx.scene.control.ContextMenu 类的常用方法

常 用 方 法	功 能 说 明
public final ObservableList<MenuItem> getItems()	返回与弹出菜单关联的菜单项列表
public void show(Node anchor, double screenX, double screenY)	在屏幕的(x,y)位置处显示弹出菜单,anchor 指定弹出菜单所依附的组件
public void hide()	隐藏弹出菜单
public final void setContextMenu(ContextMenu value)	建立组件与弹出菜单 value 的关联

创建弹出菜单的方式与创建窗口菜单的方式相似,首先创建菜单项,然后将其添加到弹出菜单中。弹出菜单与窗口菜单的主要区别在于激活方式。将弹出菜单与控件关联起来非常简单,只需对控件调用 setContextMenu() 方法,并传入对弹出菜单的引用即可。右击该控件时,与其关联的弹出菜单就会显示出来。

【例 15.13】　利用弹出菜单设置文本区中文字的颜色。

```
1    //filename: App15_13.java        弹出菜单程序设计
2    import javafx.application.Application;
3    import javafx.stage.Stage;
4    import javafx.scene.Scene;
5    import javafx.scene.control.ContextMenu;
```

```
6     import javafx.scene.control.RadioMenuItem;
7     import javafx.scene.control.ToggleGroup;
8     import javafx.scene.control.TextArea;
9     import javafx.scene.layout.BorderPane;
10    public class App15_13 extends Application
11    {
12       private TextArea ta = new TextArea("我喜欢用JavaFX编程");
13       @Override
14       public void start(Stage primaryStage)
15       {
16          BorderPane rootBP = new BorderPane();
17          rootBP.setCenter(ta);
18          RadioMenuItem rMI = new RadioMenuItem("红色");      //创建单选菜单项
19          RadioMenuItem gMI = new RadioMenuItem("绿色");
20          RadioMenuItem bMI = new RadioMenuItem("蓝色");
21          rMI.setOnAction(e->ta.setStyle("-fx-text-fill:red"));//Lambda 表达式为监听者
22          gMI.setOnAction(e->ta.setStyle("-fx-text-fill:green"));
23          bMI.setOnAction(e->ta.setStyle("-fx-text-fill:blue"));
24          ToggleGroup rgbG = new ToggleGroup();               //创建单选菜单组
25          rMI.setToggleGroup(rgbG);                           //将单选菜单项添加到组中
26          gMI.setToggleGroup(rgbG);
27          bMI.setToggleGroup(rgbG);
28          ContextMenu rgbCM = new ContextMenu();              //创建弹出菜单
29          rgbCM.getItems().addAll(rMI,gMI,bMI);               //将单选菜单项添加到弹出菜单中
30          ta.setContextMenu(rgbCM);                           //建立文本区组件ta与弹出菜单关联
31          Scene scene = new Scene(rootBP,230,100);
32          primaryStage.setTitle("编出菜单应用程序");
33          primaryStage.setScene(scene);
34          primaryStage.show();
35       }
36    }
```

程序运行结果如图15.15所示。该程序的第21~23行分别用Lambda表达式作为事件监听者并向对应的事件源注册。第28行创建一个弹出菜单对象rgbCM。第29行将三个颜色单选菜单项添加到弹出菜单中。第30行设置在文本区对象ta上右击的弹出菜单为rgbCM。

也可以将弹出菜单与场景关联起来，方法是对场景的根节点调用setOnContextMenuRequested()方法。该方法定义在Node类中，格式如下：

图15.15 弹出菜单

public final void setOnContextMenuRequested(EventHandler<? super ContextMenuEvent> value)

其中，参数value指定当收到弹出菜单的请求时调用的处理程序。此时，处理程序必须调用ContextMenu定义的show()方法。

15.11 工具栏设计

在用户界面设计中,为了进行快速的访问,将一些常用的命令按钮放置到工具栏上。在工具栏上单击一个命令按钮要比从菜单中进行选择方便得多。

工具栏是由 javafx.scene.control.ToolBar 类实现的。虽然可以把任意的控件添加到工具栏中,但工具栏上的控件通常是以图标形式出现的,由于图标不是控件,所以它们不能直接放到工具栏上。因此,可以在工具栏上放置命令按钮,然后再把图标设置在命令按钮上。ToolBar 对象就是一个普通的容器,创建工具栏之后,需要将其添加到场景图中。如单行面板 HBox 或边界面板 BorderPane 的北区、西区或东区。由于工具栏中添加的多为命令按钮,所以其事件处理也是动作事件 ActionEvent。表 15.29 和表 15.30 分别给出了 javafx.scene.control.ToolBar 类的构造方法和常用方法。

表 15.29 javafx.scene.control.ToolBar 类的构造方法

构造方法	功能说明
public ToolBar()	创建一个空的水平工具栏
public ToolBar(Node...items)	创建一个由参数指定的多个节点的水平工具栏

表 15.30 javafx.scene.control.ToolBar 类的常用方法

常用方法	功能说明
public final ObservableList< Node > getItems()	返回工具栏的节点列表
public final void setOrientation(Orientation value)	设置工具栏的方向,参数 value 取值如下： Orientation.HORIZONTAL：水平方向,此为默认值； Orientation.VERTICAL：垂直方向

向工具栏添加按钮或其他控件的方式与把它们添加到菜单栏的方式基本相同,就是对 getItems() 方法返回的列表引用调用 add() 方法,但是通常在 ToolBar 构造方法中指定它们更方便。

【例 15.14】 工具栏应用。在窗口中设置一个工具栏和一个文本区,文本区为不可编辑状态,工具栏上设置三个带图标的命令按钮,当单击命令按钮时,进行相应的事件处理操作。为了简化代码,本例中只对单击打开按钮进行了事件处理,将文本区设置为可编辑状态。

```
1   //filename:App15_14.java        工具栏应用程序
2   import javafx.application.Application;
3   import javafx.stage.Stage;
4   import javafx.scene.Scene;
5   import javafx.scene.control.ToolBar;
6   import javafx.scene.control.ContentDisplay;
7   import javafx.scene.control.Button;
8   import javafx.scene.control.Tooltip;
9   import javafx.scene.image.ImageView;
10  import javafx.scene.control.TextArea;
11  import javafx.scene.layout.BorderPane;
12  public class App15_14 extends Application
```

```
13  {
14      private Button but1 = new Button("打开",new ImageView("icon/openFile.jpg"));
15      private Button but2 = new Button("保存",new ImageView("icon/saveFile.jpg"));
16      private Button but3 = new Button("帮助",new ImageView("icon/helpFile.jpg"));
17      private TextArea ta = new TextArea("我现在是禁用状态");
18      @Override
19      public void start(Stage primaryStage)
20      {
21          ta.setEditable(false);
22          but1.setContentDisplay(ContentDisplay.GRAPHIC_ONLY);   //只显示按钮上的图标
23          but2.setContentDisplay(ContentDisplay.GRAPHIC_ONLY);
24          but3.setContentDisplay(ContentDisplay.GRAPHIC_ONLY);
25          but1.setTooltip(new Tooltip("打开"));        //设置光标悬停在按钮上时的提示信息
26          but2.setTooltip(new Tooltip("保存"));
27          but3.setTooltip(new Tooltip("帮助"));
28          but1.setOnAction(e->              //用 Lambda 表达式作事件监听者
29          {
30              ta.setEditable(false);
31              ta.setText("恭喜你!\n 哈哈,现在可以编辑我了");
32              ta.setStyle("-fx-text-fill:red");
33          }
34          );
35          ToolBar tB = new ToolBar(but1,but2,but3);   //创建工具栏并将按钮添加到工具栏上
36          BorderPane rootBP = new BorderPane();
37          rootBP.setCenter(ta);
38          rootBP.setTop(tB);
39          Scene scene = new Scene(rootBP,230,100);
40          primaryStage.setTitle("工具栏应用程序");
41          primaryStage.setScene(scene);
42          primaryStage.show();
43      }
44  }
```

该程序的第 14～16 三行创建三个带名称和图标的按钮。第 22～24 三行设置只显示按钮上的图标而不显示按钮名称。第 25～27 三行设置当光标悬停在按钮上时的提示信息。第 35 行创建了工具栏对象 tB 并将三个按钮添加到工具栏上。第 28～34 行定义了单击命令按钮 but1 时的事件处理操作,其功能是将文本区设置为可编辑状态,并显示相应的文字。程序运行结果如图 15.16 所示。其中图 15.16(a)是程序运行的初始状态,图 15.16(b)是单击了"打开"按钮的画面。

(a) 程序运行的初始状态   (b) 单击工具栏上的"打开"按钮

图 15.16　工具栏的应用

15.12 文件选择对话框

文件选择对话框是由 javafx.stage.FileChooser 类创建,用户经常使用该类创建"打开"或"保存"文件对话框,所以它是一种用于文件选择控件。文件选择对话框是一个独立的、可移动的窗口,允许用户在其中对文件进行访问操作。FileChooser 类是 Object 类的直接子类,所以 Object 类中所提供的方法,在 FileChooser 对象中都可使用。表 15.31 和表 15.32 分别列出了 javafx.stage.FileChooser 类的构造方法和常用方法。

表 15.31 javafx.stage.FileChooser 类的构造方法

构 造 方 法	功 能 说 明
public FileChooser()	创建打开默认目录的文件选择对话框

表 15.32 javafx.stage.FileChooser 类的常用方法

常 用 方 法	功 能 说 明
public final void setTitle(String value)	设置文件选择对话框的标题
public final void setInitialDirectory(File value)	设置文件选择对话框的初始显示目录
public ObservableList < FileChooser.ExtensionFilter > getExtensionFilters()	返回文件对话框中使用的扩展名过滤器的文件选项列表
public File showOpenDialog(Window ownerWindow)	显示打开文件对话框,参数 ownerWindow 为文件对话框的所属窗口,通常是主舞台,返回值是用户选择的文件,若没选文件则返回 null
public List < File > showOpenMultipleDialog(Window ownerWindow)	显示打开文件对话框,返回在对话框中选择的多个文件,并保存到 List < File >对象中
public File showSaveDialog(Window ownerWindow)	显示保存文件对话框,返回选择的文件,若没有选择文件则返回 null。参数 ownerWindow 为文件对话框的所属窗口

可以通过设置 initialDirectory 和 title 属性来配置文件选择对话框窗口。文件选择对话框既可用作打开文件对话框,用于选择单个文件或多个文件,也可作为文件保存对话框。

说明: 对话框一般分为模态和非模态两种。模态对话框的特点是在关闭该对话框之前不能访问其他窗口,也就是说,模态对话框一定要处理完本对话框内的操作之后,才能返回到它的所属窗口继续运行;而非模态对话框在显示时,用户还可以操作其他窗口。FileChooser 类中的打开和保存对话框都是模态的。

【例 15.15】 利用"文件打开对话框"打开待编辑的文件,编辑完成后再利用"文件保存对话框"保存编辑后的文件。

```
1   //filename:App15_15.java      文件选择对话框应用程序
2   import java.io.*;
3   import java.util.*;
4   import javafx.application.Application;
5   import javafx.stage.Stage;
6   import javafx.scene.Scene;
```

```java
7   import javafx.stage.FileChooser;
8   import javafx.scene.control.Button;
9   import javafx.scene.control.TextArea;
10  import javafx.scene.layout.BorderPane;
11  import javafx.scene.layout.HBox;
12  import javafx.geometry.Pos;
13  import javafx.event.ActionEvent;              //导入动作事件类
14  import javafx.event.EventHandler;             //导入事件监听者接口
15  public class App15_15 extends Application
16  {
17    private Button bOpen,bSave;
18    private TextArea ta = new TextArea();
19    private BorderPane rootBP = new BorderPane();
20    private HBox hB = new HBox(30);              //创建水平面板,组件间距为30像素
21    @Override
22    public void start(Stage primaryStage)
23    {
24      bOpen = new Button("选取");
25      bSave = new Button("存盘");
26      hB.getChildren().addAll(bOpen,bSave);       //将两个按钮添加到水平面板中
27      hB.setAlignment(Pos.CENTER);                //设置水平面板中的节点居中对齐
28      rootBP.setBottom(hB);
29      rootBP.setCenter(ta);
30      bOpen.setOnAction(new EventHandler<ActionEvent>()   //匿名内部类作监听者
31        {
32          @Override
33          public void handle(ActionEvent e)
34          {
35            FileChooser fC = new FileChooser();
36            fC.setTitle("文件选择对话框");              //设置文件选择对话框的标题
37            fC.setInitialDirectory(new File("."));   //设置将当前目录作为初始显示目录
38            FileChooser.ExtensionFilter filter =     //创建文件选择过滤器
39              new FileChooser.ExtensionFilter("所有.java 文件","*.java");
40            fC.getExtensionFilters().add(filter);    //设置文件过滤器
41            File file = fC.showOpenDialog(primaryStage);  //创建打开文件选择对话框
42            if(file!= null)
43            {
44              try
45              {
46                Scanner scan = new Scanner(file);    //用 file 创建一个 Scanner 对象 scan
47                String info = "";
48                while(scan.hasNext())                //判断文件中是否还有数据
49                {
50                  String str = scan.nextLine();      //每次读取一行
51                  info += str + "\r\n";              //每读取一行,则在其后面加回车符和换行符
52                }
53                ta.setText(info);                    //将读取到的数据放入文本区 ta 中
54              }
```

```java
55                    catch(FileNotFoundException ioe){};
56                }
57              else
58                  ta.setText("没有选择文件");
59          }
60      });
61      bSave.setOnAction(new EventHandler<ActionEvent>()    //匿名内部类作监听者
62      {
63          @Override
64          public void handle(ActionEvent e)
65          {
66              FileChooser fC = new FileChooser();
67              fC.setTitle("文件保存对话框");
68              fC.setInitialDirectory(new File("."));    //设置打开当前目录
69              FileChooser.ExtensionFilter filter =      //创建文件过滤器
70                  new FileChooser.ExtensionFilter(".java"," * .java");
71              fC.getExtensionFilters().add(filter);     //设置文件过滤器
72              File file = fC.showSaveDialog(primaryStage);
73              if(file!= null)
74              {
75                  try
76                  {
77                      FileOutputStream f = new FileOutputStream(file);
78                      BufferedOutputStream out = new BufferedOutputStream(f);
79                      byte[] b = (ta.getText()).getBytes();//将 ta 内容转为字节存入数组 b 中
80                      out.write(b,0,b.length);            //将数组 b 内容写入流 out 对应的文件
81                      out.close();
82                  }
83                  catch(IOException ioe){};
84              }
85          }
86      });
87      Scene scene = new Scene(rootBP);
88      primaryStage.setTitle("文件选择对话框应用程序");
89      primaryStage.setScene(scene);
90      primaryStage.show();
91    }
92 }
```

该程序的运行结果如图15.17所示。该程序是在窗口中放置一个边界面板 rootBP，第28行将放置有两个命令按钮的水平面板 hB 放在边界面板的底部区域。第29行将文本区放入中央区域。第30～60行创建匿名内部类作为按钮 bOpen 的监听者，其中第35行创建了一个文件选择对话框 fC，第37行设置将当前目录作为初始显示目录，第38～40行设置只显示.java 文件的文件选择过滤器，这样在打开文件选择对话框时就只显示.java 文件，将其他类型的文件过滤掉。第41行创建一个打开文件选择对话框，第44～55行将在文件对话框中选择的文件读取到文本区 ta 中。其中第46行创建 Scanner 对象 scan 用于从 file 文件中读取数据。编辑完文本区中的内容，当单击窗口中的"存盘"按钮时，则第61～86行的

代码将文本区的内容写入到在文件选择对话框中选择或输入的文件中,其中第72行创建一个保存文件对话框。当然,也可以将该程序中的第44～55行用如下代码替换,其结果是一样的。

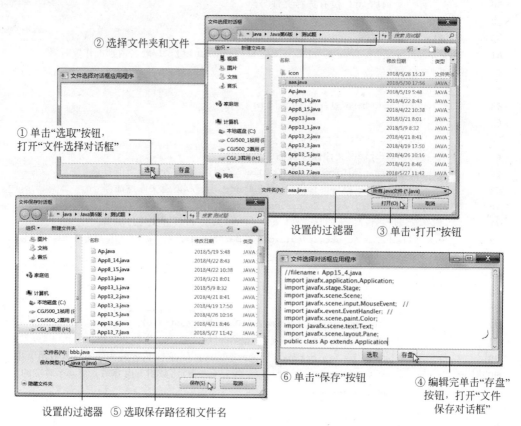

图 15.17 文件选择对话框应用

```
try
{
    FileInputStream f = new FileInputStream(file);
    BufferedInputStream in = new BufferedInputStream(f);
    byte[] b = new byte[in.available()];
    in.read(b,0,b.length);
    ta.setText(new String(b,0,b.length));
    in.close();
}
catch(IOException ioe){};
```

15.13 颜色选择器

在许多情况下,用户希望能够选择一种颜色,当然有多种方式可以实现这种功能。例如,可以通过一组单选按钮提供一组颜色值列表供用户选择。若可选的颜色范围很广时,提供一个更易使用且更灵活的方案来完成这个任务将更受欢迎。JavaFX 提供了一个方便而功能完善的颜色选择器,javafx.scene.control.ColorPicker 就是能满足这种需求的可视化控件。它用于显示一个窗格,允许用户在一个调色板上通过单击颜色来选取一种颜色值,或在自定义颜色面板中选择颜色。使用 ColorPicker 类创建颜色选择器,可以把颜色选择器添加到场景图、面板或工具栏中。表 15.33 和表 15.34 分别列出了 javafx.scene.control.ColorPicker 类的构造方法和常用方法。

表 15.33 javafx.scene.control.ColorPicker 类的构造方法

构 造 方 法	功 能 说 明
public ColorPicker()	创建初始颜色为白色的颜色选择器
public ColorPicker(Color color)	创建初始颜色为 color 的颜色选择器

表 15.34 javafx.scene.control.ColorPicker 类的常用方法

常 用 方 法	功 能 说 明
public final T getValue()	返回选中选项的值(父类中方法)
public final ObservableList<Color> getCustomColors()	返回用户添加到调色板的自定义颜色列表

ColorPicker 控件包括颜色选择框、调色板以及自定义颜色面板。颜色选择框是一个组合框,包括了所有可以选择的颜色和颜色指示器,颜色指示器显示了当前选中的颜色;调色板包含了预定义的颜色集合以及自定义颜色的链接;自定义颜色面板是一个模态窗口,可以通过单击调色板上的链接打开。当自定义颜色面板打开的时候,它的值就是颜色指示器中显示的颜色的值,用户可以通过在颜色区域移动鼠标来定义一个新的颜色或者移动颜色条,这些改变都会同步到 ColorPicker 相应的属性上。

【例 15.16】 颜色选择器程序设计,在窗口中放置一个文本和一个颜色选择器,用在颜色选择器中选择的颜色来设置文本的颜色。

```
1    //filename:App15_16.java        颜色选择器应用
2    import javafx.application.Application;
3    import javafx.scene.Scene;
4    import javafx.scene.control.ColorPicker;
5    import javafx.scene.layout.HBox;
6    import javafx.scene.paint.Color;
7    import javafx.scene.text.Text;
8    import javafx.stage.Stage;
9    public class App15_16 extends Application
10   {
11       @Override
12       public void start(Stage stage)
13       {
14           HBox hB = new HBox();
15           final ColorPicker cP = new ColorPicker(Color.RED);   //创建默认为红色的颜色选择器
16           final Text t = new Text("请选择颜色来设置我");
17           hB.getChildren().addAll(cP,t);          //将颜色选择器和文本添加到水平面板中
18           t.setFill(cP.getValue());               //用颜色选择器当前值设置文本 t 的颜色
19           cP.setOnAction(e->t.setFill(cP.getValue()));   //用 Lambda 表达式作为监听者
20           Scene scene = new Scene(hB,260,100);
```

```
21      stage.setTitle("颜色选择器应用");
22      stage.setScene(scene);
23      stage.show();
24   }
25 }
```

程序运行结果如图 15.18 所示。第 15 行创建一个初始颜色为红色的颜色选择器。第 19 行用 Lambda 表达式作为监听者并向颜色选择器 cP 注册,其功能就是将在颜色选择器中选择的颜色通过 getValue() 方法获取颜色值,然后传给文本的 setFill() 方法来设置文本对象 t 的颜色。当在自定义面板中选定颜色后,若单击"保存"按钮则将自定义颜色添加到调色板下部的"定制颜色"区域中;若单击"使用"按钮则直接将其应用到文本对象。在 Web 面板中显示的值"♯d81b64"是以十六进制表示的颜色值,前两位 d8 代表红色值,中间两位 1b 代表绿色值,后两位 64 代表蓝色值。

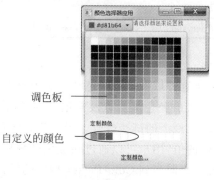

(a) 选择创建颜色选择器

(b) 选择颜色

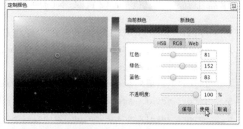

(c) 自定义颜色窗口(HSB面板)

(d) 自定义颜色窗口(RGB面板)

(e) 自定义颜色窗口(Web面板)

图 15.18　颜色选择器应用

15.14 音频与视频程序设计

音频与视频等媒体程序设计是现代软件中很重要的应用,JavaFX 提供了丰富的媒体类用于媒体的播放,主要有 Media、MediaPlayer、MediaView 等类。目前 JavaFX 支持的音频格式有 MP3、AIFF、WAV 及 MPEG-4 等,支持的视频格式有 FLVM 和 PEG-4。

媒体源是由类 javafx.scene.media.Media 实现的,它既可以是音频也可以是视频,表 15.35 和表 15.36 分别给出了 javafx.scene.media.Media 类的构造方法和常用方法。

表 15.35 javafx.scene.media.Media 类的构造方法

构 造 方 法	功 能 说 明
public Media(String source)	用名字 source 创建一个媒体对象,目前它仅支持 HTTP、FILE、URL 和 JAR 格式的媒体源路径,设置后不可改变

表 15.36 javafx.scene.media.Media 类的常用方法

常 用 方 法	功 能 说 明
public final Duration getDuration()	返回媒体源以秒计时的持续时间对象
public final int getWidth()	返回媒体视频以像素为单位的宽度
public final int getWidth()	返回媒体视频以像素为单位的高度

媒体播放器是由类 javafx.scene.media.MediaPlayer 实现的,并可以通过一些属性控制媒体的播放。表 15.37 和表 15.38 给出了 javafx.scene.media.MediaPlayer 类的构造方法和常用方法。

表 15.37 javafx.scene.media.MediaPlayer 类的构造方法

构 造 方 法	功 能 说 明
public MediaPlayer(Media media)	为媒体 media 创建一个播放器

表 15.38 javafx.scene.media.MediaPlayer 类的常用方法

常 用 方 法	功 能 说 明
public final void setAutoPlay(boolean value)	设置媒体是否自动播放
public final void setCycleCount(int value)	设置媒体播放次数
public final void setVolume(double value)	设置音频音量的大小,取值为 0.0~1.0(最大)
public final void setMute(boolean value)	设置音频是否禁音
public final void setBalance(double value)	设置左、右声道的平衡值,最左边为 -1,中间为 0,最右边为 1
public void play()	播放媒体
public void pause()	暂停媒体播放
public void stop()	停止媒体播放
public void seek(Duration seekTime)	将播放器定位到一个新的播放时间点

媒体视图是由 javafx.scene.media.MediaView 类实现,它为媒体播放器提供了一个用于观看媒体的视图。表 15.39 和表 15.40 给出了 javafx.scene.media.MediaView 类的构造方法和常用方法。

表 15.39 javafx.scene.media.MediaView 类的构造方法

构 造 方 法	功 能 说 明
public MediaView()	创建一个不与媒体播放器关联的媒体视图
public MediaView(MediaPlayer mediaPlayer)	创建一个与指定媒体播放器 mediaPlayer 关联的媒体视图

表 15.40 javafx.scene.media.MediaView 类的常用方法

常 用 方 法	功 能 说 明
public final void setX(double value)	设置媒体视图的 x 坐标
public final void setY(double value)	设置媒体视图的 y 坐标
public final void setFitWidth(double value)	设置媒体视图的宽度
public final void setFitHeight(double value)	设置媒体视图的高度
public final void setMediaPlayer(MediaPlayer value)	设置媒体视图的播放器为 value

要想播放一个媒体,首先通过一个 URL 字符串创建一个媒体源 Media 对象,其次是创建一个播放器 MediaPlayer 对象来播放它,最后再创建一个媒体视图 MediaView 对象来显示播放器。一个 Media 对象支持实时流媒体,可以下载一个大的媒体文件并同时播放它。一个 Media 对象可以被多个媒体播放器所共享,一个 MediaPlayer 也可以被多个 MediaView 所使用。

【例 15.17】 在一个媒体视图中播放视频,可以通过按钮的播放和暂停操作来播放或暂停视频,并可以使用滑动条来调节音量大小。

```
1    //filename: App15_17.java      媒体播放程序设计
2    import javafx.application.Application;
3    import javafx.stage.Stage;
4    import javafx.scene.Scene;
5    import javafx.geometry.Pos;
6    import javafx.scene.control.Button;
7    import javafx.scene.control.Label;
8    import javafx.scene.control.Slider;
9    import javafx.scene.layout.BorderPane;
10   import javafx.scene.layout.HBox;
11   import javafx.scene.media.Media;
12   import javafx.scene.media.MediaPlayer;
13   import javafx.scene.media.MediaView;
14   import javafx.util.Duration;
15   public class App15_17 extends Application
16   {
17      String eURL = "file:///D:/java/wd.mp4 ";        //创建字符串格式的媒体源的路径
18      @Override
19      public void start(Stage stage)
20      {
21         Media media = new Media(eURL);               //创建媒体对象
22         MediaPlayer mPlayer = new MediaPlayer(media);  //创建媒体播放器
```

```java
23      MediaView mView = new MediaView(mPlayer);      //创建媒体播放视图
24      mView.setFitWidth(350);                        //设置播放视图的宽度
25      mView.setFitHeight(180);                       //设置播放视图的高度
26      Button pBut = new Button(">");                 //播放按钮
27      pBut.setOnAction(e->
28         {
29            if(pBut.getText().equals(">"))           //判断是否要求播放
30            {
31               mPlayer.play();                       //播放视频
32               pBut.setText("||");                   //将按钮上的文字改为"||"
33            }
34            else                                     //判断是否要求暂停播放
35            {
36               mPlayer.pause();                      //暂停播放视频
37               pBut.setText(">");                    //将按钮上的文字改为">"
38            }
39         });
40      Button rBut = new Button("<<");                //创建重新播放按钮
41      rBut.setOnAction(e->mPlayer.seek(Duration.ZERO));  //返回到起点播放
42      Slider sVol = new Slider();                    //创建滑动条
43      sVol.setMinWidth(30);                          //设置滑动条的最小宽度
44      sVol.setPrefWidth(150);                        //设置滑动条的宽度优先
45      sVol.setValue(50);
46      mPlayer.volumeProperty().bind(sVol.valueProperty().divide(100));
47      HBox hB = new HBox(10);                        //创建水平面板,其上控件间距为10像素
48      hB.setAlignment(Pos.CENTER);                   //设置水平面板上的控件居中对齐
49      Label vol = new Label("音量");
50      hB.getChildren().addAll(pBut,rBut,vol,sVol);   //将按钮、标签和滑动条放入hB面板
51      BorderPane bPane = new BorderPane();
52      bPane.setCenter(mView);                        //将播放视图放在边界面板的中央区域
53      bPane.setBottom(hB);                           //将水平面板放在边界面板的底部区域
54      Scene scene = new Scene(bPane);
55      stage.setTitle("视频播放器");
56      stage.setScene(scene);
57      stage.show();
58   }
59 }
```

该程序的第17行创建一个表示媒体源地址的字符串eURL,其中wd.mp4是本地视频文件。第21行利用该地址字符串创建了一个媒体对象media,第22行用media对象创建一个媒体播放器对象mPlayer,并在第23行用该播放器对象创建一个媒体视图对象mView。第27行利用Lambda表达式作为播放按钮的监听者,如果按钮pBut上当前文字为">",单击后变为"||",并开始播放;若播放按钮上当前文字为"||",单击后则变为">",并且暂停播放。第41行设置当单击重播按钮后,将从头开始播放视频。第46行是将播放器mPlayer的音量属性绑定到滑动条sVol值value/100上。程序运行结果如图15.19所示。

图 15.19 视频播放器应用程序

本章小结

1. 委托事件模型是指当事件发生时,产生事件的对象会把此信息转给事件监听者处理的一种方式,而这个信息事实上是 JavaFX 中的 javafx.event 事件包里的某个类所建立的对象。

2. JavaFX 中 javafx.event.Event 类中包含了用来处理事件的监听者接口,用于事件处理的方法就声明在这些接口中。

3. 一个对象要成为事件源的事件监听者,满足两个条件即可:一是事件监听者必须是一个对应的事件监听者接口的实例,从而保证该监听者具有正确的事件处理方法;二是事件监听者对象必须通过事件源进行注册,注册方法依赖于事件类型。

4. 对控件的什么操作触发什么事件类型、注册事件监听者及处理事件的方法见表 15.1 和表 15.2。

5. JavaFX 的监听分为两种:组件级别监听和属性级别监听。属性级别的监听主要用于绑定属性。

第 15 章习题

15.1 什么是事件?简述 Java 语言的委托事件模型。

15.2 若要处理事件,就必须要有事件监听者,担任监听者需满足什么条件?

15.3 写出控件与可能触发的事件之间的对应关系。

15.4 对于按下键和释放键的事件,使用什么方法来获得键的编码值?使用什么方法从一个键的单击事件中获得该键的字符?

15.5 设计一个窗口,在窗口内放置一个按钮,当不断地单击该按钮时,在其上显示它被单击的次数。

15.6 创建一个窗口,隐藏窗口的标题栏和边框,并在其上添加一个"退出"按钮。将鼠标指针放在窗口内的任意位置进行拖动窗口,当单击"退出"命令按钮后,结束程序运行。

15.7 在窗口的中央区域放置一个文本区控件,在窗口的下部区域添加红、绿、蓝三个单选按钮,并用其设置文本区中文本的颜色。

15.8　在窗口的中央区域放置一个文本区控件,在窗口的下部区域添加"粗体"和"斜体"两个复选框,并用其设置文本区中文本的字体。

15.9　编程,实现利用在滑动条中拖动滑块的方法对文本字体的大小进行设置。

15.10　编写一个简单的音频播放器,在程序中创建一个 MediaPlayer 对象,并用命令按钮实现播放、暂停和重放功能。

第 16 章 绘图与动画程序设计

本章主要内容：
- 形状类；
- 过渡动画；
- 关键帧、关键值、插值器；
- 时间轴动画。

绘图与动画是程序设计中非常重要的技术，JavaFX 提供了多种形状类，用于绘制文本、直线、矩形、圆、椭圆、弧、折线和多边形等。时间轴是动画技术的关键，通过本章的学习，可以进一步掌握图形绘制与动画制作技术。

16.1 图形坐标系与形状类

在 JavaFX 场景中可添加各种形状。形状类 Shape 是抽象类，它所派生的子类主要有 Text、Line、Rectangle、Circle、Ellipse、Arc、Polygon、Polyline 等。形状类的继承关系如图 16.1 所示，其中文本类 Text 前面已经介绍过。由于 Shape 类是 Node 类的子类，所以形状类作为节点可以添加到面板上。Pane 类通常用作显示形状的画布，当然也可以作为其他节点的容器。每个形状都具有大小、位置、形状、颜色、维数等属性。在 Java 坐标系中，面板的左上角坐标是(0,0)，向右为 x 轴方向，向下为 y 轴方向，坐标系内的任一点用(x,y)来表示，坐标系以像素为单位，如图 16.2 所示。

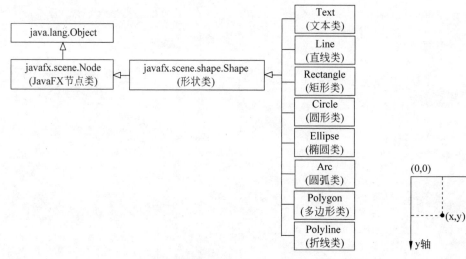

图 16.1 形状类的继承关系示意　　　　图 16.2 Java 坐标系

在形状类 Shape 中定义许多对所有子类都通用的属性与方法。表 16.1 给出 javafx.scene.shape.Shape 类的常用方法。

表 16.1　javafx.scene.shape.Shape 类的常用方法

常 用 方 法	功 能 说 明
public final void setFill(Paint value)	设置填充形状内部区域的颜色为 value
public final void setStroke(Paint value)	设置画笔颜色为 value
public final void setStrokeWidth(double value)	设置画笔宽度为 value
public final void setSmooth(boolean value)	设置是否对形状使用平滑算法
public final void setStrokeDashOffset(double value)	设置虚线的起始偏移量为 value，即虚线往后移的量
public final ObservableList<Double> getStrokeDashArray()	定义表示虚线段长度的数组，数组中的值依次为不透明和透明段长度
public final void setStrokeLineCap(StrokeLineCap value)	设置形状端点的风格，参数 value 取值如下。 StrokeLinCap.BUTT：线条末端平直，此为默认值； StrokeLineCap.ROUND：端点加一圆形线帽； StrokeLineCap.SQUARE：端点加一正方形线帽
public final void setStrokeType(StrokeType value)	设置节点边界周围绘制描边的类型，参数 value 取值如下。 StrokeType.CENTERED：从中间向内外两侧； StrokeType.INSIDE：向内侧； StrokeType.OUTSIDE：向外侧

16.1.1　直线类 Line

在 JavaFX 中直线是由 javafx.scene.shape.Line 类实现的，一条直线有起点、终点、线宽、颜色等属性，用户可根据这些属性画出需要的直线。表 16.2 和表 16.3 分别列出了 javafx.scene.shape.Line 类的构造方法和常用方法。

表 16.2　javafx.scene.shape.Line 类的构造方法

构 造 方 法	功 能 说 明
public Line()	创建一个空的直线
public Line(double startX, double startY, double endX, double endY)	以(startX,startY)为起点，以(endX,endY)为终点创建一条直线

表 16.3　javafx.scene.shape.Line 类的常用方法

常 用 方 法	功 能 说 明
public final void setStartX(double value)	设置起点的 x 坐标
public final void setStartY(double value)	设置起点的 y 坐标
public final void setEndX(double value)	设置终点的 x 坐标
public final void setEndY(double value)	设置终点的 y 坐标

【例 16.1】 绘制红、绿、蓝三条直线,红线设置为虚线。绿、蓝两条直线通过坐标的属性绑定使它们成为交叉线。

```java
1   //filename: App16_1.java       直线程序设计
2   import javafx.application.Application;
3   import javafx.stage.Stage;
4   import javafx.scene.Scene;
5   import javafx.scene.paint.Color;
6   import javafx.scene.shape.Line;
7   import javafx.scene.layout.Pane;
8   import javafx.scene.shape.StrokeLineCap;
9   public class App16_1 extends Application
10  {
11      @Override
12      public void start(Stage stage)
13      {
14          Pane pane = new Pane();
15          Line rL = new Line(10,20,20,20);
16          rL.setStroke(Color.RED);
17          rL.setStrokeWidth(10);
18          rL.setStrokeLineCap(StrokeLineCap.BUTT);     //设置线条两端平直
19          //设置各虚线段的长度,依次为不透明和透明段的长度
20          rL.getStrokeDashArray().addAll(10d,5d,15d);
21          rL.setStrokeDashOffset(0);                   //设置虚线的后偏移量
22          rL.endXProperty().bind(pane.widthProperty().subtract(10));
23          Line gL = new Line(10,50,10,10);             //创建直线
24          gL.setStroke(Color.GREEN);                   //设置用绿色直线
25          gL.setStrokeWidth(5);                        //设置直线的宽度为5像素
26          gL.endXProperty().bind(pane.widthProperty().subtract(10));
27          gL.endYProperty().bind(pane.heightProperty().multiply(4).divide(5));
28          Line bL = new Line(10,50,10,10);
29          bL.setStroke(Color.BLUE);
30          bL.setStrokeWidth(10);
31          bL.setStrokeLineCap(StrokeLineCap.ROUND);    //设置线条两端具有圆形线帽
32          bL.startXProperty().bind(pane.widthProperty().subtract(10));
33          bL.endYProperty().bind(pane.heightProperty().multiply(4).divide(5));
34          pane.getChildren().addAll(rL,gL,bL);
35          Scene scene = new Scene(pane,210,120);
36          stage.setTitle("绘制直线");
37          stage.setScene(scene);
38          stage.show();
39      }
40  }
```

该程序第 15~22 行创建一条红色虚线、线宽为 10 像素,第 20 行是将虚线的黑白相间的距离依次设置为 10、5 和 15 像素,当直线很长时,虚线的黑白间隔按这个设置循环执行。第 21 行是设置虚线的后偏移量,本例设置为不后移。第 22 行是将该直线终点的 x 坐标绑定在面板宽度减 10 上。第 23~27 行创建一条线宽为 5 的绿色直线,第 26 行是将该直线的

终点 x 坐标绑定在面板宽度减 10 像素上。第 27 行是将终点的 y 坐标绑定在面板高度的 4/5 处,这样直线是从左上方向右下方画出。同理,第 28~33 行创建了一条线宽为 10 像素的蓝色直线,且线的两端具有圆形线帽,第 32 行是将直线起点的 x 坐标与面板的宽度减 10 像素绑定,第 33 行是将终点的 y 坐标绑定在面板高度的 4/5 处,这样直线是从右上方到左下方画出。该程序运行结果如图 16.3 所示。

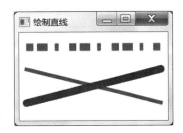

图 16.3 直线的类型

16.1.2 矩形类 Rectangle

在 JavaFX 中矩形是通过 javafx.scene.shape.Rectangle 类实现,表 16.4 和表 16.5 分别列出了 javafx.scene.shape.Rectangle 类的构造方法和常用方法。

表 16.4 javafx.scene.shape.Rectangle 类的构造方法

构 造 方 法	功 能 说 明
public Rectangle(double width,double height)	创建宽为 width、高为 height 的矩形
public Rectangle(double width, double height, Paint fill)	创建宽为 width、高为 height,填充色为 fill 的矩形
public Rectangle(double x, double y, double width,double height)	创建一个以(x,y)为左上角,宽为 width、高为 height 的矩形

表 16.5 javafx.scene.shape.Rectangle 类的常用方法

常 用 方 法	功 能 说 明
public final void setX(double value)	设置矩形左上角的 x 坐标为 value
public final void setY(double value)	设置矩形左上角的 y 坐标为 value
public final void setWidth(double value)	设置矩形的宽度为 value
public final void setHeight(double value)	设置矩形的高度为 value
public final void setArcWidth(double value)	设置矩形圆角弧的水平直径为 value
public final void setArcHeight(double value)	设置矩形圆角弧的垂直直径为 value

【例 16.2】 用循环在面板上添加四个矩形,每个都进行旋转,且画笔的颜色是随机的。

```
1    //filename: App16_2.java    矩形程序设计
2    import javafx.application.Application;
3    import javafx.stage.Stage;
4    import javafx.scene.Scene;
5    import javafx.scene.paint.Color;
6    import javafx.scene.shape.Rectangle;
7    import javafx.scene.layout.Pane;
8    public class App16_2 extends Application
9    {
10       @Override
11       public void start(Stage stage)
12       {
13           Pane pane = new Pane();
14           for(int i = 0;i < 4;i++)
```

```
15    {
16        Rectangle r = new Rectangle(50,50,80,20);
17        r.setArcWidth(10);                                    //设置圆角弧水平直径为10像素
18        r.setArcHeight(6);                                    //设置圆角弧垂直直径为6像素
19        r.setRotate(i*360/8);                                 //设置旋转
20        r.setStroke(Color.color(Math.random(),Math.random(),Math.random()));
21        r.setFill(null);                                      //不填充颜色
22        pane.getChildren().add(r);
23    }
24    Scene scene = new Scene(pane,200,130);
25    stage.setTitle("矩形程序设计");
26    stage.setScene(scene);
27    stage.show();
28  }
29 }
```

该程序的第14～23用for循环向面板上添加四个矩形，每个矩形的圆角弧水平直径设置为10像素，垂直圆角弧直径设置为6像素。第20行调用随机数生成方法random()产生的随机数设置画笔颜色。第21行是不进行颜色填充，这样每个矩形都是透明的。程序运行结果如图16.4所示。

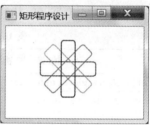

图16.4 矩形程序

16.1.3 圆类 Circle

在JavaFX中圆是由javafx.scene.shape.Circle类实现的，表16.6和表16.7分别给出了javafx.scene.shape.Circle类的构造方法和常用方法。

表16.6 javafx.scene.shape.Circle类的构造方法

构 造 方 法	功 能 说 明
public Circle(double radius)	创建半径为radius的圆
public Circle(double centerX, double centerY, double radius)	创建以(centerX,centerY)为圆心，以radius为半径的圆
public Circle(double centerX, double centerY, double radius, Paint fill)	创建以(centerX,centerY)为圆心，以radius为半径，以fill为填充色的圆

表16.7 javafx.scene.shape.Circle类的常用方法

常 用 方 法	功 能 说 明
public final void setCenterX(double value)	设置圆心的x坐标为value
public final void setCenterY(double value)	设置圆心的y坐标为value
public final void setRadius(double value)	设置圆的半径为value

【例16.3】 用按钮的动作事件来控制圆的放大与缩小。

```
1   //filename: App16_3.java    圆程序设计
2   import javafx.application.Application;
```

```java
3    import javafx.event.ActionEvent;
4    import javafx.event.EventHandler;
5    import javafx.geometry.Pos;
6    import javafx.scene.Scene;
7    import javafx.scene.control.Button;
8    import javafx.scene.layout.StackPane;
9    import javafx.scene.layout.HBox;
10   import javafx.scene.layout.BorderPane;
11   import javafx.scene.paint.Color;
12   import javafx.scene.shape.Circle;
13   import javafx.stage.Stage;
14   public class App16_3 extends Application
15   {
16     Button bIn = new Button("放大");
17     Button bRe = new Button("缩小");
18     Circle circle = new Circle(50);              //创建半径为50像素的圆
19     @Override
20     public void start(Stage stage)
21     {
22       StackPane sPane = new StackPane();
23       circle.setStroke(Color.RED);               //设置画笔为红色
24       circle.setFill(Color.WHITE);               //将圆填充为白色
25       sPane.getChildren().add(circle);
26       HBox hBox = new HBox();
27       hBox.setSpacing(10);                       //设置水平面板上组件间距为10像素
28       hBox.setAlignment(Pos.CENTER);
29       hBox.getChildren().addAll(bIn, bRe);
30       bIn.setOnAction(new IRHandler());          //内部类对象充当监听者
31       bRe.setOnAction(new IRHandler());
32       BorderPane bPane = new BorderPane();
33       bPane.setCenter(sPane);
34       bPane.setBottom(hBox);
35       Scene scene = new Scene(bPane,200,150);
36       stage.setTitle("圆的缩放");
37       stage.setScene(scene);
38       stage.show();
39     }
40     class IRHandler implements EventHandler<ActionEvent>
41     {
42       public void handle(ActionEvent e)
43       {
44         if(e.getSource() == bIn)                 //获取事件源并判断是否是"放大"按钮
45         {
46           circle.setRadius(circle.getRadius() + 2);  //圆半径加2
47         }
48         else                                     //单击了"缩小"按钮
49           circle.setRadius(circle.getRadius() - 2);  //圆半径减2
50       }
51     }
52   }
```

该程序第 18 行创建一个半径为 50 像素的圆,第 23 行将其画笔设置为红色,第 24 行将圆填充为白色,第 25 行将圆添加到栈面板 sPane 中。第 40~51 行定义了内部类 IRHandler 作为"放大"和"缩小"按钮的监听者,并在第 30 和 31 两行分别向按钮注册(也可用 Lambda 表达式实现)。当单击"放大"按钮时圆就变大,若单击"缩小"按钮则圆就变小。程序运行结果如图 16.5 所示。

图 16.5 圆的程序设计

16.1.4 椭圆类 Ellipse

在 JavaFX 中椭圆是由 javafx.scene.shape.Ellipse 类实现的,表 16.8 和表 16.9 分别给出了 javafx.scene.shape.Ellipse 类的构造方法和常用方法。

表 16.8 javafx.scene.shape.Ellipse 类的构造方法

构造方法	功能说明
public Ellipse(double radiusX, double radiusY)	创建水平半径为 radiusX、垂直半径为 radiusY 的椭圆
public Ellipse(double centerX, double centerY, double radiusX, double radiusY)	创建以(centerX, centerY)为圆心,以 radiusX 为水平半径,以 radiusY 为垂直半径的椭圆

表 16.9 javafx.scene.shape.Ellipse 类的常用方法

常用方法	功能说明
public final void setCenterX(double value)	设置椭圆圆心的 x 坐标为 value
public final void setCenterY(double value)	设置椭圆圆心的 y 坐标为 value
public final void setRadiusX(double value)	设置椭圆水平半径为 value
public final void setRadiusY(double value)	设置椭圆垂直半径为 value

【例 16.4】 用鼠标拖动画椭圆。

```
1   //filename: App16_4.java      用鼠标拖动画椭圆程序设计
2   import javafx.application.Application;
3   import javafx.stage.Stage;
4   import javafx.scene.Scene;
5   import javafx.scene.input.MouseEvent;
6   import javafx.event.EventHandler;
7   import javafx.scene.layout.Pane;
8   import javafx.scene.paint.Color;
9   import javafx.scene.shape.Ellipse;
10  public class App16_4 extends Application
11  {
12      double px,py;
13      Pane rPane = new Pane();
14      @Override
15      public void start(Stage stage)
16      {
17          rPane.setOnMousePressed(e - > handleMousePressed(e));    //为面板添加监听者
```

```
18      rPane.setOnMouseDragged(e->handleMouseDragged(e));      //为面板添加监听者
19      Scene scene = new Scene(rPane,200,160);
20      stage.setTitle("拖动画椭圆");
21      stage.setScene(scene);
22      stage.show();
23    }
24    protected void handleMousePressed(MouseEvent e)      //鼠标被按下时的事件处理方法
25    {
26      px = e.getX();                                     //获取鼠标按下时的 x 坐标
27      py = e.getY();                                     //获取鼠标按下时的 y 坐标
28    }
29    protected void handleMouseDragged(MouseEvent e)      //鼠标拖动操作的处理方法
30    {
31      double rX = Math.abs((e.getSceneX()-px)/2);        //计算椭圆的水平半径
32      double rY = Math.abs((e.getSceneY()-py)/2);        //计算椭圆的垂直半径
33      Ellipse elli = new Ellipse(px,py,rX,rY);           //画椭圆
34      elli.setStroke(Color.RED);                         //设置画笔为红色
35      elli.setFill(Color.WHITE);                         //将椭圆填充为白色
36      rPane.getChildren().add(elli);                     //将椭圆添加到面板中
37    }
38 }
```

该程序是在面板上用鼠标拖动画椭圆。第 17、18 两行用 Lambda 表达式作为面板对象 rPane 的监听者。第 24~28 行定义了当鼠标被按下时的事件处理方法,其功能是获取鼠标指针的初始位置。第 29~37 行定义了当拖动鼠标时的事件处理方法,其功能是计算椭圆的水平和垂直半径,然后将椭圆画出后添加到面板中。程序运行结果如图 16.6 所示。

图 16.6 用鼠标拖动画椭圆

16.1.5 弧类 Arc

在 JavaFX 中弧是由 javafx.scene.shape.Arc 类实现的,表 16.10 和表 16.11 分别给出了 javafx.scene.shape.Arc 类的构造方法和常用方法。

表 16.10 javafx.scene.shape.Arc 类的构造方法

构 造 方 法	功 能 说 明
public Arc()	创建一条空的弧
public Arc(double centerX,double centerY, double radiusX, double radiusY, double startAngle,double length)	以(centerX,centerY)为弧中心,以 radiusX 为水平半径、radiusY 为垂直半径,startAngle 为起始角度、length 为转过的角度创建一条弧

表 16.11 javafx.scene.shape.Arc 类的常用方法

常 用 方 法	功 能 说 明
public final void setCenterX(double value)	设置弧中心点的 x 坐标
public final void setCenterY(double value)	设置弧中心点的 y 坐标

续表

常用方法	功能说明
public final void setRadiusX(double value)	设置弧所在椭圆的水平半径
public final void setRadiusY(double value)	设置弧所在椭圆的垂直半径
public final void setStartAngle(double value)	设置弧的起始角,以度(°)为单位,正角度为逆时针旋转
public final void setLength(double value)	设置弧转过的角度,以度(°)为单位,正角度为逆时针旋转
public final void setType(ArcType value)	设置弧的类型,参数 value 取值如下。 ArcType.CHORD：闭合弧,弧的端点之间有连线； ArcType.ROUND：扇形弧； ArcType OPEN：开弧,弧的端点之间没有连线

弧的各参数说明如图 16.7 所示。其中角的单位为度(°)。0°是向右的 x 轴方向,正角度表示逆时针方向旋转。角度可以为负数,一个负的起始角是从 x 轴方向顺时针旋转一个角度；一个负的跨度角是从起始角开始顺时针旋转一个角度。

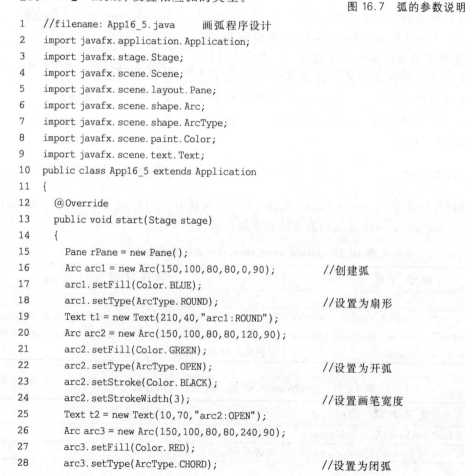

图 16.7 弧的参数说明

【例 16.5】 画弧并设置相应弧的类型。

```
1   //filename: App16_5.java    画弧程序设计
2   import javafx.application.Application;
3   import javafx.stage.Stage;
4   import javafx.scene.Scene;
5   import javafx.scene.layout.Pane;
6   import javafx.scene.shape.Arc;
7   import javafx.scene.shape.ArcType;
8   import javafx.scene.paint.Color;
9   import javafx.scene.text.Text;
10  public class App16_5 extends Application
11  {
12      @Override
13      public void start(Stage stage)
14      {
15          Pane rPane = new Pane();
16          Arc arc1 = new Arc(150,100,80,80,0,90);        //创建弧
17          arc1.setFill(Color.BLUE);
18          arc1.setType(ArcType.ROUND);                   //设置为扇形
19          Text t1 = new Text(210,40,"arc1:ROUND");
20          Arc arc2 = new Arc(150,100,80,80,120,90);
21          arc2.setFill(Color.GREEN);
22          arc2.setType(ArcType.OPEN);                    //设置为开弧
23          arc2.setStroke(Color.BLACK);
24          arc2.setStrokeWidth(3);                        //设置画笔宽度
25          Text t2 = new Text(10,70,"arc2:OPEN");
26          Arc arc3 = new Arc(150,100,80,80,240,90);
27          arc3.setFill(Color.RED);
28          arc3.setType(ArcType.CHORD);                   //设置为闭弧
```

```
29      arc3.setStroke(Color.BLACK);
30      arc3.setStrokeWidth(3);                              //设置画笔宽度
31      Text t3 = new Text(210,170,"arc3:CHORD");
32      rPane.getChildren().addAll(arc1,arc2,arc3,t1,t2,t3);
33      Scene scene = new Scene(rPane,300,200);
34      stage.setTitle("圆弧及类型");
35      stage.setScene(scene);
36      stage.show();
37    }
38 }
```

该程序绘制了三条弧：第 16～18 行创建了弧 arc1，其类型设置为扇形；第 20～24 行创建了弧 arc2，其类型设置为开弧，如果第 21 行采用白色填充，则 arc2 显示为一个弧段；第 26～30 行创建了弧 arc3，其类型设置为闭弧。读者可将 arc2 和 arc3 的填充色均设置为白色，从而可看出它们之间的明显区别。程序运行结果如图 16.8 所示。

图 16.8　绘制弧和弧的类型

16.1.6　多边形类 Polygon 与折线类 Polyline

多边形是由类 javafx.scene.shape.Polygon 实现的，它定义了一个连接点序列的闭合多边形。折线是由类 javafx.scene.shape.Polyline 实现的，它定义了一个连接点序列的折线。与多边形不同的是折线不会自动闭合。表 16.12 和表 16.13 分别给出了多边形类 Polygon 的构造方法和常用方法。折线类 Polyline 的构造方法和常用方法与 javafx.scene.shape.Polygon 类的构造方法和常用方法基本相同。

表 16.12　javafx.scene.shape.Polygon 类的构造方法

构 造 方 法	功 能 说 明
public Polygon()	创建一个空的多边形对象
public Polygon(double... points)	以点集 points 作为顶点坐标创建一个多边形

表 16.13　javafx.scene.shape.Polygon 类的常用方法

常 用 方 法	功 能 说 明
public final ObservableList< Double > getPoints()	返回一个双精度值列表作为顶点集的 x 坐标和 y 坐标

【例 16.6】　在面板上绘制一个六边形和一个只有两段的折线。

```
1    //filename: App16_6.java      多边形及折线程序设计
2    import javafx.application.Application;
3    import javafx.stage.Stage;
4    import javafx.scene.Scene;
5    import javafx.scene.layout.Pane;
6    import javafx.scene.shape.Polygon;
7    import javafx.scene.shape.Polyline;
```

```
8    import javafx.collections.ObservableList;
9    import javafx.scene.paint.Color;
10   public class App16_6 extends Application
11   {
12     @Override
13     public void start(Stage stage)
14     {
15       Pane rPane = new Pane();
16       Polygon pg = new Polygon();                          //创建一个空的多边形
17       pg.setFill(null);                                    //设置不填充颜色
18       pg.setStroke(Color.RED);                             //设置画笔为红色
19       ObservableList<Double> myList = pg.getPoints();      //返回以坐标为顶点的列表
20       double cX = 130, cY = 70, r = 40;
21       for(int i = 0; i < 6; i++)                           //画六边形
22       {
23         myList.add(cX + r * Math.cos(2 * i * Math.PI/6));  //计算正六边形的 x 坐标
24         myList.add(cY - r * Math.sin(2 * i * Math.PI/6));  //计算正六边形的 y 坐标
25       }
26       //以给定的坐标为顶点创建折线
27       Polyline pl = new Polyline(new double[]{45,30,10,110,80,110});
28       pl.setStroke(Color.BLUE);
29       rPane.getChildren().addAll(pg,pl);                   //将多边形和折线添加到面板中
30       Scene scene = new Scene(rPane,220,130);
31       stage.setTitle("多边形和折线应用");
32       stage.setScene(scene);
33       stage.show();
34     }
35   }
```

该程序的第 16 行创建了一个空的多边形,第 17 行设置为不填充颜色。第 19 行调用了 pg.getPoints()方法返回一个可观察列表对象 myList,并在第 21~25 行的 for 循环中向该对象中添加了六边形顶点的 x 和 y 坐标(顶点坐标的计算原理见图 16.9),其中 add()方法的参数类型必须是 double 型,如果传入的是一个 int 型的值,则 int 值将被自动装箱成 Integer,这将触发一个错误。第 27 行则是利用有参的构造方法创建一个折线对象。程序运行结果如图 16.10 所示。

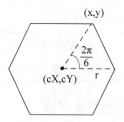

图 16.9 六边形顶点坐标计算

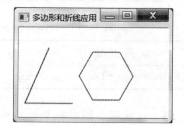

图 16.10 多边形和折线

16.1.7 交互式程序设计

交互式程序设计就是用鼠标在面板上随意画图。下面通过一个例子来说明交互式绘图原理。

【例 16.7】 编制一个画图板程序,进行交互式绘图。

```
1    //filename: App16_7.java      鼠标拖动绘图程序设计
2    import javafx.application.Application;
3    import javafx.stage.Stage;
4    import javafx.scene.Scene;
5    import javafx.scene.shape.Line;
6    import javafx.scene.layout.Pane;
7    import javafx.scene.input.MouseEvent;
8    import javafx.event.EventHandler;
9    public class App16_7 extends Application
10   {
11     double x1,y1,x2,y2;
12     Pane pane = new Pane();
13     @Override
14     public void start(Stage stage)
15     {
16       pane.setOnMousePressed(e -> handleMousePressed(e));   //为面板添加监听者
17       pane.setOnMouseDragged(e -> handleMouseDragged(e));   //为面板添加监听者
18       Scene scene = new Scene(pane,300,200);
19       stage.setTitle("鼠标拖动绘图");
20       stage.setScene(scene);
21       stage.show();
22     }
23     protected void handleMousePressed(MouseEvent e)   //鼠标被按下时的事件处理方法
24     {
25       x1 = e.getX();                                  //获取鼠标按下时的 x 坐标
26       y1 = e.getY();                                  //获取鼠标按下时的 y 坐标
27     }
28     protected void handleMouseDragged(MouseEvent e)   //鼠标拖动时的事件处理方法
29     {
30       x2 = e.getSceneX();                             //获取鼠标拖动过程中鼠标指针的 x 坐标
31       y2 = e.getSceneY();                             //获取鼠标拖动过程中鼠标指针的 y 坐标
32       Line line = new Line(x1,y1,x2,y2);              //画直线
33       pane.getChildren().add(line);                   //将直线添加到面板中
34       x1 = x2; y1 = y2;                               //更新直线的起点的 x 和 y 坐标
35     }
36   }
```

该程序第 16、17 两行用 Lambda 表达式作为面板对象的监听者,同时向面板对象 pane 注册。第 23～27 行是处理鼠标被按下时获取鼠标指针位置坐标的事件处理方法。第 28～35 行是处理鼠标拖动时的事件处理方法。鼠标拖动绘图的基本思想是用很多短直线段依次相连来代替曲线。按下鼠标左键来绘制图形,当鼠标左键被按下时,利用第 23～27 行定义的 handleMousePressed() 方法将画线的起始点坐标分别保存在 x1 和 y1 两个变量中,然后当拖动鼠标时第 28～35 定义的 handleMouseDragged() 方法被执行,此时第 30、31 两行取得鼠标拖动时的坐标 x2 和 y2,第 32 行把点(x1,y1)和(x2,y2)连成直线,然后第 34 行更改线段的起点坐标。这样当鼠标拖动时就产生了手工绘图的效果。图 16.11 是程序运行所绘制的一个图形。

图 16.11 鼠标拖动绘图

16.2 动画程序设计

在 JavaFX 中动画被分为过渡动画和时间轴动画。过渡动画类 javafx.animation.Transition 和时间轴动画类 javafx.animation.Timeline 都是动画类 javafx.animation.Animation 的子类。常用动画类的继承关系如图 16.12 所示。

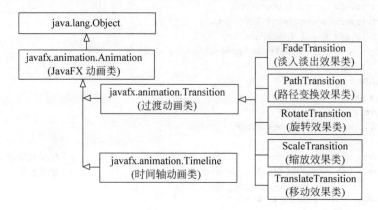

图 16.12　JavaFX 常用动画类的继承关系

javafx.animation.Animation 类中提供了一些通用方法可供其子类使用。表 16.14 列出 javafx.animation.Animation 类的常用方法。

表 16.14　javafx.animation.Animation 类的常用方法

常 用 方 法	功 能 说 明
public void play()	从当前位置播放动画
public void pause()	暂停动画播放
public void playFromStart()	从头播放动画
public void stop()	停止动画并重置动画
protected final void setStatus(Animation.Status value)	设置动画的状态为 value，value 取值如下。 Animation.Status.PAUSED：暂停； Animation.Status.RUNNING：播放； Animation.Status.STOPPED：停止
public final void setRate(double value)	设置动画播放的方向和速度
public final void setCycleCount(int value)	设置动画循环播放的次数
public final void setAutoReverse(boolean value)	设置在下一个周期动画中是否需要倒转方向

16.2.1 过渡动画

最简单的动画可以通过过渡效果实现，使用特定的过渡类，定义有关的属性，然后把它应用到某种节点，最后播放动画即可。

1. 淡入淡出效果

淡入淡出效果是通过类 javafx.animation.FadeTransition 实现的。淡入淡出效果是指在给定时间内改变节点的不透明度效果来实现，即通过改变节点透明度实现目标节点逐渐消失的效果，再通过 setAutoReverse() 方法实现节点的或隐或现效果。表 16.15 和表 16.16 列出了 javafx.animation.FadeTransition 类的构造方法和常用方法。

表 16.15　javafx.animation.FadeTransition 类的构造方法

构 造 方 法	功 能 说 明
public FadeTransition()	创建一个空的淡入淡出效果对象
public FadeTransition(Duration duration)	创建一个指定持续时间的淡入淡出效果对象,持续时间 duration 的取值如下。 Duration.INDEFINITE:无限循环; Duration.ONE:1ms; Duration.UNKNOWN:未知; Duration.ZERO:0
public FadeTransition(Duration duration,Node node)	创建一个持续时间同上,应用在节点 node 上的淡入淡出效果对象

表 16.16　javafx.animation.FadeTransition 类的常用方法

常 用 方 法	功 能 说 明
public final void setDuration(Duration value)	设置转换持续时间为 value,持续时间见表 16.15
public final void setNode(Node value)	设置动画应用在节点 value 上,即转换的目标节点上
public final void setFromValue(double value)	设置动画的起始透明度为 value,1.0 表示不透明,0.0 表示透明
public final void setToValue(double value)	设置动画结束的透明度为 value,1.0 表示不透明,0.0 表示透明
public final void setByValue(double value)	设置动画透明度的递增值为 value

其中 Duration 定义了事件持续的时间,它是一个不可更改类。表 16.17 和表 16.18 分别给出了 javafx.util.Duration 类的构造方法和常用方法。

表 16.17　javafx.util.Duration 类的构造方法

构 造 方 法	功 能 说 明
public Duration(double millis)	创建持续 millis 毫秒(ms)的持续时间对象

表 16.18　javafx.util.Duration 类的常用方法

常 用 方 法	功 能 说 明
public Duration add(Duration other)	与调用者进行持续时间相加运算
public Duration subtract(Duration other)	与调用者进行持续时间相减运算
public Duration multiply(double n)	执行持续时间相乘运算
public Duration divide(double n)	执行持续时间除法运算
public static Duration millis(double ms)	返回指定 ms 毫秒数的持续时间
public static Duration minutes(double m)	返回指定 m 分钟数的持续时间
public double toHours()	返回持续时间值的小时数
public double toMinutes()	返回持续时间值的分钟数
public double toSeconds()	返回持续时间值的秒数
public double toMillis()	返回持续时间值的毫秒数

【例 16.8】 编制程序对圆实现淡入淡出效果。

```java
1   //filename: App16_8.java     淡入淡出动画程序设计
2   import javafx.application.Application;
3   import javafx.stage.Stage;
4   import javafx.scene.Scene;
5   import javafx.animation.Animation;
6   import javafx.animation.FadeTransition;
7   import javafx.scene.shape.Circle;
8   import javafx.scene.paint.Color;
9   import javafx.scene.layout.StackPane;
10  import javafx.util.Duration;
11  public class App16_8 extends Application
12  {
13      @Override
14      public void start(Stage stage)
15      {
16          StackPane pane = new StackPane();
17          Circle c = new Circle(50);
18          c.setStroke(Color.BLUE);
19          c.setFill(Color.RED);
20          pane.getChildren().add(c);
21          //下面语句创建一个淡入淡出效果对象并设置持续时间为2s
22          FadeTransition ft = new FadeTransition(Duration.millis(2000));
23          ft.setFromValue(1.0);              //设置起始透明度为1.0,表示不透明
24          ft.setToValue(0.0);                //设置结束透明度为0.0,表示透明
25          ft.setCycleCount(Animation.INDEFINITE);  //设置循环周期为无限
26          ft.setAutoReverse(true);           //设置自动反转
27          ft.setNode(c);                     //设置动画应用的节点
28          ft.play();                         //播放动画
29          c.setOnMousePressed(e->ft.pause()); //当在圆上按下鼠标时暂停动画
30          c.setOnMouseReleased(e->ft.play()); //当在圆上释放鼠标时继续播放
31          Scene scene = new Scene(pane,200,120);
32          stage.setTitle("淡入淡出动画");
33          stage.setScene(scene);
34          stage.show();
35      }
36  }
```

该程序第 17~19 行创建了圆,并设置了相应的属性,然后将其添加到栈面板中。第 22 行创建了一个具有淡入淡出效果的对象 ft,并设置持续时间为 2s 的褪色转换。第 23~27 行设置了 ft 的相应属性,第 28 行设置开始播放动画。第 29、30 两行设置了圆对象 c 的监听者分别为 Lambda 表达式,当在圆上按下鼠标时暂停播放,释放鼠标时则动画从暂停的地方继续播放。程序运行结果如图 16.13 所示。

2. 移动效果

移动效果是通过类 javafx.animation.PathTransition 实现的,使用 PathTransition 类可以制作一个在给定时间内节点沿着一条路径从一个端点到另一端点的移动动画。路径通

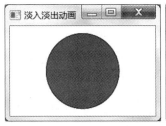

图 16.13　利用透明度实现淡入淡出效果

过形状对象给出。表 16.19 和表 16.20 分别给出了 javafx.animation.PathTransition 类的构造方法和常用方法。

表 16.19　javafx.animation.PathTransition 类的构造方法

构 造 方 法	功 能 说 明
public PathTransition()	创建一个空的移动效果对象
public PathTransition(Duration duration, Shape path)	创建一个持续时间为 duration、路径为 path 的移动效果对象,参数 duration 的取值见表 16.15
public PathTransition(Duration duration, Shape path,Node node)	功能同上,移动效果应用在 node 节点上

表 16.20　javafx.animation.PathTransition 类的常用方法

常 用 方 法	功 能 说 明
public final void setDuration(Duration value)	设置转换持续的时间为 value,持续时间见表 16.15
public final void setNode(Node value)	设置动画应用在节点 value 上,即转换的目标节点
public final void setOrientation(PathTransition.OrientationType value)	设置节点沿路径的移动方式,参数 value 的取值是枚举 PathTransition.OrientationType 中的枚举常量,含义如下。NONE:移动路径保持不变,保持与路径切线平行; ORTHOGONAL_TO_TANGENT:与路径的切线垂直
public final void setPath(Shape value)	设置形状 value 为节点移动的路径

【例 16.9】 编制程序实现将一个文本对象设置在椭圆轨道上移动的动画。

```
1   //filename: App16_9.java     路径移动动画程序设计
2   import javafx.application.Application;
3   import javafx.stage.Stage;
4   import javafx.scene.Scene;
5   import javafx.animation.Animation;
6   import javafx.animation.PathTransition;
7   import javafx.scene.shape.Ellipse;
8   import javafx.scene.paint.Color;
9   import javafx.scene.text.Text;
10  import javafx.scene.text.Font;
11  import javafx.scene.layout.Pane;
12  import javafx.util.Duration;
13  public class App16_9 extends Application
14  {
```

```
15      @Override
16      public void start(Stage stage)
17      {
18          Pane pane = new Pane();
19          Text t = new Text("您好");
20          t.setFont(Font.font(20));
21          t.setFill(Color.RED);
22          Ellipse elli = new Ellipse(100,60,70,40);
23          elli.setFill(Color.WHITE);
24          elli.setStroke(Color.BLUE);
25          pane.getChildren().addAll(elli,t);
26          PathTransition pt = new PathTransition();      //创建动画移动路径
27          pt.setDuration(Duration.millis(4000));          //设置播放持续时间为4s
28          pt.setPath(elli);                               //设置椭圆elli为路径
29          pt.setNode(t);                                  //设置t为动画节点
30          pt.setOrientation(PathTransition.OrientationType.ORTHOGONAL_TO_TANGENT);
31          pt.setCycleCount(Animation.INDEFINITE);         //设置无限次播放
32          pt.setAutoReverse(false);                       //设置不反转
33          pt.play();
34          elli.setOnMousePressed(e -> pt.pause());        //当在椭圆上按下鼠标时暂停动画
35          elli.setOnMouseReleased(e -> pt.play());        //当在椭圆上释放鼠标时继续播放
36          Scene scene = new Scene(pane,200,120);
37          stage.setTitle("移动路径动画");
38          stage.setScene(scene);
39          stage.show();
40      }
41  }
```

该程序第19~25行分别创建了文本对象t和椭圆对象elli,并将它们添加到面板对象Pame中。第26行创建了一个动画移动的路径对象pt。第27行设置移动路径的持续时间为4s。第29行设置移动对象为t,移动路径是第28行设置的椭圆。第30行设置移动对象t与路径的切线保持垂直。第34、35两行设置了椭圆对象elli的监听者分别为Lambda表达式,当在椭圆上按下鼠标时暂停播放,释放鼠标时则动画从暂停的地方继续播放。程序运行结果如图16.14所示。

图16.14 移动路径动画程序

除了上面介绍的淡入淡出效果和移动效果外,JavaFX还提供了一些其他过渡动画类。如具有缩放效果的动画类javafx.animation.ScaleTransition,通过调用setByX(value)和setByY(value)等方法可以设置节点的缩放倍数;具有旋转效果的动画由类javafx.animation.RotateTransition实现,可以通过调用setByAngle(value)方法设置节点的旋转角度。

16.2.2 时间轴动画

先介绍一个帧的概念。所谓帧就是动画中最小单位的单幅图像或影像画面,相当于电影胶片上的每一个镜头。在动画的时间轴上帧表现为一个节点、一格或一个标记。关键帧是节点运动或变化中关键动作所处的那一帧。关键帧与关键帧之间可以插入一些中间帧(或称为过渡帧)。这些过渡帧由数学算法来调整其位置、不透明度、颜色以及动作所需的其他方面。由系统决定在两个关键帧的持续时间内需要插入多少过渡帧。在两个关键帧之间插入过渡帧的过程称为内插。

动画的主要属性就是时间,因此 JavaFX 具有时间轴来支持动画序列的时间段。用来表示动画动作贯穿整个时间段的类是 javafx.animation.Timeline。关键帧按照指定的持续时间散布在这个时间轴上。这些关键帧中可能包含关键值,关键值表示的是特定应用程序值的最终状态,程序值包括位置、不透明度、颜色或在关键时间点执行的动作等。关键值中包含一个用来说明在插入过渡帧的过程中所使用的算法,这个算法称为插值器。

在动画制作过程中,在第一个关键帧设置了动画初始节点的相关属性,例如尺寸、位置、旋转角度、颜色等属性值,接下来在另一个关键帧设置了这些属性的不同的值,对于中间属性值的改变,由插值器自动设置。

总结一下,所谓关键帧就是在某一帧当中,设置某些关键性的属性值。若这一属性值和其他帧的属性值不同,则系统自动算出中间的每一帧相关属性值的变化,所以说关键帧是用来定义动画变化的帧。从一个关键帧过渡到另一个关键帧的过程中使用插值器来计算中间过渡帧。

时间轴 Timeline 对象是一个包含多个关键帧 KeyFrame 对象的动画序列,这些 KeyFrame 按照它们在时间轴内的相对时间排序。时间轴允许在一段时间之后使用插值器将动画属性修改为新的目标值,即通过更改节点的属性创建动画。动画在图形场景中的转换状态由开始和结束关键帧来描述特定时间的画面状态。JavaFX 提供了一系列的事件用来在时间轴运行期间触发,如停止、暂停、恢复、反向或重复运动等。时间轴在时间方向上既可以向前移动,也可以向后移动。此外,还可以循环播放一次或多次,甚至是无限循环播放。可指定每次循环时改变方向,这样它就能够先向前播放而后再向后播放。还可以加快或减慢播放的速率。

Timeline 类是 Animation 类的子类,所以 Animation 类中的方法在 Timelin 类中都可使用。表 16.21~表 16.26 分别给出了 javafx.animation.Timeline 类、javafx.animation.KeyFrame 类和 javafx.animation.KeyValue 类的构造方法和常用方法。

表 16.21 javafx.animation.Timeline 类的构造方法

构造方法	功能说明
public Timeline()	创建一个空的时间轴对象
public Timeline(double targetFramerate)	创建以 targetFramerate 为帧速率(每秒刷新图片的帧数)创建时间轴对象
public Timeline(KeyFrame... keyFrames)	以参数指定的多个关键帧来创建时间轴对象
public Timeline(double targetFramerate, KeyFrame... keyFrames)	以 targetFramerate 为帧速率,以参数指定的多个关键帧来创建时间轴对象

表 16.22 javafx.animation.Timeline 类的常用方法

常 用 方 法	功 能 说 明
public final ObservableList<KeyFrame> getKeyFrames()	返回时间轴上的关键帧列表

表 16.23 javafx.animation.KeyFrame 类的构造方法

构 造 方 法	功 能 说 明
public KeyFrame(Duration time,KeyValue…values)	以 time 为持续时间,以给定的多个参数为关键值创建关键帧对象
public KeyFrame（Duration time, String name, KeyValue… values)	以 time 为持续时间,以 name 为名字并以给定的多个关键值创建关键帧对象
public KeyFrame（Duration time, EventHandler<ActionEvent> onFinished,KeyValue… values)	创建关键帧对象,参数同上,但 onFinished 是关键帧持续时间结束后被调用的事件处理方法

表 16.24 javafx.animation.KeyFrame 类的常用方法

常 用 方 法	功 能 说 明
public String getName()	返回关键帧的名称
public Set<KeyValue> getValues()	返回关键值实例集
public Duration getTime()	返回关键帧的时间偏移量

表 16.25 javafx.animation.KeyValue 类的构造方法

构 造 方 法	功 能 说 明
public KeyValue(WritableValue<T> target,T endValue)	创建以 target 为目标,以 endValue 为结束关键值对象,使用默认插值器 Interpolator.LINEAR
public KeyValue(WritableValue<T> target,T endValue, Interpolator interpolator)	功能同上,使用的插值器为 interpolator,取值如下。 Interpolator.LINEAR：线性； Interpolator.DISCRETE：离散； Interpolator.EASE_IN：渐快； Interpolator.EASE_OUT：减速； Interpolator.EASE_BOTH：增减速交替

表 16.26 javafx.animation.KeyValue 类的常用方法

常 用 方 法	功 能 说 明
public WritableValue<?> getTarget()	返回关键值中的目标
public Object getEndValue()	返回关键值中的结束值
public Interpolator getInterpolator()	返回关键值中的插值器

【例 16.10】 利用时间轴动画,编写一个字幕滚动程序。

```
1   //filename: App16_10.java    字幕滚动程序设计
2   import javafx.application.Application;
3   import javafx.stage.Stage;
4   import javafx.scene.Scene;
5   import javafx.animation.KeyFrame;
```

```
6    import javafx.animation.KeyValue;
7    import javafx.animation.Timeline;
8    import javafx.geometry.VPos;
9    import javafx.scene.layout.Pane;
10   import javafx.scene.text.Font;
11   import javafx.scene.text.Text;
12   import javafx.util.Duration;
13   public class App16_10 extends Application
14   {
15       @Override
16       public void start(Stage stage)
17       {
18           Text t = new Text("滚动字幕");
19           t.setTextOrigin(VPos.TOP);
20           t.setFont(Font.font(24));
21           Pane root = new Pane(t);
22           root.setPrefSize(300,60);
23           Scene scene = new Scene(root);
24           stage.setScene(scene);
25           stage.setTitle("时间轴动画程序设计");
26           stage.show();
27           double sceneWidth = scene.getWidth();
28           double tWidth = t.getLayoutBounds().getWidth();
29           KeyValue sKeyValue =
30              new KeyValue(t.translateXProperty(),sceneWidth);
31           KeyFrame sFrame = new KeyFrame(Duration.ZERO,sKeyValue);
32           KeyValue eKeyValue =
33              new KeyValue(t.translateXProperty(),-1.0*tWidth);
34           KeyFrame eFrame = new KeyFrame(Duration.seconds(5),eKeyValue);
35           Timeline timeline = new Timeline(sFrame,eFrame);
36           timeline.setCycleCount(Timeline.INDEFINITE);
37           timeline.play();
38       }
39   }
```

该程序第18~22行创建了文本对象t,设置了对齐方式和字体属性,然后将t放入面板root中。第23行将面板添加到场景中。第27行获取了场景的宽度。第28行是通过Node类中的getLayoutBounds()方法返回的对象调用getWidth()方法获取了文本对象的宽度并赋值给tWidth。第29、30两行创建了起始关键值对象sKeyValue,其目标是文本t的绑定属性,结束值为场景的宽度。第31行创建了起始关键帧对象sFrame。同理,第32~34行创建了结束关键值和结束关键帧。第35行用起、止关键帧创建了时间轴对象。第37行设置播放。程序运行结果如图16.15所示。

图 16.15 字幕滚动程序

说明：该程序中用到的方法 getLayoutBounds() 和 translateXProperty() 均是 Node 类中的方法。

【例 16.11】 利用时间轴动画，在窗口中依次显示图像实现动画。

```java
1   //filename: App16_11.java      时间轴动画程序设计
2   import javafx.application.Application;
3   import javafx.stage.Stage;
4   import javafx.scene.Scene;
5   import javafx.animation.Animation;
6   import javafx.animation.Timeline;
7   import javafx.animation.KeyFrame;
8   import javafx.event.ActionEvent;
9   import javafx.event.EventHandler;
10  import javafx.scene.image.Image;
11  import javafx.scene.image.ImageView;
12  import javafx.scene.layout.StackPane;
13  import javafx.util.Duration;
14  public class App16_11 extends Application
15  {
16      int i = 0;
17      @Override
18      public void start(Stage stage)
19      {
20          StackPane root = new StackPane();
21          Image im = new Image("image/d" + i + ".gif");
22          ImageView iv = new ImageView(im);
23          root.getChildren().add(iv);
24          EventHandler<ActionEvent> eventHandler = e ->
25          {
26              Image img = new Image("image/d" + i + ".gif");
27              iv.setImage(img);
28              i = i + 1;
29              if(i > 9) i = 0;
30          };
31          KeyFrame kFrame = new KeyFrame(Duration.millis(500),eventHandler);
32          Timeline tLine = new Timeline(kFrame);
33          tLine.setCycleCount(Timeline.INDEFINITE);
34          tLine.play();
35          iv.setOnMouseClicked(e ->
36              {
37                  if(tLine.getStatus() == Animation.Status.PAUSED)
38                      tLine.play();
39                  else
40                      tLine.pause();
41              }
42          );
43          Scene scene = new Scene(root,300,200);
44          stage.setScene(scene);
```

```
45        stage.setTitle("动画程序设计");
46        stage.show();
47    }
48 }
```

该程序在第 21、22 两行创建了图像,并在第 23 行将其加入到栈面板 root 中。第 31 行创建了关键帧,并设置每持续 0.5s 执行一个动作事件 eventHandler,该动作事件定义在第 24～30 行,功能是每隔 0.5s 显示一幅图像。第 32 行用关键 kFrame 创建了时间轴对象 tLine。第 33 行设置动画无限次运行。第 35～42 行定义了鼠标在图像上的单击事件:如果动画是运行状态,在图像上单击鼠标则暂停动画;如果动画是暂停状态,在图像上单击鼠标后,则动画在暂停处继续运行。图 16.16 是程序运行过程中的两个画面。

图 16.16　时间轴动画程序

本章小结

1. JavaFX 的绘图面板中,原点在左上角,向右为 x 轴方向,向下为 y 轴方向。
2. 形状类 javafx.scene.shape.Shape 是 Node 的子类。
3. 抽象类 Animation 提供了 JavaFX 中动画制作的核心功能。
4. 关键帧 KayFrame 是设置某些关键性属性值的帧。
5. 关键值 KeyValue 是包含在 KeyFrame 对象中的某些参数值。
6. 从一个关键帧过渡到另一个关键帧的过程中用于计算中间过渡帧的算法称为插值器。

第 16 章习题

16.1　编程题,画一个圆角矩形,宽度 200 像素,高度 100 像素,左上角位于(20,20),圆角处的水平直径为 30 像素,垂直直径为 20 像素,并用红色填充。

16.2　编程题,画一个椭圆,中心在(150,100),水平半径为 100 像素,垂直半径为 50 像素,画笔颜色随机产生,不填充颜色,生成 16 个椭圆,每个椭圆旋转一个角度后都添加到面板中。

16.3　编程题,画一个半径为 50 像素的上半圆的轮廓。

16.4　编程题,画一个半径为 50 像素的下半圆,并用蓝色填充。

16.5 编程题,在窗口中放置"顺转"和"逆转"两个按钮,当单击按钮时,将椭圆每次都旋转30°。

16.6 编程题,画一个以(20,40)、(30,50)、(40,90)、(90,10)和(10,30)为顶点的多边形。

16.7 编程题,画一个以(20,40)、(30,50)、(40,90)、(90,10)和(10,30)为顶点的折线。

16.8 编程题,用动画实现一个钟摆,即一条直线上端固定,下端连接一个小球,小球来回摆动。

第 17 章 Java 数据库程序设计

本章主要内容：
- 数据库、数据库管理系统和数据库系统的概念；
- 关系数据模型的三个要素；
- 使用 SQL 创建和删除表，以及获取和修改数据；
- 使用 JDBC 加载驱动程序、连接数据库、执行 SQL 语句和处理结果集；
- 使用处理预编译语句的接口 PreparedStatement 执行带参数的动态 SQL 语句；
- 使用 CallableStatement 接口执行 SQL 的存储过程；
- 使用 DatabaseMetaData 和 ResultSetMetaData 接口检索数据库元数据；
- 利用图形窗口及事件处理方式访问数据库。

数据库系统无处不在，例如，如果你在网上购物，你的购物信息就存储在网上商店的数据库中；如果你在上学，你的学籍信息就存储在学校的数据库中等。数据库系统不仅存储数据，还提供了访问、更新、处理和分析数据的功能，所以数据库系统在社会的各个领域中都起着重要的作用。

17.1 关系数据库系统

数据库是按照一定的数据结构来组织、存储和管理数据的仓库；数据库管理系统(Data Base Management System,DBMS)是一种操纵和管理数据库的大型软件，用于建立、使用和维护数据库；而数据库系统(database system)由数据库、数据库管理系统以及应用程序组成。为了能够使用户访问和更新数据库，需要在数据库管理系统上建立应用程序。因此，可以把应用程序视为用户与数据库之间的接口。应用程序可以是单机上的应用程序，也可以是 Web 应用程序，并且可以在网络上访问多个不同的数据库系统，如图 17.1 所示。

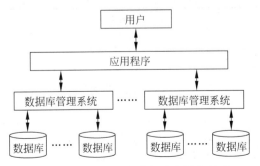

图 17.1 应用程序与数据库之间的关系

目前,大多数数据库系统都是关系数据库系统。它们都是基于关系数据模型的,这种模型有三个要素:结构、完整性和语言。结构定义了数据的表示;完整性是一些对数据的约束,所谓约束就是当向数据库中输入数据时所必须遵守的规则,所以约束也称为限制条件;语言则提供了访问和操纵数据的手段。

17.1.1 数据库与数据库表

一个关系型数据库通常是由一个或多个二维数据库表组成,数据库中的二维数据库表简称表。数据库中的所有数据和信息都被保存在这些表中。数据库中的每个表都具有唯一的表名称,表中的行称为记录,列称为字段。表中的每一列包括了字段名称、数据类型、宽度以及列的其他属性等信息,而每行则是包含这些字段的具体数据的记录。

本章为了讲述的方便,表 17.1～表 17.3 分别给出了 Student(学生表)、Course(课程表)和 Score(成绩表)三个表,表的栏目相当于表的结构。本章的数据库编程就是基于这三个表。

表 17.1 Student(学生表)

sNo(学号)	sName(姓名)	sex(性别)	age(年龄)	dept(系别)
201201001	钱静	女	19	计算机
201201002	刘韵	女	18	会计
201201003	周武	男	19	计算机
201201004	潘悦	女	18	金融
201201005	李俊	男	20	计算机
201201006	肖健	男	19	金融

表 17.2 Course(课程表)

cNo(课程号)	cName(课程名)	credit(学分)
c001	大学英语	4
c002	高等数学	6
c003	线性代数	3
c004	概率论	3
c005	大学语文	2
c006	统计学	3

表 17.3 Score(成绩表)

sNo(学号)	cNo(课程号)	grade(成绩)
201201001	c001	90
201201001	c002	85
201201002	c002	57
201201002	c004	80
201201002	c005	68
201201002	c006	70
201201003	c001	75
201201003	c002	70

续表

sNo（学号）	cNo（课程号）	grade（成绩）
201201003	c004	85
201201004	c001	93
201201004	c002	85
201201004	c003	83
201201005	c002	89

说明：上述三个表在后面的举例中，表名和表栏目中的字段名采用英文符号，其中括号里的中文是为了帮助理解而给出的。

17.1.2 完整性约束

完整性约束是对表强加了一个限制条件，表中的所有合法值都必须满足该条件。例如在表 17.3 中成绩字段 grade 中的每个值都必须大于或等于 0 且小于或等于 100，而学号字段 sNo 和课程号字段 cNo 中的每个值，都必须与表 17.1 中的学号字段 sNo 和表 17.2 中的课程号字段 cNo 相匹配。

一般来说，完整性约束有三种类型：域约束、主码约束和外码约束。域约束和主码约束只涉及一个表，而外码约束则涉及多个表。

1. 域约束

域就是字段的取值范围，域约束就是规定一个表的字段的允许取值。域可以使用基本数据类型来指定，例如，整数、浮点数、字符串等。当基本数据类型所指定的取值范围较大时，就可以指定附加的约束来缩小这个范围。例如，可以指定表 17.3 中的成绩字段 grade 的值必须大于或等于 0 且小于或等于 100。也可以指定一个字段的值能否为空值（NULL），空值是数据库中的特殊值，表示未知或不可用。例如，表 17.1 中的系别字段 dept 的值可以为 NULL。

2. 主码约束

主码也称为主键，是表中用于唯一确定一条记录的一个字段或最小的字段组。主码可以由一个字段组成，也可以是由多个字段共同组成，由多个字段共同组成的主码称为复合主码。若一个表中存在多个可以作为主码的字段，则称这些字段为候选码或候选键。主码是数据库设计者指定的候选码之一，通常用来标识一个表中的记录。如在表 17.1 中，学号字段 sNo 是学生表 Student 的主码。

说明：主码的值不能为 NULL（空），否则无法区分和识别表中的记录。

3. 外码约束

若一个表的某个字段（或字段组合）不是该表的主码，却是另一个表的主码，则称这样的字段为该表的外码或外键。外码是表与表之间的纽带。

例如，在成绩表 Score 中，学号字段 sNo 不是成绩表 Score 的主码，却是学生表 Student 的主码，因此学号字段 sNo 是成绩表 Score 的一个外码，通过 sNo 可以使成绩表 Score 和学生表 Student 建立联系。

注意：所有关系数据库系统都支持主码约束和外码约束。但不是所有数据库系统都支持域约束。

17.2 SQL

结构化查询语言(Structured Query Language,SQL)是用来定义表和完整性约束以及访问和操纵数据库的语言,它是访问关系数据库的通用语言。本节介绍的一些基本 SQL 命令是所有系统都支持的标准 SQL 语言。

SQL 可以用于 SQL Server、MySQL、Oracle、Sybase、IBM DB2、MS Access 或者任何其他关系数据库管理系统。本章使用 MySQL 为例来讲述 SQL,并且使用它来进行 JDBC 程序设计。

注意:因为关系数据库管理系统有很多种,它们共享相同的 SQL,但是不一定支持 SQL 的每个特征,因为一些数据库管理系统对 SQL 进行了扩展。

在描述 SQL 有关语句格式时,常常用到一些符号,下面给出常见符号的含义。

[ ]:表示可选项,即方括号中的内容可以根据需要进行选择;不选用时,则使用系统的默认值。方括号本身不是 SQL 语句的一部分,所以输入时不要输入方括号本身。

{ }:表示必选项,即大括号中的内容必须要提供。在实际操作时也不要输入大括号本身。

<>:表示尖括号中的内容是用户必须提供的参数。输入时不要输入尖括号本身。

|:表示只能选一项,竖线分隔多个选择项,用户必须选择其中之一。

[,…n]:表示前面的项可重复 n 次,相互之间以逗号隔开。

说明:SQL 的关键字不区分大小写。但本书中采用如下命名规则:SQL 的关键字均采用大写;数据库和表的命名方式与 Java 类的命名方式相同;字段的命名与 Java 变量的命名方式相同。另外 SQL 中不区分字符型和字符串型量,而统一定义为字符串型量,字符串型常量的定界符既可使用单引号也可使用双引号。

17.2.1 创建数据库

在 MySQL 中可以使用 CREATE DATABASE 语句创建数据库。

命令格式:CREATE DATABASE <数据库名>;

参数说明如下。

<数据库名>:新数据库的名称,数据库名称在数据库系统中必须是唯一的。

【例 17.1】 使用 SQL 语句创建一个名为 StudentScore 的数据库。

CREATE DATABASE StudentScore;

因为数据库是由表所构成的集合,所以将表 17.1~17.3 建立在该数据库 StudentScore 中。

17.2.2 表操作

表是数据库中必不可少的对象。表的数据组织形式是行、列结构。表中每一行代表一条记录,每一列代表记录的一个字段。没有记录的表称为空表。

1. 创建表

数据库创建完之后,数据库是空的,只有放入数据后,才成为真正的数据库。数据库中用于存储数据的是表,所以需要在数据库中先创建表。SQL 提供创建表的语句为

CREATE TABLE。

命令格式：CREATE TABLE <表名> (<字段名> <数据类型> [<字段级完整性约束>]
　　　　　　[,<字段名> <数据类型> [<字段级完整性约束>]]…[,<表级完整性约束>]);

参数说明如下。

<表名>：要创建的表的名字，表名在同一数据库中不允许重名。

<字段名>：字段名字。

<数据类型>：指定字段的数据类型，对有些数据类型还需同时给出其长度、小数位数。

<字段级完整性约束>：字段完整性约束条件，主要有如下几种。

- NULL 和 NOT NULL：限制字段可以为 NULL(空)，或者不能为 NULL。
- PRIMARY KEY：设置字段为主码。
- UNIQUE：设置字段值具有唯一性。

<表级完整性约束>：表级完整性约束条件所使用的关键字与字段级完整性约束相似。

【例 17.2】 以表 17.1～17.3 的数据为例，用 SQL 语句在数据库 StudentScore 中创建学生表 Student、课程表 Course 和成绩表 Score。

```
CREATE TABLE Student(sNo CHAR(9) NOT NULL PRIMARY KEY, sName CHAR(12)
    NOT NULL,sex CHAR(2),age INT,dept CHAR(50));    //创建表 Student,sNo 为主码
CREATE TABLE Course(cNo CHAR(9) NOT NULL PRIMARY KEY,cName CHAR(30)
    NOT NULL,credit INT);                           //创建表 Course,cNo 为主码
CREATE TABLE Score(sNo CHAR(9) NOT NULL,cNo CHAR(6) NOT NULL,grade FLOAT,
    PRIMARY KEY(sNo,cNo));         //创建表 Score,字段组 sNo 和 cNo 为复合主码
```

2．删除表

命令格式：DROP TABLE <表名>;

参数说明如下。

<表名>：要删除的表的名字。

说明：数据库中的表一旦被删除，表中的一切数据均不能再恢复，因此执行删除表操作时要特别小心。

【例 17.3】 利用 SQL 语句删除学生表 Student。

```
DROP TABLE Student;
```

3．修改表结构

命令格式：ALTER TABLE <表名>[ALTER COLUMN <字段名> <数据类型>]|
　　　　　　[ADD COLUMN <字段名> <数据类型> [<字段级完整性约束>]]|
　　　　　　[DROP COLUMN <字段名>]|[DROP CONSTRAINT <完整性约束>];

参数说明如下。

ALTER COLUMN 子句：修改表中已有字段的定义。

ADD COLUMN 子句：增加新字段及相应的完整性约束条件。

DROP COLUMN 子句：在该表中删除该子句中给出的字段。

DROP CONSTRAINT 子句：删除指定的完整性约束条件。

【例 17.4】 利用 SQL 语句给 Student 表添加一个字符型的电话字段 phone，长度为 11 个字符。

```
ALTER TABLE Student ADD COLUMN phone CHAR(11);
```

17.2.3 表数据操作

操作数据库中的数据实际上就是使用表来管理数据的过程,这是创建表的根本目的。操作数据需要使用 SQL 的数据操作语言(Data Manipulation Language,DML)的功能,包括向表中插入数据、修改数据、删除数据和查询数据等,对应操作所使用的命令为 INSERT(插入)、UPDATE(修改)、DELETE(删除)和 SELECT(查询)等。下面先介绍前三种操作。

1. 插入数据

使用 CREATE TABLE 命令所创建的数据表是一个只有结构的空表,因此向表中插入数据是在表结构创建之后首先需要执行的操作。SQL 提供向表中插入数据的语句为 INSERT。

命令格式:INSERT INTO <表名> [(<字段名[,<字段名>]...>)]VALUES (<值>[,<值>]...);

参数说明如下。

<表名>:要添加新记录的表。

<字段名>:可选项,指定待添加数据的字段。

VALUES 子句:指定待添加数据的具体值。当指定字段名时,VALUES 子句中值的排列顺序必须和字段名的排列顺序一致;若不指定字段,则 VALUES 子句中值的排列顺序必须与创建表字段时的排列顺序一致。

注意:在表定义时指定了 NOT NULL 约束的字段不能取空值,否则会出错。

【例 17.5】 在学生表 Student 中插入一条学生记录,学号:201201009,姓名:王毅,性别:男,年龄:18,系别:外语。其命令如下:

```
INSERT INTO Student(sNo,sName,sex,age,dept) VALUES('201201009', '王毅', '男', 18, '外语');
```

2. 修改数据

UPDATE 语句用于更新表中的记录。

命令格式:UPDATE <表名> SET <字段名>=<表达式> [,<字段名>=<表达式>[WHERE <条件>];

参数说明如下。

<表名>:要修改记录的表。

SET 子句:给出要修改的字段及其修改后的值。

WHERE 子句:指定待修改的记录应当满足的条件。WHERE 子句省略时,则修改表中所有记录。

【例 17.6】 将学生表 Student 中的学号为 201201009 的学生的系别改为"金融"。

```
UPDATE Student SET dept = '金融' WHERE sNo = '201201009';
```

3. 删除数据

DELETE 语句用来从表中删除一条或多条记录。

命令格式:DELETE FROM <表名> [WHERE <条件>];

参数说明如下。

<表名>:要删除记录的表。

WHERE 子句：指定待删除的记录应当满足的条件。WHERE 子句省略时，则删除表中所有记录。

【例 17.7】 在学生表 Student 中删除学号为 201201009 的学生记录。

```
DELETE FROM Student WHERE sNo = '201201009';
```

17.2.4 数据查询

数据查询是指把数据库中存储的数据根据用户的需要提取出来，所提取出来的数据称为结果集。由于数据库查询语句 SELECT 是 SQL 的核心，所以在 SQL 命令中用的最多的就是 SELECT 语句。

命令格式：SELECT [ALL|DISTINCT][TOP n [PERCENT]]{ * |{<字段名>|<表达式>|}
　　　　　　[[AS]<别名>]|<字段名>[[AS]<别名>]}[,...n]}
　　　　　　FROM <表名>[WHERE <查询条件表达式>]
　　　　　　[GROUP BY <字段名表>[HAVING <分组条件>]]
　　　　　　[ORDER BY <次序表达式> [ASC|DESC]];

参数说明如下。

ALL：指定在结果集中显示所有记录，包括重复行。ALL 是默认设置。

DISTINCT：指定在结果集中显示所有记录，但不包括重复行。

TOP n [PERCENT]：指定从结果集中输出前 n 行，如果指定了 PERCENT，表示从结果集中输出前百分之 n 行。

*：指定返回查询表中的所有字段。

<字段名>：指定要返回的字段。

<表达式>：返回由字段名、常量、函数以及运算符连接起来的表达式的值。

<别名>：指定在结果集中用"别名"来替换字段名或表达式进行显示。

FROM 子句：用于指定查询的表或视图。

WHERE 子句：用于设置查询条件。

GROUP BY 子句：指明按照<字段名表>中的值进行分组，该字段的值相同的记录为一个组。分组后每个组只返回一行结果。如果 GROUP 子句带 HAVING 子句，则只有满足 HAVING 指定条件的组才予以输出。如果 GROUP BY 后有多个字段名，则先按第一个字段分组，再按第二个字段分组，依次类推。

HAVING 子句：用来指定每一个分组内应该满足的条件，即对每个分组内的记录进行再筛选，它通常与 GROUP BY 子句一起使用。HAVING 子句中的分组条件格式与 WHERE 子句中的条件格式类似。

说明：HAVING 子句与 WHERE 子句的区别是，WHERE 子句是对整个表中的数据筛选出满足条件的记录；而 HAVING 子句是对 GROUP BY 分组查询后产生的组设置的条件，所以是筛选出满足条件的组。另外在 HAVING 子句中可以使用统计函数，而在 WHERE 子句则不能。

ORDER BY 子句：将查询结果按指定的次序表达式的值升序或降序排列。次序表达式可以是字段名、字段的别名或表达式。ASC 指定升序排列，DESC 指定降序排列，默认排序方式为 ASC。

注意：ORDER BY 子句需放在 SQL 命令中的最后。

1. 简单查询

使用 SELECT 语句可以选择查询表中的任意字段，其中<字段名>指出要查询字段的名字，可以是一个或多个。当字段名为多个时，中间要用","分隔。如果要查询表中的所有字段，则用"*"替代字段名。

【例 17.8】 在学生表 Student 中只查询学生的学号 sNo 和姓名 sName 两个字段，并且字段名分别以别名"学号"和"姓名"进行显示。

```
SELECT sNo AS 学号,sName AS 姓名 FROM Student;          //"学号"和"姓名"为别名
```

2. 条件查询

当要在表中找出满足某些条件的记录时，则需要使用 WHERE 子句设置查询条件。WHERE 子句的查询条件是一个逻辑表达式，它是由各种运算符连接构成，表 17.4 给出 WHERE 常用的运算符及功能。

表 17.4　WHERE 常用的运算符及功能

运算符	功能说明
=、>、<、>=、<=、!=、<>	比较大小
BETWEEN AND、NOT BETWEEN AND	确定范围
IN、NOT IN	确定集合
LIKE、NOT LIKE	字符匹配
IS NULL、IS NOT NULL	判断空值
AND、OR、NOT	逻辑运算（多重条件查询）

其中确定范围运算符的使用格式如下：

```
v BETWEEN v1 AND v2              //等价于 v≥v1 AND v≤v2
v NOT BETWEEN v1 AND v2          //等价于 v＜v1 OR v＞v2
```

【例 17.9】 在学生表 Student 中查找计算机系的所有同学。

```
SELECT * FROM Student WHERE dept = '计算机';
```

3. 多重条件查询

当查询需要指定一个以上的查询条件时，这种条件称为多重条件或复合条件，此时需要使用逻辑运算符 AND、NOT 或 OR 将其连接成复合的逻辑表达式。逻辑运算符的优先级由高到低为：NOT，AND，OR，当然可以使用括号改变其优先级。

【例 17.10】 在学生表 Student 中查找计算机系所有男同学。

```
SELECT * FROM Student WHERE dept = '计算机' AND sex = '男';
```

4. 模糊查询

当查询条件不知道完全精确的值时，还可以使用 LIKE 或 NOT LIKE 进行模糊查询，模糊查询也称为部分匹配查询。模糊查询的一般格式为：

```
<字段名> [NOT] LIKE <匹配串>
```

其中,<字段名>必须是字符型的字段;<匹配串>可以是一个完整的字符串,也可以是包含通配符的字符串。字符串中的通配符及其功能如表17.5所示。

表17.5 模糊查询时字符串中的通配符及其功能

通 配 符	功 能 说 明	实 例
%	代表0个或多个字符	'ab%'表示'ab'后可接任意字符串
_(下画线)	代表一个字符	'a_b'表示'a'与'b'之间可为任意单个字符
[ ]	表示在某一范围内的字符	[0-9]表示0~9的字符
[^]	表示不在某一范围内的字符	[^0-9]表示不在0~9的字符

【例 17.11】 在学生表 Student 中查找所有姓"李"的同学。

SELECT * FROM Student WHERE sName LIKE '李%';

5. 常用的统计函数及统计汇总查询

在 SQL 中除了可以使用算术运算符+(加法)、-(减法)、*(乘法)和/(除法)外,SQL还提供了一系列统计函数。使用这些函数可以实现对表中的数据进行汇总或求平均值等各种运算。常见的统计函数及功能如表17.6所示。

表17.6 常用的统计函数及功能

函 数 名 称	功 能 说 明
AVG(<字段名>)	求字段名所在列的平均值(必须是数值型列)
SUM(<字段名>)	求字段名所在列的总和(必须是数值型列)
MAX(<字段名>)	求字段名所在列的最大值
MIN(<字段名>)	求字段名所在列的最小值
COUNT(*)	统计表中记录的个数
COUNT([DISTINCT]<字段名>)	统计字段名所在列非空值的个数,DISTINCT 表示不包括字段的重复值

说明:上述函数中除 COUNT(*)外,其他函数在计算过程中均忽略 NULL 值。

【例 17.12】 在成绩表 Score 中统计所有成绩 grade 的平均值。

SELECT AVG(grade) AS 平均成绩 FROM Score;   //"平均成绩"是表达式 AVG(grade)的别名

6. ORDER BY 子句

ORDER BY 是一个可选的子句,它允许根据指定字段的值按照升序或者降序的顺序显示查询结果。其中默认为升序排列,用 ASC 表示,降序排列用 DESC 表示。

【例 17.13】 在成绩表 Score 中查询课程号 cNo 为 c001 的学生的学号 sNo 和成绩 grade,并按成绩降序排列。

SELECT sNo,grade FROM Score WHERE cNo = 'c001' ORDER BY grade DESC

7. 分组数据

统计函数只能产生单一的汇总数据,使用 GROUP BY 子句,则可以生成分组的汇总数据。GROUP BY 子句可以按关键字段的值来组织数据,关键字段值相同的为一组。一般情况下,可以根据表中的某一字段进行分组,并且要求使用统计函数,这样每一个组只能产生一个记录。

【例 17.14】 在成绩表 Score 中查询每门课程的课程号 cNo 和学生人数。

SELECT cNo,COUNT(*) AS 人数 FROM Score GROUP BY cNo;   //"人数"是别名

17.3 JDBC

JDBC 是为在 Java 程序中访问数据库而设计的一组 Java API，是 Java 数据库应用程序开发中的一项核心技术。

17.3.1 JDBC 概述

JDBC 的含义是 Java Database Connectivity，它是 Java 程序中访问数据库的标准 API。

JDBC 给 Java 程序员提供访问和操纵众多关系数据库的一个统一接口。通过 JDBC API，用 Java 语言编写的应用程序能够执行 SQL 语句、获取结果、显示数据等，并且可以将所做的修改传回数据库。一般来说，JDBC 做三件事：与数据库建立连接；发送 SQL 语句；处理 SQL 语句执行的结果。

图 17.2 显示了 Java 程序、JDBC API、JDBC 驱动程序和数据库之间的关系。JDBC API 是一个 Java 接口和类的集合，用于编写访问和操纵关系数据库的 Java 程序。JDBC 驱动程序起着一个接口的作用，但对不同的数据库需要使用不同的 JDBC 驱动程序。访问 SQL Server 数据库需要使用 SQL Server JDBC 驱动程序；访问 MySQL 数据库需要使用 MySQL JDBC 驱动程序；而访问 Oracle 数据库需要使用 Oracle JDBC 驱动程序；对于 Access 数据库，需要使用包含在 JDK 中的 JDBC-ODBC 桥式驱动程序。ODBC 是 Microsoft 公司开发的一种技术，用于访问 Windows 平台的数据库。Windows 中预装了 ODBC 驱动程序。JDBC-ODBC 桥式驱动程序使 Java 程序可以访问任何 ODBC 数据源。

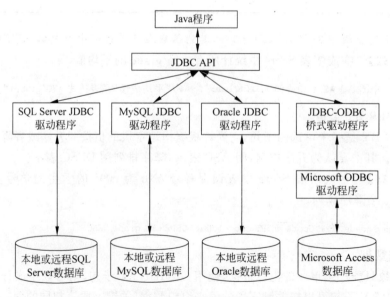

图 17.2 Java 程序通过 JDBC 驱动程序访问和操纵数据库

17.3.2 JDBC 类型

JDBC 不能直接访问数据库，必须依赖于数据库厂商或第三方提供的 JDBC 驱动程序。JDBC 驱动程序共分四种类型。

1. 类型 1：JDBC-ODBC 桥加 ODBC 驱动程序

JDBC-ODBC 桥由 Sun 公司开发，是 JDK 提供的标准 API。这种类型的驱动程序把 JDBC 的调用翻译成 ODBC 的调用，再让 ODBC 调用数据库本地驱动程序代码。由于 JDBC-ODBC 桥先调用 ODBC 再由 ODBC 去调用本地数据库接口访问数据库，所以执行效率比较低。而且，由于需要客户端预装对应的 ODBC 驱动程序，所以不适合 Internet/Intranet 应用。

2. 类型 2：本地 API 部分用 Java 编写的驱动程序

这种类型的驱动程序是部分使用 Java 语言编写和部分使用本机代码编写的驱动程序，它将 JDBC 的调用直接翻译成对特定 DBMS（如 MySQL、SQL Server、Oracle 等）客户端 API 的调用后再去访问数据库。这与 JDBC-ODBC 桥相同，也需要调用本地驱动程序代码，是用特定的 DBMS 客户端取代 JDBC-ODBC 桥和 ODBC，因此也具有与 JDBC-ODBC 桥相类似的局限性。

3. 类型 3：JDBC 网络协议纯 Java 驱动程序

这种驱动程序是用纯 Java 语言编写的，它将 JDBC 的调用转换成与 DBMS 无关的网络协议命令，之后发送给一个网络服务器中的数据库中间件，该中间件进一步将网络协议命令转换成某种 DBMS 所能理解的操作命令。这种数据库中间件往往捆绑于网络服务器软件中，并且支持多种 DBMS。由于网络协议是平台无关的，使用这种类型驱动程序的 Java 应用程序可以与服务器端完全分离，具有相当大的灵活性。同时，由于这种驱动程序不调用任何本地代码，所以在执行效率和可升级性方面是比较好的。但是，需要在服务器上配置有数据库驱动程序，并且由于多了一个中间件传递数据，它的执行效率还不是最好。

4. 类型 4：本地协议纯 Java 驱动程序

这种驱动程序是用纯 Java 语言编写的，它将 JDBC 调用直接转换成特定 DBMS 所使用的网络协议，这将允许从客户机上直接调用 DBMS 服务器，访问速度快。这种类型的驱动程序完全由 Java 语言实现，实现了平台的独立性。但对于不同的数据库需要下载不同的驱动程序。这种驱动程序在 Intranet 环境中是一种很实用的方式。

类型 3 和类型 4 是 JDBC 访问数据库的首选。

17.3.3 使用 JDBC 开发数据库应用程序

JDBC API 主要位于 Java 的 java.sql 包与 javax.sql 包中，表 17.7 给出了其主要的类与接口（斜体代表接口）。

表 17.7 JDBC 中主要的类与接口

类与接口	功能说明
DriverManager	负责加载各种不同驱动程序（driver），并根据不同的请求，向调用者返回相应的数据库连接（connection）
Connection	数据库连接，负责与数据库间进行通信，SQL 执行以及事务处理都是在某个特定连接环境中进行的，并可以产生用以执行 SQL 的 Statement 对象

续表

类与接口	功能说明
Statement	用以执行不含参数的静态 SQL 查询和更新,并返回执行结果
PreparedStatement	用以执行包含参数的动态 SQL 查询和更新(在服务器端编译,允许重复执行以提高效率)
CallableStatement	用以调用数据库中的存储过程
ResultSet	用以获得 SQL 查询结果
SQLException	代表在数据库连接的建立、关闭或 SQL 语句的执行过程中发生了异常

说明:JDBC 驱动程序开发商已提供了对这些接口的实现类,所以在使用时实际上是调用这些接口实现类中的方法。

使用 JDBC 访问数据库的基本步骤为加载驱动程序、建立与数据库的连接、创建执行方式语句、执行 SQL 语句、处理返回结果和关闭创建的各种对象。下面介绍其中主要的步骤。

1. 建立与数据库的连接

数据库连接的建立包括两个步骤:一是加载相应数据库的 JDBC 驱动程序;二是创建数据库连接。

1) 加载 JDBC 驱动程序

在与某一特定数据库建立连接前,首先应加载一种可用的 JDBC 驱动程序。加载驱动程序的一种简单方法是使用 Class.forName()方法显式加载,语句如下:

```
java.lang.Class.forName(JDBCDriverClass);
```

该方法是 Class 类的静态方法,参数 JDBCDriverClass 是要加载的 JDBC 驱动程序类的名称,它是以字符串形式表达的类名。该方法可能抛出 ClassNotFoundException 异常,所以在调用该方法时要注意进行异常处理。表 17.8 列出了 Access、SQL Server、MySQL 和 Oracle 四种常见的驱动程序类。

表 17.8 数据库的驱动程序类

数据库	驱动程序类
Access	sun.jdbc.odbc.JdbcOdbcDriver
SQL Server	com.microsoft.sqlserver.jdbc.SQLServerDriver
MySQL	com.mysql.jdbc.Driver
Oracle	oracle.jdbc.driver.OracleDriver

Access 的 JDBC-ODBC 驱动程序捆绑在 JDK 中;SQL Server 的 JDBC 驱动程序是 sqljdbc42.jar 文件中的一个类;MySQL 的 JDBC 驱动程序是 mysql-connector-java-5.1.45-bin.jar 文件中的一个类;Oracle 的 JDBC 驱动程序是 ojdbc6.jar 文件中的一个类。这些 jar 文件可以到各个数据库的官方网站上下载。为了使用 SQL Server、MySQL 和 Oracle 的驱动程序,还必须将它们的 jar 文件添加到类路径 ClassPath 中。

注意:自 JDK 6 开始 Java 支持驱动程序的自动加载,因此不需要显式地加载它们。但是,并不是所有的驱动程序都有这个特性,为安全起见,本教材使用显式方式加载驱动程序。

2) 创建数据库连接

由于 JDBC 驱动程序与数据库的连接是以对象的形式表示的,所以创建数据库连接也称创建数据库连接对象。要想将 JDBC 驱动程序连接到一个数据库,需要使用 DriverManager 类中的静态方法来创建连接。表 17.9 给出了 DriverManager 类的常用方法。

表 17.9 DriverManager 类的常用方法

常 用 方 法	功 能 说 明
public static Connection getConnection (String url,String user,String password)	建立 JDBC 驱动程序到指定数据库 URL 的连接。其中 url 提供了一种标识数据库的方法,user 为用户名,password 为密码
public static Driver getDriver(String url)	返回 url 所指定的数据库连接的驱动程序

DriverManager 类的 getConnection()是实现建立 JDBC 驱动程序到数据库连接的方法。其一般的使用格式如下:

Connection conn = DriverManager.getConnection(String url,String user,String password);

这里的 url 提供了一种标识数据库位置的方式。JDBC URL 由三个部分组成,各个部分之间用冒号分隔,格式如下:

jdbc:<subprotocol>:<subname>

其中,<subprotocol>是子协议,指数据库连接的方式;<subname>是子名称,是一种标识数据库的方法。表 17.10 列出了数据库 Access、SQL Server、MySQL 和 Oracle 的 URL。

表 17.10 数据库的 URL

数 据 库	URL
Access	jdbc:odbc:dataSource
SQL Server	jdbc:sqlserver://hostname:port#;DatabaseName=dbname
MySQL	jdbc:mysql://hostname/dbname
Oracle	jdbc:oracle:thin:@hostname:port#:oracleDBSID

(1) Access 数据库的 URL 是 jdbc:odbc:dataSource。ODBC 数据源可以使用 Windows 下的 ODBC 数据源管理器(data source administrator)来创建。关于如何创建 Access 数据库的 ODBC 数据源,参见 Microsoft Access 的有关教程。

(2) SQL Server 数据库的 URL 指定包含数据库的主机名(hostname)、数据库监听输入连接请求的端口号(port#)和数据库名(dbname)。例如,下面的语句以主机名为 localhost、用户名为 sa、密码为 123456,并以数据库的默认端口号 1433 为本地 SQL Server 数据库 StudentScore 创建一个 Connection 对象:

Connection conn = DriverManager.getConnection ("jdbc:sqlserver://localhost:1433;
        DatabaseName = StudentScore","sa","123456");

(3) MySQL 数据库的 URL 指定包含数据库的主机名(hostname)和数据库名(dbname)。例如,下面的语句以主机名为 localhost、用户名为 root 和密码为 123456,为本地 MySQL 数据库 StudentScore 创建一个 Connection 对象:

```
Connection conn = DriverManager.getConnection("jdbc: mysql: //localhost/StudentScore",
                "root","123456");
```

(4) Oracle 数据库的 URL 指定主机名(hostname)、数据库监听输入连接请求的端口号(port♯)以及数据库名(oracleDBSID)。下面的语句为 Oracle 数据库 StudentScore 创建一个 Connection 对象，主机为 localhost，数据库的端口号为 1521，数据库 SID 为 StudentScore，用户名为 root，口令为 123456：

```
Connection conn = DriverManager.getConnection("jdbc: oracle: thin: @localhost: 1521:
                StudentScore","root","123456");
```

DriverManager 类的 getConnection()方法返回一个 Connection 对象。Connection 是一个接口，表示与数据库的连接，并拥有创建 SQL 语句的方法，以完成对表的 SQL 操作，同时还为数据库事务处理提供提交和回滚的方法。一个应用程序可与单个数据库建立一个或多个连接，也可以与多个数据库建立连接。表 17.11 列出了 Connection 接口的常用方法。

表 17.11　Connection 接口的常用方法

常 用 方 法	功 能 说 明
public Statement createStatement()	创建一个 Statement 对象用来将 SQL 语句发送到数据库
public Statement createStatement(int resultSetType,int resultSetConcurrency)	功能同上，参数 resultSetType 指定结果集类型，有三个取值：TYPE_FORWORD_ONLY 表示只可向前移动记录指针；TYPE_SCROLL_INSENSITIVE 表示可双向移动记录指针，但不及时更新，也就是如果数据库中的数据修改过，并不在 ResultSet 中反映出来；TYPE_SCROLL_SENSITIVE 表示可双向移动记录指针，并及时跟踪数据库的更新，以便更改 ResultSet 中的数据。参数 resultSetConcurrency 指定结果集的并发模式，有两个取值：CONCUR_READ_ONLY 表示不能用结果集更新数据库中的表；CONCUR_UPDATABLE 表示能用结果集更新数据库中的表
public PreparedStatement prepareStatement(String sql)	创建一个 PreparedStatement 对象来将具有参数的动态 SQL 语句发送到数据库
public CallableStatement prepareCall(String sql)	创建一个 CallableStatement 对象来调用数据库的存储过程
public void close()	断开连接，释放此 Connection 对象的数据库和 JDBC 资源
public boolean isClosed()	用于判断 Connection 对象是否已经被关闭
public void setAutoCommit(boolean autoCommit)	设置是否关闭自动提交模式
public void commit()	提交 SQL 语句，使从上一次提交/回滚以来进行的所有更改生效
public void rollback()	取消 SQL 语句的执行，撤销在当前事务中进行的所有更改

2. 执行 SQL 语句

执行 SQL 语句包括两个步骤：一是创建 Statement 对象；二是通过调用该对象的相应

方法将 SQL 语句发送到所连接的数据库去执行。

1）创建 Statement 对象

创建完连接之后,在所建立的数据库连接上,必须创建一个 Statement 接口对象,该对象将各种 SQL 语句发送到所连接的数据库中执行。如果把一个 Connection 对象想象成是一条连接程序和数据库的索道,那么 Statement 对象或它的子类就可以看作是索道上的一辆缆车,它为数据库传输 SQL 语句,并返回执行结果。对于已创建的数据库连接对象,调用 createStatement() 方法,就可以得到一个 Statement 对象。例如,对已创建的连接对象 conn,则可使用下列语句创建一个 conn 上的 Statement 对象。

```
Statement stmt = conn.createStatement();
```

2）调用 Statement 对象的相应方法将 SQL 语句发送到所连接的数据库

创建了 Statement 对象后,就可以通过该对象发送 SQL 语句。如果 SQL 语句运行后产生结果集,Statement 对象会将结果集封装成 ResultSet 对象并返回。表 17.12 给出了 Statement 接口的常用方法。

表 17.12 Statement 接口的常用方法

常 用 方 法	功 能 说 明
public ResultSet executeQuery(String sql)	执行给定的 SQL 语句,并将结果封装在结果集 ResultSet 对象中返回
public int executeUpdate(String sql)	执行给定的 SQL 语句,该语句可能是 INSERT、UPDATE 或 DELETE,或是不返回任何内容的 SQL 语句(如 DDL 语句)。该语句的返回值是一个整数,表示受影响的行数(即更新计数)
public boolean execute(String sql)	执行给定的 SQL 语句。如果执行的是 SELECT 语句,则返回 true,调用 getResultSet() 方法获得执行 SQL 语句的返回结果;如果执行的是 INSERT、UPDATE 或 DELETE,或者不返回任何内容的 SQL 语句,则返回 false,调用 getUpdateCount() 方法获得执行 SQL 语句的返回结果
public ResultSet getResultSet()	以 ResultSet 对象的形式返回当前结果。如果结果是更新计数(即执行 executeUpdate() 方法)或没有结果,则返回 null
public int getUpdateCount()	以更新计数的形式返回当前结果;如果结果为 ResultSet 对象或没有更多结果,则返回 -1。每个结果只应调用一次该方法
public void close()	释放此 Statement 对象的数据库和 JDBC 资源

说明:在 executeQuery() 与 executeUpdate() 方法中的字符串参数,如果超出一行将出现编译错误,所以在构造 SQL 参数时,需要将表达多行的字符串加上双引号并将各行用加号"+"连接起来。

例如,执行下面的代码进行 SQL 查询操作。

```
String sqlStr = "SELECT sNo,sName,sex,age FROM Student WHERE dept = '计算机'";
ResultSet rs = stmt.executeQuery(sqlStr);//执行查询操作并将查询结果存放到 ResultSet 对象 rs 中
```

而下面的代码是执行更新操作。

```
String sqlStr = "INSERT INTO Student(sNo,sName,sex,age,dept)" +
                "VALUES('201201009','王毅','男',18,'外语')";
stmt.executeUpdate(sqlStr);
```

3. 处理返回结果

结果集是包含 SQL 的 SELECT 语句中符合条件的所有行，这些行的全体称为结果集，返回的结果集是一个表，而这个表就是 ResultSet 接口的对象。在结果集中通过记录指针（也称为游标）控制具体记录的访问，记录指针指向结果集的当前记录。在结果集中可以使用 getXXX() 方法从当前行获取值。ResultSet 接口的常用方法见表 17.13。

表 17.13　ResultSet 接口的常用方法

常用方法	功能说明
public boolean absolute(int row)	将记录指针移动到结果集的第 row 条记录
public boolean relative(int row)	按相对行数（或正或负）移动记录指针
public void beforFirst()	将记录指针移动到结果集的头（第一条记录之前）
public boolean first()	将记录指针移动到结果集的第一条记录
public boolean previous()	将记录指针从结果集的当前位置移动到上一条记录
public boolean next()	将记录指针从结果集的当前位置移动到下一条记录
public boolean last()	将记录指针移动到结果集的最后一条记录
public void afterLast()	将记录指针移动到结果集的尾（最后一条记录之后）
public boolean isAfterLast()	判断记录指针是否位于结果集的尾（最后一条记录之后）
public boolean isBeforeFirst()	判断记录指针是否位于结果集的头（第一条记录之前）
public boolean isFirst()	判断记录指针是否位于结果集的第一条记录
public boolean isLast()	判断记录指针是否位于结果集的最后一条记录
public int getRow()	返回当前记录的行号
public String getString(String columnLabel)	返回当前记录字段名为 columnLabel 的值
public String getString(int columnIndex)	返回当前行第 columnIndex 列的值，类型为 String
public int getInt(int columnIndex)	返回当前行第 columnIndex 列的值，类型为 int
public Statement getStatement()	返回生成结果集的 Statement 对象
public void close()	释放此 ResultSet 对象的数据库和 JDBC 资源
public ResdtSetMetaData getMetaData()	返回结果集的列的编号、类型和属性

记录指针的最初始位置位于第一条记录之前，即结果集的头。第一次调用 next() 方法使记录指针移到第一条记录，当记录指针移动到结果集的尾时其返回 false。在使用 ResultSet 对象的 getXXX() 方法对结果集中的数据进行访问时，一定要使数据库中字段的数据类型与 Java 的数据类型相匹配。例如，对于数据库中的 CHAR 或者 VARCHAR 类型的字段，对应的 Java 的数据类型是 String，因此在 ResultSet 对象中应该使用 getString() 方法读取。

需要强调指出，使用"Statement stmt = conn.createStatement();"语句，虽然可以得到 Statement 类的对象 stmt，通过语句"ResultSet rs = stmt.executeQuert("SELECT * FROM Student");"也可以得到相应的结果集 rs，但这种类型的结果集 rs 不能来回移动记录指针读取记录。例如，现在记录指针指向到第 10 条记录，不能使用 rs.absolute(5) 语句再回去读取第 5 条记录。如果需要来回移动记录指针读取结果集，创建 Statement 语句的

时候需要使用如下带参数的方法定义:

Statement createStatement(int resultSetType, int resultSetConcurrency);

例如:

conn.createStatement(ResultSet.TYPE_SCROLL_INSENSITIVE,ResultSet.CONCUR_READ_ONLY);

常用的 SQL 数据类型与 Java 数据类型之间的对应关系如表 17.14 所示。

表 17.14 常用的 SQL 数据类型与 Java 数据类型之间的对应关系

SQL 数据类型	Java 数据类型	结果集中对应的方法
integer/int	int	getInt()
smallint	short	getShort()
float	double	getDouble()
double	double	getDouble()
real	float	getFloat()
varchar/char/varchar2	java.lang.String	getString()
boolean	boolean	getBoolean()
date	java.sql.Date	getDate()
time	java.sql.Time	getTime()
blob	java.sql.Blob	getBlob()
clob	java.sql.Clob	getClob()

例如,下面给出的代码显示前面 SQL 语句查询的所有结果。

```
while(rs.next())
{
  String no = rs.getString("sNo");
  String name = rs.getString("sName");
  String sex = rs.getString("sex");
  int age = rs.getInt("age");
  System.out.println(no + "   " + name + "   " + sex + "   " + age);
}
```

在使用 getXXX() 方法进行取值时,可以通过字段名或列号来标识要获取数据的列。例如,下面两条语句的作用是一样的,都是读取当前行中 sNo 字段的内容。

String no = rs.getString("sNo");
String no = rs.getString(1);

说明:在 ResultSet 中,字段是从左至右编号的,并且从 1 开始。

4. 关闭创建的各种对象

当对数据库的操作执行完毕或退出应用程序前,需将数据库访问过程中建立的各个对象按顺序关闭,防止系统资源浪费。关闭的次序是:①关闭结果集对象;②关闭 Statement 对象;③关闭连接对象。

注意:在任一时间内,一个给定的 Statement 对象只能打开一个结果集。当重新使用同一个 Statement 对象时,将会关闭先前生成的任何结果集。这意味着,如果想对先前的结果集继续进行处理,其他的查询语句就必须使用另外的 Statement 对象,否则,第二个查询语句将会使尚在继续处理的结果集丢失。也就是说,执行 SQL 语句时将关闭所调用的 Statement 对象当前打开的结果集,所以,在重新执行 Statement 对象之前,需要完成对当前 ResultSet 对象的处理。

例如,下面给出的代码关闭前面所创建的对象。

```
try
{
   if(rs!= null) rs.close();          //关闭结果集对象
   if(stmt!= null) stmt.close();      //关闭 Statement 对象
   if(conn!= null) conn.close();      //关闭 JDBC 与数据库的连接
}
catch(Exception e)
{ e.printStackTrace();}
```

【例 17.15】 编程实现连接到一个本地数据库 StudentScore,然后显示 Student 表中计算机系的全部学生的学号、姓名、性别和年龄。

```
1   //filename:App17_15.java                 数据库编程实现对表的查询
2   import java.sql.*;
3   public class App17_15
4   {
5     private static String driver = "com.mysql.jdbc.Driver";
6     private static String url = "jdbc:mysql://localhost/StudentScore?useSSL = false";
7     private static String user = "root";
8     private static String password = "";
9     public static void main(String[] args)
10    {
11      String sql = "SELECT sNo,sName,sex,age FROM " +
12              "Student WHERE dept = '计算机'";
13      try(   //下面语句建立驱动程序与数据库之间的连接
14          Connection conn = DriverManager.getConnection(url,user,password);
15          //利用连接对象 conn 创建 Statement 接口对象 stmt
16          Statement stmt = conn.createStatement();
17          //利用 executeQuery()方法执行 SQL 查询语句 sql
18          ResultSet rs = stmt.executeQuery(sql);
19       )
20       {
21         Class.forName(driver);          //加载 MySQL 的 JDBC 驱动程序
22         while(rs.next())                //利用循环语句对结果集 rs 中的记录进行访问
23         {
24           String no = rs.getString("sNo");
25           String name = rs.getString("sName");
26           String sex = rs.getString("sex");
27           int age = rs.getInt("age");
28           System.out.println(no + "   " + name + "   " + sex + "   " + age);
29         }
30       }
31       catch(Exception e)
32       {
```

```
33            e.printStackTrace();        //输出当前异常对象的堆栈使用轨迹
34        }
35    }
36 }
```

程序运行结果如下：

```
201201001   钱静   女   19
201201003   周武   男   19
201201005   李俊   男   20
```

该程序完整地演示了连接数据库、执行 SQL 查询语句以及处理查询结果的过程。第 21 行使用 Class.forName()方法加载 MySQL 的 JDBC 驱动程序，JDBC 驱动程序类的名称由第 5 行的字符串变量 driver 定义。第 14 行使用 DriverManager 类的 getConnection()方法在数据库和相应驱动程序之间建立连接，并获得 Connection 接口的对象 conn。第 16 行由连接对象 conn 创建一个 Statement 接口对象 stmt，该对象负责将 SQL 语句发送给数据库。第 18 行调用 Statement 对象的 executeQuery()方法来执行 SQL 查询语句，SQL 语句作为该方法的参数传入，查询结果以 ResultSet 的对象 rs 返回。第 22~29 行是一个 while 循环语句，每次循环调用 rs 对象的 next()方法一次，使 rs 对象中的记录指针向下移动一行，从而按照从上往下的次序获取 ResultSet 数据行，当 rs 对象的记录指针指向表尾时，循环结束。第 24~27 行分别获得 rs 对象记录指针所指向记录的各个字段的内容。

17.3.4 数据库的进一步操作

JDBC 中执行 SQL 对表的查询有三种方式：不含参数的静态查询（静态 SQL 语句）、含有参数的动态查询（动态 SQL 语句）和存储过程调用。这三种方式分别对应 Statement、PreparedStatement 和 CallableStatement 接口。

1. Statement 接口

关于 Statement 接口前面介绍过，已知 Statement 对象用于将 SQL 语句发送到数据库中去执行，并从数据库中读取结果。但 Statement 接口用于执行不带参数的静态 SQL 语句。所谓静态 SQL 语句是指在执行 executeQuery()、executeUpdate()等方法时，作为参数的 SQL 语句的内容固定不变，也就是 SQL 语句中没有参数。

【例 17.16】 使用 Statement 接口，实现对数据库 StudentScore 中 Student 表的查询、添加、修改和删除操作。

```
1  //filename:App17_16.java    使用 Statement 接口，实现对表的查询、添加、修改和删除操作
2  import java.sql.*;
3  public class App17_16
4  {
5      private static String driver = "com.mysql.jdbc.Driver";
6      private static String url = "jdbc:mysql://localhost/StudentScore?useSSL=false";
7      private static String user = "root";
8      private static String password = "";
9      public static void main(String[] args)
10     {
11         String selectSql = "SELECT * FROM Student WHERE dept = '计算机'";
```

```java
12      String insertSql = "INSERT INTO Student(sNo,sName,sex, age,dept) " +
13                        "VALUES('201201009', '王毅','男',18,'外语');";
14      String updateSql = "UPDATE Student SET dept = '金融' WHERE sNo = '201201009'";
15      String deleteSql = "DELETE FROM Student WHERE sNo = '201201009'";
16      try(   //下面语句建立驱动程序与数据库之间的连接
17          Connection conn = DriverManager.getConnection(url,user,password);
18             //下面语句利用连接对象conn创建Statement接口对象stmt
19          Statement stmt = conn.createStatement();
20             //下面语句将SQL语句selectSql作为参数提供给Statement的方法
21          ResultSet rs = stmt.executeQuery(selectSql);
22      )
23      {
24          Class.forName(driver);
25          while(rs.next())
26          {
27            String no = rs.getString("sNo");
28            String name = rs.getString("sName");
29            String sex = rs.getString("sex");
30            int age = rs.getInt("age");
31            String dept = rs.getString("dept");
32            System.out.println(no + "   " + name + "   " + sex + "   " + age + "   " + dept);
33          }  //下面语句利用executeUpdate()方法执行SQL插入操作
34          int count = stmt.executeUpdate(insertSql);
35          System.out.println("添加" + count + "条记录到Student表中");
36             //下面语句利用executeUpdate()方法修改记录
37          count = stmt.executeUpdate(updateSql);
38          System.out.println("修改了Student表的" + count + "条记录");
39             //下面语句利用executeUpdate()方法删除记录
40          count = stmt.executeUpdate(deleteSql);
41          System.out.println("删除了Student表的" + count + "条记录");
42      }
43      catch (Exception e)
44      {
45          e.printStackTrace();
46      }
47    }
48  }
```

程序运行结果如下：

```
201201001   钱静   女   19   计算机
201201003   周武   男   19   计算机
201201005   李俊   男   20   计算机
添加1条记录到Student表中
修改了Student表的1条记录
删除了Student表的1条记录
```

该程序在第17、19、24行分别为创建Statement接口的对象stmt、获得Connection接口的对象conn和加载JDBC驱动程序。第21行使用stmt对象的executeQuery()方法查询Student表中系别为计算机的所有学生，结果保存在ResultSet对象rs中，第25～33行利用循环将rs对象中的数据逐行显示出来。第34行使用stmt对象的executeUpdate()方法向学生表 Student 中添加一条记录。第 37 行使用 stmt 对象的 executeUpdate()方法对表 Student 中的一条记录进行修改。第 40 行使用 stmt 对象的 executeUpdate()方法从表 Student 中删除一条记录。

2. PreparedStatement 接口

PreparedStatement 接口是处理预编译语句的一个接口。PreparedStatement 接口的特点是可用于执行动态的 SQL 语句。所谓动态 SQL 语句,就是可以在 SQL 语句中提供参数,这使得可以对相同的 SQL 语句替换参数从而多次使用。因此,当一个 SQL 语句需要执行多次时,使用预编译语句可以减少执行时间。如果不采用预编译机制,则数据库管理系统每次执行这些 SQL 语句时都需要将它编译成内部指令然后执行。预编译语句的机制就是先让数据库管理系统在内部通过预先编译,形成带参数的内部指令,并保存在 PreparedStatement 接口的对象中。这样在以后执行这类 SQL 语句时,只需修改该对象中的参数值,再由数据库管理系统直接修改内部指令并执行,就样就可节省数据库管理系统编译 SQL 语句的时间,从而提高程序的执行效率。一般在需要反复使用一个 SQL 语句时使用预编译语句,因此预编译语句常常被放在一个 for 或 while 循环中使用,通过反复设置参数从而多次使用该 SQL 语句。由于 SQL 语句是预编译的,所以其执行速度要快于 Statement 对象,因此使用该功能时必须利用 PreparedStatement 对象,而不能使用 Statement 对象。

由于 PreparedStatement 是 Statement 的子接口,所以 PreparedStatement 对象也可用于执行不带参数的预编译的 SQL 语句。PreparedStatement 接口的常用方法如表 17.15 所示。

表 17.15 PreparedStatement 接口的常用方法

常 用 方 法	功 能 说 明
public boolean execute()	执行任何种类的 SQL 的语句,可能会产生多个结果集
public ResultSet executeQuery()	执行 SQL 查询命令 SELECT 并返回结果集
public int executeUpdate()	执行修改的 SQL 指令如 INSERT、DELETE、UPDATE 等
public ResultSetMetaData getMetaData()	返回结果集 ResultSet 的有关字段的信息
public void clearParameters()	清除当前所有参数的值
public void setBoolean(int parameterIndex, boolean x)	给第 parameterIndex 个参数设置 boolean 型值 x
public void setInt(int parameterIndex, int x)	给第 parameterIndex 个参数设置 int 型值 x
public void setDouble(int parameterIndex, double x)	给第 parameterIndex 个参数设置 double 型值 x
public void setString(int parameterIndex, String x)	给第 parameterIndex 个参数设置 String 型值 x
public void setDate(im parameterIndex, Date x)	给第 parameterIndex 个参数设置 Date 型值 x
public void setObject(int parameterIndex, Object x)	给第 parameterIndex 个参数设置 Object 型值 x

从该表中可以看出,PreparedStatement 中三个方法 execute()、executeQuery()和 executeUpdate()已被更改为不再需要参数,这是因为在创建 PreparedStatement 对象时,已经在 prepareStatement()方法中指定了 SQL 语句。

可通过 Connection 的 prepareStatement() 方法创建 PreparedStatement 对象。在创建用于 PreparedStatement 对象的动态 SQL 语句时,可使用"?"作为动态参数的占位符。如:

```
String insertSql = "INSERT INTO Student(sNo,sName,sex,age,dept) VALUES (?,?,?,?,?); ";
PreparedStatement ps = conn.prepareStatement(insertSql);
```

上面的 INSERT 语句中有 5 个问号用作参数的占位符,它们分别表示 Student 表中一条记录的 sNo、sName、sex、age 和 dept 字段的值。

在执行带参数的 SQL 语句前,必须对"?"进行赋值。这可以通过使用 setXXX() 方法,通过占位符的下标完成对输入参数的赋值(下标是从 1 开始的),XXX 根据不同的数据类型进行选择。

【例 17.17】 使用 PreparedStatement 接口实现对数据库 StudentScore 中的 Student 表进行动态的查询、插入、修改和删除操作。

```
1   //filename:App17_17.java 使用 PreparedStatement 接口,实现对表的查询、添加、修改和删除操作
2   import java.sql.*;
3   public class App17_17
4   {
5       private static String driver = "com.mysql.jdbc.Driver";
6       private static String url = "jdbc:mysql://localhost/StudentScore?useSSL = false";
7       private static String user = "root";
8       private static String password = "";
9       public static void main(String[] args)
10      {
11          Connection conn = null;
12          PreparedStatement ps = null;
13          ResultSet rs = null;
14          String selectSql = "SELECT * FROM Student WHERE dept = ?";
15          String insertSql = "INSERT INTO Student(sNo,sName,sex,age,dept)" +
16                             "VALUES(?,?,?,?,?);";
17          String updateSql = "UPDATE Student SET dept = '金融' WHERE sNo = ?";
18          String deleteSql = "DELETE FROM Student WHERE sNo = ?";
19          try
20          {
21              Class.forName(driver);
22              conn = DriverManager.getConnection(url,user,password);
23              ps = conn.prepareStatement(selectSql);      //创建 PreparedStatement 对象 ps
24              ps.setString(1, "计算机");      //将字符串"计算机"传递给 14 行 dept 参数的占位符
25              rs = ps.executeQuery();              //执行 SQL 语句的查询操作
26              while(rs.next())
27              {
28                  String no = rs.getString("sNo");
29                  String name = rs.getString("sName");
30                  String sex = rs.getString("sex");
31                  int age = rs.getInt("age");
32                  String dept = rs.getString("dept");
33                  System.out.println(no + "   " + name + "   " + sex + "   " + age + "   " + dept);
34              }
35              ps = conn.prepareStatement(insertSql);        //创建 PreparedStatement 对象 ps
```

```
36          ps.setString(1, "201201009");    //将字符串传递给第15、16行定义的第1个参数的占位符
37          ps.setString(2, "王毅");
38          ps.setString(3, "男");
39          ps.setInt(4, 18);                //将整型数18传递给第15、16行定义的第4个参数的占位符
40          ps.setString(5, "外语");
41          int count = ps.executeUpdate();  //执行SQL语句的插入操作
42          System.out.println("添加" + count + "条记录到Student表中");
43          ps = conn.prepareStatement(updateSql); //创建PreparedStatement对象ps
44          ps.setString(1, "201201009");    //将字符串传递给第17行定义的参数占位符
45          count = ps.executeUpdate();      //执行SQL语句的修改操作
46          System.out.println("修改了Student表的" + count + "条记录");
47          ps = conn.prepareStatement(deleteSql); //创建PreparedStatement对象ps
48          ps.setString(1, "201201009");    //将字符串传递给第18行定义的参数占位符
49          count = ps.executeUpdate();      //执行SQL语句的删除操作
50          System.out.println("删除了Student表的" + count + "条记录");
51       }
52       catch(Exception e)
53       {
54          e.printStackTrace();
55       }
56       finally
57       {
58          try
59          {
60             if(rs!= null) rs.close();
61             if(ps!= null) ps.close();
62             if(conn!= null) conn.close();
63          }
64          catch(Exception e)
65          {
66             e.printStackTrace();
67          }
68       }
69    }
70 }
```

该程序运行结果与例17.16完全一样。第14～18行定义SQL语句时使用了"?"作为参数的占位符。第23、35、43和47行使用Connection对象的prepareStatement()方法分别创建用于执行SELECT、INSERT、UPDATE和DELETE语句的PreparedStatement对象ps。并且在第24、36～40、44和48行分别使用的setXXX()方法对动态参数进行了赋值。

3. CallableStatement接口

CallableStatement接口是为执行SQL的存储过程而设计的。存储过程是一组SQL语句,它们形成一个相对独立的逻辑单元,能完成特定的任务。一般用户在设计数据库和表时,会根据需要设计存储过程,所以本小节只介绍如何调用存储过程。在存储过程中可能有三种类型的参数:IN(输入)、OUT(输出)和INOUT(输入输出)。当调用存储过程时,参数IN接收传递给存储过程的值;参数OUT用于存储过程执行结束后接收一个返回值,所以在调用存储过程时,不需要向OUT参数传递任何值;对于INOUT参数,当存储过程被调

用时,需要向该参数传递一个值,当存储过程执行完后该参数还将接收一个返回值。在 JDBC 中执行数据库中的存储过程需要使用 CallableStatement 对象。

CallableStatement 接口继承了 Statement 接口和 PreparedStatement 接口,所以它具有两者的特点:可以处理一般的 SQL 语句,也可以处理 IN(输入)参数,同时它还定义了 OUT(输出)参数及 INOUT(输入输出)参数的处理方法。表 17.16 给出了 CallableStatement 接口的常用方法。

表 17.16 CallableStatement 接口的常用方法

常 用 方 法	功 能 说 明
public void setInt(String parameterName,int x)	将名为 parameterName 的参数设置为 int 型值 x
public void setFloat(String parameterName,float x)	将名为 parameterName 的参数设置为 float 型值 x
public void setDouble(String parameterName, double x)	将名为 parameterName 的参数设置为 double 型值 x
public void setBoolean(String parameterName, boolean x)	将名为 parameterName 的参数设置为 boolean 型值 x
public void setString(String parameterName, String x)	将名为 parameterName 的参数设置为 String 型值 x
public void setDate(String parameterName,Date x)	将名为 parameterName 的参数设置为 Date 型值 x
public void setObject(String parameterName, Object x)	将名为 parameterName 的参数设置为 Object 型值 x
public int getInt(int parameterIndex)	返回第 parameterIndex 个参数 int 型值
public int getInt(String parameterName)	返回参数名为 parameterNam 的 int 型值
public float getFloat(int parameterIndex)	返回第 parameterIndex 个参数 float 型值
public float getFloat(String parameterName)	返回参数名为 parameterNam 的 float 型值
public double getDouble(int parameterIndex)	返回第 parameterIndex 个参数 double 型值
public double getDouble(String parameterName)	返回参数名为 parameterNam 的 double 型值
public String getString(int parameterIndex)	返回第 parameterIndex 个参数 String 型值
public String getString(String parameterName)	返回参数名为 parameterNam 的 String 型值
public Object getObject(String parameterName)	返回参数名为 parameterNam 的 Object 型值

在 Java 程序中通过 JDBC 调用存储过程时,首先要通过一个数据库连接创建一个 CallableStatement 类型的对象,该对象将包含对存储过程的调用,然后再调用该对象的 executeQuery()方法执行存储过程。

创建一个 CallableStatement 对象可以使用 Connection 接口的 prepareCall()方法,调用格式有三种:

```
CallableStatement cs = conn.prepareCall("{call 存储过程名}");
CallableStatement cs = conn.prepareCall("{call 存储过程名(?,?,…)}");      //?是占位符
CallableStatement cs = conn.prepareCall("{? = call 存储过程名(?,?,…)}");  //?是占位符
```

其中,"?"是存储过程参数的占位符,一个占位符"?"是 IN、OUT 还是 INOUT 型取决于存储过程定义。在上面的三种调用方式中,第一种是不带参数的存储过程调用;第二种是带若干个参数的存储过程调用;而第三种则是带若干个参数并且有返回值参数的存储过程调

用(实际是函数调用),这种方式中的第一个(等号前面的)占位符"?"用于接收存储过程的返回值,它必须是 OUT 型。

在执行带参数的 SQL 语句前,必须对 IN 和 INOUT 参数的占位符"?"进行赋值。这可以使用 setXXX()方法通过占位符的下标完成对输入参数的赋值,XXX 根据不同的数据类型选择。而对 OUT 与 INOUT 的参数还要进行类型注册。注册方式如下:

```
cs.registerOutParamenter(int index,int sqlType);
```

其中,第一个参数 index 对应存储过程占位符的位置;第二个参数 sqlType 对应占位符的变量类型,类型可以通过 java.sql.Types 的静态常量来指定,例如,Types.FLOAT、Types.INTEGER 等。如注册第一个占位符对应的变量类型为整型的语句为:

```
cs.registerOutParamenter(1,java.sql.Types.INTEGER);
```

说明:如果已知 OUT 或 INOUT 参数的类型,也可以不需要进行注册。

由于 CallableStament 允许执行带 OUT 参数的存储过程,所以它提供了完善的 getXXX()方法来获取 OUT 参数的值。由于 INOUT 参数具有 IN 和 OUT 两种参数的全部功能,既可以用 setXXX()方法对参数值进行设置,也可以使用 getXXX()方法获取返回结果。

利用 CallableStatement 执行存储过程时,其执行结果可能是多个 ResultSet、多次修改记录或两者都有的情况。所以对 CallableStatement 一般调用 execute()方法执行 SQL 语句。例如:

```
cs.execute();
```

【例 17.18】 使用 CallableStatement 实现对数据库 StudentScore 中 Student 表的各种存储过程的调用。

首先,基于 Student 表创建如下存储过程:

```
CREATE PROCEDURE addStudent(no CHAR(9),name CHAR(12), sex CHAR(2),
                age int,dept CHAR(50))              //第一个存储过程 addStudent
   BEGIN
      INSERT INTO student(sNo,sName,sex,age,dept) VALUES(no,name,sex,age,dept);
   END
CREATE PROCEDURE getCount(OUT total int)            //第二个存储过程 getCount
   BEGIN
      SELECT COUNT( * ) INTO total FROM Student;
   END
CREATE PROCEDURE addSub(INOUT num1 int,INOUT num2 int)   //第三个存储过程 addSub
   BEGIN
      SET num1 = num1 + num2;
      SET num2 = num1 - num2 - num2;
   END
```

上面共创建了三个存储过程,其中存储过程 addStudent 的参数是默认的 IN 型,getCount 的参数为 OUT 型,addSub 的参数为 INOUT 型。

使用 CallableStatement 实现调用上述存储过程的 Java 程序如下:

```java
1   //filename:App17_18.java            使用CallableStatement接口,实现对存储过程的调用
2   import java.sql.*;
3   public class App17_18
4   {
5     private static String driver = "com.mysql.jdbc.Driver";
6     private static String url = "jdbc:mysql://localhost/StudentScore?useSSL = false";
7     private static String user = "root";
8     private static String password = "";
9     public static void main(String[] args)
10    {
11      Connection conn = null;
12      CallableStatement cs = null;
13      ResultSet rs = null;
14      String callSql1 = "{call addStudent(?,?,?,?,?)}";//"?"为存储过程IN型参数的占位符
15      String callSql2 = "{call getCount(?)}";      //"?"为存储过程OUT型参数的占位符
16      String callSql3 = "{call addSub(?,?)}";      //"?"为存储过程INOUT型参数的占位符
17      try
18      {
19        Class.forName(driver);
20        conn = DriverManager.getConnection(url,user,password);
21        cs = conn.prepareCall(callSql1);         //创建用于执行存储过程的对象cs
22        cs.setString(1,"201201009");             //对第14行中的第1个IN参数赋值
23        cs.setString(2,"王毅");
24        cs.setString(3,"男");
25        cs.setInt(4, 18);
26        cs.setString(5,"外语");
27        cs.execute();                            //执行SQL的存储过程addStudent
28        cs = conn.prepareCall(callSql2);         //创建用于执行存储过程的对象cs
29        //下面语句注册getCount存储过程OUT参数的类型
30        cs.registerOutParameter(1, java.sql.Types.INTEGER);
31        cs.execute();                            //执行SQL的存储过程getCount
32        int total = cs.getInt(1);                //返回存储过程getCount的第1个OUT参数
33        System.out.println("总人数为: " + total);
34        int a = 5;
35        int b = 3;
36        cs = conn.prepareCall(callSql3);         //创建用于执行存储过程的对象cs
37        cs.setInt(1, a);                         //对第16行中的第1个INOUT型参数赋值
38        cs.setInt(2, b);                         //对第16行中的第2个INOUT型参数赋值
39        //下面两条语句分别注册addSub第1、2个INOUT参数的类型
40        cs.registerOutParameter(1, java.sql.Types.INTEGER);
41        cs.registerOutParameter(2, java.sql.Types.INTEGER);
42        cs.execute();                            //执行SQL的存储过程addSub
43        int sum = cs.getInt(1);     //返回存储过程addSub的第1个INOUT型参数的值
44        int sub = cs.getInt(2);     //返回存储过程addSub的第2个INOUT型参数的值
45        System.out.println(a + "与" + b + "的和: " + sum + ", 差: " + sub);
46      }
47      catch(Exception e)
48      {
49        e.printStackTrace();
50      }
51      finally
```

```
52      {
53        try
54        {
55          if(cs!= null) cs.close();
56          if(conn!= null) conn.close();
57        }
58        catch(Exception e)
59        {
60          e.printStackTrace();
61        }
62      }
63    }
64  }
```

程序运行结果如下：

总人数为：7
5 与 3 的和：8，差：2

程序第 14~16 行定义 SQL 语句时使用了"?"作为存储过程的参数占位符。第 21、28 和 36 行使用 Connection 对象 conn 的 prepareCall()方法分别创建用于执行这三个存储过程的 CallableStatement 对象 cs。并且第 22~26 行使用的 setXXX()方法对 addStudent 中的 IN 型参数进行赋值。第 37、38 两行分别使用了 setInt()方法对存储过程 addSub 中的 INOUT 型参数进行赋值。第 30 行注册存储过程 getCount 的 OUT 参数的类型为整型，第 40、41 两行分别注册存储过程 addSub 的两个 INOUT 参数的类型为整型，由于本例的 OUT 和 INOUT 参数的类型为已知的整型，所以可以不进行注册，因此这三行可以去掉。第 27、31 和 42 三行分别调用对象 cs 的 execute()方法执行 SQL 语句。第 32、43、44 三行分别使用了 getInt()方法获得存储过程中 OUT 和 INOUT 型参数的返回值。

17.3.5 获取元数据

所谓元数据（meta data）就是有关数据库和表结构的信息，如数据库中的表、表的字段、表的索引、数据类型、对 SQL 的支持程度等信息。JDBC 提供 DatabaseMetaData 接口用来获取数据库范围的信息，还提供了 ResultSetMetaData 接口用来获取特定结果集 ResultSet 的信息，如字段名和字段个数等。

1. DatabaseMetaData 接口

DatabaseMetaData 接口主要是用来得到关于数据库的信息，如数据库中所有表名、系统函数、关键字、数据库产品名和数据库支持的 JDBC 驱动程序名等。DatabaseMetaData 对象是通过 Connection 接口的 getMetaData()方法创建的。例如：

```
DatabaseMetaData dmd = conn.getMetaData();
```

DatabaseMetaData 接口提供了大量获取信息的方法，这些方法可分为两大类：一类返回值为 boolean 型，多用于判断数据库或驱动程序是否支持某项功能；另一类则用于获取数据库或驱动程序本身的某些特征值。表 17.17 给出了 DatabaseMetaData 接口的常用方法。

表 17.17　DatabaseMetaData 接口的常用方法

方 法 名 称	功 能 说 明
public boolean supportsOuterJoins()	判断数据库是否支持外部连接
public boolean supportsStoredProcedures()	判断数据库是否支持存储过程
public String getURL()	返回用于连接数据库的 URL 地址
public String getUserName()	返回当前用户名
public String getDatabaseProductName()	返回使用的数据库产品名
public String getDatabaseProductVersion()	返回使用的数据库版本号
public String getDriverName()	返回用以连接的驱动程序名称
public String getDriverVersion()	返回用以连接的驱动程序版本号
public ResultSet getTypeInfo()	返回当前数据库中支持的所有数据类型的描述

【例 17.19】 使用 DatabaseMetaData 接口获取当前数据库 StudentScore 连接的相关信息。

```
1    //filename:App17_19.java
2    import java.sql.*;
3    public class App17_19
4    {
5      private static String driver = "com.mysql.jdbc.Driver";
6      private static String url = "jdbc:mysql://localhost/StudentScore?useSSL=false";
7      private static String user = "root";
8      private static String password = "";
9
10     public static void main(String[] args)
11     {
12       try(Connection conn = DriverManager.getConnection(url,user,password);)
13       {
14         Class.forName(driver);
15         //下面语句创建所连接的数据库的元数据对象 dmd
16         DatabaseMetaData dmd = conn.getMetaData();
17         System.out.println("数据库名：" + dmd.getDatabaseProductName());
18         System.out.println("数据库版本：" + dmd.getDatabaseProductVersion());
19         System.out.println("驱动程序名：" + dmd.getDriverName());
20         System.out.println("数据库 URL：" + dmd.getURL());
21       }
22       catch (Exception e)
23       {
24         e.printStackTrace();
25       }
26     }
27   }
```

程序运行结果如下：

数据库名：MySQL
数据库版本：5.5.22-log
驱动程序名：MySQL-AB JDBC Driver
数据库 URL：jdbc:mysql://localhost/StudentScore

程序功能在代码的语句注释中已明确说明。

2. ResultSetMetaData 接口

ResultSetMetaData 接口主要用来获取结果集的结构。例如，结果集字段的数量、字段的名字等。可以通过 ResultSet 的 getMetaData() 方法来获得对应的 ResultSetMetaData 对象。例如：

ResultSetMetaData rsMetaData = rs.getMetaData();

ResultSetMetaData 接口的常用方法见表 17.18。

表 17.18　ResultSetMetaData 接口的常用方法

常 用 方 法	功 能 说 明
public int getColumnCount()	返回此 ResultSet 对象中的字段数
public String getColumnName(int column)	返回指定列的名称
public int getColumnType(int column)	返回指定列的 SQL 类型
public int getColumnDisplaySize(int column)	以字符为单位返回指定字段的最大宽度
public boolean isAutoIncrement(int column)	判断是否自动为指定字段进行编号
public int isNullable(int column)	判断给定字段是否可以为 null，返回值是 columnNoNulls、columnNullable 或 columnNullableUnknown 之一
public boolean isSearchable(int column)	判断是否可以在 WHERE 子句中使用指定的字段
public boolean isReadOnly(int column)	判断指定的字段是否为只读

【例 17.20】 对当前数据库 StudentScore 中的表 Student 进行查询后，使用 ResultSetMetaData 接口获取当前结果集的相关信息。

```
1   //filename:App17_20.java        使用 ResultSetMetaData 接口获取当前结果集的相关信息
2   import java.sql.*;
3   public class App17_20
4   {
5     private static String driver = "com.mysql.jdbc.Driver";
6     private static String url = "jdbc:mysql://localhost/StudentScore?useSSL=false";
7     private static String user = "root";
8     private static String password = "";
9     public static void main(String[] args)
10    {
11      Connection conn = null;
12      Statement stmt = null;
13      ResultSet rs = null;
14      try
15      {
16        Class.forName(driver);
17        conn = DriverManager.getConnection(url,user,password);
18        String sql = "SELECT * FROM Student WHERE dept = '计算机'";
19        stmt = conn.createStatement();
20        rs = stmt.executeQuery(sql);           //执行 SQL 语句
21        //下面语句创建结果集结构对象 rsMetaData
22        ResultSetMetaData rsMetaData = rs.getMetaData();
23        //下面语句输出结果集的字段数
```

```
24        System.out.println("总共有：" + rsMetaData.getColumnCount() + "列");
25        //下面语句利用循环输出结果集的结构信息
26        for(int i = 1;i <= rsMetaData.getColumnCount();i++)
27        {
28          System.out.println("列" + i + ":" + rsMetaData.getColumnName(i) + "," +
29                      rsMetaData.getColumnTypeName(i) + "(" +
30                      rsMetaData.getColumnDisplaySize(i) + ")");
31        }
32      }
33      catch(Exception e)
34      {
35        e.printStackTrace();
36      }
37      finally
38      {
39        try
40        {
41          if(rs!= null) rs.close();
42          if(stmt!= null) stmt.close();
43          if(conn!= null) conn.close();
44        }
45        catch(Exception e)
46        {
47          e.printStackTrace();
48        }
49      }
50    }
51  }
```

程序运行结果如下：

```
总共有：5 列
列 1:sNo,CHAR(9)
列 2:sName,CHAR(12)
列 3:sex,CHAR(2)
列 4:age,INT(11)
列 5:dept,CHAR(50)
```

程序功能在代码中的语句注释中已明确说明。

17.3.6 事务操作

事务是保证数据库中数据完整性与一致性的重要机制。事务由一组 SQL 语句组成,这组语句要么都执行,要么都不执行,因此事务具有原子性。已提交事务是指成功执行完毕的事务,未能成功执行完成的事务称为中止事务,对中止事务造成的变更需要进行撤销处理,称为事务回滚。

JDBC 中实现事务操作,关键是 Connection 接口中的三个方法,下面具体介绍。

1. setAutoCommit()

在 JDBC 中,事务操作默认是自动提交的,也就是说,一个连接被创建后,就采用一种默认提交模式。即每一条 SQL 语句都被看作是一个事务,对数据库的更新操作成功后,系统将自动调用 commit()方法提交。若把多个 SQL 语句作为一个事务就要关闭这种自动提交模式,这是通过调用当前连接的 setAutoCommit(flase)方法来实现的。

2. commit()

当连接的自动提交模式被关闭后,SQL 语句的执行结果将不被提交,直到用户显式调用连接的 commit()方法,从上一次 commit()方法调用后到本次 commit()方法调用之间的 SQL 语句被作为一个事务进行提交。

3. rollback()

当调用 commit()方法进行事务处理时,只要事务中的任何一条 SQL 语句没有生效,就会抛出 SQLException 异常。也就是说,当一个事务执行过程中出现异常而失败时,为了保证数据的一致性,在处理 SQLExecption 异常时,必须将该事务回滚。JDBC 中事务的回滚是调用连接的 rollback()方法完成的。这个方法将取消事务,并将该事务已执行部分对数据的修改恢复到事务执行前的值。如果一个事务中包含多个 SQL 语句,则在事务执行过程中一旦出现 SQLException 异常,就应调用 rollback()方法,将事务取消并对数据进行恢复。

【例 17.21】 通过对数据库 StudentScore 中学生表 Student 的更新操作演示在 JDBC 中的事务控制。

```
1   //filename:App17_21.java              JDBC 中的事务控制
2   import java.sql.*;
3   public class App17_21
4   {
5     private static String driver = "com.mysql.jdbc.Driver";
6     private static String url = "jdbc:mysql://localhost/StudentScore?useSSL = false";
7     private static String user = "root";
8     private static String password = "";
9     public static void main(String[] args)
10    {
11      Connection conn = null;
12      Statement stmt = null;
13      ResultSet rs = null;
14      String selectSql1 = "INSERT INTO Student(sNo,sName,sex,age,dept) " +
15                         "VALUES('201201010','张三','男',18,'计算机');";
16      String selectSql2 = "INSERT INTO Student(sNo,sName,sex,age,dept) " +
17                         "VALUES('201201011','李四','男',19,'会计');";
18      String selectSql3 = "INSERT INTO Student(sNo,sName,sex,age,dept) " +
19                         "VALUES('201201001','王五','男',20,'金融');";
20      try
21      {
22        Class.forName(driver);
23        conn = DriverManager.getConnection(url,user,password);
24        stmt = conn.createStatement();
25        boolean autoCommit = conn.getAutoCommit();    //获得是否为自动提交模式
26        conn.setAutoCommit(false);                    //设置取消自动提交模式
27        stmt.executeUpdate(selectSql1);
28        stmt.executeUpdate(selectSql2);
29        stmt.executeUpdate(selectSql3);
```

```
30          conn.commit();                              //执行提交操作
31          conn.setAutoCommit(autoCommit);             //还原自动提交模式
32      }
33      catch(Exception e)
34      {
35          e.printStackTrace();
36          if(conn!= null)
37          {
38              try
39              {
40                  conn.rollback();                    //执行回滚操作
41              }
42              catch(SQLException e1)
43              {
44                  e1.printStackTrace();
45              }
46          }
47      }
48      finally
49      {
50          try
51          {
52              if(stmt!= null) stmt.close();
53              if(conn!= null) conn.close();
54          }
55          catch(Exception e)
56          {
57              e.printStackTrace();
58          }
59      }
60  }
61 }
```

上述代码执行到第 29 行时，由于添加记录的 sNo 字段内容与已存在记录的 sNo 字段内容相同，受表 Student 主码约束限制，此时抛出异常，从而使程序转到 catch 子句中。通过执行 catch 子句中第 40 行语句，撤销所有操作，即程序向 Student 表中添加记录未成功。对于运行结果，可以在数据库中查询 Student 表的记录进行验证。

JDBC 不但支持回滚操作，还支持部分回滚的保存点操作。所谓保存点，就是标记需回滚的位置。通过保存点，可以更好地控制事务回滚。

【例 17.22】 在数据库 StudentScore 的学生表 Student 中通过设置保存点，控制事务的部分回滚。

```
1  //filename:App17_22.java            JDBC 中设置保存点,控制事务的部分回滚
2  import java.sql.*;
3  public class App17_22
4  {
5      private static String driver = "com.mysql.jdbc.Driver";
6      private static String url = "jdbc:mysql://localhost/StudentScore?useSSL = false";
7      private static String user = "root";
```

```java
8     private static String password = "";
9     public static void main(String[] args)
10    {
11        Connection conn = null;
12        Statement stmt = null;
13        ResultSet rs = null;
14        String selectSql1 = "INSERT INTO Student(sNo,sName,sex,age,dept) " +
15                           "VALUES('201201010','张三','男',18,'计算机');";
16        String selectSql2 = "INSERT INTO Student(sNo,sName,sex,age,dept) " +
17                           "VALUES('201201011','李四','男',19,'会计');";
18        String selectSql3 = "INSERT INTO Student(sNo,sName,sex,age,dept) " +
19                           "VALUES('201201012','王五','男',20,'金融');";
20        boolean ynRollback = true;
21        try
22        {
23            Class.forName(driver);
24            conn = DriverManager.getConnection(url,user,password);
25            stmt = conn.createStatement();
26            boolean autoCommit = conn.getAutoCommit();      //返回是否为自动提交模式
27            conn.setAutoCommit(false);                      //取消自动提交模式
28            stmt.executeUpdate(selectSql1);
29            Savepoint s1 = conn.setSavepoint();             //设置名为 s1 的保存点
30            stmt.executeUpdate(selectSql2);
31            stmt.executeUpdate(selectSql3);
32            if(ynRollback)
33            {
34                conn.rollback(s1);                          //回滚到保存点 s1 的位置
35            }
36            conn.commit();
37            conn.setAutoCommit(autoCommit);
38        }
39        catch(Exception e)
40        {
41            e.printStackTrace();
42            if(conn!= null)
43            {
44                try
45                {
46                    conn.rollback();                        //执行回滚操作
47                }
48                catch(SQLException e1)
49                {
50                    e1.printStackTrace();
51                }
52            }
53        }
54        finally
55        {
56            try
57            {
58                if(stmt!= null) stmt.close();
```

```
59              if(conn!= null) conn.close();
60          }
61          catch(Exception e)
62          {
63              e.printStackTrace();
64          }
65      }
66  }
67 }
```

上述代码中第 29 行设置了一个名为 s1 的保存点。第 32 行通过一个条件语句判断是否执行事务回滚,即第 34 行语句。如果执行该语句,则对 s1 保存点到当前语句之间的操作进行回滚。通过查询 Student 表中的数据可以验证,第一条数据插入操作顺利完成,第二条操作并未奏效。

17.3.7 在窗口中访问数据库

本节给出一个在窗口中访问数据库的例子。通过输入学生的学号 sNo 和课程号 cNo,查询学生的成绩。

【例 17.23】 在窗口事件程序中连接数据库查询学生成绩。

```
1   //filename: App17_23.java
2   import javafx.application.Application;
3   import javafx.stage.Stage;
4   import javafx.scene.Scene;
5   import java.sql.Connection;
6   import java.sql.DriverManager;
7   import java.sql.ResultSet;
8   import java.sql.Statement;
9   import javafx.scene.control.Alert;
10  import javafx.scene.control.Alert.AlertType;
11  import javafx.scene.control.Button;
12  import javafx.scene.control.Label;
13  import javafx.scene.control.TextField;
14  import javafx.scene.layout.HBox;
15  public class App17_23 extends Application
16  {
17      private TextField txtSno = new TextField();
18      private TextField txtCno = new TextField();
19      private Button but = new Button("查看");
20      @Override
21      public void start(Stage Stage)
22      {
23          HBox content = new HBox(10);
24          final Label lab1 = new Label("学号: ");
25          final Label lab2 = new Label("课程号: ");
26          txtSno.setPromptText("输入学号");
27          txtCno.setPromptText("输入课程号");
28          content.getChildren().addAll(lab1,txtSno,lab2,txtCno,but);
29          but.setOnAction(e ->                    //Lambda 表达式事件监听者
```

```
30          {
31            String sNo = txtSno.getText();              //获取输入的学号
32            String cNo = txtCno.getText();              //获取输入的课程号
33            String url = "jdbc:mysql://localhost:3306/StudentScore";
34            String user = "root";
35            String password = "";
36            String sql = "SELECT a.sName,b.cName,c.grade "
37                   + "FROM Student a,Course b,Score c "
38                   + "WHERE a.sNo = c.sNo AND b.cNo = c.cNo "
39                   + "AND c.sNo = '" + sNo + "' AND c.cNo = '" + cNo + "'";
40            try ( //取得数据库的连接
41              Connection conn = DriverManager.getConnection(url,user,password);
42              Statement stmt = conn.createStatement();    //创建 Statement 对象
43              ResultSet rs = stmt.executeQuery(sql);      //创建数据库的查询对象
44            )
45            {
46              Class.forName("com.mysql.jdbc.Driver");     //加载数据库驱动程序
47              if(rs.next())
48              {
49                String sname = rs.getString("sName");     //获取学生姓名
50                String cname = rs.getString("cName");     //获取课程名
51                String grade = rs.getString("grade");     //获取成绩
52                Alert alert = new Alert(AlertType.INFORMATION);//创建信息对话框对象
53                alert.setTitle("查询结果");
54                alert.setHeaderText(null);
55                alert.setContentText(sname + " " + cname + " " + grade);
56                alert.showAndWait();
57              }
58            }
59            catch (Exception ex)
60            { ex.printStackTrace(); }
61          }
62        );
63        Scene scene = new Scene(content,450,40);
64        Stage.setTitle("数据库查询");
65        Stage.setScene(scene);
66        Stage.show();
67    }
68  }
```

程序运行结果如图 17.3 所示。在程序中第 29~62 行用 Lambda 表达式作为按钮 but 的事件监听者,其中第 46 行用于加载数据库驱动程序,第 41 行用于连接到本地主机的数据库,第 42 行创建 Statement 对象,第 43 行创建数据库的查询对象。

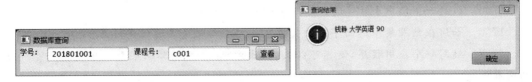

图 17.3 在图形界面中访问数据库

本章小结

1. 数据库、数据库管理系统和数据库系统是三个不同的概念。
2. 一个关系型数据库是由一个或多个二维表构成的。表的列称为字段,行称为记录。
3. 数据库中的表有三种约束:域约束、主码约束和外码约束。
4. SQL 是结构化查询语言(Structured Query Language)的英文缩写,是用来定义数据库表和完整性约束以及访问和操纵数据的语言。
5. JDBC 是为在 Java 程序中访问数据库而设计的一组 Java API,包含有一组类与接口,用于与数据库的连接、把 SQL 语句发送到数据库、处理 SQL 语句的结果以及获取数据库的元数据等。
6. 使用 Java 开发任何数据库应用程序都需要四个接口:Driver、Connection、Statement 和 ResultSet。这些接口定义了使用 SQL 语句访问数据库的方法。JDBC 驱动程序开发商或第三方已实现了这些接口中的方法。
7. 使用 JDBC 访问数据库的一般步骤为:加载驱动程序、建立与数据库的连接、创建执行方式语句、执行 SQL 语句、处理返回结果和关闭创建的各种对象。
8. JDBC 中有三种 SQL 查询方式:不含参数的静态查询、含有参数的动态查询和存储过程调用。这三种方式分别对应 Statement、PreparedStatement 和 CallableStatement 接口。
9. JDBC 通过 Statement 接口实现静态 SQL 查询,通过 PreparedStatement 接口实现动态 SQL 查询,通过 CallableStatement 接口实现存储过程的调用。
10. JDBC 通过 ResultSet 返回查询结果集,并提供记录指针对其记录进行定位。
11. JDBC 通过 DatabaseMetaData 接口获得关于数据库的信息,通过 ResultSetMetaData 接口获取结果集的结构。
12. JDBC 默认的事务提交方式是自动提交,可以通过 setAutoCommit()方法控制事务提交方式,使用 rollback()方法可实现事务回滚。

第 17 章习题

17.1 写出在数据库 StudentScore 的 Student 表中查找所有年龄大于或等于 19 的同学的 SQL 语句。

17.2 写出姓名为"刘韵"的学生所学课程名称及成绩的 SQL 语句。

17.3 描述 JDBC 中 Driver、Connection、Statement 和 ResultSet 接口的功能。

17.4 使用 Statement 接口和 PreparedStatement 接口有什么区别?

17.5 归纳一下使用 JDBC 进行数据库访问的完整过程。

17.6 如何在结果集中返回字段的数目?如何在结果集中返回字段名?

17.7 编写一个应用程序,使其可以从 StudentScore 数据库的某个表中查询一个字段的所有信息。

17.8 创建一个名为 Books 的数据库,并在其中建立一个名为 Book 的表,字段包括书名、作者、出版社、出版时间和 ISBN。编写一个应用程序,运用 JDBC 在该数据库中实现增加、删除和修改数据的功能。

17.9 假设在 StudentScore 数据库的 Student 表中,存在多个姓氏相同的人,根据这种情况建立查询,要求提供一个合适的图形界面,用户可以滚动查看查询记录。

第 18 章　Java 网络编程

本章主要内容：
- 端口与套接字的概念；
- 网络编程的三个层次；
- 基于连接的 Socket 通信程序设计；
- 无连接的数据报(UDP)通信程序设计。

在 Internet 被广泛使用的今天，网络编程显得更加重要。网络应用是 Java 语言取得成功的领域之一，Java 语言现在已经成为 Internet 上最流行的一种编程语言。

Java 语言的网络功能非常强大，其网络类库不仅使用户可以开发、访问 Internet 应用层程序，而且还可以实现网络底层的通信。

18.1　网络基础

一般情况下，在进行网络编程之前，程序员应该掌握与网络有关的知识，甚至对细节也应非常熟悉。由于篇幅所限，本章只介绍必备的网络基础知识，详细内容请参看相关的书籍。

18.1.1　TCP/IP

网络通信协议是计算机间进行通信所遵守的各种规则的集合。Internet 的主要协议有：网络层的 IP 协议；传输层的 TCP 和 UDP 协议；应用层的 FTP、HTTP、SMTP 等协议。其中传输控制协议（Transport Control Protocol，TCP）和网际互联协议（Internet Protocol，IP）是 Internet 的主要协议，它们定义了计算机与外设进行通信所使用的规则。TCP/IP 网络参考模型包括四个层次：应用层、传输层、网络层、链路层。每一层负责不同的功能，下面分别进行介绍。

1. 链路层

链路层也称为数据链路层或网络接口层。通常包括操作系统中的设备驱动程序和计算机中对应的网络接口卡。它们一起处理与电缆（或其他任何传输媒介）有关的物理接口细节。

2. 网络层

网络层对 TCP/IP 网络中的硬件资源进行标识。连接到 TCP/IP 网络中的每台计算机（或其他设备）都有唯一的地址，这就是 IP 地址。IP 地址实际上是一个 32 位二进制数，通常以"x.x.x.x"的形式表示,其中每个 x 都是一个 0~255 的十进制整数。

3. 传输层

在 TCP/IP 网络中,不同的机器之间进行通信时,数据的传输是由传输层控制的,这包括数据要发往的目的主机及应用程序、数据的质量控制等。TCP/IP 网络中最常用的传输协议——传输控制协议 TCP 和用户数据报协议 UDP 就属于这一层。传输层通常以 TCP 或 UDP 来控制端点到端点的通信。用于通信的端点是由 Socket 来定义的,而 Socket 是由 IP 地址和端口号组成的。

TCP 是通过在端点与端点之间建立持续的连接而进行通信的。建立连接后,发送端对要发送的数据标记序列号和错误检测代码,并以字节流的方式发送出去;接收端则对数据进行错误检查并按序列顺序将数据整理好,在需要时可以要求发送端重新发送数据,因此,整个字节流到达接收端时完好无缺。这与两个人打电话进行通信的情形类似。

TCP 具有可靠性和有序性等特性,并且以字节流的方式发送数据,通常被称为流通信协议。与 TCP 不同,UDP 是一种无连接的传输协议。利用 UDP 进行数据传输时,首先需要将要传输的数据定义成数据报(datagram),在数据报中指明数据所要到达的 Socket(主机地址和端口号),然后再将数据报发送出去。这种传输方式是无序的,也不能确保绝对安全可靠,但它非常简单,也具有比较高的效率,这与通过邮局投递信件进行通信的情形非常相似。

TCP 和 UDP 各有各的用处。当对所传输的数据有时序性和可靠性等要求时,应使用 TCP;当传输的数据比较简单、对时序等无要求时,UDP 能发挥更好的作用。

4. 应用层

大多数基于 Internet 的应用程序都被看作 TCP/IP 网络的最上层协议——应用层协议。例如,FTP、HTTP、SMTP、POP3、Telnet 等协议。

18.1.2 通信端口

一台机器只能通过一条链路连接到网络上,但一台机器中往往有很多应用程序需要进行网络通信。网络端口号(port)就是用于区分一台主机中的不同应用程序。

端口号不是物理实体,而是一个标记计算机逻辑通信信道的正整数。端口号是用一个 16 位的二进制数来表示的,用十进制数来表示的话,其范围为 0~65 535,其中,0~1023 被系统保留,专门用于那些通用的服务(well-known service),所以这类端口又被称为熟知端口。例如,HTTP 服务的端口号为 80,Telnet 服务的端口号为 21,FTP 服务的端口号为 23,等等。因此,当用户编写通信程序时,应选择一个大于 1023 的数作为端口号,以免发生冲突。IP 使用 IP 地址把数据投递到正确的计算机上,TCP 和 UDP 使用端口号将数据投递给正确的应用程序。IP 地址和端口号组成了所谓的 Socket。Socket 是网络上运行的程序之间双向通信链路的最后终结点,是 TCP 和 UDP 的基础。

18.1.3 URL 的概念

URL 是统一资源定位器(Uniform Resource Locator)的英文缩写,它表示 Internet 上某一资源的地址。Internet 上的资源包括 HTML 文件、图像文件、音频文件、视频文件以及其他任何内容(并不完全是文件,也可以是对数据库的一个查询等)。只要按 URL 规则定义某个资源,那么网络上其他程序就可以通过 URL 来访问它。也就是说,通过 URL 访问 Internet 时,浏览器或其他程序通过解析给定的 URL 就可以在网络上查找到相应的文件或资源。实际上,用户上网时在浏览器的地址栏中输入的网络地址就是一个 URL。

URL 的基本结构由五部分组成,其格式如下:

传输协议://主机名:端口号/文件名#引用

(1) 传输协议(protocol):指所使用的协议名,如 HTTP、FTP 等。

(2) 主机名(hostname):指资源所在的计算机。可以是 IP 地址,也可以是计算机的名称或域名。

(3) 端口号(portnumber):一个计算机中可能有多种服务,如 Web 服务、FTP 服务或自己建立的服务等。为了区分这些服务,就需要使用端口号,每一种服务用一个端口号。

(4) 文件名(filename):包括该文件的完整路径。在 HTTP 中,有一个默认的文件名是 index.html,因此,下列两个地址是等价的。

http://java.sun.com
http://java.sun.com/index.html

(5) 引用(reference):就是资源内部的某个参考点,如 http://java.sun.com/index.html#chapter1。

说明:对于一个 URL,并不要求它必须包含所有的这五部分内容。

18.1.4 Java 语言的网络编程

Java 语言的网络编程分为三个层次。

最高一级的网络通信就是从网络上下载小程序。客户端浏览器通过 HTML 文件中的 <applet>标记来识别小程序,并解析小程序的属性,通过网络获取小程序的字节码文件。

次一级的通信就是前面介绍的通过 URL 类的对象指明文件所在位置,并从网络上下载图像、音频和视频文件等,然后显示图像、对音频和视频进行播放。

最低一级的通信是利用 java.net 包中提供的类直接在程序中实现网络通信。

针对不同层次的网络通信,Java 语言提供的网络功能有四大类:URL、InetAddress、Socket、Datagram。

- URL:面向应用层,通过 URL,Java 程序可以直接输出或读取网络上的数据。
- InetAddress:面向的是 IP 层,用于标识网络上的硬件资源。
- Socket 和 Datagram:面向的是传输层。Socket 使用 TCP,这是传统网络程序最常用的方式,可以想象为两个不同的程序通过网络的通信信道进行通信;Datagram 则使用 UDP,是另一种网络传输方式,它把数据的目的地址记录在数据包中,然后直接放在网络上。

Java 语言网络编程中主要使用的 java.net 包中的类如下。

面向 IP 层的类:InetAddress;

面向应用层的类:URL、URLConnection;

TCP 相关类:Socket、ServerSocket;

UDP 相关类:DatagramPacket、DatagramSocket、MulticastSocket。

在使用 java.net 包中的这些类时，可能产生的异常包括 BindExceptio、ConnectException、MalformedURLException、NoRouteToHostException、ProtocolException、SocketException、UnknownHostException、UnknownServiceException。

18.2 URL 编程

Java 语言的 URL 类和 URLConnection 类使编程人员能很方便地利用 URL 在 Internet 上进行网络通信。

URL 类定义了 WWW 的一个统一资源定位器和可以进行的一些操作。由 URL 类生成的对象指向 WWW 资源（如 Web 页、文本文件、图形图像文件、音频、视频文件等）。

18.2.1 创建 URL 对象

Java 语言利用 URL 类来访问网络上的资源，URL 类是 java.lang.Object 类的直接子类。表 18.1 给出了创建 URL 对象的构造方法。

表 18.1 创建 URL 对象的构造方法

构 造 方 法	功 能 说 明
public URL(String spec)	使用 URL 形式的字符串 spec 创建一个 URL 对象
public URL(String protocol, String host, int port, String file)	创建一个协议为 protocol、主机名为 host、端口号为 port、待访问的文件名为 file 的 URL 对象
public URL(String protocol, String host, String file)	创建一个 URL 对象，参数的含义同上，但使用默认端口号
public URL(String protocol, String host, int port, String file, URLStreamHandler handler)	创建一个协议为 protocol、主机名为 host、端口号为 port、待访问的文件名为 file、URL 流句柄为 handler 的 URL 对象
public URL(URL context, String spec)	使用已有的 URL 对象 context 和 URL 形式的字符串 spec 创建 URL 对象
public URL(URL context, String spec, URLStreamHandler handler)	参数同上，但创建的 URL 对象包含流句柄 handler

在创建 URL 对象时，若发生错误，系统会产生 MalformedURLException 异常，这是非运行时异常，必须在程序中捕获处理。例如：

```
URL url1,url2,url3;
try{
  url1 = new URL("file:/D:/image/test.gif");
  url2 = new URL("http://www.sohu.com/map/");
  url3 = new URL(urt2,"test.gif");
}
catch(MalformedURLException e)
{
  displayErrorMessage();
}
```

除了最基本的构造方法之外，URL 类中还有一些简单实用的方法，利用这些方法可以得到 URL 位置本身的数据,或是将 URL 对象转换成表示 URL 位置的字符串。表 18.2 给出了 URL 类的常用方法。

表 18.2 URL 类的常用方法

常 用 方 法	功 能 说 明
public boolean equals(Object obj)	判断两个 URL 是否相同
public final Object getContent()	获取 URL 连接的内容
public String getProtocol()	返回 URL 对象的协议名称
public String getHost()	返回 URL 对象访问的计算机名称
public int getPort()	返回 URL 对象访问的端口号
public String getFile()	返回 URL 指向的文件名
public String getPath()	返回 URL 对象所使用的文件路径
public String getRef()	返回 URL 对象的引用字符串,即获取参考点
public URLConnection openConnection()	打开 URL 指向的连接
public final InputStream openStream()	打开输入流
protected void set(String protocol,String host,int port,String file,String ref)	用给定参数设置 URL 中各字段的内容
public String toString()	返回整个 URL 字符串

18.2.2 使用 URL 类访问网络资源

下面举例说明利用 URL 类进行网络编程的方法。

【例 18.1】 通过 URL 直接读取网络上服务器中的文件内容。本例是利用 URL 访问 http://www.edu.cn/index.html 文件,即访问教育网上的 index.html 文件。读取网络上文件内容一般分为三个步骤:一是创建 URL 类的对象;二是利用 URL 类的 openStream() 方法获得对应的 InputStream 类的对象;三是通过 InputStream 对象来读取文件内容。

```
1    //filename: App18_1.java        利用 URL 获取网络上文件的内容
2    import java.net.*;
3    import java.io.*;
4    public class App18_1
5    {
6      public static void main(String[] args)
7      {
8        String urlName = "http://www.edu.cn/index.html";
9        if(args.length > 0) urlName = args[0];
10       new App18_1().display(urlName);
11     }
12     public void display(String urlName)
13     {
14       try
15       {
16         URL url = new URL(urlName);                    //创建 URL 类对象 url
```

```
17      InputStreamReader in = new InputStreamReader(url.openStream());
18      BufferedReader br = new BufferedReader(in);
19      String aLine;
20      while((aLine = br.readLine())!= null)    //从流中读取一行显示
21        System.out.println(aLine);
22    }
23    catch(MalformedURLException murle)
24    {  System.out.println(murle); }
25    catch(IOException ioe)
26    {  System.out.println(ioe);   }
27  }
28 }
```

程序的第 17 行调用 url 的 openStream( )方法创建输入流对象 in。第 18 行创建了一个缓冲字符输入流 BufferedReader 的对象 br,用来读取字符缓冲区里的数据。第 20、21 两行利用循环从流中按行读取数据,然后显示在屏幕上。该程序的运行结果如图 18.1 所示。

图 18.1　通过 URL 读取网络上文件的内容

18.3　用 Java 语言实现底层网络通信

用 Java 语言实现计算机网络的底层通信,就是用 Java 程序实现网络通信协议所规定的功能的操作,这是 Java 语言网络编程的一部分。

18.3.1　InetAddress 程序设计

众所周知,Internet 上主机的地址有两种表示方式,即域名和 IP 地址。java.net 包中的 InetAddress 类的对象包含一个 Internet 主机的域名和 IP 地址,如 www.sina.com.cn/ 202.108.35.210(域名/IP 地址)。那么在已知一个 InetAddress 对象时,就可以通过一定的方法从中获取 Internet 上主机的地址(域名或 IP 地址)。由于每个 InetAddress 对象中包括了 IP 地址、主机名等信息,所以使用 InetAddress 类可以在程序中用主机名代替 IP 地址,从而使程序更加灵活,可读性更好。

InetAddress 类没有构造方法,因此不能用 new 运算符来创建 InetAddress 对象,通常是用它提供的静态方法来获取。表 18.3 给出了 InetAddress 类的常用方法。

表 18.3　InetAddress 类的常用方法

常 用 方 法	功 能 说 明
public static InetAddress getByName(String host)	通过给定的主机名 host，获取 InetAddress 对象的 IP 地址
public static InetAddress getByAddress(byte[] addr)	通过存放在字节数组中的 IP 地址，返回一个 InetAddress 对象
public static InetAddress getLocalHost()	获取本地主机的 IP 地址
public byte[] getAddress()	获取本对象的 IP 地址，并存放在字节数组中
public String getHostAddress()	利用 InetAddress 对象，获取该对象的 IP 地址
public String getHostName()	利用 InetAddress 对象，获取该对象的主机名
public String toString()	将 IP 地址转换成字符串形式的域名

该表中给的 static 方法通常会产生 UnknownHostException 异常，应在程序中捕获处理。

【例 18.2】　编写一个 Java 应用程序，直接查询自己主机的 IP 地址和 Internet 上 WWW 服务器的 IP 地址。

```
1    //filename: App18_2.java          利用 InetAddress 编程
2    import java.net.*;
3    public class App18_2
4    {
5      InetAddress myIPAddress = null;
6      InetAddress myServer = null;
7      public static void main(String[] args)
8      {
9        App18_2 search = new App18_2();
10       System.out.println("您主机的 IP 地址为: " + search.myIP());
11       System.out.println("服务器的 IP 地址为: " + search.serverIP());
12     }
13     public InetAddress myIP()              //获取本地主机 IP 地址的方法
14     {
15       try                                  //获取本机的 IP 地址
16       { myIPAddress = InetAddress.getLocalHost(); }
17       catch(UnknownHostException e) {   }
18       return (myIPAddress);
19     }
20     public InetAddress serverIP()          //获取本机所连接的服务器 IP 地址的方法
21     {
22       try                                  //获取服务器的 IP 地址
23       { myServer = InetAddress.getByName("www.tom.com"); }
24       catch(UnknownHostException e) {   }
25       return (myServer);
26     }
27   }
```

该程序的代码很简单，主方法中的第 10、11 两行分别调用自定义方法 myIP() 和 serverIP() 来输出本主机的 IP 地址和 Internet 上 WWW 服务器的 IP 地址。第 13 行定义的 myIP() 方法用于获取本地主机的 IP 地址。第 16 行利用 InetAddress 对象的

getLocalHost()方法返回本主机的 IP 地址，赋给 InetAddress 类型的变量 myIPAddress。同理，第 20 行定义的 serverIP()方法用于获取并返回所给 Internet 上 WWW 服务器的 IP 地址。该程序的运行结果如图 18.2 所示。

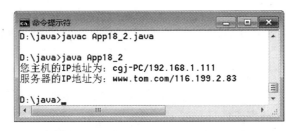

图 18.2　利用 InetAddress 类获取 IP 地址

18.3.2　基于连接的 Socket 通信程序设计

Socket 通信属于网络底层通信，它是网络上运行的两个程序间双向通信的一端，它既可以接收请求，也可以发送请求，利用它可以较方便地进行网络上的数据传输。Socket 是实现客户与服务器(Client/Server,C/S)模式的通信方式，它首先需要建立稳定的连接，然后以流的方式传输数据，实现网络通信。Socket 原意为"插座"，在通信领域中译为"套接字"，意思是将两个物品套在一起，在网络通信里的含义就是建立一个连接。

1．Socket 通信机制的基本概念

1) 建立连接

当两台计算机进行通信时，首先要在两者之间建立一个连接，也就是两者分别运行不同的程序，由一端发出连接请求，另一端等候连接请求。当等候端收到请求并接受请求后，两个程序就建立起一个连接，之后通过这个连接就可以进行数据交换。此时，请求方称为客户端，接收方称为服务器，这是计算机通信的一个基本机制，称为客户/服务器模式。实际上，这个机制和电话系统是类似的，即必须有一方拨打电话，而另一方等候铃响并决定是否接听，当接听后就可以进行电话交流，呼叫的一方称为客户，负责监听的一方称为服务器。应用在这两端的 TCP Socket 分别称为客户 Socket 和服务器 Socket。

2) 连接地址

为了建立连接，需要由一个程序向另一台计算机上的程序发出请求，其中，能够唯一识别对方机器的就是计算机的名称或 IP 地址。在 Internet 中，能唯一标识计算机的 IP 地址称为连接地址，IP 地址类似于电话系统中的电话号码。

仅仅有连接地址是不够的，还必须有端口号。因为一台机器上可能会启动很多程序，必须为每个程序分配一个唯一的端口号，通过端口号指定要连接的那个程序。所以，一个完整的连接地址应该是计算机的 IP 地址加上连接程序的端口号。

在两个程序进行连接之前要约定好端口号。由服务器端分配端口号并等候请求，客户端利用这个端口号发出连接请求，当两个程序所设定的端口号一致时连接建立成功。

3) TCP/IP Socket 通信

Socket 在 TCP/IP 中定义，针对一个特定的连接。每台机器上都有一个套接字，可以想象它们之间有一条虚拟的线缆，线缆的每一端都插入一个套接字或插座里。在 Java 语言中,服务器端套接字使用的是 ServerSocket 类对象,客户端套接字使用的是 Socket 类对象,由此区分服务器端和客户端。

2. Socket 类与 ServerSocket 类

1) Socket 类

Socket 类在 java.net 包中,java.net.Socket 继承自 java.lang.Object 类。Socket 类用在客户端,用户通过创建一个 Socket 对象来建立与服务器的连接。Socket 连接可以是流连接,也可以是数据报连接,这取决于创建 Socket 对象时所使用的构造方法。若要求可靠性交的通信一般使用流连接。流连接的优点是所有数据都能准确、有序地发送到对方,缺点是速度较慢。流式 Socket 所完成的通信是基于连接的通信,即在通信开始之前先由通信双方确认身份并建立一条专用的虚拟连接通道,然后它们通过这条通道传送数据信息进行通信,当通信结束时再将原先所建立的连接拆除。表 18.4 和表 18.5 分别给出了 Socket 类的构造方法和常用方法。

表 18.4 Socket 类的构造方法

构造方法	功能说明
public Socket(String host,int port)	在客户端以指定的服务器地址 host 和端口号 port,创建一个 Socket 对象,并向服务器端发出连接请求
public Socket(InetAddress address,int port)	同上,但 IP 地址由 address 指定
public Socket(String host,int port,boolean stream)	同上,但若 stream 为真,则创建流 Socket 对象,否则创建数据报 Socket 对象
public Socket(InetAddress host, int port, boolean stream)	同上,但 IP 地址由 host 指定

表 18.5 Socket 类的常用方法

常用方法	功能说明
public InetAddress getInetAddress()	获取创建 Socket 对象时指定的服务器的 IP 地址
public InetAddress getLocalAddress()	获取创建 Socket 对象时客户计算机的 IP 地址
public InputStream getInputStream()	为当前的 Socket 对象创建输入流
public OutputStream getOutputStream()	为当前的 Socket 对象创建输出流
public int getPort()	获取创建 Socket 时指定远程主机的端口号
public void setReceiveBufferSize(int size)	设置接收缓冲区的大小
public int getReceiveBufferSize()	返回接收缓冲区的大小
public void setSendBufferSize(int size)	设置发送缓冲区的大小
public int getSendBufferSize()	返回发送缓冲区的大小
public void close()	关闭建立的 Socket 连接

2) ServerSocket 类

在 Socket 编程中,服务器端使用 ServerSocket 类。ServerSocket 类在 java.net 包中,java.net.ServerSocket 继承自 java.lang.Object 类。ServerSocket 类的作用是实现客户机/服务器模式的通信方式下服务器端的套接字。表 18.6 和表 18.7 分别给出了 ServerSocket 类的构造方法和常用方法。

表 18.6 ServerSocket 类的构造方法

构 造 方 法	功 能 说 明
public ServerSocket(int port)	以指定的端口 port 创建 ServerSocket 对象,并等候客户端的连接请求。端口号必须与客户端呼叫用的端口号相同
public ServerSocket(int port, int backlog)	同上,但以 backlog 指定最大的连接数,即可同时连接的客户端数量

表 18.7 ServerSocket 类的常用方法

常 用 方 法	功 能 说 明
public Socket accept()	在服务器端的指定端口监听客户端发来的连接请求,并返回一个与客户端 Socket 对象相连接的 Socket 对象
public InetAddress getInetAddress()	返回服务器的 IP 地址
public int getLocalPort()	返回服务器的端口号
public void close()	关闭服务器端建立的套接字

3. Socket 通信模式

前面已经介绍过,当两个程序进行通信时,可以通过使用 Socket 类建立套接字连接。

1) 客户建立到服务器的套接字对象

客户端的程序使用 Socket 类建立与服务器的套接字连接。由于在使用 Socket 构造方法创建 Socket 对象时会产生 IOException 异常,所以在创建 Socket 对象时应处理 IOException 异常。例如:

```
try {
    Socket mySocket = new Socket(http://www.gduf.edu.cn,1880);
}
catch(IOException e){ }
```

当套接字连接建立后,一条通信线路就建立起来了。mySocket 对象可以使用 getInputStream() 方法获得输入流,然后用这个输入流读取服务器放入线路的信息(但不能读取自己放入线路的信息);同理 mySocket 对象还可以使用方法 getOutputStream() 方法获得输出流,然后用这个输出流将信息写入线路。

在实际编写程序时,把 mySocket 对象使用 getInputStream() 方法获得的输入流连接到另一个数据流 DataInputStream 上,然后就可以从这个数据流中读取来自服务器的信息,这样做的原因是数据流 DataInputStream 有更好的从流中读取信息的方法。同样,把 mySocket 对象使用 getOutputStream() 方法获得的输出流连接到 DataOutputStream 流上,然后向这个数据流写入信息,发送给服务器端。

2) 建立接收客户套接字的服务器套接字

我们已经知道客户负责建立客户到服务器的套接字连接,即客户负责呼叫。因此,服务器必须建立一个等待接收客户套接字的服务器套接字。服务器端的程序使用 ServerSocket 类建立接收客户套接字的服务器套接字。同样在使用 ServerSocket 构造方法创建 ServerSocket 对象时也会产生 IOException 异常,所以在创建 ServerSocket 对象时也应处理 IOException 异常。例如:

```
try {
    ServerSocket serSocket = new ServerSocket(1880);
}
catch(IOException e){ }
```

当服务器的套接字连接 serSocket 建立后,就可以利用 accept()方法接收客户的套接字 mySocket。接收过程如下:

```
try {
    Socket sc = serSocket.accept();
}
catch(IOException e){ }
```

将收到的客户端的 mySocket 放到一个已声明的 Socket 对象 sc 中。这样服务器端的 sc 就可以使用 getOutputStream()方法获得输出流,然后用这个输出流向线路写信息,发送到客户端。同样,可以使用 getInputStream()方法获得一个输入流,用这个输入流读取客户放入线路的信息。

综上,在 Java 语言中,TCP/IP 下的 Socket 网络通信模式如图 18.3 所示。

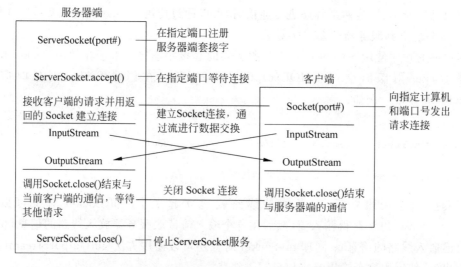

图 18.3 TCP/IP 下的 Socket 网络通信模式

由图 18.3 可以看出,Socket 通信的步骤如下:

(1) 在服务器端创建一个 ServerSocket 对象,并指定端口号;
(2) 运行 ServerSocket 的 accept()方法,等候客户端请求;
(3) 客户端创建一个 Socket 对象,指定服务器的 IP 地址和端口号,向服务器端发出连接请求;
(4) 服务器端接收到客户端请求后,创建 Socket 对象与客户端建立连接;
(5) 服务器端和客户端分别建立输入输出数据流,进行数据传输;
(6) 通信结束后,服务器端和客户端分别关闭相应的 Socket 连接;
(7) 服务器端程序运行结束后,调用 ServerSocket 对象的 close()方法停止等候客户端请求。

由此可以看出对于一个网络通信程序来说,需要编写服务器端和客户端两个程序才能实现相互通信。为了能实现服务器端同时对多个客户进行服务,需要用多线程,在服务器端创建客户请求的监听线程,一旦客户发起连接请求,则在服务器端创建用于服务的Socket,利用该Socket完成与客户的通信,即每个线程针对一个客户进行服务。数据传输结束后,终止运行该Socket通信的线程,继续在服务器端指定的端口进行监听。

【例18.3】 编写一个点对点的聊天程序,说明Socket通信中服务器端和客户端的程序设计方法。

服务器端程序在8080端口创建一个ServerSocket对象,然后调用该对象的accept()方法等待客户端的请求;当有客户端发来请求时,则创建一个Socket对象与客户端建立连接;之后用Socket对象创建输入流对象sin和输出流对象sout,然后用约定的格式进行数据传输;数据传输时启动线程,使用输入流对象sin按行显示从客户端发来的字符串,用输出流对象sout将从键盘输入的一行字符串发送到客户端;当客户端或服务器端发出"bye"字符串时,表示数据传输结束,关闭相应的流和Socket连接,等待下一次连接。

服务器端的程序代码如下:

```
1    //filename: MyServer.java    Socket通信的服务器端程序
2    import java.net.*;
3    import java.io.*;
4    import java.awt.*;
5    import java.awt.event.*;
6    public class MyServer implements Runnable
7    {
8        ServerSocket server = null;
9        Socket clientSocket;              //负责当前线程中C/S通信中的Socket对象
10       boolean flag = true;              //标记是否结束
11       Thread connenThread;              //向客户端发送信息的线程
12       BufferedReader sin;               //输入流对象
13       DataOutputStream sout;            //输出流对象
14       public static void main(String[] args)
15       {
16           MyServer MS = new MyServer();
17           MS.serverStart();
18       }
19       public void serverStart()
20       {
21           try
22           {
23               server = new ServerSocket(8080);            //建立监听服务
24               System.out.println("端口号:" + server.getLocalPort());
25               while(flag)
26               {
27                   clientSocket = server.accept();
28                   System.out.println("连接已经建立完毕!");
29                   InputStream is = clientSocket.getInputStream();
30                   sin = new BufferedReader(new InputStreamReader(is));
31                   OutputStream os = clientSocket.getOutputStream();
32                   sout = new DataOutputStream(os);
```

```
33        connenThread = new Thread(this);
34        connenThread.start();                      //启动线程,向客户端发送信息
35        String aLine;
36        while((aLine = sin.readLine())!= null)     //从客户端读入信息
37        {
38          System.out.println(aLine);
39          if(aLine.equals("bye"))
40          {
41            flag = false;
42            connenThread.interrupt();              //线程中断
43            break;
44          }
45        }
46        sout.close();                              //关闭流
47        os.close();
48        sin.close();
49        is.close();
50        clientSocket.close();                      //关闭 Socket 连接
51        System.exit(0);                            //程序运行结束
52      }
53    }
54    catch(Exception e)
55    { System.out.println(e); }
56  }
57  public void run()
58  {
59    while(true)
60    {
61      try
62      {
63        int ch;
64        while((ch = System.in.read())!=-1)
65        {
66          sout.write((byte)ch);                    //从键盘接收字符并向客户端发送
67          if(ch == '\n')
68            sout.flush();                          //将缓冲区内容向客户端输出
69        }
70      }
71      catch(Exception e)
72      { System.out.println(e); }
73    }
74  }
75 }
```

该程序的功能是由服务器端提供实时的信息服务。首先第 23 行在服务器端的 8080 端口建立监听服务,然后在服务器端调用 accept()方法在 8080 端口等待客户的连接请求。当客户连接到指定的 8080 端口时,服务器端就建立线程来专门处理与这个客户间的通信,即向客户端写入一系列的字符串信息,并从客户端读取一段信息显示在服务器端。所以该程序中有两个线程:一个是接收客户端的数据;另一个是向客户端发送数据。由于这是两个

并发的线程,所以当连接建立后立即启动线程向客户端发送数据。需要注意的是,在接收到客户端发送的"bye"信息后,应及时关闭流和 Socket 连接,否则会产生异常错误。

由于服务器端程序运行时,要等待客户端程序的连接请求,所以必须与客户端程序同时运行,才能看见结果。

客户端程序代码如下:

```
1   //filename: MyClient.java    Socket 通信的客户端程序
2   import java.net.*;
3   import java.io.*;
4   public class MyClient implements Runnable
5   {
6     Socket clientSocket;
7     boolean flag = true;                      //标记是否结束
8     Thread connenThread;                      //用于向服务器端发送信息
9     BufferedReader cin;
10    DataOutputStream cout;
11    public static void main(String[] args)
12    { new MyClient().clientStart(); }
13    public void clientStart()
14    {
15      try
16      {                                       //连接服务器端,这里使用本机
17        clientSocket = new Socket("localhost",8080);
18        System.out.println("已建立连接!");
19        while(flag)
20        {                                     //获取流对象
21          InputStream is = clientSocket.getInputStream();
22          cin = new BufferedReader(new InputStreamReader(is));
23          OutputStream os = clientSocket.getOutputStream();
24          cout = new DataOutputStream(os);
25          connenThread = new Thread(this);
26          connenThread.start();               //启动线程,向服务器端发送信息
27          String aLine;
28          while((aLine = cin.readLine())!= null)
29          {                                   //接收服务器端的数据
30            System.out.println(aLine);
31            if(aLine.equals("bye"))
32            {
33              flag = false;
34              connenThread.interrupt();
35              break;
36            }
37          }
38          cout.close();
39          os.close();
40          cin.close();
41          is.close();
42          clientSocket.close();               //关闭 Socket 连接
43          System.exit(0);
44        }
```

```
45      }
46      catch(Exception e)
47      { System.out.println(e); }
48    }
49    public void run()
50    {
51      while(true)
52      {
53        try
54        {                                    //从键盘接收字符并向服务器端发送
55          int ch;
56          while((ch = System.in.read())!=-1)
57          {
58            cout.write((byte)ch);
59            if(ch == '\n')
60              cout.flush();                  //将缓冲区内容向输出流发送
61          }
62        }
63        catch(Exception e)
64        { System.out.println(e); }
65      }
66    }
67  }
```

在客户端首先要指定服务器端地址(本机)和 8080 端口号,创建一个 Socket 对象,向服务器端发出连接请求,当服务器端获得请求并建立连接后,即可进行数据通信;当连接建立完后,使用 Socket 对象创建输入流对象 cin 和输出流对象 cout,然后按约定的格式进行数据传输;在进行通信时首先要启动线程,使用输出流对象 cout 将从键盘输入的一行字符串向服务器端发送,同时使用输入流对象 cin,按行显示从服务器端发送来的字符串;当服务器端或客户端发出"bye"字符串时表示数据传输结束,关闭相应的流和 Socket 连接,程序运行结束。程序的运行结果如图 18.4 所示。

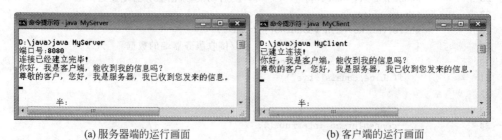

(a)服务器端的运行画面　　　　　　　　(b)客户端的运行画面

图 18.4　Socket 通信的服务器端与客户端

注意:如果要在同一台计算机上运行服务器端和客户端两个程序,需要启动两个 DOS 窗口,分别模拟服务器端和客户端,但要首先运行服务器端程序。如果是在两台计算机上分别运行服务器端程序和客户端程序,则应修改客户端程序的服务器地址。

说明:客户端的操作与服务器端的操作基本相同,区别在于建立连接的方式不同。服务器端创建 ServerSocket 对象,并调用 accept() 方法等候客户端的请求,而客户端是创建

Socket 对象发送请求。

18.3.3 无连接的数据报通信程序设计

流式 Socket 是基于 TCP 的网络套接字技术,这种通信方式可以实现准确的通信,但是占用资源较多,在某些无须实时交互的情况下,例如收发 E-mail 等,采用保持连接的流式通信并不恰当,而应该使用无连接的数据报方式。

数据报通信是基于用户数据报协议(User Datagram Protocol,UDP)的网络信息传输方式。数据报(datagram)是网络层数据单元在介质上传输信息的一种逻辑分组形式。数据报是无连接的远程通信服务,它是一种在网络中传输的、独立的、自身包含地址信息的数据单位,不保证传送顺序和内容的准确性。数据报 Socket 又称为 UDP 套接字,它无须建立、拆除连接,直接将信息打包传向指定的目的地,使用起来比流式 Socket 要简单一些。但由于该种通信方式不能保证将所有数据都传送到目的地,所以一般用于传送非关键性的数据。

数据报通信的基本模式是,首先将数据打包,形成数据包,这类似于将信件装入信封,然后将数据包发往目的地;其次是接收端收到别人发来的数据包,然后查看数据包中的内容,这类似于从信封中取出信件。

Java 语言中用于无连接的数据报通信使用 Java 类库中 java.net 包中的两个类 DatagramPacket 和 DatagramSocket。其中,DatagramPacket 类在发送端用于将待发送的数据打包,在接收端则用于将收到的数据拆包;DatagramSocket 类用于实现数据报通信的过程中数据报的发送与接收。

1. DatagramPacket 类

利用数据报通信时,发送端使用 DatagramPacket 类将数据打包,即用 DatagramPacket 类创建一个数据报对象,它包含有需要传输的数据、数据报的长度、IP 地址和端口号等信息。接收端则利用 DatagramPacket 类对象将接收到的数据拆包,该对象一般只包含要接收的数据和该数据长度两个参数。表 18.8 和表 18.9 分别给出了 DatagramPacket 类的构造方法和常用方法。

表 18.8 DatagramPacket 类的构造方法

构 造 方 法	功 能 说 明
public DatagramPacket(byte[] buf, int length)	创建一个用于接收数据报的对象,buf 数组用于接收数据报中的数据,接收长度为 length
public DatagramPacket(byte[] buf, int length, InetAddress address, int port)	创建一个用于发送给远程系统的数据报对象。并将数组 buf 中长度为 length 的数据发送到地址为 address、端口号为 port 的主机上

表 18.9 DatagramPacket 类的常用方法

常 用 方 法	功 能 说 明
public byte[] getData()	返回一个字节数组,包含收到或要发送的数据报中的数据
public int getLength()	返回发送或接收到的数据的长度
public InetAddress getAddress()	返回目标数据包的 IP 地址或发送该数据包主机的 IP 地址
public int getPort()	返回目标数据包的端口号或发送该数据包主机的端口号

2. DatagramSocket 类

DatagramSocket 类用于在发送主机中建立数据报通信方式,提出发送请求,实现数据报的发送与接收。表 18.10 和表 18.11 分别给出了 DatagramSocket 类的构造方法和常用方法。

表 18.10　DatagramSocket 类的构造方法

构造方法	功能说明
public DatagramSocket()	创建一个以当前计算机的任一个可用端口为发送端口的数据报连接
public DatagramSocket(int port)	创建一个以当前计算机的指定端口为接收端口的数据报连接
public DatagramSocket(int port, InetAddress laddr)	用于在有多个 IP 地址的当前主机上,创建一个以 laddr 为指定 IP 地址、以 port 为指定端口的数据报连接

这三个构造方法都能抛出 SocketException 异常,所以要用 try-catah 块来控制在创建 DatagramSocket 对象时可能产生的异常情况。

表 18.11　DatagramSocket 类的常用方法

常用方法	功能说明
public void receive(DatagramPacket p)	从建立的数据报连接中接收数据,并保存到 p 中
public void send(DatagramPacket p)	将数据报对象 p 中包含的报文发送到所指定的 IP 地址主机的指定端口
public void setSoTimeout(int timeout)	设置传输超时为 timeout
public void close()	关闭数据报连接

说明:由于数据报是不可靠的通信方式,所以 receive() 方法不一定能接收到数据,为防止线程死掉,应该利用 setSoTimeout() 方法设置超时参数 timeout。另外,receive() 和 send() 方法都可能产生输入、输出异常,所以都可能抛出 IOException 异常。

3. 数据报通信的发送与接收过程

数据报发送过程的步骤如下。

(1) 创建一个用于发送数据的 DatagramPacket 对象,使其包含如下信息:
- 要发送的数据;
- 数据报分组的长度;
- 发送目的地的主机 IP 地址和目的端口号。

(2) 在指定的或可用的本机端口创建 DatagramSocket 对象。

(3) 调用 DatagramSocket 对象的 send() 方法,以 DatagramPacke 对象为参数发送数据报。

数据报接收过程的步骤如下。

(1) 创建一个用于接收数据报的 DatagramPacket 对象,其中包含空白数据缓冲区和指定数据报分组的长度。

(2) 在指定的或可用的本机端口创建 DatagramSocket 对象。

(3) 调用 DatagramSocket 对象的 receive() 方法,以 DatagramPacket 对象为参数接收数据报,接收到的信息有:

- 收到的数据报分组的内容；
- 发送端主机的 IP 地址；
- 发送端主机的发送端口号。

【例 18.4】 编写一个数据报通信程序，客户端向服务器端发送信息，服务器端将收到的信息显示在窗口中。

客户端程序代码：

```
1   //filename: UDPClient.java      UDP 通信的客户端程序
2   import java.net.*;
3   import java.io.*;
4   public class UDPClient
5   {
6       public static void main(String[] args)
7       {
8           UDPClient frm = new UDPClient();
9       }
10      CliThread ct;                           //声明客户类线程对象 ct
11      public UDPClient()                      //构造方法
12      {
13          ct = new CliThread();               //创建线程
14          ct.start();                         //启动线程
15      }
16  }
17  class CliThread extends Thread              //客户端线程类,负责发送信息
18  {
19      public CliThread() {}                   //构造方法
20      public void run()
21      {
22          String str1;
23          String serverName = "cgj-PC";       //服务器端计算机名
24          System.out.println("请发送信息给服务器«" + serverName + "»");
25          try
26          {
27              DatagramSocket skt = new DatagramSocket();    //建立 UDP Socket 对象
28              DatagramPacket pkt;                           //建立 DatagramPacket 对象 pkt
29              while(true)
30              {
31                  BufferedReader buf;
32                  buf = new BufferedReader(new InputStreamReader(System.in));
33                  System.out.print("请输入信息: ");
34                  str1 = buf.readLine();                    //从键盘上读取数据
35                  byte[] outBuf = new byte[str1.length()];
36                  outBuf = str1.getBytes();
37                  //下面是取得服务器端地址
38                  InetAddress address = InetAddress.getByName(serverName);
39                  pkt = new DatagramPacket(outBuf,outBuf.length,address,8000);  //数据打包
40                  skt.send(pkt);                            //发送 UDP 数据报分组
41              }
42          }catch(IOException e) {}
```

```
43    }
44  }
```

该程序中的注释已对相应的语句做了明确的解释。

说明：客户端程序中的第 23 行中的计算机名必须用所使用的计算机名来作为服务器端的计算机名，否则程序将无法运行。

服务器端程序代码：

```
1   //filename: UDPServer.java    UDP 通信的服务器端程序
2   import java.net.*;
3   import java.io.*;
4   public class UDPServer
5   {
6     public static void main(String[] args)
7     {
8       UDPServer frm = new UDPServer();
9     }
10    String strbuf = " ";
11    SerThread st;              //声明服务器类线程对象 st
12    public UDPServer()
13    {
14      st = new SerThread();    //创建线程
15      st.start();              //启动线程
16    }
17  }
18  class SerThread extends Thread //服务器类线程,负责接收信息
19  {
20    public SerThread() {}      //构造方法
21    public void run()
22    {
23      String str1;
24      try
25      {                        //使用 8000 端口,建立 UDP Socket 对象
26        DatagramSocket skt = new DatagramSocket(8000);
27        System.out.print("服务器名：");
28                               //显示服务器计算机的名称
29        System.out.println(InetAddress.getLocalHost().getHostName());
30        while(true)
31        {
32          byte[] inBuf = new byte[256];
33          DatagramPacket pkt;
34          //创建并设置接收 pkt 对象的接收信息
35          pkt = new DatagramPacket(inBuf,inBuf.length);
36          skt.receive(pkt);    //接收数据报分组
37          //提取接收到的分组中的数据并转成字符串
38          str1 = new String(pkt.getData());
39          str1 = str1.trim();  //去掉字符串中的首尾空格
40          if(str1.length()>0)
41          {
42            int pot = pkt.getPort();  //获取远程端口号
```

```
43                System.out.println("远程端口: " + pot);
44                System.out.println("服务器已接收到信息: " + str1);
45           }
46       }
47       }catch (IOException e) { return;  }
48   }
49 }
```

该程序中各语句的功能见相应的注释语句。

将客户端程序 UDPClient.java 和服务器端程序 UDPServer.java 分别编译后,可分别在不同的计算机中进行运行,当然也可以在同一台计算机上打开两个 DOS 窗口执行,然后分别运行服务器端程序和客户端程序。该程序的运行结果如图 18.5 所示。

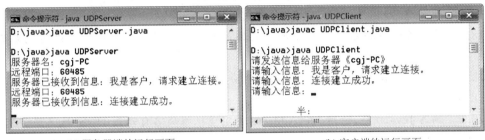

(a) 服务器端的运行画面　　　　　　(b) 客户端的运行画面

图 18.5　UDP 通信的服务器端与客户端

在数据报通信中,由于通信双方之间并不需要建立连接,所以服务器端应用程序通信过程与客户端应用程序的通信过程是非常相似的,客户端与服务器端双方均可以发送与接收数据报分组。所不同的是服务器应用程序要面向网络中的所有计算机,所以服务器应用程序收到一个数据报分组后要分析它,得到数据报的源地址信息,这样才能创建正确的返回结果分组给客户机。

本章小结

1. 通信端口是一个标记计算机逻辑通信信道的正整数,用于区分一台主机中的不同应用程序,端口号不是物理实体。

2. IP 地址和端口号组成了所谓的 Socket。Socket 是实现客户与服务器(Client/Server,C/S)模式的通信方式,Socket 原意为"插座",在通信领域中译为"套接字",在网络通信里的含义就是建立一个连接。

3. URL 是统一资源定位器(Uniform Resource Locator)的简称,它表示 Internet 上某一资源的地址。URL 的基本结构由五部分组成。

4. Java 的网络编程分为三个层次。最高一级的网络通信就是从网络上下载小程序;次一级的通信就是通过 URL 类的对象指明文件所在位置,并从网络上下载音频、视频或图像文件,然后播放音频、视频或显示图像;最低一级的通信是利用 java.net 包中提供的类直接在程序中实现网络通信。

5. 针对不同层次的网络通信,Java 语言提供的网络功能有四大类: URL、InetAddress、

Socket、Datagram。

（1）URL：面向应用层，通过 URL，Java 程序可以直接输出或读取网络上的数据。

（2）InetAddress：面向的是 IP 层，用于标识网络上的硬件资源。

（3）Socket 和 Datagram：面向的是传输层。Socket 使用 TCP，这是传统网络程序最常用的方式，可以想象为两个不同的程序通过网络的通信信道进行通信；Datagram 则使用 UDP，是另一种网络传输方式，它把数据的目的地址记录在数据包中，然后直接放在网络上。

第 18 章习题

18.1 什么是 URL？URL 地址由哪几部分组成？

18.2 什么是 Socket？它与 TCP/IP 有何关系？

18.3 简述流式 Socket 的通信机制。它的最大特点是什么？为什么可以实现无差错通信？

18.4 什么是端口号？服务器端和客户端分别如何使用端口号？

18.5 什么是套接字？其作用是什么？

18.6 编写 Java 程序，使用 InetAddress 类实现根据域名自动到 DNS（域名服务器）上查找 IP 地址的功能。

18.7 用 Java 程序实现流式 Socket 通信，需要使用哪两个类？它们是如何定义的？应怎样使用？

18.8 与流式 Socket 相比，数据报通信有何特点？

参 考 文 献

[1] 陈国君. Java程序设计基础[M]. 5版. 北京：清华大学出版社，2015.
[2] LIANG Y D. Java语言程序设计(基础篇)[M]. 戴开宇，译. 北京：机械工业出版社，2015.
[3] 林信良. JDK 8 Java学习笔记[M]. 北京：清华大学出版社，2015.
[4] QST青软实训. Java 8高级应用与开发[M]. 北京：清华大学出版社，2016.
[5] DEA C，HECKLER M，GRUNAWALD G，et al. JavaFX 8：Introduction by Example[M]. 2th ed. New York：Apress，2014.
[6] VOS J，CHIN S，GAO W Q，et al. Pro JavaFX 9：A Definitive Guide to Building Desktop，Mobile，and Embedded Java Clients[M]. 4th ed. New York：Apress，2018.
[7] SAVITCH W. Java程序设计与问题解决[M]. 6版. 张长富，译. 北京：清华大学出版社，2012.
[8] ROB P，CORONEL C. 数据库系统设计、实现与管理[M]. 8版. 金名，张梅，等译. 北京：清华大学出版社，2012.